M. Aschke
Kommunikation

Kommunikation, Koordination und soziales System

Theoretische Grundlagen für die Erklärung der Evolution von Kultur und Gesellschaft

von Manfred Aschke

 Lucius & Lucius · Stuttgart · 2002

Anschrift des Autors:
Dr. Manfred Aschke
Kantstr. 14
99425 Weimar

Die Deutsche Bibliothek - CIP-Einheitsaufnahme

Aschke, Manfred:
Kommunikation, Koordination und soziales System : theoretische Grundlagen für die Erklärung der Evolution von Kultur und Gesellschaft / von Manfred Aschke. - Stuttgart : Lucius und Lucius, 2002
ISBN 3-8282-0210-1

© Lucius & Lucius Verlagsgesellschaft mbH, Stuttgart 2002
Gerokstr. 51, D-70184 Stuttgart
http://www.luciusverlag.com

Das Werk einschließlich aller seiner Teile ist urheberrechtlich geschützt. Jede Verwertung außerhalb der engen Grenzen des Urheberrechtsgesetzes ist ohne Zustimmung des Verlages unzulässig und strafbar. Das gilt insbesondere für Vervielfältigung, Übersetzungen, Mikroverfilmungen und die Einspeicherung, Verarbeitung und Übermittlung in elektronischen Systemen.

Druck und Einband: Rosch-Buch, Scheßlitz
Printed in Germany

Für Eva-Maria, Maximilian und Victor

Vorwort

Den Ausgangspunkt für die Untersuchungen zum Konzept der Erklärung kultureller und sozialer Evolution, das mit diesem Buch vorgestellt wird, bildete eine rechtssoziologische Arbeitshypothese: Die Annahme, daß eine wesentliche und zu wenig analysierte Funktion von Recht und insbesondere von Verfassungsrecht in der modernen Gesellschaft darin besteht, einen anregenden und stabilisierenden Bezugsrahmen für sozial koordinierte individuelle Lernprozesse bereitzustellen. Die Ausarbeitung dieser Hypothese erforderte zunächst ein theoretisch möglichst gut fundiertes Modell solcher „sozialen Lernprozesse". Die eher entmutigende Zwischenbilanz nach der Bestandsaufnahme der vorliegenden soziologischen Theoriekonzepte bestand für mich in der Einsicht, daß sowohl die Systemtheorie Luhmanns als auch handlungstheoretische Konzepte jeweils Teilbeiträge lieferten, die mir für das Verständnis „sozialer Lernprozesse" unabdingbar schienen, daß diese Beiträge sich aber untereinander wegen der Unvereinbarkeit der grundlegenden Theoriebegriffe nicht zu einem schlüssigen Erklärungsmodell zusammenfügen ließen. Dieser Befund und die dabei entstandenen Ideen zu einer evolutionstheoretischen Synthese haben mir keine Ruhe gelassen. Mit dem vorliegenden Buch hoffe ich, einen Beitrag zu einem Brückenschlag leisten zu können, der auf soliden Fundamenten ruht und interessante Perspektiven für eine Integration der Kultur- und Sozialwissenschaften und nicht zuletzt auch für die Rechtssoziologie eröffnet.

Mein Dank gilt Herrn Prof. Dr. Friedrich von Zezschwitz, der mich auch nach der Aufnahme einer richterlichen Tätigkeit unermüdlich ermuntert hat, die Verbindung zur Universität zu halten und meine wissenschaftlichen Interessen weiter zu verfolgen. Herr Richter des Bundesverfassungsgerichts Prof. Dr. Brun-Otto Bryde hat das Manuskript gelesen und mich zur Veröffentlichung der Arbeit in der vorliegenden Konzeption ermutigt. Dafür danke ich ihm. Herrn Prof. Dr. Alfons Bora danke ich für die Durchsicht des Manuskripts und für wertvolle Hinweise. In allen organisatorischen Fragen war mir Frau Undine Feick über viele Jahre behilflich. Dafür danke ich ihr. Schließlich danke ich Frau Marga Pfeffer, die die Druckvorlage mit großer Umsicht und Zuverlässigkeit erstellt hat.

Ohne die Geduld, die Ermutigung und Kritik meiner Frau hätte ich dieses Buch nicht schreiben können.

Gießen und Weimar, im Oktober 2001

Manfred Aschke

Inhaltsverzeichnis

Einleitung
Politik und Recht als Garanten für den Zusammenhalt der Gesellschaft? ... 1

1. Kapitel
Die Evolution sozialer Systeme bei Niklas Luhmann ... 16

1. Gegenstand und Methode ... 16
   1.1. Biologie und soziologische Erklärung ... 16
   1.2. Methodische Vorbemerkung ... 21
2. Das Konzept der Evolution sozialer Systeme bei Niklas Luhmann ... 23
   2.1. Das Vergleichsmuster: Die Theorie der biologischen Evolution ... 25
   2.2. Die Fragestellung einer soziologischen Evolutionstheorie ... 39
   2.3. Das Grundkonzept der Erklärung der Evolution sozialer Systeme bei Luhmann im Vergleich ... 51
   2.4. Systemtheoretische Grundlagen ... 58
       a) Soziales System und Umwelt ... 58
       b) Strukturelle Kopplung von sozialem System und Umwelt ... 73
       c) Folgerungen für das Evolutionskonzept ... 95
   2.5. Die Konzeption einer „selbstreferentiellen Evolution" des sozialen Systems ... 100
       a) Variation der Elemente des sozialen Systems ... 100
       b) Die Selektionsfunktion in der Evolution sozialer Systeme ... 102
       c) Restabilisierung des sozialen Systems ... 106
       d) Die Bedeutung des Zufalls in der Evolution sozialer Systeme ... 111

2. Kapitel
Grenzen der Erklärungskraft des Luhmannschen Evolutionskonzepts — 115

1. Evolution durch interne Selektion — 116
2. Die Erklärungslast des Begriffs der strukturellen Kopplung — 119
3. Überlegungen zum Begriff und zur Entstehung von Information — 124
   - 3.1. Die Analyse des Informationsbegriff bei Bernd-Olaf Küppers — 124
     - a) Der syntaktische Aspekt von Information — 126
     - b) Der semantische Aspekt von Information — 129
     - c) Der pragmatische Aspekt von Information — 132
   - 3.2. Information bei Luhmann und Küppers — 135
     - a) Sinn und Information bei Luhmann — 135
     - b) Übereinstimmungen — 140
   - 3.3. Informationstheoretische Defizite des Luhmannschen Evolutionskonzepts — 141
     - a) Hierarchie semantischer Ebenen — 142
     - b) Übertragung von Strukturinformation — 143
     - c) Das pragmatische Defizit des Luhmannschen Evolutionskonzepts — 145
     - d) Symbiotisches Symbol und Realität — 149
4. Überlegungen zu einer evolutionstheoretischen Alternative — 149
   - 4.1. Ansatzpunkte für ein Konzept externer Selektion — 150
   - 4.2. Die Entstehung von Information als evolutionäres Optimierungsverfahren — 155

3. Kapitel
Die Entstehung von Information in kognitiven Systemen — 161

1. Die Landkarte und das Territorium — 161
2. Die Erkenntnistheorie des Radikalen Konstruktivismus — 169
3. Die genetische Epistemologie Jean Piagets — 181
   - 3.1. Zu Anspruch und Bedeutung der genetischen Epistemologie Piagets — 181
   - 3.2. Das erkenntnistheoretische Problem der Zahl — 185

3.3.	Die Äquilibration der kognitiven Strukturen	196
3.4.	Zur evolutionstheoretischen Interpretation der genetischen Epistemologie Piagets	209
4.	Zur Frage der sozialen Konstitution der Erkenntnis	217

4. Kapitel
Kommunikationssysteme als Lösungen für Probleme der sozialen Koordination von Handlungen — 237

1. Fragestellung und These — 237
2. Die soziale Koordination von Handlungen als Informationsproblem — 241
   - 2.1. Probleme der sozialen Abstimmung individueller Handlungen — 242
     - a) Das Verteilungsproblem — 242
     - b) Das Kooperationsdilemma — 243
     - c) Einfachere Koordinationsprobleme — 245
     - d) Koordination als Informationsproblem — 247
   - 2.2. Das Informationsproblem des Kooperationsdilemmas — 248
     - a) Die Grundstruktur des Kooperationsdilemmas — 248
     - b) Die Tragödie der Allmende — 252
     - c) Die Evolution der Kooperation — 259
     - d) Grenzen der spontanen Entstehung von Kooperation in der Gesellschaft — 266
3. Kommunikationssysteme als Vertrauensbasis für allgemeine Kooperation — 271
4. Die Selektion von Handlungen — 279

5. Kapitel
Die evolutionäre Entstehung von Information in sozialen Systemen — 284

1. Das Grundkonzept einer evolutionstheoretische Synthese — 284
   - 1.1. Koordination als Einheit der Selektion — 284
     - a) Kommunikation und Koordination — 285
     - b) Unterschiede im Informationsgehalt von Kommunikation und Koordination — 286
   - 1.2. Empirische Erscheinungsformen der Koordination — 288

	a) Die Koordinationsfunktion kommunikativer Gattungen	289
	b) Ökonomische Institutionenanalyse und Evolutionsökonomie	293
	c) Die soziologische Analyse des Wandels von Institutionen	298
1.3.	Die Einheiten der kulturellen und sozialen Evolution	303

2. Zu einzelnen Aspekten des pragmatischen Evolutionskonzepts   305

   2.1. Handlungstheorie und Systemtheorie   305
   2.2. Evolution und Fortschritt   307
   2.3. Zur Einheit der kulturellen und sozialen Evolution   310
   2.4. Die Realität der Gesellschaft   312
   2.5. Erkenntnistheoretische Aspekte   313
   2.6. Evolutionsdynamik und individuelle Verantwortung   314

3. Evolution und Gesetzgebung - Schlußfolgerungen für eine laufende Debatte   318
   3.1. Thesen   318
   3.2. Die Steuerungsskepsis Niklas Luhmanns   320
   3.3. Würdigung und Kritik   322
   3.4. Die Gesetzesbindung der Verwaltung und die Evolution der Verwaltungskultur   330

Zusammenfassung   338

Summary   344

Résumé   350

Literaturverzeichnis   356

Ich kann das **Wort** so hoch unmöglich schätzen,
Ich muß es anders übersetzen,
Wenn ich vom Geiste recht erleuchtet bin.
Geschrieben steht: Im Anfang war der **Sinn**.
Bedenke wohl die erste Zeile,
Daß deine Feder sich nicht übereile!
Ist es der **Sinn**, der alles wirkt und schafft?
Es sollte stehn: Im Anfang war die **Kraft**!
Doch, auch indem ich dieses niederschreibe,
Schon warnt mich was, daß ich dabei nicht bleibe.
Mir hilft der Geist ! Auf einmal seh' ich Rat
Und schreibe getrost: Im Anfang war die **Tat**!

Johann Wolfgang von Goethe, Faust

Einleitung
Politik und Recht als Garanten für den Zusammenhalt der Gesellschaft?

Die uralte Frage, was die Gesellschaft zusammenhält, hat neue Aktualität bekommen.[1] Globalisierung, Individualisierung,[2] Differenzierung,[3] Migration, multiethnische und multikulturelle Gesellschaft, Digitale Kommunikationsrevolution und ökologisch nachhaltige Zivilisation, dies sind einige der Stichworte, unter denen Chancen und Gefahren für die Integration der Gesellschaft gegenwärtig diskutiert werden. Die vertrauten Antworten reichen nicht mehr aus und können uns nicht mehr beruhigen. Nach der klassischen Selbstbeschreibung der modernen bürgerlichen Gesellschaft waren Staat und Recht in erster Linie die Garanten für den Zusammenhalt der Gesellschaft: „Die Verwirklichung des Gemeinwohls ist oberstes Ziel aller Politik, der Staat sein oberster Garant, der - auf Recht, Macht und Gewaltmonopol gestützt - als oberste Verklammerung der Gesellschaft die irdische Wohlfahrt in der bestmöglichen Weise gewährleistet."[4] Die Garantenstellung des Staates, die Politik in diesem Sinne möglich macht, hat Hermann Heller als das entscheidende Begriffsmerkmal des Staates beschrieben: Das Zusammenwirken aller gesellschaftlichen Akte auf einem bestimmten Gebiet wird in letzter Instanz durch die Institution „Staat" garantiert.[5] Voraussetzung dafür ist die nur dem Staat zukommende Eigenschaft der gebietsuniversalen Entscheidungsgewalt, seine Fähigkeit, jede die Einheit des gebietsgesellschaftlichen Zusammenwirkens betreffende Frage endgültig und wirksam entscheiden zu können und diese Entscheidung allen Gebietsbe-

---

[1] Vgl. Wilhelm Heitmeyer (Hrsg.), Was hält die Gesellschaft zusammen? Bundesrepublik Deutschland: Auf dem Weg von der Konsens- zur Konfliktgesellschaft, 2 Bände, Frankfurt am Main 1997.
[2] Ulrich Beck und Elisabeth Beck-Gernsheim, Individualisierung in modernen Gesellschaften - Perspektiven und Kontroversen einer subjektorientierten Soziologie, in: dies. (Hrsg.), Riskante Freiheiten. Individualisierung in modernen Gesellschaften, Frankfurt am Main 1994, S. 10 ff.; Jürgen Friedrichs (Hrsg.), Die Individualisierungs-These, Opladen 1998.
[3] Helmut Willke, Systemtheorie 2. Interventionstheorie: Grundzüge einer Theorie der Intervention in komplexe Systeme, 2. Aufl., Stuttgart 1996, S. 223 ff.
[4] Staatslexikon, herausgegeben von der Görres-Gesellschaft, 4. Band, 7. Aufl., Freiburg u.a. 1995, Stichwort „Politik" (Bearbeiter: Hans Maier und Bernhard Vogel).
[5] Hermann Heller, Die Souveränität. Ein Beitrag zur Theorie des Staats- und Völkerrechts, in: Gesammelte Schriften, herausgegeben von Martin Draht u.a., Leiden 1971, 2. Band, S. 31 ff. (125).

wohnern aufzuerlegen.⁶ Von allen anderen Organisationen unterscheidet sich der Staat, so Hermann Heller, dadurch, daß er seiner Ordnung gegenüber allen anderen gesellschaftlichen Ordnungen eine besondere Geltung verschaffen kann, weil er die Menschen in ganz anderer Weise zu ergreifen vermag als die sonstigen Organisationen.⁷ Staat und Recht stehen zwar auch heute im Zentrum der Bemühungen um eine bewußt gestaltende politische Einflußnahme auf die Dynamik gesellschaftlicher Entwicklungen. Dies zu leugnen wäre kaum plausibel. Aber ihre klassischen Instrumentarien reichen offenkundig nicht mehr aus. Die Einsicht, daß eine Fortsetzung und Ausbreitung des Zivilisations- und Wohlstandsmodells der westlichen Industrieländer die Stabilität des Erdklimas und anderer globaler Ökosysteme gefährden könnte,⁸ hat Zweifel aufkommen lassen, ob Politik, Staat und Recht die Kraft haben, den Schutz des globalen gemeinschaftlichen Gutes der natürlichen Lebensbedingungen des Menschen gegenüber der Eigendynamik einer individualisierten und vorrangig an kurzfristigen wirtschaftlichen Kalkülen orientierten Gesellschaft zu gewährleisten.⁹ Die „Globalisierung", die einerseits gefeierte und andererseits gefürchtete beschleunigte weltweite Vernetzung wirtschaftlicher Aktivitäten in der Folge der digitalen Revolution der Kommunikationstechnologie und der weitgehenden Durchsetzung des marktwirtschaftlichen Systems nach dem Ende des Ost-West-Konflikts, hat solche Zweifel noch verstärkt und darüber hinaus die Frage aufgeworfen, ob Politik und Recht noch in der Lage sind, wirtschaftliche Stabilität und soziale Gerechtigkeit zu garantieren. Die Gesellschaft ist als Ganzes mit der Entwicklung zu einer Weltgesellschaft zugleich an Grenzen gestoßen, die sie zwingt, sich neu zu formieren und ihre inneren Koordinationen zu verfeinern, weil sie ihre Probleme nicht mehr exportieren kann: nicht in eine endlos belastbare Natur, nicht in Kolonien, und nicht in neu entdeckte Kontinente. Politik, Staat und Recht gelten angesichts der zentrifugalen Dynamik der modernen Gesellschaft als überfordert. Sie haben ihre Exklusivität verloren.¹⁰ Von der „Entzauberung des

---

⁶ Hermann Heller, a.a.O., S. 125 f.
⁷ Hermann Heller, Staatslehre, in: Gesammelte Schriften, 3. Band, S. 79 ff. (339 ff., 380).
⁸ Ernst Ulrich von Weizsäcker, Erdpolitik. Ökologische Realpolitik an der Schwelle zum Jahrhundert der Umwelt, 3. Aufl., Darmstadt 1992, S. 3 ff.; ders., Amory B. Lovins und L. Hunter Lovins, Faktor Vier. Doppelter Wohlstand - halbierter Naturverbrauch. Der neue Bericht an den Club of Rome, München 1995.
⁹ Vgl. dazu Niklas Luhmann, Ökologische Kommunikation. Kann die moderne Gesellschaft sich auf ökologische Gefährdungen einstellen?, 3. Aufl., Opladen 1990.
¹⁰ Zur verwaltungswissenschaftlichen, verwaltungsrechtlichen und verfassungsrechtlichen Debatte über die Steuerungsleistungen des Gesetzes und der gesetzesgebundenen hoheitlichen Verwaltung vgl. Dieter Grimm (Hrsg.), Wachsende Staatsaufgaben - sinkende Steuerungsfähigkeit des Rechts, Baden-Baden 1990; ders., Die Zukunft der Verfassung,

Staates" ist die Rede.[11] Die Suche nach praktischen Problemlösungen kann zwar nicht auf Fortschritte der Theorie warten. Aber Staatslehre, Rechtstheorie, Soziologie und Politikwissenschaft haben die Aufgabe, zum Verständnis der gesellschaftlichen Dynamik und der Möglichkeiten und Grenzen einer gezielten politischen Einflußnahme beizutragen und Reformen kritisch zu begleiten. Helmut Willke stellt der an den juristischen Fakultäten betriebenen Staatslehre jedoch ein vernichtendes Zeugnis aus:

> „Der schon länger anhaltende Stillstand der Staatstheorie kontrastiert merkwürdig mit der Dynamik gegenwärtiger politischer Entwicklungen: der Vereinigung Deutschlands, dem Zusammenwachsen Europas, der Liberalisierung der mitteleuropäischen Länder, dem Zusammenbrechen des sowjetischen Imperiums, der Emergenz einer triadischen Konstellation in der Ersten Welt. Die Staatstheorie klassischer Prägung ist verschwunden in der Differenz von Staatslehre einerseits und Theorie des politischen Systems andererseits. Die an den juristischen Fakultäten verankerte Staatslehre zelebriert die Form des Staates - ohne zu bemerken, daß ihr sowohl die Theorie der Form wie die Empirie des Staates abhanden gekommen ist. (...) Ein solcher Strukturwandel mußte die Politikwissenschaft und noch mehr die Rechts- und Staatstheorie ins Mark treffen, entzog sie doch dem seit Macchiavelli und Hobbes formulierten gesellschaftlichen Primat der Politik die Grundlage. Während die Zwänge der Praxis längst Koordinationsgremien, Konzertierte Aktionen, Runde Tische und Verhandlungssysteme der unterschiedlichsten Art hervorgebracht haben, während die massiven Risiken einer ungebremsten Eigendynamik der spezialisierten Funktionssysteme notdürftig durch rudimentäre Formen der Selbstbescheidung und Reflexion eingedämmt werden, geistern durch kleine Teile der Politikwissenschaft und große Teile der Rechts- und Staatstheorie nach wie vor noch die Allmachtsphantasien staatlicher Kontrolle und Steuerung gesellschaftlicher Prozesse. Selbst die einst fortschrittliche Idee des umfassend zuständigen und verantwortlichen Sozial- und Wohlfahrts-

---

1991, S. 411 ff.; Matthias Schmidt-Preuß, Verwaltung und Verwaltungsrecht zwischen gesellschaftlicher Selbstregulierung und staatlicher Steuerung, VVDStRL 56 (1997), S. 160 ff.; Udo Di Fabio, Verwaltung und Verwaltungsrecht zwischen gesellschaftlicher Selbstregulierung und staatlicher Steuerung, VVDStRL 56 (1997), S. 235 ff.; ders., Verlust der Steuerungskraft klassischer Rechtsquellen, NZS 1998, S. 449 ff.; Gunnar Folke Schuppert (Hrsg.), Das Gesetz als zentrales Steuerungsinstrument des Rechtsstaates, Baden-Baden 1998; Eberhard Schmidt-Aßmann, Das Allgemeine Verwaltungsrecht als Ordnungsidee, Berlin 1998.

[11] Helmut Willke, Entzauberung des Staates. Überlegungen zu einer gesellschaftlichen Steuerungstheorie, Königstein/Ts. 1983; vgl. auch ders., Systemtheorie 2: Interventionstheorie: Grundzüge einer Theorie der Intervention in komplexe Systeme, 2. Aufl., Stuttgart 1996, S. 223 ff.

staates ist als Gestalt der Politik alt geworden. Es ist an der Zeit, daß die Beschreibung der Aufgaben der Politik die notwendigen Lehren aus dem verfügbaren Stand der Gesellschaftstheorie zieht und ihr Geschäft betreibt als Gesellschaftstheorie des politischen Systems."[12]

Das Angebot der Systemtheorie

Als Alternative bietet sich also die Theorie sozialer Systeme an. Sie erklärt die Krisenphänomene der modernen Gesellschaft, den Verlust des Primats der Politik und das Versagen der Steuerungsleistungen von Staat und Recht für die Stabilität und Wohlfahrt der Gesellschaft als Folge und unvermeidliche Begleiterscheinung der funktionalen Ausdifferenzierung der modernen Gesellschaft.[13] Der wohl konsequenteste Gegenentwurf zum vorherrschenden interpretativen Forschungsprogramm der soziologischen Handlungstheorie ist die „autopoietische" Theorie sozialer Systeme, deren Grundlagen Niklas Luhmann 1984 vorgestellt[14] und in einem Zeitraum von 13 Jahren systematisch ausgearbeitet hat.[15] Die neuere Theorie sozialer Systeme setzt mit ihren Beschreibungen und Analysen von vornherein nicht bei der individuellen Handlung an.[16] Sie beobachtet, so könnte man sagen, nicht die Bäume, sondern den Wald. Und der Wald der Systemtheorie, so könnte man die Metapher fortführen, besteht auch nicht aus Bäumen, sondern aus einem Netz von Vorgängen der Energieumwandlung. Niklas Luhmann will soziale Systeme schon von ihren Grundelementen her in ihren emergenten Eigenschaften beschreiben, also in den Eigenschaften, die sie als Systeme kraft der Verbindung ihrer Elemente zu einem System auszeichnen. Die Handlungen von menschlichen Individuen sind zwar Voraussetzungen, aber nicht Bestandteile sozialer Systeme, ähnlich wie man neurologische

---

[12] Helmut Willke, a.a.O., S. 223, 226.
[13] Niklas Luhmann, Das Recht der Gesellschaft, Frankfurt am Main 1993, S. 407 ff.
[14] Soziale Systeme. Grundriß einer allgemeinen Theorie, 2. Aufl., Frankfurt am Main 1988.
[15] Den systematischen Abschluß bildet Niklas Luhmann, Die Gesellschaft der Gesellschaft (durchgängig zit.: Gesellschaft), 2 Teilbände, Frankfurt am Main 1997. Dazwischen sind zahlreiche Bücher und Aufsätze zu den einzelnen Funktionssystemen der Gesellschaft erschienen. Hier seien insbesondere genannt: Die Wirtschaft der Gesellschaft (1988), Die Wissenschaft der Gesellschaft (1990), Das Recht der Gesellschaft (1993), Die Kunst der Gesellschaft (1997). Nach dem Tod Luhmanns ist erschienen: Die Politik der Gesellschaft (2000). Zur Ausgangsfrage Niklas Luhmann, Wie ist soziale Ordnung möglich?, in: Gesellschaftsstruktur und Semantik. Studien zur Wissenssoziologie der modernen Gesellschaft, Band 2, Frankfurt am Main 1993, S. 195 ff.; Ein Gesamtverzeichnis der Veröffentlichungen Niklas Luhmanns bis 1992 findet sich bei Klaus Dammann, Dieter Grunow, Klaus P. Japp (Hrsg.), Die Verwaltung des politischen Systems, Opladen 1994, S. 282 ff.
[16] Niklas Luhmann, Soziale Systeme, S. 191 ff.

Impulse als Voraussetzung, aber nicht Bestandteile von Gedanken verstehen und sich auf die Beschreibung und Analyse gedanklicher Inhalte konzentrieren kann, ohne gezwungen zu sein, sich stets und ständig darüber Rechenschaft abzulegen, wie die Möglichkeiten des Denkens durch die Strukturen und Prozesse des Gehirns bedingt und begrenzt sind.

Luhmann beschreibt Gesellschaft als in der Tendenz globales Kommunikationssystem.[17] Kommunikationen und nicht etwa Menschen, menschliches Bewußtsein und individuelle Handlungen sind die Grundelemente sozialer Systeme und deren funktionaler Teilsysteme.[18] Luhmanns Beschreibung der Gesellschaft bezieht sich auf die Ebene des Sinnes. Er beobachtet die Gesellschaft als dynamischen Text. Die Welt erscheint als Gegenstand von Beschreibungen in der gesellschaftlichen Kommunikation. Gesellschaft ist ein System sinnhafter Operationen, insofern vergleichbar dem kognitiven System des menschlichen Bewußtseins, aber eben von diesem unterschieden, auf Kommunikationen und nicht auf Gedanken als Form sinnhafter Operationen beruhend. Der entscheidende Aspekt der Theorie Luhmanns liegt in der auf neuere systemtheoretische Konzepte der biologischen Erkenntnistheorie und der Gehirnforschung zurückgreifenden Konzeption sozialer Systeme als autopoietische Systeme.[19] Damit ist vor allem die Annahme verbunden, daß die Gesellschaft als Ganzes und deren funktional ausdifferenzierte Teilsysteme wie Wirtschaft, Politik und Recht hinsichtlich ihrer Operationen und der in diesen Operationen erzeugten Information geschlossene Systeme seien. Solche Systeme lassen sich mangels der Möglichkeit der Aufnahme von Informationen von außen nicht steuern. Sie steuern sich selbst. Und dieses Verhältnis wechselseitiger Abschließung der Operationen und der Informationserzeugung gilt insbesondere auch für die Beziehung zwischen Kommunikation und individuellem Bewußtsein.[20]

Die moderne Gesellschaft zeichnet sich im Vergleich mit früheren Gesellschaftsformationen für Luhmann vor allem dadurch aus, daß ihr eine Instanz fehlt, die sie als Ganzes verbindlich repräsentieren und ihre allgemeinen Existenzbedingungen wirksam gegenüber den Eigenwerten und Ansprüchen der Teilsysteme durchsetzen könnte. Auch die Politik kann diese

---

[17] Niklas Luhmann, Gesellschaft, S. 145 ff.
[18] Niklas Luhmann, Wer kennt Will Martens? Eine Anmerkung zum Problem der Emergenz sozialer Systeme, Kölner Zeitschrift für Soziologie und Sozialpsychologie 44 (1992), S. 139 ff.; Soziale Systeme, S. 346 ff.; Gesellschaft, S. 91 ff.
[19] Niklas Luhmann, Soziale Systeme, S. 57 ff.; Gesellschaft S. 60 ff.
[20] Niklas Luhmann, Soziale Systeme, S. 346 ff.; ders., Die Autopoiesis des Bewußtseins, Soziale Welt 1985, S. 402 ff.

Funktion nicht übernehmen.²¹ Das Auseinanderdriften der funktionalen Teilsysteme ist so gewissermaßen die offene Schicksalsfrage der modernen globalen Gesellschaft.

Die Systemtheorie Niklas Luhmanns liefert eine neue Deutung der zentrifugalen Dynamik der modernen Gesellschaft. Wenn man die Schriften Luhmanns zur Kenntnis genommen hat, fragt man sich allerdings mehr als zuvor, was die Gesellschaft heute noch zusammenhalten kann. Die Systemtheorie kritisiert herkömmliche Annahmen über die Möglichkeiten der Steuerung gesellschaftlicher Prozesse und der Übertragung von Information über Systemgrenzen hinweg als grobe und irreführende Vereinfachung von Zusammenhängen, die nach den in den modernen Naturwissenschaften, insbesondere in Gehirnforschung und Biologie gewonnenen Erkenntnissen und deren Verarbeitung in der modernen Systemtheorie sehr viel komplexer, voraussetzungsreicher und unwahrscheinlicher seien. Sie bietet mit dem Konzept der Autopoiese ein analytisches Instrumentarium an, das den Anspruch erhebt zu erklären, wie Kommunikationssysteme sich als von ihrer Umwelt unterschiedene Einheiten erhalten. Aber in der Konsequenz unterstreicht sie damit zugleich die Schwierigkeiten einer Erklärung der „strukturellen Koppelung" zwischen autopoietischen Systemen und ihrer Umwelt einschließlich anderer autopoietischer Systeme. Auf dieser Grundlage liefert sie zunächst eine zugespitzte Analyse der divergierenden Prozesse in der funktional ausdifferenzierten modernen Gesellschaft. Insofern steigert sie zunächst die Sorge um die Integration der Gesellschaft.²² Aber bietet sie mit dem Begriff der „strukturellen Koppelung" auch überzeugende Antworten auf die Frage, welche Prozesse Grundlage für den Zusammenhalt der Gesellschaft sein können? Vermag der Hinweis zu überzeugen, daß die Systemtheorie Luhmanns den einzelnen von einer Verantwortung entlaste, die er nicht tragen kann, indem sie auf die Selbsterhaltungs- und Selbststeuerungskraft sozialer Systeme aufmerksam mache?²³ Das muß nach dem gegenwärtigen Stand der Diskussion bezweifelt werden. Niklas Luhmanns Konzeption einer autopoietischen Theorie sozialer Systeme hat zwar auch jenseits der Fachgrenzen der Soziologie weltweit große Resonanz gefunden. Aber sie ist auch auf scharfe Kritik gestoßen.²⁴ Vernichtend

---

[21] Niklas Luhmann, Gesellschaft, S. 595 ff.; ders., Ökologische Kommunikation. Kann die moderne Gesellschaft sich auf ökologische Gefährdungen einstellen?, 3. Aufl., Opladen 1990, S. 167 ff.
[22] Darauf weist Niklas Luhmann selbst hin: Gesellschaft, S. 776 ff.
[23] Dietrich Schwanitz, Verlorene Illusionen, Soziologische Revue 1996, S. 127 ff.
[24] Hartmut Esser, Soziologie. Allgemeine Grundlagen, Frankfurt am Main und New York 1993, S. 529 ff.; Hans Haferkamp, Autopoietisches soziales System oder konstruktives soziales Handeln? Zur Ankunft der Handlungstheorie und zur Abweisung empirischer

fällt etwa die Kritik von Renate Mayntz aus: Luhmanns Theorie autopoietischer Systeme sei eine Soziologie, die „gleichsam nach dem Prinzip der Dame ohne Unterleib soziale Systeme auf bloße Kommunikationen verkürzt und sie damit ihres faktischen Substrats und aller faktischen Antriebskräfte beraubt"; sie könne daher nicht sehen, daß die Verselbständigungstendenzen sozialer Teilsysteme das Produkt erkennbarer Handlungsstrategien identifizierbarer Akteure seien und verleite deshalb eher zu Fehldiagnosen der real existierenden Steuerungsprobleme.[25] Der von Niklas Luhmann erhobene Anspruch einer allgemeinen Theorie der Gesellschaft, die das klassische interpretative Programm der Handlungstheorie nicht etwa ergänze, sondern rückstandslos ersetze, hat deren Anhänger jedenfalls nicht überzeugt.

Ein zentrales Problem der Theorie sozialer Systeme liegt in der Annahme der informationellen Geschlossenheit der die Gesellschaft bildenden Kommunikationssysteme. Der komplementäre Gegenbegriff zur Autopoiesis des Systems in der Theoriesprache Luhmanns ist der Begriff der strukturellen Kopplung zwischen System und Systemumwelt.[26] Strukturelle Kopplung bedeutet zum Beispiel im Verhältnis der funktionalen Teilsysteme Recht und Wirtschaft, daß die Rechtsfigur des Vertrags, die zum Kommunikationssystem Recht gehört, und der zum Kommunikationssystem Wirtschaft gehörende Tausch von Waren, Dienstleistungen und Geld in einem für die weitere Selbsterzeugung jedes dieser beiden Systeme ausreichenden Maß zueinander passen, so daß wirtschaftliche Akteure bei Anbahnung und Abwicklung wirtschaftlicher Austauschvorgänge sinnvoll auf die rechtlichen Formen des Vertragsrechts und ihre Gewährleistungsfunktion zurückgreifen können. Dazu müssen aber auch Bewußtsein und intentionales Handeln der beteiligten Akteure passen. Im Verhältnis von Individuum und Gesellschaft bedeutet strukturelle Kopplung also ebenfalls, daß die Strukturen der unabhängig voneinander operierenden Systeme, also die Strukturen von Gedanken und Kommunikationen, aufeinander Bezug nehmen können. Denn nur dann ist vorstellbar, daß Menschen überhaupt motiviert und in der Lage sind, Kommunikation wahrzunehmen und in Bezug auf Kommunikation zu handeln. Und ohne das Bewußtsein und das

---

Forschung in Niklas Luhmanns Systemtheorie, in: Hans Haferkamp und Michael Schmid (Hrsg.), Sinn, Kommunikation und soziale Differenzierung. Beiträge zu Luhmanns Theorie sozialer Systeme, Frankfurt am Main 1987, S. 51 ff.; Karl Otto Hondrich, Die andere Seite sozialer Differenzierung, in: Hans Haferkamp und Michael Schmid, a.a.O., S. 275 ff.

[25] Renate Mayntz, Soziale Dynamik und politische Steuerung. Theoretische und methodologische Überlegungen, Frankfurt am Main, New York 1997, S. 199, 200.

[26] Dazu Niklas Luhmann, Das Recht der Gesellschaft, S. 440 ff.; Gesellschaft, S. 100, 779.

Handeln der Individuen würden auch die Operationen von Kommunikationssystemen zum Stillstand kommen. Aber wie ist strukturelle Kopplung in einem solchen Sinne möglich, wenn jedes dieser Systeme selbstreferentiell operiert und deshalb Information nur in und für sich selbst erzeugt? Luhmann beschreibt strukturelle Kopplung unter anderem als wechselseitige Benutzung fremder Komplexität (Ordnung) zum Aufbau eigener Komplexität. Aber wie kann ein operational und informationell als geschlossen gedachtes System überhaupt auf die Komplexität, also auf die innere Ordnung der Relationen zwischen den Elementen eines fremden, zu seiner Umwelt gehörenden Systems zugreifen, wenn diese nicht-zufällige Verteilung von Elementen des fremden Systems keinerlei Einfluß auf die Entstehung von Information im „erkennenden" System hat? Die Theorie sozialer Systeme setzt also eine strukturelle Kopplung zwischen der Gesellschaft und ihrer Umwelt einschließlich des Bewußtseins und des Handelns von Menschen voraus. Aber kann sie die Entstehung und Veränderung solcher strukturellen Kopplungen aus den internen Operationen der beteiligten Kommunikations- und Bewußtseinssysteme heraus auch erklären? Kappt die Theorie sozialer Systeme nicht mit dem Begriff der Autopoiesis jede Möglichkeit der Erklärung eines Wirkungszusammenhangs zwischen der von ihr beschriebenen Selbsterhaltung sozialer Systeme und dem Denken und Handeln der Individuen, das sie zugleich voraussetzt?

Die Kritik an der Vertreibung der politischen und sozialen Akteure aus der Gesellschaftstheorie ist verbunden mit einer massiven methodischen Kritik: Der Systemtheorie wird vorgeworfen, daß sie schon von der Anlage her nicht darauf ausgerichtet sei, empirisch überprüfbare nomologische Hypothesen zur Diskussion zu stellen. Weil ihre Aussagen prinzipiell nicht empirisch überprüfbar seien, werde sie den Anforderungen der analytischen Wissenschaftstheorie nicht gerecht.

Der Anspruch der Handlungstheorie

Das interpretative Forschungsprogramm der Handlungstheorie versteht sich als empirisch anspruchsvolles Modell sozialwissenschaftlicher Erklärung. Kann auf seiner Grundlage die Frage, was die Gesellschaft angesichts der aktuellen Umbrüche zusammenhält, überzeugender beantwortet werden? Auch das muß bezweifelt werden. Die Handlungstheorie und der mit ihr zumindest implizit verbundene methodische Individualismus setzen voraus, daß kollektive Phänomene vom Individuum aus, von den intendierten und nichtintendierten Folgen individueller Handlungen her erklärt werden können.[27] Aber ist auf diesem Wege überhaupt eine angemessene Erklärung für die großen Strukturen der Gesellschaft möglich? Hartmut Esser, ein profilierter Vertreter des methodischen Individualismus und eines komplexen handlungstheoretischen Modells soziologischer Erklärung, konzediert: „Wenn es irgendetwas gibt, woran die herkömmliche Soziologie fest geglaubt und worin sie nachhaltig gescheitert ist, dann hier: In der Suche nach den „Bewegungsgesetzen" der Gesellschaft."[28] Warum ist die herkömmliche Soziologie an diesem Anspruch gescheitert, und welche Konsequenzen müssen daraus gezogen werden? Müssen wir akzeptieren, daß es wissenschaftstheoretisch anspruchsvolle empirische Erklärungen der gesellschaftlichen Dynamik nicht gibt? Ist Soziologie als Gesellschaftstheorie dann überhaupt noch sinnvoll möglich?

Auf der Grundlage des handlungstheoretischen Ansatzes der empirisch orientierten Soziologie, der von der verstehenden Interpretation der Handlungen individueller Akteure ausgeht und soziale Ordnungen nomologisch als Aggregation der intendierten wie nichtintendierten Folgen dieser Handlungen erklären will, ist es äußerst mühsam, unpraktisch oder sogar unmöglich, zu anspruchsvollen und empirisch gehaltvollen Aussagen über „die Gesellschaft" als Ganzes, über „die Wirtschaft", „die Politik", „das Recht", deren grundlegende Strukturen und deren Entwicklungsdynamik zu gelangen. Das liegt nicht daran, daß der Ausgangspunkt, die Annahme, daß alle gesellschaftliche Ordnung letzten Endes eine Folge des Handelns konkreter Menschen ist, in Zweifel gezogen werden müßte. Aber schon die große Zahl der über lange Zeiträume hinweg mitwirkenden Faktoren sowie der Umstand, daß sie untereinander in vielfältigen Wechselwirkungen stehen, sprechen dagegen, daß es möglich sein könnte, einen angenommenen Ursachenzusammenhang vom individuellen Handeln bis zu sozialen Ordnungsstrukturen theoretisch darzustellen. Es ist allerdings durchaus das Ziel anspruchsvoller handlungstheoretischer Ansätze nomologischer Erklärung, soziale Ordnungsstrukturen ausgehend von den individuellen Handlungen zu erklären und andererseits die Rückwirkungen von der Ebene der Gesellschaft auf das individuelle Handeln zu erfassen.[29] Aber ob und wie dies gelingen kann, ist umstritten. Empirische Forschung auf im weiten Sinne handlungstheoretischer Grundlage operiert zumeist mit Hypothesen, die aus Mo-

---

[27] Hartmut Esser, Soziologie, Allgemeine Grundlagen, Frankfurt am Main und New York 1993, S. 19 ff., 39 ff.
[28] Hartmut Esser, Besprechung von Michael Schmid, Soziales Handeln und strukturelle Selektion. Beiträge zur Theorie sozialer Systeme, Soziologische Revue 2000, S. 190.
[29] Vgl. dazu etwa Hartmut Esser, Soziologie. Allgemeine Grundlagen, Frankfurt und New York 1993, 245 ff., S. 600 ff.

dellen der Handlung und der Interaktion individueller Akteure gewonnen und mit empirischen Befunden verglichen werden.[30] Dabei reicht das Spektrum vom reduzierten Modell des nutzenmaximierenden und rational kalkulierenden Homo oeconomicus in Theorien der rationalen Wahl (Rational Choice) bis zu dem komplexen Modell des „Resourceful, Restricted, Expecting, Evaluating, Maximizing Man (RREEMM)" (Lindenberg), das in der Soziologie diskutiert wird.[31] Für nomologische Erklärungen sozialer Tatbestände wird etwa von Esser ein Verfahren der Modellierung sozialer Prozesse beschrieben, das in mehreren Erklärungsschritten von der empirischen sozialen Situation über hypothetische Modelle der Logik der Situation zum Akteur, vom Akteur über die Logik der Selektion von Handlungsalternativen zum Handeln und vom Handeln über die Logik der Aggregation zu dem zu erklärenden kollektiven Tatbestand führt. In jedem dieser Schritte werden theoretische Modelle (Brückenhypothesen über die Logik der Situation, Handlungstheorien und mit ihnen verbundene Theorien über Wahrnehmung, Lernen, Kommunikation, sowie mathematische Modelle oder institutionelle Regeln der Transformation individuellen Handelns in soziale Zustände) zugrundegelegt.[32] Diese Methode empirischer Erklärung stößt, so eindrucksvoll sie auch ist, auf ein grundsätzliches Problem: Kann erwartet werden, daß komplexe Eigenschaften der sozialen Ordnung (der Gesellschaft, der Politik, des Rechts oder der Wirtschaft) auf diese Weise erklärt werden? Die Aussichten empirischer Erklärung erscheinen um so günstiger, je begrenzter das zu erklärende Phänomen ist. So kann sie etwa gelingen, wenn es um die Entwicklung von Scheidungsraten oder um die Entwicklung der Teilnehmerzahlen an den Montagsdemonstrationen in der Endphase der DDR geht.[33] Das ist aber noch nicht das zentrale Problem. Die Beschränkung auf begrenzte Gegenstände der Erklärung

---

[30] Die methodische Alternative der empirischen Sozialforschung besteht in der Befragung realer Individuen nach ihren Einstellungen, Motiven und Handlungen. Abgesehen von dem methodischen Problem, wie man wahrhaftige Auskünfte bekommen kann, geben derartige Einstellungsuntersuchungen kaum Auskunft über die maßgeblichen Faktoren für die Bildung und Veränderung von Verhaltensdispositionen. Sie sind den Befragten in der Regel noch weniger bekannt als den Befragenden. Für anspruchsvolle Erklärungen bedürfen Befragungen daher letztlich auch der Verknüpfung mit einem theoretischen Rahmen. Vgl. dazu und zum Verfahren der Modellbildung Norman Braun und Axel Franzen, Umweltverhalten und Rationalität, Kölner Zeitschrift für Soziologie und Sozialpsychologie 47 (1995), S. 230 ff.

[31] Siegwart Lindenberg, An Assessment of the New Political Economy: Its Potential for the Social Sciences and for Sociology in Particular, Sociological Theory 1985, S. 99 ff.

[32] Siegwart Lindenberg, Die Relevanz theoriereicher Brückenannahmen, Kölner Zeitschrift für Soziologie und Sozialpsychologie 1996, S. 126 ff.; Hartmut Esser, Soziologie. Allgemeine Grundlagen, Frankfurt am Main und New York 1993, 237 ff., 245 ff.

[33] Vgl. zu diesen und anderen Beispielen Hartmut Esser, a.a.O., S. 31 ff., 65 ff.

bei gleichzeitiger Steigerung der methodischen Ansprüche an die intersubjektive Nachprüfbarkeit der Ergebnisse ist schließlich eine Grundvoraussetzung empirischer Wissenschaft. Aus der Summe begrenzter, aber empirisch gut fundierter Erkenntnisse könnte im Laufe der Zeit ein für praktische Zwecke sehr brauchbares Bild großer Zusammenhänge entstehen. Aber die Problematik des beschriebenen Modells nomologischer Erklärung reicht tiefer. Sie liegt im letzten Erklärungsschritt, bei der Aggregation der intendierten und nichtintendierten Folgen individueller Handlungen zu kollektiven Zuständen. Es geht um ein grundsätzliches Problem des methodischen Individualismus, das Problem der Emergenz:[34] Können die grundlegenden Eigenschaften komplexer Ordnungen mit den Eigenschaften der Teile, aus denen sie bestehen, erklärt werden? Das Problem läßt sich anschaulich anhand einer Maschine und ihrer Bauteile beschreiben: Kann man die einfachste Maschine angemessen erklären, indem man die physikalischen und chemischen Eigenschaften der Bauteile beschreibt, aus denen sie zusammengesetzt sind?[35] Die Eigenschaften des Ganzen, die für den an der Funktionsweise der Maschine interessierten Beobachter bedeutsam sind, sind offenbar etwas anderes als die bloße Summe von Eigenschaften der einzelnen Teile. Für das Verständnis der Konstruktion kommt es auf die spezifischen Relationen und Wirkungszusammenhänge zwischen diesen Teilen an, auf ihre Anordnung, deren Sinn man nur verstehen kann, wenn man die vom Konstrukteur beabsichtigte Funktionsweise des Ganzen berücksichtigt. Die Form der Teile wird erst aus ihrer Funktion im Gesamtzusammenhang der Arbeitsweise der Maschine verständlich. Man kann also wesentliche Eigenschaften der Teile wie ihre Form und die Wahl von Materialien mit bestimmten Eigenschaften aus dem Verständnis des Ganzen erklären, nicht aber umgekehrt. Und zu einer verständlichen Beschreibung der Konstruktion einer Maschine braucht man keine in alle Einzelheiten gehende Kenntnis der konkreten physikalischen und chemischen Eigenschaften der Bauteile.

Kann und muß man also nicht auch die Gesellschaft als Ganzes vor allem anhand ihrer internen Relationen beschreiben und im Kontext ihres Funktionszusammenhangs verstehen, wenn man Gesellschaft und ihre großen Strukturen überhaupt zum Gegenstand sozialwissenschaftlicher Forschung machen will? Indem man die Angabe der Transformationsregeln

---

[34] Zum Problem der Emergenz der Gesellschaft vgl. Hartmut Esser, Soziologie, Allgemeine Grundlagen, Frankfurt am Main und New York 1993, S. 403 ff., 413 ff.; zur Position Luhmanns vgl. Soziale Systeme, S. 43; Gesellschaft, S. 134 f.
[35] Zum Folgenden Bernd-Olaf Küppers, Ursprung, S. 110 ff. im Anschluß an Überlegungen von Michael Polanyi.

für die Aggregation der Folgen des individuellen Handelns zu sozialen Zuständen fordert, wird das Problem der Emergenz zwar anerkannt. Aber kann es ausreichen, mathematische Modelle und formale oder institutionelle Regeln anzugeben, die die Transformation steuern? Reicht das nicht nur für ein ganz begrenztes Spektrum von formal zu beschreibenden kumulativen Prozessen aus, etwa für die Erklärung der Aggregation individuellen Wählerverhaltens zu einem politisch bedeutsamen Wahlergebnis mit den Regeln des Wahlrechts, wobei anzumerken ist, daß eine solche Erklärung eine komplexe soziale Institution, die parlamentarische Demokratie und das Wahlrecht, als gegeben voraussetzen muß? Kann man aber mit Modellen der Aggregation auch die qualitativen sozialen Effekte von Kommunikation erfassen, die sich zu semantischen Strukturen verdichten, an denen sich soziale Praxis orientiert?

Es ist dieses Problem der Emergenz, das Luhmann dazu bewogen hat, Handlung als Grundelement sozialer Systeme durch Kommunikation zu ersetzen und den Begriff der Kommunikation von vornherein auf einer überindividuellen Beobachtungsebene zu konstruieren. Aber der Preis dieser theoretischen Entscheidung scheint zu sein, daß die Theorie sozialer Systeme die Anschlußfähigkeit an die traditionelle, handlungstheoretisch orientierte Soziologie und an die umfangreichen Ergebnisse empirischer Forschung auf handlungstheoretischer Grundlage aufs Spiel setzt. Kann die Systemtheorie darauf verzichten? Kann sie - ohne Rückgriffe auf Handlungstheorie oder irgendeine Art von Mikrosoziologie - erklären, was die Gesellschaft zusammenhält?

Die Perspektive einer evolutionstheoretischen Synthese

Eine Lösung dieses Dilemmas könnte man erhoffen, wenn es gelänge, Handlungstheorie und Systemtheorie in einem beide Ansätze übergreifenden Rahmen zusammenzuführen. Eine Integration der mikrosoziologischen Fragestellungen der Handlungstheorie und der makrosoziologischen Fragestellung der Systemtheorie könnte die Einseitigkeit und Begrenztheit beider Perspektiven vermeiden. In jüngster Zeit gibt es in der Tat beachtliche Ansätze, Handlungsebene und Systemebene in einem evolutionstheoretischen Rahmen zu integrieren.[36] Den Ausgangspunkt dieser Ansätze bildet die

---

[36] Vgl. dazu Michael Schmid, Soziales Handeln und strukturelle Selektion. Beiträge zur Theorie sozialer Systeme, Opladen 1998, dort insbesondere die Einführung, S. 7 ff., sowie den programmatischen Beitrag „Soziologische Evolutionstheorie", S. 263 ff.; Tom R. Burns und Thomas Dietz, Kulturelle Evolution: Institutionen, Selektion und menschliches Handeln, in: Hans-Peter Müller und Michael Schmid (Hrsg.), Sozialer Wandel. Modellbildung und theoretische Ansätze, Frankfurt am Main 1995, S. 340 ff.;

Überlegung, daß die Sozialstruktur aus Regeln, Regelsystemen und Institutionen besteht, die von den sozialen Akteuren interpretiert und für ihr Handeln benutzt werden.[37] Die aus dem Handeln der sozialen Akteure resultierenden Probleme der Handlungsabstimmung entfalten einen Selektionsdruck, der zur Herausbildung von Regeln, Regelsystemen und Institutionen führt, die dann ihrerseits als Selektionsumwelt auf das aktuelle Handeln zurückwirken. Strukturen der Makroebene der Gesellschaft und Populationsphänomene werden also durch Prozesse auf der Mikroebene geformt und stellen ihrerseits die selektive Umwelt für diese Mikroprozesse dar.[38]

Die Systemtheorie Luhmanns scheint jedoch einer handlungstheoretischen „Mikrofundierung" nicht zugänglich zu sein. Entweder sind Handlungen oder Kommunikationen die Grundelemente sozialer Ordnung. Beides in eine Theorie zu integrieren, scheint unmöglich zu sein, weil die jeweiligen Grundbegriffe auf verschiedenen Ebenen liegen. Luhmann erklärt auch die Evolution sozialer Systeme ohne jeden Rückgriff auf Handlungstheorie. Systemtheorie und Handlungstheorie werden daher auch weitgehend als konkurrierende und einander ausschließende Theorien aufgefaßt.

Zum gedanklichen Ansatz und den Zielen der Untersuchung

Ausgangspunkt der vorliegenden Untersuchung ist die Vermutung, daß sowohl Handlungstheorien als auch die Systemtheorie Luhmanns gültige

---

evolutionstheoretische Erklärungsansätze haben im übrigen in den Sozialwissenschaften eine lange Tradition; vgl. aus der Fülle der Beispiele V. Gordon Childe, Soziale Evolution, Frankfurt am Main 1975 (Orig.: Social Evolution, London 1951); John C. Goodman, An Economic Theory of the Evolution of the Common Law, Journal of Legal Studies 7 (1978), S. 393 ff.; Philippe Nonet und Philip Selznick, Law and Society in Transition, New York 1978; Friedrich. A. von Hayek, Recht, Gesetzgebung und Freiheit, Band 1: Regeln und Ordnung, München 1980, S. 23 ff.; Jack Hirshleifer, Evolutionary Models in Economics and Law, Research in Law and Economics 4 (1982), 1 ff.; Alan Watson, The Evolution of Law, Baltimore 1985; Klaus Eder, Die Entstehung staatlich organisierter Gesellschaften. Ein Beitrag zu einer Theorie sozialer Evolution, Frankfurt am Main 1976; ders., Geschichte als Lernprozeß? Zur Pathogenese politischer Modernität in Deutschland, Frankfurt am Main 1991; Jürgen Habermas, Theorie des kommunikativen Handelns, Frankfurt am Main 1981, Band 1, S. 332 ff.; Band 2, S. 522 ff.; ders., Moralbewußtsein und kommunikatives Handeln, Frankfurt am Main 1983; Herbert Zemen, Evolution des Rechts. Eine Vorstudie zu den Evolutionsprinzipien des Rechts auf anthropologischer Grundlage, Wien und New York 1983; Rolf Grawert, Ideengeschichtlicher Rückblick auf Evolutionskonzepte der Rechtsentwicklung, Der Staat 22 (1983), S. 63 ff.; Uwe Wesel, Frühformen des Rechts in vorstaatlichen Gesellschaften, Frankfurt am Main 1985; Hannes Wimmer, Evolution der Politik. Von der Stammesgesellschaft zur modernen Demokratie, Wien 1996; Rüdiger Voigt (Hrsg.), Evolution des Rechts, Baden-Baden 1998.

[37] Tom R. Burns und Thomas Dietz, a.a.O., S. 343 ff.
[38] Tom R. Burns und Thomas Dietz, a.a.O., S. 342; Michael Schmid, a.a.O., S. 273 ff.

Antworten auf die Fragen anbieten können, die für ihr jeweiliges Forschungsprogramm konstitutiv sind, und daß ihre Konzepte insbesondere auch der jeweiligen Beobachtungsebene (individuelles Handeln, soziale Kommunikation) angemessen sind. Man kann Handlungstheorie also nicht mit Systemtheorie widerlegen und umgekehrt, weil die Theorien nicht auf die gleiche Frage antworten. Andererseits erlauben weder Handlungstheorie noch Systemtheorie allein hinreichende Antworten auf die Frage, was die Gesellschaft zusammenhält. Handlungstheorie und Systemtheorie können aber als komplementäre Ergänzungen verstanden werden, so daß eine Koordination ihrer Fragestellungen und Ergebnisse sinnvolle Lösungsstrategien für die Untersuchung der Dynamik gesellschaftlicher Strukturänderungen ermöglichen könnte.

Die vorliegende Studie versucht einen Beitrag zur Klärung der Anschlußfähigkeit der Theorie sozialer Systeme in einem evolutionstheoretisch begründeten Konzept der Erklärung von Kultur und Gesellschaft zu leisten. Das erfordert zunächst eine kritische Auseinandersetzung mit dem Anspruch der Theorie sozialer Systeme, bereits mit den Bordmitteln der eigenen Theorie die Evolution sozialer Systeme erklären zu können.[39] Den Ausgangspunkt dafür bildet ein Vergleich des Evolutionskonzepts bei Luhmann mit dem Grundkonzept evolutionärer Erklärung im klassischen und empirisch vielfach bewährten Muster einer Evolutionstheorie, der Synthetischen Theorie der biologischen Evolution. Der Theorievergleich zeigt, daß Luhmann für sein Evolutionskonzept vollständig auf die Annahme einer externen, also umweltabhängigen Selektion verzichtet und kulturelle und soziale Evolution ausschließlich mit interner Selektion abweichender Kommunikation durch die Strukturen des Kommunikationssystems erklären will. Das erweist sich aber im Hinblick auf den eigenen umfassenden Erklärungsanspruch der Theorie als Problem. Denn mit dem vollständigen Verzicht auf die Annahme externer Selektion kann auch „strukturelle Kopplung" nicht als Resultat von Evolution erklärt, sondern muß als deren Bedingung vorausgesetzt werden. Die Frage, was die Gesellschaft zusammenhält, kann also mit Luhmanns Evolutionskonzept nicht beantwortet werden. Eine schlüssige Lösung des Problems, wie die Entstehung struktureller Kopplung von Systemen mit ihrer Umwelt erklärt werden kann, steht aber in der Systemtheorie auch sonst nicht zur Verfügung.

Die Untersuchung widmet sich dann der Annahme der informationellen Geschlossenheit von Kommunikationssystemen. Die informationstheoreti-

---

[39] Niklas Luhmann, Gesellschaft, S. 413 ff.; vgl. schon ders., Evolution des Rechts, Rechtstheorie 1 (1970), 3 ff.; ders., Evolution und Geschichte, in: Soziologische Aufklärung Band 2, 3. Aufl., Opladen 1986, S. 150 ff.

schen Grundlagen dieses Axioms werden in Frage gestellt. Die Kritik kann dabei an den Überlegungen zum Begriff der Information anknüpfen, die Bernd-Olaf Küppers im Kontext einer evolutionstheoretischen Erklärung des Ursprungs biologischer Information angestellt hat. Die Klärung des Informationsbegriffs bildet den Ausgangspunkt für die Überlegung, ob und in welchem Sinne sich die Entstehung von Information in Kommunikations- und Bewußtseinssystemen als Folge umweltabhängiger, externer Selektion erklären läßt. Entscheidende Anregungen ergeben sich aus der Erkenntnistheorie Jean Piagets, insbesondere aus der „Äquilibrationstheorie" im Spätwerk Piagets.[40] Das Grundkonzept der Erkenntnistheorie Piagets erweist sich als evolutionstheoretisch schlüssige, externe Selektion einschließende Erklärung der Entstehung von Information in kognitiven Systemen. Die letzten beiden Kapitel stellen Grundlagen eines pragmatischen, externe Selektion einschließenden Konzepts der Erklärung kultureller und sozialer Evolution vor. Es verbindet Kommunikation als Einheit der Reproduktion und Variation der kulturellen und sozialen Information mit Koordination als Einheit der Selektion und Gesellschaft als der evoluierenden Einheit. Die Einheiten der Selektion, die individuelle Handlung und die soziale Koordination der Handlungen, verbinden die Makroevolution von Kultur und Gesellschaft und die Mikroevolution des individuellen Bewußtseins miteinander. Den Abschluß bilden eine Kritik der Auffassungen Luhmanns zum Steuerungsproblem und Überlegungen zu den Aufgaben der Gesetzgebung für soziale Lernprozesse an der Schnittstelle von Politik, Gesetzgebung und Gesellschaft.

---

[40] Jean Piaget, Die Äquilibration der kognitiven Strukturen, Stuttgart 1976 (Orig.: L équilibration des structures cognitives, Paris 1975).

1. Kapitel
Die Evolution sozialer Systeme bei Niklas Luhmann

1. Gegenstand und Methode

Die Leitfrage der vorliegenden Untersuchung lautet: Wie kann erklärt werden, daß die Strukturen des individuellen Bewußtseins und der Gesellschaft und die ausdifferenzierten Teilstrukturen der Gesellschaft sich in einer solchen Weise ergänzen, daß Existenz und Integration der Gesellschaft möglich sind? Nach den einleitenden Überlegungen muß bezweifelt werden, daß die traditionellen handlungstheoretischen Ansätze der empirischen Soziologie ausreichen, um diese Frage zu beantworten. Aber kann die neuere „autopoietische" Theorie sozialer Systeme, die Niklas Luhmann mit dem Anspruch einer allgemeinen Theorie der Gesellschaft entworfen hat, überzeugende Antworten bieten? Auch hier sind die Anlässe zu skeptischer Einschätzung einleitend angedeutet worden. Die folgende Untersuchung geht von der Hypothese aus, daß eine Lösung des Problems nur in einem evolutionstheoretischen Konzept der Erklärung von Kultur und Gesellschaft gesucht werden kann, das die Fragestellungen und Beiträge von Handlungstheorie und Systemtheorie in einen übergreifenden Bezugsrahmen integriert.

1.1. Biologie und soziologische Erklärung

Im Kontext der Kultur- und Sozialwissenschaften gäbe es allerdings gute Gründe, auf den Begriff der Evolution zu verzichten, wenn dies möglich wäre. Der Begriff der Evolution hat im Kontext evolutionstheoretischer Versuche der Erklärung sozialer Entwicklung häufig zu großen Mißverständnissen geführt.

Evolution wird allzu leicht, bewußt oder unbedacht, mit biologischer Evolution gleichgesetzt. Dabei kann es sich - wie im Fall der Soziobiologie[41]

---

[41] Edward O Wilson, Sociobiology, the new synthesis, Cambridge, Mass. 1976; ders., On human nature, London 1979; Richard Dawkins, The selfish Gene, London 1976; zu biologischen Grundlagen des Rechts Margret Gruter, Rechtsverhalten: biologische Grundlagen mit Beispielen aus dem Familien- und Umweltrecht, Köln 1993; Helmut Helsper, Die Vorschriften der Evolution für das Recht, Köln 1989.

oder der evolutionären Erkenntnistheorie[42] - um ein erklärtes Forschungsprogramm handeln, dessen Interesse den biologischen Grundlagen von Kultur und Gesellschaft gilt. Das erlaubt und erfordert methodische Überlegungen zu Möglichkeiten und Grenzen reduktionistischer Erklärungen. Das klassische Beispiel einer methodisch nicht hinreichend reflektierten Übertragung von Prinzipien der biologischen Evolution auf gesellschaftspolitische Fragen ist der Sozialdarwinismus.[43]

Es läßt sich allerdings nicht bestreiten, daß Kultur und Gesellschaft auch auf Voraussetzungen beruhen, die Resultate der biologischen Evolution der Gattung Mensch sind, insbesondere auf den in der biologischen Evolution ausgeprägten Fähigkeiten des Menschen zu Wahrnehmung, Kommunikation und intentionalem Handeln, aber auch auf affektiven Strukturen und Bedürfnissen. Schon ein oberflächlicher Blick zeigt jedoch, daß die genetische Ausstattung des Menschen mit einer großen Vielfalt historisch und regional unterschiedlicher Ausprägungen von Kultur und Gesellschaft vereinbar ist. Eine bestimmte kulturelle und soziale Form kann niemals ausschließlich als Ergebnis des Wirkens der biologischen Evolution erklärt werden.

Hier geht es nicht um eine Erklärung von Kultur und Gesellschaft als Resultat biologischer Evolution. Es geht zum Beispiel nicht um die Sorgen, die Helsper sich darüber macht, ob das geltende Recht den „Vorschriften der biologischen Evolution" entspricht.[44] Gegenstand ist vielmehr die eigenständige Evolution von Kultur und Gesellschaft. Das Konzept evolutionärer Erklärung wird auf einer hohen Abstraktionsebene als allgemeines Muster einer schlüssigen Erklärung der Entstehung komplexer Ordnungen aufgefaßt, das sich nicht nur zur Erklärung biologischer Phänomene, sondern auch zur Erklärung kultureller und sozialer Erscheinungen eignet.

Aber auch wenn grundsätzlich der Unterschied und die Eigenständigkeit kultureller und sozialer Evolution gegenüber der biologischen Evolution erkannt wird, besteht die Gefahr, daß die konkreten Mechanismen, die für

---

[42] Gerhard Vollmer, Evolutionäre Erkenntnistheorie. Angeborene Erkenntnisstrukturen im Kontext von Biologie, Psychologie, Linguistik, Philosophie und Wissenschaftstheorie, Stuttgart 1987; ders., Was können wir wissen? Band 1: Die Natur der Erkenntnis. Beiträge zur Evolutionären Erkenntnistheorie, Stuttgart 1988.
[43] Vgl. dazu Richard Hofstadter, Social Darwinism in American Thought, Philadelphia 1945; Friedrich A. von Hayek, Recht, Gesetzgebung und Freiheit, Band 1, München 1980, S. 40; Emerich K. Francis, Darwins Evolutionstheorie und der Sozialdarwinismus, Kölner Zeitschrift für Soziologie und Sozialpsychologie 33 (1981), S. 209 ff.; Michael Weingarten, Organismen - Objekte oder Subjekte der Evolution: philosophische Studien zum Paradigmawechsel in der Evolutionsbiologie, Darmstadt 1993, S. 73 ff.
[44] Vgl. Helmut Helsper, Die Vorschriften der Evolution für das Recht, Köln 1989.

die biologische Evolution eigentümlich sind, unbesehen und kurzschlüssig auf Erklärungen des sozialen Wandels übertragen werden. Eine solche Übertragung birgt die Gefahr in sich, daß die Eigenart der Operationen, in denen spezifisch kulturelle (also nicht biologische) und spezifisch soziale (also nicht ausschließlich dem Bewußtsein einzelner Menschen präsente) Information erzeugt und verarbeitet wird, nicht hinreichend zur Kenntnis genommen wird. So darf die Frage, welche Rolle dem bewußten Denken und Handeln der menschlichen Individuen für die Entwicklung von Kultur und Gesellschaft zukommt, nicht durch Analogien und Metaphern aus dem Bereich der biologischen Evolution umgangen werden. Daß etwa die „blinden" Mechanismen der biologischen Evolution, das vollständige Fehlen gerichteter Ursachen bei der Entstehung von Mutationen, sich in gleicher oder ähnlicher Weise in der Evolution von Kultur und Gesellschaft wiederfinden, steht keineswegs von vornherein fest und kann nicht vor jeder empirischen Beschreibung der Variation kultureller und sozialer Information unterstellt werden.

Ein weiteres grundsätzliches Mißverständnis resultiert aus der Annahme, Evolutionstheorie sei gleichbedeutend mit der Behauptung, die soziale Entwicklung verlaufe nach bestimmten Gesetzen, in einer bestimmten notwendigen Entwicklungsrichtung und in bestimmten Stadien und Phasen, so daß Voraussagen über den zukünftigen Verlauf der Evolution und über ihre konkreten Resultate möglich seien. Derartige Annahmen haben das evolutionstheoretische Denken in Bezug auf Gesellschaft und Geschichte seit dem 19. Jahrhundert vielfach diskreditiert.[45] Solchen Annahmen liegt aber ein unzureichendes Verständnis der Möglichkeiten und Grenzen evolutionstheoretischer Erklärung zugrunde.[46] Evolutionstheorie führt nicht zu konkreten Voraussagen über die Zukunft. Denn die Resultate der Evolution wirken stets auf die Selektionsbedingungen zurück und sind von einer so großen Zahl von Faktoren abhängig, daß wir die Bedingungen niemals in ihrer Gesamtheit erkennen können. Erklärbar ist für die biologische Evolutionstheorie, wie Küppers formuliert, das „Dasein", nicht das „Sosein" biologischer Strukturen.[47] Auch wenn man eine allge-

---

[45] Dazu Friedrich A. von Hayek, Recht, Gesetzgebung und Freiheit, Band 1: Regeln und Ordnung, München und Zürich 1980, S. 40 ff.
[46] Vgl. zu den objektiven Grenzen der Erkenntnis in der Biologie und zur Struktur evolutionärer Erklärungen insbesondere Bernd-Olaf Küppers, Ursprung, S. 152 ff., 231 ff.; zum Status evolutionärer Erklärungen in den Sozialwissenschaften Philippe van Parijs, Evolutionary Explanation in the Social Sciences: An Emerging Paradigm, London 1981; Friedrich A. von Hayek, Recht, Gesetzgebung und Freiheit, Band 1, München 1980, S. 40 f.; Gunther Teubner, Recht als autopoietisches System, Frankfurt am Main 1989, S. 61 ff.
[47] Bernd-Olaf Küppers, Ursprung, S. 261.

meine Entwicklungsrichtung der Evolution zu erkennen glaubt, etwa eine Tendenz zur zunehmenden Komplexität biologischer Strukturen oder zur Bildung immer komplexerer gesellschaftlicher Systeme, ließe sich dies nur als allgemeines Muster verstehen. Als Grundlage für konkrete Voraussagen taugt die Evolutionstheorie auch dann nicht.[48] Das Verständnis der grundlegenden Strukturen evolutionärer Prozesse kann allerdings dabei helfen, die Inseln des Wissens im Ozean des Unwissens über die konkreten Evolutionsfaktoren und ihre Wechselwirkungen sinnvoll miteinander zu verknüpfen. Insofern kann die Evolutionstheorie zur Verbesserung der Qualität von Prognosen beitragen. Dabei ist allerdings zu erwarten, daß sie eher zu skeptischeren Einschätzungen der Zuverlässigkeit von Prognosen führt.

Evolutionstheoretischen Konzepten in den Sozialwissenschaften wird schließlich ein naiver Fortschrittsoptimismus unterstellt.[49] Das Grundkonzept der Erklärung von Evolution geht aber nicht von einer eindeutigen Richtung der Evolution aus. Es handelt sich gerade nicht um eine teleologische Erklärung im Sinne einer Deutung der Zweckmäßigkeit lebender Systeme durch die Existenz einer Endursache oder eines Endzweckes, sondern um eine teleonomische Erklärung.[50] Der Begriff der Teleonomie beschreibt Zweckmäßigkeit deskriptiv, ohne zugleich eine Ursache zu implizieren. Zwar wird die Zweckmäßigkeit als Resultat eines Auswahlprozesses erklärt. Aber auch das bedeutet nicht, daß Evolution eine kontinuierliche Entwicklungsrichtung im Sinne einer qualitativen Höherentwicklung hätte.[51] Auch hier muß beachtet werden, daß die Resultate der Evolution auf die Umwelt und damit auf die Selektionsbedingungen zurückwirken. Das erfolgreiche Raubtier kann also die Grundlagen seiner Existenz vernichten. Die biologische Evolution kennt sowohl lange Phasen der Stagnation als auch Umbrüche und Katastrophen. Evolutionskonzepte für die Deutung der Kultur- und Sozialgeschichte lassen sich deshalb nicht einfach mit dem Hinweis auf geschichtliche Menschheitskatastrophen wie den Nationalsozialismus widerlegen.

---

[48] So auch Friedrich A. von Hayek, Recht, Gesetzgebung und Freiheit, Band 1: Regeln und Ordnung, München 1980, S. 41; Gunther Teubner, Recht als autopoietisches System, Frankfurt am Main 1989, S. 61 ff., 63.
[49] Zu dieser Kritik z.B. Erhard Blankenburg, The Poverty of Evolutionism. A Critique of Teubner's Case for „Reflexive Law", Law and Society Review 18 (1984), 273 ff.; Hubert Rottleuthner, Theories of Legal Evolution: Between Empiricism and Philosophy of History, Rechtstheorie, Beiheft 9 (1986), S. 217 (225 f.).
[50] Colin S. Pittendrigh, Adaptation, natural selection and behavior, in: Anne Roe und George Gaylord Simpson (Ed.), Behavior and Evolution, New Haven 1958.
[51] Vgl. dazu auch Gunther Teubner, Recht als autopoietisches System, Frankfurt am Main 1989, S. 62.

Angesichts der großen Gefahr von Mißverständnissen gäbe es aber gute Gründe, auf den Begriff der Evolution ganz zu verzichten, statt dessen ausschließlich etwa von Entwicklung, Wandel oder Modernisierung zu sprechen. Wenn die vorliegende Studie sich trotz dieses Unbehagens dem Thema „Evolution von Kultur und Gesellschaft" zuwendet, dann beruht dies auf der Erwartung, daß das grundlegende Konzept der Erklärung komplexer, auf der Weitergabe von Information basierender Ordnungen, das sich in der Erklärung der biologischen Evolution grundsätzlich und vielfach bewährt hat, sich als unverzichtbares Element auch der soziologischen Erklärung von Kultur und Gesellschaft erweist, indem es eine schlüssige Verbindung zwischen der makrosoziologischen Ebene der Gesellschaft und ihrer Teilsysteme und der mikrosoziologischen Ebene der Wirkungen des individuellen Handelns ermöglicht.[52]

Auf der Suche nach den Grundlagen eines solchen Konzepts kultureller und sozialer Evolution wenden wir uns zunächst der „autopoietischen" Systemtheorie Niklas Luhmanns zu,[53] die explizit einen evolutionstheoreti-

---

[52] Vgl. zum Problem des „Micro-Macro-Link" in der Soziologie die Beiträge in Jeffrey C. Alexander, Bernhard Giesen, Richard Münch und Neil J. Smelser (Hrsg.), The Micro-Macro-Link, Berkeley, Los Angeles, London 1987; einen Überblick über Modelle des sozialen Wandels geben Hans-Peter Müller und Michael Schmid (Hrsg.), Sozialer Wandel. Modellbildung und theoretische Ansätze, Frankfurt am Main 1995.

[53] Niklas Luhmann hat die Konzeption sozialer Systeme als autopoietische Systeme erstmals 1984 in systematischer Form vorgestellt (Soziale Systeme. Grundriß einer allgemeinen Theorie, Frankfurt am Main 1984. Zitierweise im Folgenden: „Soziale Systeme". Zitiert wird nach der Taschenbuchausgabe, 2. Aufl., Frankfurt am Main 1988), in den folgenden Jahren in zahlreichen Studien zu Einzelfragen und zu einzelnen funktionalen Teilsystemen der Gesellschaft ausgearbeitet (u.a.: Ökologische Kommunikation. Kann die moderne Gesellschaft sich auf ökologische Gefährdungen einstellen?, 3. Aufl., Opladen 1990; Die Wirtschaft der Gesellschaft, Frankfurt am Main 1988; Die Wissenschaft der Gesellschaft, Frankfurt am Main 1990; Das Recht der Gesellschaft, Frankfurt am Main 1993) und mit dem zweibändigen Werk „Die Gesellschaft der Gesellschaft" (Frankfurt am Main 1997. Zitierweise im Folgenden: „Gesellschaft") zusammengefaßt. Einführungen in Luhmanns Theorie sozialer Systeme bieten Walter Reese-Schäfer, Luhmann zur Einführung, Hamburg 1992; Georg Kneer und Armin Nassehi, Niklas Luhmanns Theorie sozialer Systeme, 2. Aufl., München 1994; David J. Krieger, Einführung in die allgemeine Systemtheorie, München 1996; Claudio Baraldi, Geancarlo Corsi, Elena Esposito, GLU - Glossar zu Niklas Luhmanns Theorie sozialer Systeme, Frankfurt am Main 1997. Zur Diskussion siehe insbesondere die Beiträge in: Hans Haferkamp und Michael Schmid (Hrsg.), Sinn, Kommunikation und soziale Differenzierung. Beiträge zu Luhmanns Theorie sozialer Systeme, Frankfurt am Main 1987; aus der umfangreichen Debatte Joachim Nocke, Autopoiesis - Rechtssoziologie in seltsamen Schleifen, Kritische Justiz 1986, S. 363 ff.; Peter Nahamowitz, Autopoietische Rechtstheorie: mit dem baldigen Ableben ist zu rechnen, Kritische Anmerkungen zu: Gunther Teubner, Recht als autopoietisches System, Zeitschrift für Rechtssoziologie 1990, S. 137 ff.; Werner Krawietz und Michael Welker (Hrsg.), Kritik der Theorie sozialer Systeme. Auseinandersetzungen mit Luhmanns Hauptwerk, Frankfurt am Main 1992; Walter Kargl, Handlung und Ordnung im Strafrecht. Grundlagen einer kognitiven Handlungs- und Straftheorie, Berlin

1.2. Methodische Vorbemerkung

Der Weg, auf dem im Folgenden die Annäherung an das Verständnis des Konzepts der Evolution sozialer Systeme bei Luhmann gesucht wird, besteht darin, daß zunächst eine Hypothese über das Problem, für das Luhmanns Konzeption eine Lösung darstellt, entworfen und anschließend geprüft wird, ob die Theorie das Problem überzeugend löst. Gefragt wird also nicht danach, welches Problem Luhmann lösen wollte, sondern gefragt wird – ohne Bindung an eine wirkliche oder vermutete Absicht des Autors – nach dem Problem, als dessen Lösung sich die Theorie objektiv darstellen könnte.

Die damit zugrunde gelegte Unterscheidung von Problem und Problemlösung (oder Frage und Antwort) und der Anspruch einer objektiven Rekonstruktion des Problems aus der Perspektive des Textinterpreten sind die zentralen Aspekte eines objektiven Verstehens in den wissenschaftstheoretischen Entwürfen von Popper[55] und von Toulmin[56] und in der Argumentation von Gadamers philosophischer Hermeneutik.[57] Sie steht im Gegensatz zu einer subjektivistischen „Einfühlungshermeneutik" und trägt der Beobachtung Rechnung, daß ein Text oder eine Theorie unter Umstän-

---

1991, S. 256 ff.; ders., Kommunikation kommuniziert? Kritik des rechtssoziologischen Autopoiesebegriffs, Rechtstheorie 21 (1990), S. 352 ff.; ders., Gesellschaft ohne Subjekte oder Subjekte ohne Gesellschaft? Kritik der rechtssoziologischen Autopoiese-Kritik, Zeitschrift für Rechtssoziologie 1991, S. 1 ff.; Johannes Weyer, Wortreich drumherumgeredet: Systemtheorie ohne Wirklichkeitskontakt, Soziologische Revue 1994, S. 139.

[54] Niklas Luhmann, Gesellschaft, S. 413 ff.; ders., Das Recht der Gesellschaft, Frankfurt am Main 1993, S. 239 ff.; vgl. auch ders., Evolution des Rechts, Rechtstheorie 1 (1970), S. 3 ff.; ders., Evolution und Geschichte, in: Soziologische Aufklärung Band 2, 3. Aufl., Opladen, S. 150 ff.

[55] Karl Raimund Popper, Objektive Erkenntnis. Ein evolutionärer Entwurf, Hamburg 1984 (engl. Orig. 1972).

[56] Stephen Toulmin, Kritik der kollektiven Vernunft, Frankfurt am Main 1983 (engl. Orig. 1972).

[57] Hans-Georg Gadamer, Wahrheit und Methode. Grundzüge einer philosophischen Hermeneutik, 2. Aufl., Tübingen 1985. Zu den verbindenden Elementen dieser Konzepte vgl. Wolfgang Ludwig Schneider, Objektives Verstehen. Rekonstruktion eines Paradigmas: Gadamer, Popper, Toulmin, Luhmann, Opladen 1991; ders., Die Komplementarität von Sprechakttheorie und systemtheoretischer Kommunikationstheorie. Ein hermeneutischer Beitrag zur Methodologie von Theorievergleichen, Zeitschrift für Soziologie 1996, S. 263.

den eine gültige Antwort auf eine Frage enthalten kann, die der Autor nicht beantworten wollte oder die ihm als Frage nicht bewußt war.[58]

Die Lösung von der Bindung des Verstehens an die Intentionen und den bewußten Fragekontext des Autors legitimiert den Interpreten aber nicht dazu, willkürlich entsprechend seinem eigenen Vorverständnis ein beliebiges Problem an eine Theorie heranzutragen und sie dann daran zu messen, was sie zur Lösung dieses Problems beiträgt. Wolfgang Ludwig Schneider weist darauf hin, daß genau dies häufig bei Theorievergleichen geschieht, indem eine konkurrierende Theorie vom Boden der eigenen Theorie und der ihr zugrundeliegenden Fragestellung aus beurteilt und fast zwangsläufig verworfen wird.[59] Einer derartigen Willkür des Interpreten soll ein zentrales methodisches Postulat entgegenwirken, das sich schon bei Gadamer findet und das Schneider aufgreift: Gadamer spricht vom „Vorgriff der Vollkommenheit" der Theorie.[60] In der Sache handelt es sich um eine Umkehr der theoretischen Beweislast: Die Kritik einer Theorie muß sich gegen die Vermutung bewähren, daß die Theorie die gültige Lösung eines Problems darstellt. Erst wenn alle sinnvollen alternativen Deutungsmöglichkeiten ausgeschöpft sind, kann die Wahrheitsvermutung als widerlegt angesehen werden. Keinesfalls darf also auch die ausdrücklich formulierte Fragestellung und die erkennbare Intention des Autors einfach übergangen werden. So lange Fehlerdiagnosen durch Heranziehung alternativer Deutungsmöglichkeiten vermieden werden können, gilt die Regel, daß im Zweifelsfall zugunsten der Theorie und gegen ihre kritische Interpretation zu entscheiden ist. Damit wird die Theorie nicht nur vom Deutungsmonopol ihres Urhebers befreit, sondern auch vor der Willkür ihres Interpreten geschützt.[61] Praktisch bedeutet diese Beweislastregel für wissenschaftliche Kommunikation, daß nicht nur die Theorie (als Wahrheitshypothese), sondern auch ihre Kritik (als Widerlegungshypothese) einem Bewährungszwang durch ein iteratives Testverfahren, also einer Art evolutionärer Bewährungsprobe ausgesetzt wird. Schneider schlägt auf dieser Grundlage das folgende Prozeßschema vor:

---

[58] Karl Raimund Popper, a.a.O., S. 257, nennt als Beispiel Kepler, dessen bewußtes Ziel es war, die Harmonie der Welt zu entdecken, der dabei aber das Problem der mathematischen Beschreibung der Bewegung in einer Menge von Zweikörper-Planetensystemen löste.
[59] A.a.O., Zeitschrift für Soziologie 1996, S. 263. Schneider belegt dies am Beispiel von (handlungstheoretischer) Sprechakttheorie und systemtheoretischer Kommunikationstheorie und zeigt, daß die Rekonstruktion der unterschiedlichen, die jeweilige Theorie konstituierenden Fragestellungen für beide Theorien fruchtbar sein kann, weil sie den Blick für wechselseitige Ergänzungen öffnet. Darauf werden wir zurückkommen.
[60] Hans-Georg Gadamer, a.a.O., S. 278.
[61] Wolfgang Ludwig Schneider, a.a.O., S. 265.

(1) Um eine Theorie zu verstehen, versuche zunächst eine Hypothese über das Problem zu entwerfen, das darin gelöst werden soll.

(2) Erwäge dann alternative Lösungsmöglichkeiten für dieses Problem und prüfe, inwiefern die untersuchte Theorie als relativ beste Lösung bewertet werden kann.

(3) Wenn sich dabei herausstellt, daß ein anderer Lösungsversuch den Vorzug verdient, dann betrachte dies nicht als Folge der Mängel der untersuchten Theorie, sondern als Anzeichen für mögliche Fehler bei ihrer Interpretation. Betrachte den Wortlaut der Theorie daher erneut und versuche den unterstellten Problemkontext so zu variieren, daß die Theorie als adäquatere Lösung dafür verstanden werden kann.

(4) Diese Prozedur ist so lange zu wiederholen, bis eine befriedigende Interpretation gefunden wird *oder* es als hinreichend sicher angenommen werden kann, daß kein Problem existiert, das durch die Theorie gelöst wird.[62]

2. Das Konzept der Evolution sozialer Systeme bei Niklas Luhmann

Der Entwurf der Hypothese über das Problem kann zunächst daran anknüpfen, daß Luhmann im Kontext seiner Theorie sozialer Systeme explizit Evolution, und zwar soziokulturelle Evolution erklären will: „Gesellschaft ist das Resultat von Evolution." - So beginnt das der Evolution gewidmete Kapitel in „Die Gesellschaft der Gesellschaft".[63] Bevor wir auf die nähere Beschreibung der damit aufgeworfenen Fragestellungen bei Luhmann eingehen, erscheint es - auch im Sinne der oben geforderten objektiven, von den Intentionen des Autors unabhängigen Frageperspektive - sinnvoll, sich vor Augen zu führen, was unter einer Evolutionstheorie zu verstehen ist, welche Probleme Evolutionstheorien lösen können.

Das klassische Vorbild ist die Theorie der Evolution der biologischen Arten. Die biologische Evolutionstheorie gilt heute als empirisch gut bestätigte wissenschaftliche Theorie, auch wenn es - insbesondere in Grenzbereichen wie bei der Frage nach der evolutionären Entstehung des Lebens[64] -

---

[62] Wolfgang Ludwig Schneider, a.a.O., S. 265.
[63] Niklas Luhmann, Gesellschaft, S. 413.
[64] Vgl. dazu Bernd-Olaf Küppers, Ursprung.

vielfältige Diskussionen über Struktur und Tragweite evolutionärer Erklärungen und über Weiterentwicklungen und Korrekturen der klassischen Synthetischen Theorie der biologischen Evolution gibt.[65] Die biologische Evolutionstheorie bildet deshalb gewissermaßen den geborenen Maßstab, an dem eine Theorie soziokultureller Evolution sich orientieren kann und messen lassen muß.[66]

Um möglichen Mißverständnissen vorzubeugen sei an dieser Stelle nochmals ausdrücklich betont, daß die Theorie der kulturellen und sozialen Evolution, um die es hier geht, keineswegs versucht, soziale Phänomene mit Hilfe der biologischen Evolutiontheorie zu erklären. Luhmann widerspricht ausdrücklich dem Forschungsprogramm der Soziobiologie.[67] Auch wenn die genetische Determination ein unbestrittener Ausgangspunkt des Lebens ist, sind nicht diese biologischen Systembezüge sein Gegenstand. Biologische Evolution wird überlagert, ergänzt und kompensiert durch eine Evolution eigenen Typs. Es läßt sich kaum mit guten Gründen bestreiten, daß spezifische Gesetze der biologischen Evolution wie die Mendelschen Gesetze auf die sexuelle Rekombination von Genen beschränkt sind und sich nicht auf Kultur übertragen lassen. Umgekehrt läßt sich kaum plausibel bestreiten, daß für kulturelle Evolution bewußtes Lernen aus Erfahrungen und die Weitergabe dieser Erfahrungen durch Kommunikation eine Rolle spielt (welche genau, ist die Frage), während es eine der empirisch am besten gesicherten Grundlagen der biologischen Evolutionstheorie nach Lamarck ist, daß die Gene nichts aus den Erfahrungen des Organismus lernen können, so daß Veränderungen gerade nur durch ein über Generationen wirkendes Zusammenspiel von Mutation und Selektion erklärt werden kann.

Soziokulturelle Evolution darf also keineswegs auf das Wirken der biologischen Evolution reduziert werden, wie dies mit beachtlichen Gründen der Soziobiologie, aber auch der evolutionären Erkenntnistheorie vorgeworfen wird.[68] Eine derartige Frageperspektive soll hier von vornherein ausgeschieden werden, weil sie offensichtlich nicht die Fragen stellt, auf die Luhmanns Theorie eine Antwort geben könnte.

---

[65] Für einen Überblick siehe Franz Wuketits, Evolutionstheorien. Historische Voraussetzungen, Positionen, Kritik, Sonderausgabe Darmstadt 1995.
[66] Zur Problematik dieses Verhältnisses siehe aber oben S. 16 ff.
[67] Niklas Luhmann, Gesellschaft, S. 438.
[68] Werner Meinefeld, Realität und Konstruktion. Erkenntnistheoretische Grundlagen einer Methodologie der empirischen Sozialforschung, Opladen 1995, S. 111 ff.

2. Das Konzept der Evolution sozialer Systeme bei Niklas Luhmann

Der Sinn der Beschäftigung mit der biologischen Evolutionstheorie kann hier also nur darin bestehen, die Fragestellungen und im weiteren auch das Erklärungsmodell der biologischen Evolutionstheorie auf einem Abstraktionsniveau zu beschreiben, das die Übertragung auf einen anderen Gegenstandsbereich - oder eine andere Systemreferenz - ermöglicht. Um zu diesem Abstraktionsniveau zu gelangen, müssen wir uns aber zunächst wenigstens in Grundzügen vor Augen führen, welche Grundfragen sich die biologische Evolutionstheorie für ihren Gegenstandsbereich, die biologischen Arten, stellt und auf welche Weise sie diese Fragen zu beantworten versucht.

2.1. Das Vergleichsmuster: Die Theorie der biologischen Evolution

Der Erklärungsanspruch der biologischen Evolutionstheorie muß im Kontext ihrer Entstehung aus dem Gegensatz zur Vorstellung der unmittelbaren göttlichen Schöpfung der vorgefundenen Vielfalt pflanzlicher und tierischer Arten und des Menschen verstanden werden, die religiöses Dogma und zugleich Grundlage eines hierarchischen Weltbildes war und der Legitimation einer hierarchischen Gesellschaftsordnung diente. Deshalb stieß der Gedanke der Evolution auf großes Unbehagen und erbitterten Widerstand. Er stellt der Schöpfungshypothese die Vorstellung entgegen, daß die Arten keine unveränderlichen Produkte eines einmaligen Schöpfungsaktes seien, sondern daß die Vielfalt der Arten einschließlich des Menschen das Ergebnis einer nach Naturgesetzen ablaufenden Entwicklung aus einem gemeinsamen Anfang allen Lebens auf der Erde sei. Dieser Gedanke ist für uns heute meist so evident, daß wir nur noch schwer würdigen können, welche Kühnheit er im 19. Jahrhundert darstellte. Die Herausforderung für die Evolutionstheorie bestand darin, daß sie die Naturgesetze, in deren Bahnen eine solche Entwicklung stattfinden konnte, auffinden und mit ihrer Hilfe die vorhandene Vielfalt der Geschöpfe als Ergebnis des Evolutionsprozesses erklären mußte. Vor allem mußte sie eine Erklärung für die erstaunliche Zweckmäßigkeit der biologischen Organismen finden, die doch der beste Beweis für ihre bewußte und zweckgerichtete Gestaltung durch den Schöpfer zu sein schien.

Lamarck und Darwin

Jean-Baptiste Lamarck kommt das Verdienst zu, in seiner „Philosophie zoologique" (1809) als erster die Evolution der Organismen erkannt und mit umfangreichen analytischen Studien der wirbellosen Tiere belegt zu haben.[69] Lamarcks Vorstellung des Mechanismus der Evolution - die Idee der Vererbung erworbener Eigenschaften des Individuums - ließ sich jedoch empirisch nicht bestätigen.[70] Erst Charles Darwins im Jahre 1859 erschienenes Werk „On the Origin of Species by Means of Natural Selection" bedeutete den Durchbruch der Evolutionstheorie. Seine bahnbrechende Idee, wie die beobachtbare Vielfalt und Anpassung der Arten als Ergebnis einer Entwicklung erklärt werden kann, ohne eine Vererbung erworbener Eigenschaften vorauszusetzen, gilt heute als empirisch gut bestätigt: Die Erklärung liegt in der natürlichen Auslese (Selektion) des durch zufällige und richtungslose Änderungen (Mutationen) variierenden Erbmaterials. Nur diejenigen Varianten, die am besten an die jeweils herrschende Umwelt angepaßt sind, können überleben, sich fortpflanzen und weiterentwickeln.[71]

Synthetische Theorie

Heute gilt die biologische Evolutionstheorie in der Gestalt, die sie als „Synthetische Theorie" gefunden hat, als die grundlegende, durch eine Vielfalt empirischer Befunde abgesicherte Theorie der modernen Biologie.[72] Sie baut auf dem Darwinschen Konzept der Evolution durch natürliche Selektion auf und faßt die Ergebnisse der Vererbungslehre, der Molekulargenetik und der Populationsgenetik mit ökologischen (vorwiegend tier- und pflanzengeographischen) Befunden zusammen. In der Diskussion sind überwiegend solche Hypothesen, die, falls sie sich als empirisch tragfähig erweisen sollten, das Konzept der klassischen Synthetischen Theorie zwar in wichtigen Aspekten ergänzen und auch korrigieren, nicht aber grundsätzlich in Frage stellen würden. Das gilt etwa für die von Molekularbiologen aufgrund empirischer Befunde aufgeworfenen Zweifel, ob die Zufälligkeit von Mutationen so uneingeschränkt gilt, wie das von der klassischen Synthetischen Theorie angenommen wird, oder für die Zusatztheorie der systembedingten Selbstregulation.[73] Das gilt aber auch für die Kritik am „Anpassungsparadigma", auf die wir im Folgenden noch zurückkommen werden. Grundlegend in Frage gestellt wird die moderne biologische Evolutionstheorie heute wohl nur noch von der aktiven, aber kleinen Gruppe

---

[69] Franz Wuketits, Evolutionstheorien. Historische Voraussetzungen, Positionen, Kritik. Darmstadt 1988, zitiert nach Sonderausgabe 1995, S 35 ff.
[70] Franz Wuketits, a.a.O., S. 38 ff.
[71] Bernd-Olaf Küppers, Ursprung, S. 28.
[72] Heinrich K. Erben, Evolution, Stuttgart 1990, S. 25; Bernd-Olaf Küppers, Ursprung, S. 30.
[73] Heinrich K. Erben, a.a.O., S. 27 f., 130 ff.

der „Creationisten".[74] Im übrigen betreffen die Auseinandersetzungen der Gegenwart in der Biologie vielfach Fragen der Interpretation des tatsächlichen Verlaufs der Evolution und Fragen der sachgerechten taxonomischen Ordnung der Arten.

Das Grundkonzept der Erklärung von Evolution

Eine knappe und hinreichend abstrakte Beschreibung des Grundkonzepts der Synthetischen Theorie der Evolution, die sich für den hier verfolgten Zweck anbietet, gibt Bernd-Olaf Küppers im Anschluß an Jacques Monod:[75]

(1) Die Übertragungseinheit der **Vererbung** ist das Gen, das infolge von Mutationen auch zum Träger der mikroskopischen Innovation wird.

(2) Die Einheit der **Selektion** ist das Individuum, das in seinem Phänotypus die äußerst komplexen Wechselwirkungen seiner Erbmasse ausdrückt. Die Selektion auf der Ebene des Individuums wirkt sich als Evolutionsdruck ausschließlich durch eine Modulation der Wahrscheinlichkeit aus, mit der das Individuum seine Erbmasse in nachfolgenden Generationen verbreiten kann.

(3) Die **evolvierende** Einheit ist weder das Gen noch das Individuum, sondern die Population, die über einen gemeinsamen „Genpool" verfügt. In einer solchen „Mendelschen Population" wird die Summe der individuellen Genome dauernd sexuell ausgetauscht und rekombiniert. Die Evolution bezieht sich also auf einen spezifischen Genkomplex, der einer Spezies nach und nach bessere Eigenschaften verleiht.

Um die Leistung des oben wiedergegebenen Grundkonzepts der Synthetischen Theorie für die Erklärung der biologischen Evolution und ihr Modell des Zusammenwirkens der Evolutionsfaktoren verstehen zu können, müssen wir uns wenigstens in Grundzügen ein Bild von den wichtigsten empirischen Befunden zur biologischen Evolution machen.

Die Leistung des Grundkonzepts der Evolution in der Fassung der Synthetischen Theorie besteht vor allem darin, daß sie ein schlüssiges Modell

---

[74] Vgl. dazu Heinrich K. Erben, a.a.O., S. 106 ff.
[75] Bernd-Olaf Küppers, Ursprung, S. 29 f.; Jacques Monod, On the molecular theory of evolution, in: R. Harré (Ed.), Problems of Scientific Revolution. Progress and Obstacles to Progress in Science, Oxford 1975.

des Zusammenwirkens der Evolutionsfaktoren Mutation und Selektion entwickelt und damit den unversöhnlichen Streit der „Mutationisten" und der „Selektionisten", die, jeweils gestützt auf empirische Befunde, einen der Evolutionsfaktoren verabsolutiert hatten, beendet und die Erkenntnisse der Populationsgenetik integriert hat.[76] Sie bietet also ein Erklärungsmodell an, das mit den empirischen Befunden der Teildisziplinen der Biologie vereinbar ist. Auf diese Weise ordnet die Evolutionstheorie die empirischen Befunde in den übergreifenden Zusammenhang eines in sich schlüssigen Modells der Erklärung ein. Sie zeigt zwar nicht, daß bestimmte Abläufe des Evolutionsgeschehens sich notwendig so und nicht anders entwickelt haben, aber sie beschreibt im Modell die Faktoren, Prozesse und Strukturen, die Bedingung der Möglichkeit der Evolution der Arten, ihrer Stabilität, ihrer Veränderung, ihrer Vielfalt und ihrer Anpassung an die Milieubedingungen sind.[77]

Die Übertragung der genetischen Information

Wenn die Baupläne der Arten nach der grundlegenden Hypothese der Evolutionstheorie nicht auf dem Entwurf eines Schöpfers beruhen, sondern sich in der Abfolge der Generationen über lange Zeiträume allmählich herausgebildet haben, besteht die Aufgabe der Evolutionstheorie zuerst darin anzugeben, auf welche Weise die Erbinformation an neue Generationen weitergegeben wird. Erst die moderne Genetik hat - nahezu ein Jahrhundert nach Darwin - die Struktur des genetischen Codes entschlüsselt. Die Entdeckung der Doppelhelix der DNS (Desoxyribonukleinsäure) erlaubte es, sowohl den konservativen Mechanismus der Informationsübertragung als auch die Entstehung neuer Information und genetischer Variation durch Mutation und Rekombination genau zu verstehen und im Detail zu erforschen. Die wesentlichen Ergebnisse des Beitrags der modernen Genetik zum Verständnis der genetischen Information und der Beziehungen zwischen Genotyp und Phänotyp sollen im Folgenden in groben Zügen und unter weitgehendem Verzicht auf Details dargestellt werden.[78]

Die Elementarbausteine der Organismen, die Zellen, sind außerordentlich komplexe und hochorganisierte Einheiten, die aus vielen Millionen Molekülen aufgebaut sind. Alle Moleküle einer Zelle wirken in einem genau aufeinander abgestimmten Funktionsschema zusammen, um den Ord-

---

[76] Heinrich K. Erben, Evolution, Stuttgart 1990, S. 25.
[77] Zu Anspruch und Tragweite der biologischen Evolutionstheorie Bernd-Olaf Küppers, Ursprung, S. 231 ff.
[78] Die folgende Darstellung lehnt sich an Bernd-Olaf Küppers, Ursprung, S. 32 ff., an.

nungszustand „Leben" aufrechtzuerhalten. Das zelluläre Zusammenspiel der Biomoleküle ist mit dem koordinierten Arbeitsablauf einer vollautomatisierten chemischen Fabrik vergleichbar. Schon die Zelle hat einen derart komplexen strukturellen und funktionalen Aufbau, daß sie unmöglich in jeder Generation von neuem, das heißt in Form einer spontanen Assoziation geeigneter Materiebausteine entstehen könnte. Der Aufbau der Zelle mit ihren vielfältigen Stoffwechsel- und Regulationsprozessen ist nur möglich, weil er durch Informationen gesteuert wird, die von Generation zu Generation weitergegeben werden und die einen bis in alle Einzelheiten festgelegten „Plan" enthalten.

Die zum Aufbau eines lebenden Organismus notwendigen Informationen sind bei allen Lebewesen in einer bestimmten Sorte von Zellmolekülen gespeichert, den Nukleinsäuren. Diese biologischen Makromoleküle entstehen durch lineare Verknüpfung kleinerer Moleküleinheiten, der sogenannten Nukleotide. Diese Bausteine kann man hinsichtlich ihrer Funktion der genetischen Informationsspeicherung gut mit den Schriftsymbolen einer Sprache vergleichen.[79] Das Alphabet der genetischen Molekularsprache besteht dabei aus nur vier verschiedenen Bausteinen. Im Fall einer Desoxyribonukleinsäure (DNS) sind dies A(denosinphosphat), G(uanosinphosphat), C(ytidinphosphat) und T(hymidinphosphat). Ein Nukleinsäuremolekül, dessen Nukleotidsequenz die Information für den Aufbau eines lebenden Systems verschlüsselt, wird als „Erbmolekül" bezeichnet.

Grundlage für den Mechanismus der genetischen Informationsübertragung ist eine spezifische Wechselwirkung zwischen bestimmten Molekülregionen der Nukleotide, den sogenannte Nukleobasen. Durch Wasserstoffbrücken-Bindungen können sich die Nukleobasen A (Adenin) und U (Uracil) oder T (Thymin) sowie G (Guanin) und C (Cytosin) so aneinanderlagern, daß sie geometrisch nahezu identische Basenpaare bilden. Auf der chemischen Affinität dieser komplementären Basenpaare beruht die Selbstreproduktion des Nukleinsäuremoleküls. Sie läuft im wesentlichen in zwei Phasen ab: In der ersten Phase wird eine Negativ-Kopie angefertigt, in der zweiten Phase erfolgt die Umkehrung des Negativs in eine Positiv-Form. Die Einzelsymbolerkennung beruht dabei auf der Affinität der komplementären Basenpaare (Komplementäre Basenerkennung). Nukleinsäuren besitzen diese Fähigkeit der Selbstreproduktion allein aufgrund ihrer chemischen Struktur, also unabhängig davon, ob sie im besonderen Fall eine genetische Information verschlüsseln. Aber die bestimmte Abfolge der Nukleotide in den Erbmolekülen verschlüsselt die gesamte genetische In-

---

[79] Näheres dazu bei Bernd-Olaf Küppers, Ursprung, S. 50 ff. m.w.N.

formation, einschließlich der Baupläne für alle in der lebenden Zelle vorkommenden Proteine.

Die Proteine sind die Träger der biologischen Funktion. Auch sie sind lange Kettenmoleküle, die sich aber dreidimensional falten und aufgrund ihrer räumlichen Strukturen äußerst unterschiedliche Aufgaben wahrnehmen können. Ihre Grundbausteine (Monomere) sind die 20 natürlichen Aminosäuren. Der Bauplan eines Proteins ist nach einem bestimmten Codeschema in den Erbmolekülen verschlüsselt. Da die Funktion eines Proteins bereits durch die Aminosäuresequenz determiniert wird, kann schon durch eine einfache Korrespondenz zwischen Nukleotidsequenz und Aminosäuresequenz der Bauplan eines Proteins niedergelegt werden.

Die in der DNS niedergelegte Information wird in die entsprechende Aminosäuresequenz übersetzt. Dazu bedarf es der katalytischen Hilfe zahlreicher Proteine. Die Information wird zunächst von der DNS-Form in die RNS-Form umgeschrieben (Transskription). Diese Boten-RNS oder m-RNS transportiert die Botschaft zu den Ribosomen, Funktionseinheiten aus Ribonukleinsäuren und Proteinen, an denen die durch die Nukleotidsequenz der m-RNS übertragene Information entschlüsselt und in die entsprechende Aminosäuresequenz übersetzt wird (Translation).

Der Prozeß der Proteinbiosynthese ist somit ein hochorganisierter Regelkreis, in dem sich Nukleinsäuren und Proteine wechselseitig bedingen. So erfolgt die Reproduktion der Nukleinsäuren mit Hilfe katalytischer Proteine, deren Baupläne wiederum in den von ihnen reproduzierten Nukleinsäuren gespeichert sind. Der Informationsfluß erfolgt dabei jedoch immer vom Genotyp zum Phänotyp (DNS ⇒ RNS ⇒ Protein). Dieser „genetische Determinismus" ist das zentrale Dogma der Molekularbiologie.

Mutation und Selektion

Das zweite grundlegende Ziel der biologischen Evolutionstheorie besteht darin, zu erklären, wie es zu einer Veränderung der Eigenschaften biologischer Arten und insbesondere zu ihrer so planvoll und zweckmäßig erscheinenden Anpassung an ihre Umwelt kommt. Die Evolutionstheorie erklärt dies seit Darwin mit dem Zusammenspiel von zufälliger Veränderung des Erbmaterials (Mutation) und nachfolgender natürlicher Auslese (Selektion). Betrachten wir auch dies etwas genauer.

Die Theorie Lamarcks von der Vererbung erworbener Eigenschaften konnte sich mangels überzeugender empirischer Belege nicht als Erklärung der Evolution durchsetzen. Sie gilt seit August Weismanns Diktum, daß es

2. Das Konzept der Evolution sozialer Systeme bei Niklas Luhmann 31

keine Kommunikation zwischen Soma (Körperzellen) und Genom (Keimbahn) gebe, als widerlegt.[80] Das seither unangefochtene Dogma der „Weismannschen Sperre" zwischen Soma und Genom postuliert, daß die Gene keinerlei Information über die Eigenschaften, Erfahrungen und Lernprozesse aufnehmen, die das Individuum in der Anpassung an seine Umwelt erreicht hat. So kann man zwar den Bizeps des rechten Armes durch Training stärken. Es ist aber kein Weg bekannt, auf dem die Nachricht von dieser somatischen Veränderung in die Geschlechtszellen dieses Individuums übertragen werden könnte. Schwarzeneggers Kinder müssen also selbst trainieren. Das heißt, daß die Gene nichts aus einer Veränderung ihrer Umwelt „lernen" können. Die Synthetische Theorie nimmt an, daß Mutationen zufällig und richtungslos erfolgen. Erst später ist diese Annahme durch die Erkenntnisse der Molekularbiologie auch empirisch untermauert worden. Ursache der Variation des Erbmaterials ist danach der Umstand, daß das genetische Material aus prinzipiellen physikalischen Gründen (quantenmechanische Unschärfe, Endlichkeit der Wechselwirkungsenergien, Brownsche Molekularbewegung) nur in begrenztem Umfang exakt kopiert werden kann.[81] Eine Richtung ergibt sich erst durch die anschließende Selektion, wobei sowohl innere Selektionsmechanismen (auf der Ebene des Genoms und des Organismus) als auch äußere Selektionsmechanismen (physikalische Umwelt) in Betracht kommen.

Gregory Bateson hat darauf hingewiesen, daß die Sperre zwischen Soma und Genom eine grundlegende Voraussetzung für die Stabilität der biologischen Arten ist.[82] Wenn sich kurzfristige und individuell unterschiedliche Erfahrungen unmittelbar in einer Veränderung der genetischen Ausstattung der Nachkommen niederschlagen könnten, würde die Veränderungsrate und die Variationsbreite der Genotypen in einer Population schon nach wenigen Generationen so stark anwachsen, daß die durch eine begrenzte Variationsbreite gekennzeichnete und von anderen Arten abgegrenzte Einheit der Art sich auflösen würde und die Möglichkeit der Entstehung lebensfähiger Individuen aus der sexuellen Rekombination der individuellen Genotypen schon bald akut gefährdet wäre. Evolution setzt also nicht nur voraus, daß eine hinreichend große Veränderungsrate (Mutationsrate) gegeben ist, um eine ausreichende Variationsbreite des Genpools und die damit verbundene Chance der Anpassung der Art an Veränderungen der Umwelt

---

[80] Vgl. dazu und zum folgenden Text Gregory Bateson, Geist und Natur. Eine notwendige Einheit, Frankfurt am Main 1987, S. 181 ff., 184 ff.
[81] Bernd-Olaf Küppers, Ursprung, S. 28, 247.
[82] Gregory Bateson, a.a.O., S. 184 ff.

zu erhalten, sie setzt auch eine enge Begrenzung dieser Veränderungsrate voraus.

Der Genpool der Population

Ein Schlüssel für das Verständnis des Grundkonzepts der Synthetischen Evolutionstheorie liegt deshalb in der Erkenntnis der Bedeutung des Genpools (Genreservoirs) einer Population: In jeder als „Fortpflanzungsgemeinschaft potentiell inzüchtender Individuen in einem bestimmten geographischen Areal" bestimmten Population herrscht innerhalb der genetisch vorgegebenen Reaktionsnorm eine gewisse Variabilität ihrer Individuen, die jedoch infraspezifisch, also unter der Artgrenze bleibt. Der gesamte Genbestand einer solchen Population wird als Genpool bezeichnet.[83] Dieser Genpool ist es, auf den der Selektionsdruck der Umwelt sich mittelbar, auf dem Wege der Modulation der Wahrscheinlichkeit der Weitergabe des individuellen Genotypus an künftige Generationen, auswirkt. Für einen Genotyp, dessen Träger die Anforderungen der Existenzsicherung, der Partnersuche, Fortpflanzung und Aufzucht der Nachkommen in einer gegebenen Umwelt weniger gut bewältigt als andere, besteht eine geringere Wahrscheinlichkeit der Erhaltung im Genpool der Population, weil das Individuum, das Träger dieser Gene ist, geringere Chancen hat zu überleben, einen Partner zu finden, Nachkommen zu zeugen und deren Aufwachsen zu sichern. Infolgedessen verschiebt sich allmählich die Zusammensetzung der im Genpool repräsentierten und ständig rekombinierten genetischen Varianten in Richtung auf die Eigenschaften, die für eine Bewältigung der Anforderungen des Lebens in der jeweiligen Umwelt der Population günstiger sind. Diese Veränderung geschieht aber langsam und in der Regel unter Aufrechterhaltung der Einheit der Art: Die internen Bedingungen des epigenetischen Systems - darunter versteht man die nach heutiger Kenntnis hoch komplexe Vernetzung zwischen Genotypus und Phänotypus, die darauf beruht, daß ein Gen mehrere phänotypische Eigenschaften beeinflußt und umgekehrt eine phänotypische Eigenschaft von mehreren Genen abhängig ist - wirken konservativ. Im Verlauf der Keimesentwicklung kann jede Störung dieses ausgewogenen Abhängigkeitsgefüges sich existenzbedrohend auswirken. Das setzt dem Erfolg von Mutationen von Beginn an Grenzen, weil der veränderte Genotyp nur in der Kombination mit einem nicht mutierten Genotyp ein lebensfähiges Individuum hervorbringen kann.

---

[83] Heinrich K. Erben, Evolution, Stuttgart 1990, S. 22.

2. Das Konzept der Evolution sozialer Systeme bei Niklas Luhmann

Die Zusatztheorie der systembedingten Selbstregulation versteht die Rückwirkungen des Selektionsdrucks der Umwelt auf die Epigenotypen über den Fortpflanzungserfolg als kybernetischen Rückkopplungseffekt, der zu einer Selbstregulierung der Evolutionsabläufe führt.[84] Die Rückkopplung erfolgt aber jedenfalls nicht durch eine unmittelbare Information des epigenetischen Systems über die Umwelt. Die Rückkopplungsbeziehung von der Umwelt zum epigenetischen System ist eine pragmatische Beziehung. Der praktische Erfolg der Individuen wirkt sich über die Modulation der Wahrscheinlichkeit auf die Repräsentation des individuellen Genotypus innerhalb der Variationsbreite des Genpools der Population aus.

Die Struktur der evolutionären Erklärung in der Biologie ist also dadurch gekennzeichnet, daß die Umwelt nicht unmittelbar die genetische Information beeinflußt, sondern daß die Auswahl sich nur mittelbar auf die Zusammensetzung des Genpools auswirkt. Gregory Bateson hat, anknüpfend an die logische Typenlehre von Russell und Whitehead, deutlich gemacht, daß der Unterscheidung zwischen dem individuellen Genom und dem Genpool eine entscheidende Bedeutung zukommt.[85] Der Genpool ist die Bezeichnung der Klasse der individuellen Genome. Anpassung an die Umwelt findet also nicht auf der logischen Ebene des individuellen Genoms, sondern auf der logischen Ebene der Klasse der individuellen Genome einer Art statt. Wenn dieser Unterschied der logischen Ebenen nicht beachtet wird, führt dies zu Paradoxien und zirkelschlüssigen Erklärungen. Wir werden diesen Unterschied der logischen Ebenen in der Struktur des Grundkonzepts der Synthetischen Theorie der biologischen Evolution im Auge behalten müssen.

Kritik des Anpassungsparadigmas

Es würde den Rahmen der vorliegenden Untersuchung sprengen, die aktuellen Diskussionen über Korrekturen und Weiterentwicklungen der Synthetischen Theorie in der Biologie im einzelnen darzustellen.[86] Für den hier verfolgten Zweck genügt es, auf einige Aspekte hinzuweisen, die im Hinblick auf Luhmanns Evolutionskonzept Bedeutung haben können.

---

[84] Heinrich K. Erben, a.a.O., S. 28 und S. 130 ff.
[85] Gregory Bateson, a.a.O., S. 143 ff. und 181 ff.
[86] Siehe dazu Franz Wuketits, Evolutionstheorien. Historische Voraussetzungen, Positionen, Kritik, Darmstadt 1988, Sonderausgabe 1995, S. 101 ff.; Heinrich K. Erben, Evolution, Stuttgart 1990, S. 105 ff.

Der Kern der Darwinschen Evolutionstheorie besteht, wie gezeigt, in der Kombination von zufälliger, richtungsloser Mutation und anschließender Selektion. Erst die Selektion verleiht der Evolution eine Richtung: die Tendenz zur Verbesserung der durchschnittlichen Eigenschaften der biologischen Art. Evolution begünstigt danach also eine immer bessere Anpassung der Art an ihre Umwelt (survival of the fittest). Diese Rolle der Adaptation für die Evolution wird in der neueren Diskussion in Frage gestellt. Die Kritik stützt sich zum einen auf die empirischen Argumente der Neutralitätstheorie der Evolution, der zufolge jedenfalls in der molekularen Mikroevolution selektionsneutrale Mutationen nachweisbar seien, also Varianten, die weder Vorteile noch Nachteile in Bezug auf natürliche Auslese haben, sondern funktional völlig gleichwertig sind.[87] Evolution läßt sich danach möglicherweise auch ganz allgemein ohne Rückgriff auf die Darwinsche Annahme der natürlichen Auslese durch die Umwelt erklären. Zahlreiche Arten haben sich über lange Zeiträume praktisch unverändert erhalten.

Selektion bedeutet in der Tat nicht notwendig Auslese nach dem Kriterium der Anpassung an die Umwelt, sondern könnte selbst zufällig sein. Auch ohne die Annahme differentieller Reproduktion kann es in einem selbstreproduktiven Materiesystem allein aufgrund einer besonderen Schwankungsdynamik zur Selektion einer Art kommen.[88] Diese Form der „neutralen" Selektion ohne differentielle Reproduktion wird als nichtdarwinsche Selektion oder „genetische Drift" bezeichnet.[89] Aber auch wenn nicht bezweifelt wird, daß die Umweltbedingungen auf den Evolutionsprozeß einwirken, wird das "Anpassungsparadigma" kritisiert und die klassische Synthetische Theorie als unvollständig - nicht als falsch ! - angesehen.[90] Es ist zwar einleuchtend, daß Lebewesen ihrer jeweiligen physikalischen Umwelt angepaßt sein müssen, um überleben zu können, und daß sie dazu „zweckmäßig" konstruiert sind, daß also zum Beispiel Fische, von Spezialanpassungen wie dem Seepferdchen abgesehen, einen stromlinienförmigen Körperbau aufweisen und nicht etwa würfelförmig sind. Die Organismen erscheinen uns deshalb wie Spiegelbilder ihrer Umwelt - die Form des Fi-

---

[87] Vgl. Franz Wuketits, a.a.O., S. 105 ff.
[88] Vgl. die Beschreibung eines spieltheoretischen Modells dieser Selektion bei Bernd-Olaf Küppers, Ursprung, S. 208 ff.
[89] Bernd-Olaf Küppers, Ursprung, S. 211
[90] Franz Wuketits, a.a.O., S. 98, 101 ff.

2. Das Konzept der Evolution sozialer Systeme bei Niklas Luhmann

sches wie ein Abbild des fließenden Wassers, der Flügel des Vogels wie das Gegenbild des Luftstroms.[91]

Aber kann man daraus den Schluß ziehen, daß die Gestalt der Organismen von Außenweltfaktoren gesteuert ist?

Empirisch wird zunächst darauf hingewiesen, daß es keine einseitige Anpassung der Arten an ihre Umwelt gebe, sondern daß die Arten auch ihrerseits ihre Umgebung beeinflussen und ihre ökologische Nische gestalten. So ist die Zusammensetzung der heutigen Atmosphäre ganz wesentlich von Organismen beeinflußt worden. Es gibt also vielfältige Rückkopplungen zwischen Organismen und physikalischer Umwelt. Lebewesen sind ganz offensichtlich nicht lediglich passiv den Wirkungen ihrer Umwelt ausgesetzt, sondern wirken auch aktiv auf ihre Umwelt ein. Die Beobachtung, daß Lebewesen ihrer Umwelt angepaßt sind, reicht deshalb nicht aus, um Evolution zu erklären. Anpassung setzt Anpassungsfähigkeit voraus. Die entscheidende Frage lautet dann: Wie entsteht Anpassungsfähigkeit? Kann Anpassungsfähigkeit durch das Wirken von Umweltfaktoren erklärt werden? Wuketits führt zur Illustration dieses Problems ein anschauliches Beispiel an, den „Schritt ans Land": Vor ungefähr 350 Millionen Jahren, im Devon, wagte die Gattung der „Quastenflosser" den Schritt vom Wasser ans Land. Niemand zweifelt heute daran, daß die Landwirbeltiere solchen fischartigen Lebewesen entsprungen sind. Dieses fischartige Lebewesen war so ausgestattet, daß es den Schritt ans Land erfolgreich wagen konnte: robustes Skelett, robuster Schädel, innere Nasenöffnungen und Lungenblasen, stark gebaute paarige Flossen, die gewissermaßen schon dafür geschaffen waren, das Tier auch auf dem Festland zu tragen. Diese Voraussetzungen ermöglichten zunächst das Überleben von längeren Trockenperioden und schließlich den Übergang zum Landleben. Aber worauf beruhte diese Ausstattung? Gewiß nicht auf einer optimalen Anpassung an das Leben auf dem Land. Denn zunächst war der Quastenflosser dem Leben im Wasser angepaßt. Die Eigenschaften, die den Schritt ans Land ermöglichten, waren also nicht Folge, sondern Voraussetzung einer Anpassung an die Umweltbedingungen auf dem Land. Bestimmte Fischformen waren für das Leben auf dem Land „prädisponiert" oder vorangepaßt. Aber der Begriff der Prädisposition ist mißverständlich und umgeht das Problem. Er suggeriert, daß die künftige Lebensumwelt Ursache der Evolution sei. Das kann aber innerhalb einer kausalen Erklärung nicht angenommen werden.

---

[91] „Wär' nicht das Auge sonnenhaft, die Sonne könnt' es nie erblicken ..." - Johann Wolfgang von Goethe, Sprüche Nr. 110, Werke in sechs Bänden, hrsg. von Erich Schmidt, Leipzig 1910, Band 1, S. 209.

Daraus wird nun gefolgert, daß Adaptation an die Umwelt zwar eine Voraussetzung der Evolution ist. Sie kann aber nicht das alles erklärende „Zauberwort" sein. Statt der einseitigen Betonung der Anpassung muß zumindest auch den Prinzipien der Organisation und Entwicklung der Lebewesen, den inneren Faktoren der Evolution also, Rechnung getragen werden. Hier setzen neuere systemtheoretische Ansätze auch innerhalb der biologischen Evolutionstheorie an, die in unterschiedlichem Maß die Autonomie von Lebewesen und biologischen Systemen gegenüber der Umwelt zum Ausdruck bringen, unter ihnen das Konzept der Autopoiese Maturanas, bei dem Luhmann Anleihen gemacht hat.[92]

Vor diesem Hintergrund wird die Annahme einer Gerichtetheit der Evolution, insbesondere die Annahme eines stetigen Fortschritts, angezweifelt. Auch die Behauptung, Evolution führe zwar nicht notwendig zu besserer Anpassung, aber zur Zunahme organischer Komplexität, ist nicht unbestritten. Die große Masse der Organismen auf der Erde wird durch Lebewesen mit vergleichsweise geringer Komplexität wie die Bakterien gebildet, deren Überlebenschancen zudem deutlich größer zu veranschlagen sind als die der anfälligen Großorganismen. Hohe Komplexität wäre dann allenfalls erklärbar als der einzige Weg, die Pfade der Evolution noch weiter zu beschreiten, wenn alle ökologischen Nischen bereits mit erfolgreich angepaßten Lebewesen geringerer Komplexität besetzt sind.

Zum Erklärungsanspruch der Evolutionstheorie

Die Frage, ob die biologische Evolutionstheorie eine falsifizierbare Theorie im Sinne des Kritischen Rationalismus darstellt[93] und inwieweit sie Evolution gesetzmäßig erklären kann[94], kann hier nicht beantwortet werden. Als sicher kann aber gelten, daß die biologische Evolutionstheorie nicht beansprucht, den Verlauf konkreter historischer Evolutionsprozesse vollständig zu erklären. Sowohl die internen Prozesse (Mutationen) als auch die Veränderungen der Milieubedingungen hängen in hohem Maß vom Zufall ab. Naturgesetzlich läßt sich nur das „Dasein" biologischer Strukturen, nicht ihr „Sosein" erklären; das „Sosein" spiegelt die historische Einzigartigkeit

---

[92] Humberto Maturana, Erkennen: Die Organisation und Verkörperung von Wirklichkeit, Braunschweig 1982; ders., Biologie der Realität, Frankfurt am Main 1998; ders. und Francisco Varela, Der Baum der Erkenntnis. Die biologischen Wurzeln des menschlichen Erkennens, Bern, München, Wien 1987, S. 55. Zum Begriff der Autopoiese bei Niklas Luhmann Soziale System, S, 57 ff., Gesellschaft, S. 60 ff. (65).
[93] Dazu Karl Raimund Popper, Ausgangspunkte, Hamburg 1979.
[94] Dazu Bernd-Olaf Küppers, Ursprung, S. 231 ff.

lebender Systeme wider und entzieht sich prinzipiell einer naturgesetzlichen Beschreibung.⁹⁵ Die Rekonstruktion des konkreten Evolutionsgeschehens ist auf bewertende anatomische bzw. morphologische Vergleiche zwischen den Bauplänen, Rückschlüsse aus dem Vergleich der embryonalen und frühen Stadien der ontogenetischen Entwicklung und andere plausible Deutungen anhand molekularer Verbindungen der Organismen und fossiler Dokumente angewiesen.⁹⁶ Die biologische Evolutionstheorie geht also über die naturgesetzliche Erklärung im Sinne des Nachweises einer unter bestimmten Rahmenbedingungen gesetzmäßig bestehenden und deshalb reproduzierbaren kausalen Relation von Ursache und Wirkung hinaus. Sie stellt ein Modell der Erklärung auf, in dessen Rahmen sowohl die empirischen Befunde der Physik und der Chemie als auch die mit den Methoden der Statistik, der funktionalen Analyse und der vergleichenden Untersuchung von Bauplänen gewonnenen Ergebnisse der einzelnen biologischen Disziplinen integriert werden können.

Der Kern der evolutionstheoretischen Erklärung

Der besondere Erfolg und das naturwissenschaftliche Ansehen der Theorie der biologischen Evolution sind kein hinreichendes Argument, um den Begriff der Evolution für die Biologie zu reservieren. Historisch ist der Begriff „Evolution" vor allem von dem englischen Philosophen Herbert Spencer (1820-1903) populär gemacht worden. Herbert Spencer, später begeisterter Anhänger der Evolutionstheorie Darwins, hatte schon 1851, also vor Darwin, unter dem Einfluß Lamarcks den Gedanken der Evolution als philosophisches Leitprinzip für die Ordnung empirischer Daten verallgemeinert und auf dieser Grundlage insbesondere auch eine organizistische Gesellschaftstheorie entwickelt.⁹⁷ Da aber die Biologie wie keine andere Disziplin zur Präzisierung und empirischen Validierung des Evolutionsbegriffs beigetragen hat, ist es sinnvoll, anhand der biologischen Evolutionstheorie danach zu fragen, was den Kern einer Evolutionstheorie ausmacht.⁹⁸ Gesucht werden also die strukturbestimmenden Merkmale des mit dem Konzept der evolutionären Erklärung beschriebenen Prozesses, die ihn

---

⁹⁵ Bernd-Olaf Küppers, Ursprung, S. 261.
⁹⁶ Heinrich K. Erben, Evolution, Stuttgart 1990, S. 33 f.
⁹⁷ Herbert Spencer, Social Statics, London 1851. Zum Systemdenken in der Evolutionstheorie Herbert Spencers Michael Schmid, Gleichgewicht, Entropie und Strukturbildung in der soziologischen Theorie, in: ders., Soziales Handeln und strukturelle Selektion. Beiträge zur Theorie sozialer Systeme, Opladen 1998, S. 238 ff. (242 ff.) m.w.N.
⁹⁸ Grundlegend Donald T. Campbell, Variation and Selective Retention in Socio-Cultural Evolution, General Systems 14 (1969), 69 ff.

von anders strukturierten oder vorgestellten Entwicklungsvorgängen unterscheiden, insbesondere von der linearen und vorhersehbaren Entwicklung nach einem festen Plan, und von Teilvorgängen innerhalb des Evolutionsgeschehens, die selbst nicht den Merkmalen von Evolution entsprechen, wie das etwa bei der informationsgesteuerten Proteinbiosynthese der Fall ist. Dabei muß so weit wie möglich von den bereichsspezifischen Mechanismen der biologischen Evolution abstrahiert werden.

Wenn wir die oben zitierte Formulierung des Grundkonzepts der Synthetischen Theorie betrachten, läßt sich in dieser komprimierten Form deutlich erkennen, daß die wesentlichen Faktoren des Gesamtgeschehens der biologischen Evolution auf drei unterschiedliche Einheiten verteilt sind, die untereinander in einer bestimmten Wirkungsbeziehung stehen. Das Gen gewährleistet eine Zufallskomponente (Mutation, Variation), das Individuum eine an bestimmten Kriterien orientierte Auswahl (Selektion) und der Genpool der Population ist das Ergebnis des Zusammenwirkens dieser Komponenten. Eine derartige Abfolge von Ereignissen, die eine Zufallskomponente mit einem selektiven Prozeß verbindet, so daß sich nur gewisse zufällige Ereignisse durchhalten können, wird als „stochastischer Prozeß" bezeichnet.[99] Die Kombination zwischen einer Zufallsquelle und einem Auswahlverfahren ist also das wesentliche Charakteristikum von Evolution. Der Einbau des Zufalls ist Voraussetzung dafür, daß im Gesamtgeschehen der Evolution Neues entstehen kann, er ist Grundlage für die Kreativität der Evolution und zugleich der Grund dafür, daß die Evolutionstheorie aus prinzipiellen Gründen nur Aussagen über Wahrscheinlichkeiten machen und historische Entwicklungsverläufe nur deutend interpretieren kann. Das Auswahlverfahren (Selektion) wirkt konservativ. Es schränkt die Veränderungsrate so ein, daß sie mit der Stabilität des Gesamtsystems vereinbar bleibt. Es wirkt ähnlich wie die kybernetische Funktion des Fliehkraftreglers bei der Dampfmaschine: Übermäßige Schwankungen und ein „Durchdrehen" des Systems werden vermieden.[100] Schließlich erscheint für den Begriff der Evolution wesentlich, daß die Einheit, die evolviert, im Fall der biologischen Evolution also der Genpool der Population, ein spezifi-

---

[99] Vgl. dazu Gregory Bateson, Geist und Natur. Eine notwendige Einheit, Frankfurt am Main 1987, S. 181 ff. und Begriffsregister, S. 276. Der Begriff „stochastisch" kommt danach von griechisch „stochazein" - mit dem Bogen auf ein Ziel schießen. Das heißt, daß Ereignisse in einer teilweise zufälligen Weise verteilt werden, wobei einige von ihnen ein bevorzugtes Ergebnis erzielen können.

[100] Gregory Bateson, a.a.O., S. 181 ff., in Anknüpfung an die frühen Überlegungen von Alfred Russell Wallace, den Zeitgenossen Darwins, der, wie Bateson zeigt, Gedanken über die kybernetische Wirkungsweise der Selektion formuliert hat, die ihrer Zeit um Jahrzehnte voraus waren.

2. Das Konzept der Evolution sozialer Systeme bei Niklas Luhmann

scher Komplex von Elementen mit individuell variierenden Eigenschaften ist, dessen Variationsspektrum sich als Resultat des Zusammenwirkens von Zufallskomponente und Auswahlverfahren allmählich verschieben kann. Das Explanandum der Evolutionstheorie, der Sachverhalt, der erklärt werden soll, liegt also auf der logischen Ebene der Klasse individueller Elemente.[101] Nur auf einen solchen Gegenstand kann der Begriff der Evolution sinnvoll angewandt werden.

Damit können wir den Exkurs in die Biologie abschließen und uns der Frage zuwenden, für welches Problem Luhmanns Konzept der Evolution sozialer Systeme eine Lösung bieten könnte.

2.2. Die Fragestellung einer soziologischen Evolutionstheorie

Welche Frage kann ein Evolutionskonzept im Kontext einer soziologischen Erklärung, insbesondere im Kontext der soziologischen Systemtheorie Luhmanns beantworten?

Für die Soziologie ist nach ihrem ganz überwiegenden Selbstverständnis[102] der Anspruch einer methodisch kontrollierten empirischen Erklärung sozialer Vorgänge grundlegend.[103] Teleologische Konzepte eines der Geschichte immanenten Entwicklungsziels oder einer stetigen Entwicklungsrichtung der Gesellschaft begegnen heute tiefer Skepsis. Wenn Evolution aber als ein stochastischer Prozeß in einem aus individuell variierenden Elementen bestehenden System beschrieben werden kann, also als eine Abfolge von Ereignissen, die eine Zufallsquelle (Variation) mit einer Auswahl (Selektion) verbindet und auf diese Weise für eine dynamische Stabilität des Systems sorgt, könnte ein solches Evolutionskonzept zwar nicht das „Sosein" der Gesellschaft und ihrer Strukturen im einzelnen, wohl aber ihr „Dasein" erklären. Ein Evolutionskonzept im vorgestellten Sinn beinhaltet schon im Ausgangspunkt die Einsicht, daß konkrete gesellschaftliche Entwicklungen mit Hilfe des Evolutionskonzepts weder im Nachhinein gesetzmäßig erklärt noch auf der Grundlage von Gesetzeshypothesen prognostiziert werden können, weil es sich immer um ein Zusammenspiel von Zufall und Notwendigkeit und damit um historisch einmalige Abläufe han-

---

[101] Gregory Bateson, a.a.O., S. 143 ff., 181 ff.
[102] Dazu Hartmut Esser, Soziologie. Allgemeine Grundlagen, Frankfurt am Main und New York 1993, S. 1 ff.
[103] Zu den wissenschaftstheoretischen Grundpositionen der empirischen Sozialforschung Werner Meinefeld, Realität und Konstruktion. Erkenntnistheoretische Grundlagen einer Methodologie der empirischen Sozialforschung, Opladen 1995, S. 31 ff.

delt. Evolutionstheorie ist weder mit geschichtlichem Determinismus noch mit teleologischen Geschichtskonzeptionen vereinbar.

Auf der anderen Seite bedeutet ein solches Evolutionskonzept keinesfalls den Verzicht auf empirische Forschung. Das Evolutionskonzept postuliert keine Gesetzmäßigkeit für den Ablauf der Evolution als Ganzes. Damit schließt es aber nicht zugleich gesetzmäßige Erklärungen von Teilaspekten des Gesamtgeschehens aus. Für die biologische Evolutionstheorie läßt sich im Gegenteil sagen, daß sie empirische Forschungen befruchtet und durch die Integration der Teilergebnisse begünstigt hat. Das biologische Evolutionskonzept ist mit den Mendelschen Vererbungsgesetzen und den Gesetzen der modernen Molekulargenetik vereinbar; es integriert solche „harten" empirischen Erkenntnisse in einen übergreifenden Bezugsrahmen, ist aber dennoch für die Erklärung konkreter Abläufe des Evolutionsgeschehens weitgehend auf „weiche" Erkenntnisse aus der deutenden Interpretation morphologischer Vergleiche angewiesen.[104] Auch ein soziologisches Evolutionskonzept ist daher grundsätzlich mit dem Versuch vereinbar, für Teilaspekte empirisch überprüfbare gesetzmäßige Erklärungen aufzufinden. Daß Erklärungen geschichtlicher Abläufe daneben in weitem Umfang, etwa bei der Deutung archäologischer Funde und bei der Interpretation schriftlicher Zeugnisse der Vergangenheit, auf hermeneutische Verfahren angewiesen sind, um den Sinn historischer Kommunikationsprozesse verstehen zu können, ist ihrem spezifischen Gegenstand geschuldet, unterscheidet sich aber auch nicht grundsätzlich von den methodischen Grenzen der Erklärung des konkreten Ablaufs der Evolution in der Biologie. Das Evolutionskonzept läßt Raum für die empirische Erforschung konkreter Teilaspekte der Evolution, gerade weil es keine gesetzmäßigen Hypothesen über den Verlauf der Entwicklung im Ganzen beinhaltet.

Die Eigenständigkeit kultureller Evolution

Das Konzept der Erklärung kultureller und sozialer Evolution muß von solchen Ansätzen abgegrenzt werden, die den Versuch machen, komplexe soziale Realität auf allgemeine, der soziokulturellen Geschichte vorausliegende Konstanten zurückzuführen. Es handelt sich insbesondere nicht um eine biologische Theorie der Evolution von Kultur und Gesellschaft. Es gibt ohne Zweifel anthropologische Konstanten und eine biologisch-genetische Ausstattung des Menschen, die Folge der biologischen Evolution zum Menschen ist. Daß solche Konstanten Einfluß auch auf den konkreten Ver-

---

[104] Bernd-Olaf Küppers, Ursprung, S. 231 ff.

2. Das Konzept der Evolution sozialer Systeme bei Niklas Luhmann 41

lauf sozialer und kultureller Entwicklungen haben, läßt sich nicht bestreiten. Aber das nur in dem Sinne, daß keine Errungenschaft soziokultureller Evolution auf die Dauer Bestand haben kann, die ein Verhalten fordert, das mit anthropologischen Grundbedingungen und mit der biologischen Ausstattung des Menschen auf die Dauer unvereinbar ist.[105] Aber damit setzen diese Konstanten nur Rahmen- und Ausgangsbedingungen für soziokulturelle Evolution, sie eignen sich aber nicht zur Erklärung der innerhalb dieses Rahmens verlaufenden und eigenen Mechanismen folgenden soziokulturellen Evolution. Der evolutionären Erkenntnistheorie[106] und der Soziobiologie[107] wird der Vorwurf gemacht, dies nicht hinreichend zu unterscheiden, die Eigenständigkeit der kulturellen und sozialen Dimension der Realität und ihrer spezifischen Mechanismen zu verkennen und damit Kultur in unzulässiger Weise auf Biologie zu reduzieren.[108]

Dem Problem der Reduktion kultureller und sozialer Phänomene auf biologische Gesetze liegt ein allgemeines erkenntnistheoretisches und methodisches Problem zugrunde, das sich auch in anderen Zusammenhängen stellt, etwa bei der Frage, ob „Leben" mit den Gesetzen der Physik und Chemie oder „Geist" mit den physiologischen Gesetzen der Hirntätigkeit erklärt werden können. Michael Polanyi hat dieses Problem im Kontext der Erklärung von Leben mit Hilfe einer Analogie zur Maschine veranschaulicht.[109] Die vollständige Beschreibung einer Maschine setzt nach Polanyi zwei Beschreibungsebenen voraus. Die erste Ebene ist die materielle Ebene der Einzelteile der Maschine, die vollständig durch die Gesetze der Physik und Chemie erklärbar ist. Die zweite, übergeordnete Ebene ist die der Randbedingungen, durch die die Konstruktion einer Maschine bestimmt sind. Die Maschine arbeitet also unter der Kontrolle zweier verschiedener Prinzipien. Das höhere Prinzip des Designs der Maschine macht

---

[105] So stellt Niklas Luhmann fest, daß eine soziale Regel, die fordern würde, daß die Menschen statt auf den Füßen auf den Händen laufen, keinen Bestand haben könne - aus Gründen der biologischen Ausstattung des Menschen (Gesellschaft, S. 438).
[106] Gerhard Vollmer, Evolutionäre Erkenntnistheorie. Angeborene Erkenntnisstrukturen im Kontext von Biologie, Psychologie, Linguistik, Philosophie und Wissenschaftstheorie, Stuttgart 1987; ders., Was können wir wissen? Band 1: Die Natur der Erkenntnis. Beiträge zur Evolutionären Erkenntnistheorie, Stuttgart 1988.
[107] Edward O. Wilson, Sociobiology, the new synthesis, Cambridge, Mass. 1976; ders., On human nature, London 1979; Richard Dawkins, The selfish Gene, London 1976.
[108] Vgl. Niklas Luhmann, a.a.O.; vgl. auch Werner Meinefeld, Realität und Konstruktion, S. 111 ff.
[109] Michael Polanyi, Life transcending physics and chemistry, Chemical and Engineering News 45 (1967), S. 56; ders., Life's irreducible structure, Science 160 (1968), S. 1308. Siehe auch die Darstellung der Argumentation Polanyis bei Bernd-Olaf Küppers, Ursprung, S. 110 ff.

sich das niedrigere Prinzip nutzbar, das in den physikalischen und chemischen Prozessen besteht, auf denen die Maschine basiert. Eine derartige Zwei-Ebenen-Struktur liegt auch im Falle eines naturwissenschaftlichen Experiments vor. Aber während beim Experiment der Natur bestimmte Einschränkungen auferlegt werden, um ihr Verhalten unter solchen eingeschränkten (und deshalb wiederholbaren und auf diese Weise für Dritte nachzuprüfenden) Bedingungen beobachten zu können, schränkt der Konstrukteur einer Maschine die Natur ein, um ihre Arbeitsweise nutzbar zu machen. Polanyi beschreibt diese Einschränkungen mit dem im Zusammenhang der empirischen Methode der Naturwissenschaften geläufigen Begriff der Randbedingungen. Er zeigt nun am Beispiel der Maschine, daß die auf der Ebene der Konstruktion der Maschine angesiedelten Randbedingungen nicht mit den Gesetzen der Physik und Chemie begründet werden können. Allein mit den Mitteln der Physik und Chemie kann man eine Maschine weder erklären noch beschreiben; man könnte sie nicht einmal als Maschine identifizieren. Polanyi überträgt diesen Gedanken von Maschinen auf Lebewesen: Mit den Gesetzen der Physik und Chemie lasse sich die Auswahl einer ausgezeichneten, als Träger einer sinnvollen biologischen Information dienenden Nukleotidsequenz aus den Millionen von Alternativen, die kombinatorisch möglich sind,[110] nicht erklären. Küppers faßt das zentrale Argument Polanyis folgendermaßen zusammen: Lebewesen weisen - wie Maschinen - einen hohen Grad an funktionaler Ordnung auf. Sie unterliegen zwar ausnahmslos den bekannten Gesetzen der Physik und Chemie, sind aber darüber hinaus zweckorientierte Strukturen, deren Aufbau und Funktion das Vorhandensein von Information erfordert. Diese Information (bei der Maschine das Konstruktionsprinzip) stellt eine irreduzible Randbedingung dar, unter der die Gesetze der unbelebten Natur in einem lebenden System beziehungsweise in einer Maschine wirksam werden.[111]

---

[110] Nach Bernd-Olaf Küppers, Ursprung, S. 96, erreicht die Zahl der kombinatorisch möglichen Sequenzalternativen im Fall des menschlichen Genoms die unvorstellbare Größe von $10^{6\,00\text{ Millionen}}$, und selbst im einfachen Fall eines Bakteriums besteht das Genom noch aus 4×10^6 Nukleotiden, so daß die Zahl der kombinatorisch möglichen Sequenzen $4^{4\text{ Millionen}} \cong 10^{2,4\text{ Millionen}}$ beträgt. Der Vergleich mit der Gesamtmasse des Universums, ausgedrückt in Masseeinheiten des Wasserstoffatoms (etwa 10^{80} Einheiten) macht deutlich, daß nicht einmal die Größe des Universums ausgereicht hätte, um eine zufällige Synthese des Bakterienbauplans wahrscheinlich werden zu lassen.

[111] Bernd-Olaf Küppers, Ursprung, S. 112. Das Argument kann auch an einem noch einfacheren Beispiel veranschaulicht werden: Sowohl in einem naturbelassenen Bachbett als auch in einem kanalisierten Bachbett fließt das Wasser des Baches in Übereinstimmung mit den naturwissenschaftlichen Gesetzen der Strömungsdynamik. Will man beschreiben, wodurch sich der kanalisierte Bach von dem naturbelassenen Bach unterscheidet, muß man auf Zwecke wie die Vermeidung von Überschwemmungen angrenzenden Ackerlandes und auf die Mittel, mit denen dieser Zweck erreicht wird, eingehen. Sie

2. Das Konzept der Evolution sozialer Systeme bei Niklas Luhmann 43

Wir können und müssen an dieser Stelle nicht die Probleme vertiefen, die die Argumentation Polanyis im Hinblick auf Sinn und Methode reduktionistischer Forschungsprogramme im Kontext der Erklärung von Leben aufwirft.[112] Für unsere Problemhypothese kommt es darauf an, im Kontext der Erklärung kultureller und sozialer Strukturen - genau wie in der Maschinen-Analogie Polanyis - verschiedene Ebenen zu unterscheiden. Kultur und Gesellschaft legen dem Zusammenleben der Menschen spezifische Einschränkungen auf. Sie treffen eine Auswahl aus der vermutlich unvorstellbar großen Zahl von Alternativen für die Gestaltung der Beziehungen innerhalb großer Gruppen von Menschen, die nach den Gesetzen der Biologie möglich und - biologisch gesehen - a priori gleich wahrscheinlich oder vielmehr unwahrscheinlich sind. Es reicht insoweit, sich die Vielfalt der gegenwärtig auf der Erde existierenden Kulturen und Zivilisationen zu vergegenwärtigen. Auch wenn wir annehmen, daß Erklärungen der biologischen Grundlagen von Kultur und Gesellschaft möglich und sinnvoll sind, kann das Beschreibungen und Erklärungen auf der Bezugsebene kultureller und sozialer Strukturen nicht ersetzen. Es hängt also von der jeweiligen Fragestellung ab, ob eine Reduktion sozialer und kultureller Phänomene auf biologische Ursachen (und deren weitere Reduktion auf physikalische und chemische Ursachen) überhaupt sinnvoll ist. Zur Verdeutlichung können wir uns wiederum an Polanyis Maschinen-Analogie wenden. Um das Konstruktionsprinzip einer Maschine zu beschreiben, sind zwar gewisse Kenntnisse der Physik erforderlich. Denn anders ließe sich kaum darstellen, auf welche Weise sich die Konstruktion die physikalischen Eigenschaften der Materie zunutze macht. Aber mit der Trennung der Beschreibungsebenen und der Beschränkung der physikalischen Informationen auf das für das Verständnis der Konstruktion Wesentliche läßt sich für die meisten Zwecke nicht nur gut leben, sie sind sogar Voraussetzungen für eine verständliche Beschreibung der Konstruktion. Weder bedarf es einer vollständigen Erklärung aller physikalischen Eigenschaften und Gesetze, die für die einzelnen Teile der Maschine gelten, noch bedarf es gar einer neurologischen Erklärung des Entstehens der Konstruktionsidee im Kopf des Konstrukteurs. Es zeigt sich also, daß es für das Verständnis einer Theorie und für die Beurteilung ihrer Fruchtbarkeit wichtig ist, sich genau darüber zu vergewissern,

---

lassen sich mit den physikalischen und chemischen Eigenschaften des Wassers nicht beschreiben.

[112] Die Maschinenanalogie hat zunächst den Nachteil, daß es ein Äquivalent für den Konstrukteur der Maschine bei lebenden Systemen nicht gibt. Das tiefere Problem betrifft die Frage, ob sich im Rahmen einer Nichtgleichgewichtsphysik die evolutionäre Entstehung biologischer Information erklären läßt. Das ist das Thema des Buches von Bernd-Olaf Küppers, Ursprung, S. 113 und passim.

auf welcher Ebene der Beschreibung und Erklärung ihr Gegenstand und ihre Fragestellung liegen. Die Fragestellung, um die es hier geht, bezieht sich auf die eigenständige Ebene von Kultur und Gesellschaft. Die Untersuchung unterscheidet sich also von ihrer Fragestellung her von vornherein und grundsätzlich von dem Forschungsprogramm der Soziobiologie. Sie geht von der Annahme aus, daß die Möglichkeiten der Erklärung der kulturellen und sozialen Erscheinungen sich nicht in der Zurückführung auf die biologischen Ausgangsbedingungen menschlichen Handelns erschöpfen, sondern daß Kultur und Gesellschaft diesen konstanten Ausgangsbedingungen, die Resultat biologischer Evolution sind, weitere Einschränkungen auferlegen, die das Wirken biologischer Gesetze kontrollieren und die ihrerseits einer eigenständigen, gegenüber der in langen Zeiträumen wirkenden biologischen Evolution schneller ablaufenden kulturellen und sozialen Evolution unterliegen.[113]

Systemtheorie und Handlungstheorie

Unter den soziologischen Theoriekonzepten, die sich auf die eigenständige Bezugsebene der sozialen Realität konzentrieren, gelten in der Gegenwart der ältere, den Klassikern der Soziologie näherstehende und wohl nach wie vor dominierende handlungstheoretische und der neuere systemtheoretische Ansatz als grundsätzliche Alternativen. Luhmanns Konzeption zeichnet sich dadurch aus, daß sie Handlung als Grundelement sozialer Erklärung konsequent und rückstandslos verabschiedet und durch Kommunikation ersetzt. Das unterscheidet seine Konzeption auch von den Theorien kommunikativen Handelns, die die grundlegende Bedeutung von Kommunikation für die soziale Ordnung gleichfalls anerkennen, Kommunikation aber weiterhin von der (kommunikativen) Handlung als Grundelement der Erklärung aus konstruieren.[114] Wolfgang Ludwig Schneider ist eine plausible Analyse der unterschiedlichen Fragestellungen zu verdanken, von de-

---

[113] Damit ist nicht darüber befunden, ob auch Forschungsperspektiven sinnvoll sind, die sich mit Interdependenzen zwischen den Gegenständen von Biologie und Soziologie befassen. Das soll hier jedenfalls nicht ausgeschlossen werden. In der modernen Kognitionswissenschaft etwa scheint sich die Auffassung durchzusetzen, daß ein hinreichendes Verständnis des Bewußtseins nicht ohne Integration der empirischen Erkenntnisse der Neurologie und der kognitiven Psychologie möglich sein wird. Ein anderes Beispiel ist der von Küppers im Anschluß an Eigen dargelegte Ansatz zur Erklärung der evolutionären Entstehung biologischer Evolution auf der Grundlage einer erweiterten Nichtgleichgewichtsphysik, vgl. Bernd-Olaf Küppers, Ursprung, hier insbesondere die programmatische Formulierung auf S. 113.

[114] Jürgen Habermas, Theorie des kommunikativen Handelns, 2 Bände, Frankfurt am Main 1981.

nen die auf der Sprechakttheorie nach Austin und Searle aufbauenden Theorien kommunikativen Handelns einerseits und die Systemtheorie Luhmanns andererseits ausgehen.[115] Die Theorie kommunikativen Handelns fragt aus der Perspektive des Sprechers, der mit einer Sprechhandlung bestimmte, auf Verständigung gerichtete Intentionen verbindet, und fragt danach, wie die Beteiligung an Kommunikation in der Form intentionalen Handelns möglich ist. Dagegen konstruiert Luhmann Kommunikation grundlegend vom Verstehen aus. Kommunikation als Synthese der drei Selektionen einer Information, einer Mitteilung und eines Verstehens[116] kommt erst mit dem Verstehen zum Abschluß. Verstehen umfaßt dabei sowohl richtiges als auch falsches Verstehen; in der Kommunikation kann auch Mißverstehen als Verstehen behandelt und zur Fortsetzung von Kommunikation genutzt werden.[117] Verstehen im Sinne der Theorie Luhmanns ist nicht das psychische Erlebnis des Verstehens (das es natürlich auch gibt), sondern das Verstehen, das sich in einer Anschlußäußerung artikuliert. Verstehen im Sinne Luhmanns ist also nicht lediglich rezeptiv, sondern spielt eine eigene aktive Rolle bei der sozialen Produktion von Sinn in der Kommunikation. Luhmann antwortet mit dieser Konzeption auf die Frage, wie Kommunikation ohne Stockung mit Mißverständnissen fertig wird.[118] Die unterschiedlichen Fragestellungen der Systemtheorie Luhmanns und der Theorie kommunikativen Handelns erschöpfen sich aber nicht in einer Differenz der Frageperspektive von Sprecher und Hörer. Wesentlicher noch ist, daß Luhmann Kommunikation als eine Operation innerhalb eines Systems von Kommunikationen beobachtet, das sich von den subjektiven Perspektiven von Sprecher und Hörer unterscheidet und im oben dargelegten Sinn auf einer höheren Bezugsebene liegt. Die entscheidende Differenz der Fragestellungen besteht also darin, daß Luhmann den Gegenstand seiner theoretischen Beobachtung als emergentes Phänomen konstruiert und danach, und zwar nur danach fragt, welche spezifischen Einschränkungen das soziale System dem Geschehen auferlegt, das - auf einer untergeordneten Bezugsebene - den Gesetzen intentionalen wie unbewußten Handelns unterliegt. Darin liegt die eigentliche Provokation des von Luhmann vorgeschlagenen Entwurfs einer systemtheoretischen Soziologie. Max Webers Hinweis, es sei nicht die Konventionalregel des Grußes, die den Hut vom Kopfe nimmt, sondern immer ein individueller

---

[115] Wolfgang Ludwig Schneider, Die Komplementarität von Sprechakttheorie und systemtheoretischer Kommunikationstheorie. Ein hermeneutischer Beitrag zur Methodologie von Theorievergleichen, Zeitschrift für Soziologie 1996, S. 263 ff.
[116] Niklas Luhmann, Soziale Systeme, S. 203.
[117] Niklas Luhmann, Soziale Systeme, S. 196.
[118] Wolfgang Ludwig Schneider, a.a.O., S. 271.

Akteur, der diese Norm befolgt,[119] bringt den Kern des handlungstheoretischen Ansatzes anschaulich auf den Punkt. Luhmann scheint genau das Gegenteil zu behaupten. Aber Luhmann würde wohl die Plausibilität dieses Ausspruchs von Max Weber gar nicht bestreiten. Was er bestreitet, ist die Annahme, daß es möglich sei, die Geltung und den Sinn der Konventionalregel als Folge der Handlungen der Akteure, die Konventionalregeln befolgen, zu erklären. Deshalb interessiert sich Luhmann nicht für die Intentionen der an Kommunikation Beteiligten, obwohl er selbstverständlich weiß, daß ohne sie Kommunikation nicht stattfinden würde. Genau wie jemand, der sich ausschließlich auf die Betrachtung des Sinngefüges von Gedanken konzentriert und sich nicht um die neurologischen Prozesse, die ihnen zugrundeliegen, kümmert, obwohl er natürlich weiß, daß Gedanken nur unter der Voraussetzung intakter Gehirnfunktionen produziert werden können, beobachtet Luhmann nur Kommunikationen, obwohl er natürlich weiß, daß sie Bewußtsein und Handeln voraussetzen. Luhmann versteht unter Kommunikation einen eigenständigen Vorgang von hoher Komplexität, der sowohl die Möglichkeiten der intentionalen Steuerung als auch die Wahrnehmungsfähigkeit der an Kommunikation beteiligten Individuen weit übersteigt, so daß Kommunikation auch gegenüber Handlungen, Interaktionen und Interaktionssystemen als ein eigenständiges, auf einer höheren Bezugsebene angesiedeltes System erscheint. Wenn aber das reale Kommunikationsgeschehen nicht einfach den Intentionen der an Kommunikation beteiligten Individuen folgt, wenn auch Intentionen und Handlungen nur grundlegende Ausgangsbedingungen für Kommunikationen und nicht mit dem komplexen Geschehen der Kommunikation identisch sind, ist das Erklärungsangebot der Handlungstheorien unzureichend. Es bedarf einer Erklärung für Stabilität und Veränderung sozialer Strukturen, die von vornherein auf der Bezugsebene dieses komplexen Kommunikationsgeschehens angesiedelt ist.

Die unterschiedlichen Fragestellungen, die mit handlungstheoretischen und systemtheoretischen Ansätzen soziologischer Erklärung verbunden sind, wirken sich auch auf die Formulierung des Problems der Kontinuität und Veränderung gesellschaftlicher Strukturen aus. Auf handlungstheoretischer Grundlage stellt sich das Problem als die Frage dar, wie die Kontinuität sozialer Ordnung über den Wechsel der Generationen hinweg erklärt werden kann. Empirisch werden Sozialisationsprozesse untersucht.[120] Wenn dagegen nicht mehr Handlungen und Handlungssubjekte, sondern

---

[119] Mitgeteilt bei Hartmut Esser, Soziologie, Allgemeine Grundlagen, Frankfurt am Main und New York 1993, S. 4.
[120] Vgl. z. B. Bernd Nicolaisen, Die Konstruktion der sozialen Welt, S. 11 ff.

Kommunikationen Grundlagen der soziologischen Erklärung sind, verändert sich auch die Fassung des Problems in Bezug auf genetische Erklärungen. Gegenstand ist das „Eigenleben" von Kommunikationen. Für eine genetische Erklärung stellt sich die Frage, wie aus dem Fortgang von Kommunikation zu Kommunikation verhältnismäßig stabile und geordnete („komplexe") Strukturen entstehen und sich verändern. Man mag zunächst geneigt sein anzunehmen, daß - wenn „Kommunikationen" und nicht kommunizierende Menschen betrachtet werden - im Anschluß an eine Kommunikation fast alles möglich ist, daß also eine Einschränkung möglicher weiterer Kommunikation durch vorangegangene Kommunikation kaum in bedeutsamer Weise bewirkt wird. Erst die Einbeziehung der an Kommunikation beteiligten Personen mit ihrer ganz individuellen Bewußtseinsstruktur scheint das, was an weiterer Kommunikation möglich und wahrscheinlich ist, zu spezifizieren. Erinnern wir uns aber daran, daß Luhmann sich gerade umgekehrt die Frage stellt, wie vorangegangene Kommunikationen die Wahrscheinlichkeit anschließender Kommunikation einschränken, die aufgrund der in der biologischen und bewußtseinsmäßigen Konstitution der an Kommunikation beteiligten Menschen gegebenen Rahmenbedingungen möglich sind. Das setzt voraus, daß Kommunikationen aufgrund von Eigenschaften, die sie als Elemente eines Kommunikationssystems aufweisen, in spezifischer Weise weitere Kommunikation konditioniert. Dann muß zunächst die Funktionsweise dieser Konditionierung aufgeklärt und zugleich erklärt werden, wie dies zu den sinnvoll geordneten Kommunikationsstrukturen, die wir beobachten, führen kann und wie diese Strukturen sich erhalten und verändern können. Dabei scheint es schon auf den ersten Blick vor allem schwierig zu sein, auf einer solchen Grundlage zu erklären, wie die Selektion abweichender Kommunikationen in einer solchen Weise erfolgen kann, daß ein stabiles und zweckmäßiges soziales System möglich wird, wenn die Intentionen und die in ihnen zum Ausdruck kommenden Bedürfnisse, Interessen und Wertkonzepte der an Kommunikation beteiligten Individuen - im Hinblick auf den gewählten Gegenstand der Theorie - keine Rolle spielen. Während in einem Konzept, das erklärt, wie gelingende Kommunikation im Sinne einer den Intentionen des Sprechers genügenden Verständigung möglich ist, auch Kriterien verfügbar zu sein scheinen, nach denen die Individuen sich bei ihren Entscheidungen über weitere Kommunikation orientieren - sie werden im allgemeinen dazu neigen, gelungene Kommunikation in entsprechenden Situationen zu wiederholen, fehlgeschlagene Kommunikationsversuche dagegen in vergleichbaren Lagen und mit vergleichbaren Partnern in Zukunft zu vermeiden -, fehlt die Möglichkeit einer solchen Anknüpfung an das Individuum als Einheit der Selektion und damit auch an seine Bedürfnisse und

Interessen in der Systemtheorie Luhmanns. Die Eignung seiner Konzeption zur genetischen Erklärung nach den Ansprüchen einer modernen Evolutionstheorie unter Verzicht auf die Anknüpfung an ein Handlungssubjekt ist deshalb geradezu der „Elchtest" für diese Theorie.

Unter dem Aspekt des Anspruchs einer empirischen Wissenschaft sieht sich die Systemtheorie im allgemeinen, ganz besonders aber die Autopoiese-Konzeption Luhmanns der Kritik ausgesetzt, daß sie grundlegende empirische Defizite aufweise.[121] Das Evolutionskonzept hat daher in der Theorienkonkurrenz zu handlungstheoretischen Konzepten eine doppelte Aufgabe. Es kann zum einen die methodischen Grenzen von Erklärungen in den Sozialwissenschaften verdeutlichen, sofern es nämlich gelingt zu zeigen, daß der Anspruch gesetzmäßiger, nomologischer Erklärungen in Bezug auf die Gesamtheit der makrosoziologischen Vorgänge prinzipiell verfehlt ist, weil sie dem Muster eines stochastischen Prozesses folgen und deshalb niemals vollständig erklärbar und prognostizierbar sein werden. Zum anderen muß die Systemtheorie aber nachweisen, daß sie prinzipiell in der Lage ist, mit Hilfe ihrer Grundbegriffe und ihres Theoriemodells Gesellschaft mit der für evolutionstheoretische Erklärungen angemessenen Reichweite zu erklären, und das heißt, jedenfalls die Mechanismen angeben zu können, auf deren Grundlage schlüssig erklärt werden kann, wie die beobachtbaren Resultate der kulturellen und sozialen Evolution entstehen konnten.

Zusammenfassung der Problemhypothese

Fassen wir nun die Überlegungen zu der Fragestellung, auf die das Evolutionskonzept Luhmanns eine gültige Antwort zu geben verspricht, zusammen:

Luhmanns theoretische Konzeption könnte eine gültige Lösung des Problems sein, wie Gesellschaft als eine Einheit, die nicht nur gegenüber den biologischen Ausgangsbedingungen, sondern auch gegenüber den Intentionen und Handlungen menschlicher Individuen eine eigene Ebene sinnvoller funktionaler Ordnung aufweist, möglich ist. Im Rahmen dieser umfassenden Fragestellung hat das Evolutionskonzept die Aufgabe zu er-

---

[121] Hans Haferkamp, Autopoietisches soziales System oder konstruktives soziales Handeln? Zur Ankunft der Handlungstheorie und zur Abweisung empirischer Forschung in Niklas Luhmanns Systemtheorie, in: Hans Haferkamp und Michael Schmid (Hrsg,), Sinn, Kommunikation und soziale Differenzierung. Beiträge zu Luhmanns Theorie sozialer Systeme, Frankfurt am Main 1987, S. 51 ff.; Johannes Weyer, Wortreich drumherumgeredet: Systemtheorie ohne Wirklichkeitskontakt, Soziologische Revue 1994, S. 139 ff.

klären, wie eine derartige, eigene Strukturen aufbauende kulturelle und soziale Information genetisch zustande kommen kann, ohne für die Erklärung auf eine äußere intelligente Ursache, ein immanentes Ziel der Geschichte oder ein die Entwicklung beherrschendes deterministisches Gesetz zurückzugreifen, ohne aber auch auf Intentionen und Handlungen menschlicher Individuen abzustellen. Wenn Kommunikationen ein eigenes, den Intentionen und Handlungen der Individuen gegenüber emergentes System bilden, muß erklärt werden, wie trotz der Flüchtigkeit und Ereignishaftigkeit von Kommunikationen die Stabilität der funktional geordneten Strukturen empirisch zu beobachtender sozialer Systeme und wie trotz der Stabilität sozialer Systeme ihre Veränderung möglich ist. Erst wenn ohne Rückgriff auf die Erklärungsangebote, die von der Systemtheorie verworfen werden, ein schlüssiges Konzept der Evolution sozialer Systeme gelingt, bewährt sich damit auch die theoretische Grundkonzeption, die soziale Systeme auf einer höheren, der Ebene der Intentionen, Handlungen und Interaktionen menschlicher Individuen übergeordneten Bezugsebene ansiedelt und als sich selbst reproduzierende Kommunikationssysteme darstellt.

Die Problemstellung Luhmanns

Überprüfen wir nun zunächst, ob diese Problemhypothese dem entspricht, was Luhmann explizit als Erklärungsziel seines Evolutionkonzepts beschreibt.

Luhmann benennt als Leitfaden für seine weitere Analyse die „Paradoxie der Wahrscheinlichkeit des Unwahrscheinlichen".[122] Die Paradoxie entsteht, wenn eine komplexe Erscheinung ein derart hohes Maß an interner funktionaler Ordnung (Komplexität) aufweist, daß ihr Auftreten - von einem fiktiven Nullpunkt der Evolution aus betrachtet - extrem unwahrscheinlich ist, dennoch aber beobachtet werden kann, daß sie häufig vorkommt und in diesem Sinne wahrscheinlich ist. Die Evolutionstheorie verlagert nun nach Luhmann dieses logisch unlösbare Problem in die Zeit und versucht so zu klären, wie es möglich ist, daß immer voraussetzungsreichere, immer unwahrscheinlichere Strukturen entstehen und als normal funktionieren. Evolution transformiert also geringe Entstehenswahrscheinlichkeit in hohe Erhaltungswahrscheinlichkeit. Das Problem des Evolutionskonzepts ist die **Morphogenese** von Komplexität.

Luhmann setzt also auf der denkbar abstraktesten Ebene an. Aber wir sehen schon an diesem Ausgangspunkt, daß Luhmann eine genetische Er-

---

[122] Niklas Luhmann, Gesellschaft, S. 413.

klärung für die Komplexität sozialer Systeme sucht. Und Komplexität bedeutet in diesem Zusammenhang nichts anderes als ein Maß für Ordnung, das mit Zufall allein nicht erklärbar ist. Luhmann begreift die neueren Evolutionstheorien als ein Theorieangebot für die Morphogenese von Komplexität, für das es trotz aller Einschränkungen, gemessen an logischen, wissenschaftstheoretischen und methodologischen Standards kausaler Erklärung und Prognose, keine bessere Alternative gibt.[123] Insbesondere legt Luhmann dar, warum sich die Evolutionstheorie gegen das konkurrierende Theorieangebot der Schöpfungstheorien durchgesetzt hat. Kritisch wendet sich Luhmann auch gegen Entwicklungs- und Epochentheorien der Geschichte, die versuchen, das Auftauchen neuer Errungenschaften einer konsistenten Fortschrittslinie zuzuordnen, und die dem entsprechende Vorstellung von Geschichte als Prozeß, die in der Geschichtsphilosophie Hegels ihre verbindliche Form gefunden habe. Was immer man von derartigen Entwicklungstheorien halte, es seien keine Evolutionstheorien.[124] Evolutionstheorie sei keine Theorie des Fortschritts. Sie leiste keine Deutung der Zukunft und ermögliche auch keine Prognosen. Sie sei auch keine Steuerungstheorie, die helfen könne in der Frage, ob man die Evolution gewähren lassen oder sie korrigieren sollte.[125] Allenfalls könne man davon sprechen, daß Evolution zur Steigerung der Komplexität führe, wenn man nur die Zusatzannahme fallen lasse, daß höhere Komplexität einer besseren Anpassung der Systeme an die Umwelt diene.[126] Evolutionstheorie arbeite durchaus mit Kausalannahmen, verzichte aber darauf, Evolution kausalgesetzlich zu erklären. Die Morphogenese von Komplexität werde in neueren Evolutionstheorien nicht durch ein entsprechendes Gesetz, das empirisch verifiziert werden kann, und auch nicht durch Rationalitätsvorteile von Komplexität im Sinne einer zielstrebigen, wenn nicht intentionalen Deutung von Evolution erklärt. Vielmehr werde angenommen, daß Evolution sich rekursiv verhalte, das heißt: dasselbe Verfahren iterativ auf die eigenen Resultate anwende.[127] Dann bestehe die wesentliche Aufgabe des Evolutionskonzepts darin, genauer zu definieren, um was für ein „Verfahren" es sich handelt. Und wir können ergänzen: schlüssig ist das Evolutionskonzept dann, wenn es erklärt, daß mit diesem Verfahren die empirisch zu beobachtenden Resultate **möglich** sind. Mehr kann Evolutionstheorie weder nach-

---

[123] Niklas Luhmann, Gesellschaft, S. 413, 415.
[124] Niklas Luhmann, Gesellschaft, S. 424.
[125] Niklas Luhmann, Gesellschaft, S. 428, 429.
[126] Niklas Luhmann, Gesellschaft, S. 416.
[127] Niklas Luhmann, Gesellschaft, S. 415.

2. Das Konzept der Evolution sozialer Systeme bei Niklas Luhmann

träglich erklärend noch prognostisch leisten, weil es sich um historisch einzigartige, prinzipiell nicht vorhersehbare Verläufe handelt.[128]

2.3. *Das Grundkonzept der Erklärung der Evolution sozialer Systeme bei Luhmann im Vergleich*

Wir haben oben gesehen, daß das Verfahren der Evolution, wie es von der Synthetischen Theorie der biologischen Evolution beschrieben wird, ein stochastischer Prozeß ist. Luhmann greift ausdrücklich das neodarwinistische Schema des Verfahrens der Evolution auf.[129] Er übernimmt die Unterscheidung der Evolutionsfunktionen Variation, Selektion und Restabilisierung.[130] Auf einen Unterschied zur biologischen Evolution weist Luhmann explizit hin: Während die einzelnen evolutionären Funktionen bei der Evolution von Lebewesen auf verschiedene, separierte Systemebenen verteilt seien - auf genetisch programmierte Zellen als Gegenstand von Variation, das Überleben von Organismen als Gegenstand von Selektion und ökologisch stabile Populationen als Gegenstand von Restabilisierungen - fehle in der gesellschaftlichen Evolution für diese Art Separierungsgarantie jeder Anhaltspunkt. Denn schon das Medium Sinn mache mit seiner immensen Verweisungs- und Verknüpfungsfähigkeit eine solche Isolierung evolutionärer Funktionen auf verschiedene Systemebenen unwahrscheinlich.[131] Das schließt aber für Luhmann nicht aus, daß auch Systeme, die sinnhaft operieren, Variation, Selektion und Restabilisierung trennen können. Die Frage sei nur: wie? Luhmann schlägt folgendes Konzept vor:[132]

(1) Durch *Variation* werden die *Elemente* des Systems variiert, hier also die Kommunikationen. Variation besteht in einer abweichenden Reproduktion der Elemente durch die Elemente des Systems, mit anderen Worten: in unerwarteter, überraschender Kommunikation.

(2) Die *Selektion* betrifft die *Strukturen* des Systems, hier also Kommunikation steuernde Erwartungen. Sie wählt an Hand abweichender Kommunikation solche Sinnbezüge aus, die Strukturaufbauwert versprechen, die sich für wiederholte Verwendung eignen, die erwartungsbildend und -kondensierend wirken können; und sie verwirft, indem sie die Abweichung der Situation zurechnet, sie

---

[128] Vgl. Niklas Luhmann, Gesellschaft, S. 416.
[129] Niklas Luhmann, Gesellschaft, S. 416, 425 ff., 451 ff.
[130] Niklas Luhmann, Gesellschaft, S. 425, 451 ff.
[131] Niklas Luhmann, Gesellschaft, S. 453.
[132] Niklas Luhmann, Gesellschaft, S. 454.

dem Vergessen überläßt oder sie sogar explizit ablehnt, diejenigen Neuerungen, die sich nicht als Struktur, also nicht als Richtlinie für die weitere Kommunikation zu eignen scheinen.

(3) Die *Restabilisierung* betrifft den Zustand des evoluierenden *Systems* nach einer erfolgten, sei es positiven, sei es negativen Selektion. Dabei wird es zunächst um das Gesellschaftssystem selbst im Verhältnis zu seiner Umwelt gehen. Man denke etwa an die Erstentwicklung von Landwirtschaft mit Konsequenzen, die im Sozialsystem der Gesellschaft „systemfähig" sein müssen. Oder an die Vermeidung einer Agrarisierung (aus ökologischen oder anderen Gründen), die dann zur Entstehung von „Nomadenvölkern" am Rande von bereits politisch entwickelten Bauerngesellschaften führt. Im weiteren Verlauf der gesellschaftlichen Evolution verlagert die Restabilisierungsfunktion sich dann mehr und mehr auf Teilsysteme der Gesellschaft, die sich in der innergesellschaftlichen Umwelt zu bewähren haben. Dann geht es letztlich um das Problem der Haltbarkeit gesellschaftlicher Systemdifferenzierung.

Diese Beschreibung des Konzepts der Evolution sozialer Systeme ermöglicht einen guten Vergleich mit dem oben wiedergegebenen Grundkonzept der Synthetischen Theorie der biologischen Evolution. Die folgende Abbildung stellt die beiden Grundkonzepte gegenüber:

2. Das Konzept der Evolution sozialer Systeme bei Niklas Luhmann

Synopse der grundlegenden Modelle der Erklärung von Evolution in der Synthetischen Theorie der biologischen Evolution und in der Theorie sozialer Systeme nach Niklas Luhmann:

	Synthetische Theorie der biologischen Evolution	Theorie sozialer Systeme nach Niklas Luhmann
Erklärungslast	Einheit	Einheit
Variation	Gen (Genotyp) – Übertragung der Erbinformation – Mikroskopische Innovation (Mutation)	Kommunikation – Reproduktion der Elemente des Systems – Abweichende Reproduktion (Unerwartete, überraschende Kommunikation)
Selektion	Individuum (Phänotyp) – Ausdruck der komplexen Wechselwirkungen seiner Erbmasse – Modulation der Wahrscheinlichkeit der Verbreitung seiner Erbmasse in künftigen Generationen durch die Umwelt	Struktur – Steuerung von Kommunikation durch Erwartungen – Modulation der Wahrscheinlichkeit der Wiederverwendung von Kommunikationen durch die Struktur
Evolution	Population (Genpool) – Bildung eines spezifischen Komplexes individueller Genome – Stabilisierung durch dauernde sexuelle Rekombination der individuellen Genome	Soziales System – Bildung eines spezifischen Komplexes füreinander erreichbarer Kommunikationen – Restabilisierung nach positiver oder negativer Selektion abweichender Kommunikationen

Bei einem Vergleich der Evolutionskonzepte in der Synthetischen Theorie der biologischen Evolution und in Luhmanns Theorie sozialer Systeme, die oben in Schaubild 1 schematisch gegenübergestellt sind, fällt zunächst deren strukturelle Ähnlichkeit auf. Auch Luhmann verteilt die Evolutionsfunktionen auf drei Einheiten, auch wenn wir in Erinnerung behalten müssen, daß er skeptisch ist, ob in der soziokulturellen Evolution eine ebenso klare Separierung der Evolutionsfunktionen möglich ist, wie das bei Lebewesen der Fall ist. Die Charakteristika, die wir oben als wesentlich für eine Evolutionstheorie genannt haben, die Kombination einer Zufallsquelle und eines Auswahlverfahrens zu einem stochastischen Prozeß, ist auch in Luhmanns

Konzeption angelegt. Zufallskomponenten sind bei ihm die Elemente des sozialen Systems, die Kommunikationen. Für die Selektion sind die Strukturen des sozialen Systems verantwortlich. Und evoluierende Einheit ist das soziale System, wobei Luhmann der Einheit der Evolution die Funktion der Restabilisierung zuschreibt. Der Gegenstand der Erklärung, die Einheit der Evolution, ist auch hier ein aus individuell variierenden Elementen gebildeter Komplex, der als System beschrieben wird.

Schon auf den ersten Blick fällt aber auch ein wesentlicher Unterschied auf. Die Selektionsfunktion wird nach dem Vorschlag Luhmanns durch die Strukturen des Systems wahrgenommen. Kriterium der Auswahl ist der Strukturaufbauwert abweichender Kommunikationen, das heißt ihre Eignung als Richtlinie für die weitere Kommunikation. Dies sind Selektionskriterien, die nicht erkennen lassen, daß die Umwelt des Systems sich in der Evolution auswirken könnte. Die Strukturen des Systems scheinen keinen Selektionsdruck der Umwelt aufzunehmen, sondern eine Art internen Selektionsdruck, der vom System selbst ausgeht. Es liegt nahe, daß es sich dabei nicht um einen unbedachten Konstruktionsfehler, sondern vielmehr um eine bewußte Folge einer grundlegenden Theorieentscheidung handelt, der Entscheidung für den „zu kompromißloser Härte geschmiedeten" Begriff der Autopoiese des (sozialen) Systems. Luhmann muß in der Konsequenz dieser Grundentscheidung in seiner Konzeption der Erklärung der Evolution sozialer Systeme ohne Rückgriff auf das Individuum (als Teil der Umwelt des sozialen Systems) und ohne jeden determinierenden Einfluß der Umwelt auf die Evolution des sozialen Systems auskommen. Denn der Begriff der Autopoiese des sozialen Systems bedeutet in der Konsequenz, die Luhmann fordert, daß das System sich ausschließlich durch das Netzwerk seiner Elemente selbst reproduziert. Als Sinn-System erhält sich das soziale System dadurch, daß es in jeder seiner Operationen zwischen Innen und Außen, zwischen sich selbst als System und allem anderen als seiner Umwelt unterscheidet. Das System beobachtet in allen seinen Elementen seine Umwelt ausschließlich nach Maßgabe seiner intern verfügbaren Beobachtungsschemata. Es muß daher auch zwischen sich selbst als einem auf Kommunikationen beruhenden System und anderen Systemen, wie dem biologischen Organismus und dem auf den Operationen des Denkens beruhenden Bewußtseinssystem des menschlichen Individuums unterscheiden. Und da es eine Übertragung von Informationen über die Grenzen autopoietischer Systeme nicht gibt, sondern Information immer nur systemintern nach Maßgabe der eigenen Strukturen produziert wird, scheint ein wie auch immer gearteter Selektionsdruck, der von der Umwelt ausgeht und über das Individuum vermittelt auf die Evolution des sozialen Systems

2. Das Konzept der Evolution sozialer Systeme bei Niklas Luhmann

einwirkt, mit der systemtheoretischen Grundkonzeption nicht vereinbar zu sein. Und tatsächlich lehnt Luhmann ausdrücklich das Darwinsche Konzept der natürlichen Selektion ab, jedenfalls für sein Konzept der soziokulturellen Evolution.[133] Er ersetzt es durch das Konzept der Ko-Evolution strukturell gekoppelter autopoietischer Systeme. Und er braucht gerade deshalb die zusätzliche Evolutionsfunktion der Restabilisierung, weil die externe Stabilisierungsfunktion durch die Umwelt als Maßstab der Selektion entfällt, so daß die Systeme in dieser Konzeption selbst für ihre Stabilität sorgen müssen.[134]

Dieser Unterschied hat weitreichende Konsequenzen für das Evolutionskonzept. Nach dem Konzept der Synthetischen Theorie der biologischen Evolution erfolgt der Aufbau des phänotypischen Organismus, der Träger der Evolutionsfunktion der Selektion ist, auf der Grundlage der individuellen genetischen Information. Die Selektion richtet sich nach dem Fortpflanzungserfolg der Individuen. Dieser setzt wiederum die Bewährung der auf der genetischen Ausstattung beruhenden individuellen Eigenschaften in der Umwelt voraus. Die Bedingungen dieser Bewährung hängen also nicht allein von den genetischen Informationen ab, die Aufbau und Organisation des individuellen Organismus steuern, sondern auch von den sich gegebenenfalls von Generation zu Generation verändernden Strukturen der Umwelt. Die Umwelt stellt also eine externe, von den genetischen Informationen unabhängige Informationsquelle für die Auswahl dar. Dieses Zusammenspiel interner und externer Information ist eine wesentliche Voraussetzung der Schlüssigkeit des Evolutionskonzepts der Synthetischen Theorie: Einerseits muß die Organisation des phänotypischen Organismus auf genetischen Informationen beruhen. Denn anderenfalls wäre die Selektion nichts anderes als eine Bewertung der Tauglichkeit des Phänotyps, sie wäre nicht zugleich ein Bewährungstest für die genetische Information. Andererseits wäre Selektion kaum als eigenständige Evolutionsfunktion vorstellbar, wenn auch die Selektionskriterien von genetischen Informationen gesteuert würden. Die Synthetische Theorie der biologischen Evolution gibt auf dieses Problem eine schlüssige Antwort: Die Bewährung des Individuums, dessen Eigenschaften zumindest in erheblichem Maß auch auf seiner individuellen genetischen Ausstattung beruhen, ist vom Gelingen seines Überlebens und seiner Fortpflanzung in einer Umwelt abhängig, deren Strukturen von der genetischen Information des Individuums unabhängig sind. Auf diese Weise kann die biologische Evolution auf extern lokalisierte Information zugreifen, obwohl es, wie die Synthetische Theorie an-

---

[133] Niklas Luhmann, Gesellschaft, S. 426, 427.
[134] Niklas Luhmann, Gesellschaft, S. 427.

genommen und die moderne Genetik nachgewiesen hat, keinen unmittelbaren Informationsfluß vom Phänotyp zum Genotyp gibt. Die Auswertung der externen Informationsquelle geschieht indirekt und wirkt sich erst auf der Ebene des Genpools der Population aus. Die Veränderung der durchschnittlichen Eigenschaften einer Art ist die mittelbare Folge der Wahrscheinlichkeit der Weitergabe des individuellen Erbguts an die nächste Generation.

Ein solches Zusammenspiel von systeminterner und umweltabhängiger Information läßt sich aber möglicherweise mit der systemtheoretischen Grundkonzeption Luhmanns nicht in Einklang bringen. Der naheliegende Gedanke, das menschliche Individuum als Träger von Bewußtsein und Gedächtnis könne im Konzept der Evolution sozialer Systeme als Einheit der Selektion fungieren, scheitert schon dann, wenn eine dem biologischen Evolutionskonzept vergleichbare Information und Steuerung des individuellen Bewußtseins durch das soziale System nicht angenommen werden kann. Und was könnte sonst im Rahmen der systemtheoretischen Grundanlage der Theorie Luhmanns eine ähnliche Funktion haben wie der individuelle Organismus in der biologischen Evolution? Es müßte sich um eine Einheit handeln, deren Aufbau von internen Informationen des sozialen Systems abhängig ist, die aber zugleich Angriffspunkt für den Selektionsdruck der Umwelt ist. Die Strukturen des sozialen Systems, die nach Luhmanns Vorschlag die Selektionsfunktion wahrnehmen, erfüllen diese Bedingungen nicht. Sie mögen zwar auf Kommunikationen beruhen und künftige Kommunikationen auswählen. Aber es ist nicht ersichtlich, wie diese Selektion von der Umwelt des sozialen Systems moduliert werden könnte. Zwar spricht Luhmann im Zusammenhang der Selektionsfunktion der Strukturen sozialer Systeme von „Kommunikation steuernden Erwartungen".[135] Aber damit sind offenbar nicht Erwartungen im Sinne des subjektiven psychischen Erlebens von Menschen gemeint. Wenn es bei Luhmann heißt, die Selektion wähle anhand abweichender Kommunikation solche Sinnbezüge aus, die Strukturaufbauwert versprechen, die sich für wiederholte Verwendung eignen und erwartungsbildend und -kondensierend wirken können, und sie verwerfe diejenigen Neuerungen, die sich nicht als Struktur, also nicht als Richtlinie für die weitere Kommunikation zu eigenen scheinen, heißt das zunächst nur, daß die einzelne abweichende Kommunikation mit den in der Vergangenheit gebildeten Strukturen des Systems verglichen und darauf geprüft wird, ob sie sich so in diese Strukturen einfügt, daß Eigenschaften dieser Strukturen, die für die Fortsetzung von Kommunikation wichtig sind, begünstigt oder jedenfalls nicht ver-

---

[135] Niklas Luhmann, Gesellschaft, S. 454.

2. Das Konzept der Evolution sozialer Systeme bei Niklas Luhmann

schlechtert werden. Welche Bedeutung die Rede von Erwartungen in diesem Kontext hat, müssen wir zunächst offenlassen. Jedenfalls spricht das, was wir bereits zur Grundanlage der Theorie gesagt haben, dafür, daß dieses Selektionskriterium die Passung von Innovationen zum System prüft und nicht die Passung von Eigenschaften des Systems zur Umwelt des Systems. Luhmanns Evolutionskonzept scheint also ausschließlich auf systeminterne Information abzustellen. Auch dies wäre wohl kaum ein unbedachter Konstruktionsfehler, sondern eine bewußte Konsequenz der theoretischen Grundentscheidungen. Die Vorstellung einer Anpassung des sozialen Systems an Strukturen der Umwelt widerspricht Luhmanns systemtheoretischem Ansatz. Luhmann knüpft in diesem Punkt nicht nur an der Kritik des Adaptionismus in der neueren Diskussion über die biologische Evolution an, die sich im wesentlichen darauf beschränkt, darauf hinzuweisen, daß nicht alle Veränderungen der Phänotypik von Lebewesen als bessere Anpassung erklärt werden können. Er kehrt das Fundierungsverhältnis von Anpassung und Evolution genau um: Für die Theorie autopoietischer Systeme ist Angepaßtsein Voraussetzung, nicht Resultat von Evolution und Resultat dann allenfalls in dem Sinne, daß die Evolution ihr Material zerstört, wenn sie Angepaßtsein nicht länger garantieren kann.[136] Über strukturelle Kopplung ist eine für die Fortsetzung der Autopoiesis ausreichende Anpassung immer schon garantiert.[137]

Wir stellen also fest, daß das Evolutionskonzept Luhmanns sich in einem wesentlichen Punkt, nämlich in Bezug auf die Einheit der Selektion, deutlich vom Evolutionskonzept der Synthetischen Theorie der biologischen Evolution unterscheidet. Wesentlich ist der Unterschied, weil er zu einer Veränderung der Fragestellung führt. Luhmanns Evolutionskonzept versucht nicht die Frage zu beantworten, wie die Anpassung sozialer Systeme an ihre Umwelt erklärt werden kann. Es versucht, die Entstehung der a priori extrem unwahrscheinlichen, komplexen Strukturen der sozialen Systeme ohne Rückgriff auf die Einwirkungen der Umwelt des Systems zu erklären. Wesentlich ist der Unterschied auch deshalb, weil er offenbar nicht auf einem nebensächlichen Gesichtspunkt beruht, der ohne weiteres im Rahmen der Theorie veränderbar wäre. Vielmehr ist er eine Konsequenz der grundlegenden Theorieentscheidung für die Konstruktion der Gesellschaft und ihrer differenzierten Teilsysteme als autopoietisches System. Wir müssen daher an dieser Stelle näher auf diese grundlegende Konstruktion der Theorie sozialer Systeme bei Luhmann eingehen, bevor wir

---

[136] Niklas Luhmann, Gesellschaft, S. 446.
[137] Niklas Luhmann, Gesellschaft, S. 446.

prüfen können, ob auf dieser Grundlage eine schlüssige Erklärung von Evolution möglich ist.

2.4. Systemtheoretische Grundlagen

a) Soziales System und Umwelt

Luhmann konzipiert soziale Systeme als „autopoietische Systeme".[138] Was darunter zu verstehen ist, faßt Luhmann zuletzt folgendermaßen zusammen:[139] Autopoietische Systeme sind Systeme, die nicht nur ihre Strukturen, sondern auch die Elemente, aus denen sie bestehen, im Netzwerk eben dieser Elemente selbst erzeugen. Die Elemente solcher Systeme haben daher unabhängig vom System keine Existenz. In zeitlicher Dimension betrachtet handelt es sich um Operationen des Systems. Sie werden dadurch erzeugt, daß sie „im System als Unterschiede in Anspruch genommen werden". Die Elemente des Systems sind „Unterschiede, die im System einen Unterschied machen", und das heißt, sie sind „Informationen".

Es ist schwerlich möglich, ohne Hintergrundwissen über die neuere systemtheoretische Diskussion insbesondere in Biologie und Erkenntnistheorie nachzuvollziehen, was diese Definitionen leisten sollen. Die folgenden Ausführungen konzentrieren sich auf die zentrale Fragestellung der neueren Systemtheorie, die Frage nach der Art und Weise, in der Systeme eine stabile Grenze zu ihrer Umwelt aufrechterhalten, und auf die Übertragung der Fragestellung und des Modells der neueren Systemtheorie auf soziale Systeme durch Niklas Luhmann.

Das Konzept der Systemgrenze

Um einen Zugang zur Fragestellung zu eröffnen, sei zunächst auf die Konsequenz der soziologischen Theorie Luhmanns hingewiesen, die in der Diskussion wohl am stärksten Anstoß erregt und Unverständnis hervorgerufen hat: Menschen und menschliches Bewußtsein gehören nach Luhmann zur Umwelt sozialer Systeme und sind weder ganz noch teilweise Elemente

---

[138] Niklas Luhmann, Soziale Systeme, S. 57 ff.; ders., Gesellschaft, S. 60 ff.(65). Den Begriff hat Luhmann der dem radikalen Konstruktivismus zugerechneten biologischen Erkenntnistheorie Humberto R. Maturanas entlehnt, siehe den Nachweis bei Niklas Luhmann, Soziale Systeme, S. 57, Fußnote 58; vgl. insbesondere Humberto R. Maturana, Erkennen: Die Organisation und Verkörperung von Wirklichkeit, Braunschweig 1982; ders., Biologie der Realität, Frankfurt am Main 1998.
[139] Niklas Luhmann, Gesellschaft, S. 65 f.

2. Das Konzept der Evolution sozialer Systeme bei Niklas Luhmann

oder Bestandteile sozialer Systeme.[140] Auch die Überlegung von *Wil Martens*, Gedanken, die auf der Bezugsebene des Bewußtseins als dessen Elemente fungieren, könnten auf der Bezugsebene des sozialen Systems unselbständige Bestandteile der als Elemente des sozialen Systems fungierenden Kommunikationen sein,[141] wird von Luhmann entschieden zurückgewiesen.[142] Der folgende Text macht deutlich, wie radikal sich die Konzeption Luhmanns von geläufigen Beschreibungen der Beziehung zwischen Mensch und Gesellschaft unterscheidet:

„Kommunikationen bilden, wenn autopoietisch durch Rekursionen reproduziert, eine emergente Realität sui generis. Nicht der Mensch kann kommunizieren, nur die Kommunikation kann kommunizieren. Ebenso wie Kommunikationssysteme sind auch Bewußtseinssysteme (und auf deren anderer Seite Gehirne, Zellen usw. ...) operativ geschlossene Systeme, die keinen Kontakt zueinander unterhalten können. Es gibt keine nicht sozial vermittelte Kommunikation von Bewußtsein zu Bewußtsein, und es gibt keine Kommunikation zwischen Individuum und Gesellschaft. Jedes hinreichend präzise Verständnis von Kommunikation schließt solche Möglichkeiten aus (ebenso wie die andere Möglichkeit, daß die Gesellschaft als Kollektivgeist denken könne). Nur ein Bewußtsein kann denken (aber eben nicht: in ein anderes Bewußtsein hinüberdenken), und nur die Gesellschaft kann kommunizieren. Und in beiden Fällen handelt es sich um Eigenoperationen eines operativ geschlossenen, strukturdeterminierten Systems."[143]

Diese Beschreibung scheint Menschen und menschliches Bewußtsein aus der Gesellschaft wegzudefinieren. Sie ist deshalb nicht nur ungewohnt; sie verstört, weil sie eine subjektlose Konzeption von Gesellschaft[144] und eine antihumanistische gesellschaftliche Praxis zu legitimieren scheint.[145] Auch hier gilt aber, daß ein solcher spontaner Eindruck bloßes Vorurteil bleibt, solange nicht der Versuch unternommen worden ist, die Theorie von dem Problem her zu verstehen, für das sie eine Lösung bieten könnte. Um einen

---

[140] Niklas Luhmann, Soziale Systeme, S. 346; ders., Wer kennt Wil Martens?, Kölner Zeitschrift für Soziologie und Sozialpsychologie 44 (1992), S.139 ff.; ders., Gesellschaft, S. 92 ff.
[141] Wil Martens, Die Autopoiesis sozialer Systeme, Kölner Zeitschrift für Soziologie und Sozialpsychologie 43 (1991), S. 625 ff.
[142] Niklas Luhmann, Wer kennt Wil Martens?, Kölner Zeitschrift für Soziologie und Sozialpsychologie 44 (1992), S. 139 ff.; ders., Gesellschaft, S. 92.
[143] Niklas Luhmann, Gesellschaft, S. 105.
[144] Walter Kargl, Gesellschaft ohne Subjekte oder Subjekte ohne Gesellschaft? Kritik der rechtssoziologischen Autopoiese-Kritik, Zeitschrift für Soziologie 1991, S. 1 ff.
[145] Vgl. die Nachweise bei Dietrich Schwanitz, Verlorene Illusionen, Soziologische Revue 1996, S. 127 ff.

solchen Zugang zu Luhmanns Theorie sozialer Systeme wird es im Folgenden gehen.

Wie bei jeder Theorie ist es auch für das Verständnis der neueren allgemeinen Systemtheorie entscheidend, daß zuerst geprüft wird, für welches Problem die Theorie eine Lösung bieten könnte. Die ältere Systemtheorie hatte danach gefragt, was Systeme für ihre Umwelt oder für andere Systeme leisten. Das System selbst wurde dabei als „black box" behandelt, also als ein Mechanismus, dessen genauere Funktionsweise man nicht kannte, aber auch nicht genau kennen zu müssen glaubte, sofern man annehmen konnte, daß das System nach gleichbleibenden Regeln arbeitet. Man mußte dann nur danach fragen, was in das System eingegeben wird (Input) und was es herausgibt (Output). Für praktische Zwecke konnte man dann versuchen herauszubekommen, wie man den Input verändern muß, um einen erwünschten Output zu erhalten oder einen unerwünschten Output zu vermeiden. Diese Art von Systemtheorie wurde auch in der Soziologie eingesetzt. Sie half, nach den Leistungen des politischen Systems oder des Rechtssystems für die Gesellschaft zu fragen und war Grundlage politischer Planungs- und Steuerungskonzepte.

Die Annahme, daß ein System nach stets gleichbleibenden Regeln arbeitet, ließ sich jedoch für lebende Systeme (Zellen, Organismen) und für andere „nicht-triviale Maschinen" (von Foerster) nicht aufrechterhalten.[146] Vor allem die Versuche der Anwendung der Systemtheorie in Biologie und Neurologie führten zu der Einsicht, daß die Systeme, die Gegenstand dieser Wissenschaften sind, nicht nach unveränderlichen Regeln arbeiten. Schon die Kybernetik[147] hatte das Phänomen der Rückkopplung beschrieben, das heißt die Wiedereinführung der Resultate der Operationen des Systems in das System, die zur Kontrolle der Operationen des Systems verwendet werden konnte. Das Musterbeispiel der Kybernetik ist der Thermostat: Die Heizung erwärmt die Raumluft. Die Raumtemperatur wird durch den Thermostaten gemessen. Bei Erreichen eines oberen Sollwertes wird die Heizung abgeschaltet. Sinkt die Raumtemperatur unter einen Minimalwert, wird die Heizung wieder eingeschaltet. Oberer und unterer Sollwert werden von außen festgelegt. Bei technischen Regelsystemen, seien sie noch so komplex, wie im Falle herkömmlicher digitaler Computer, werden aber die Einstellungen des Systems nicht selbsttätig durch das System verändert. Genau das scheint bei lebenden Systemen und insbesondere bei Gehirnen

---

[146] Heinz von Foerster, KybernEthik, Berlin 1993, S. 126 ff., 134 ff.
[147] Norbert Wiener, Kybernetik. Regelung und Nachrichtenübertragung in Lebewesen und Maschinen, Reinbek 1969.

anders zu sein. Sie ändern offenbar auch ihre Einstellungen im Verlaufe ihrer Operationen selbsttätig. Heinz von Foerster hat die Konsequenzen des Unterschieds mathematisch modelliert und gezeigt, daß solche „nichttrivialen Maschinen" prinzipiell nicht berechenbar sind.[148] Sie haben eine individuelle Geschichte. Sie werden nicht konstruiert, organisiert und gesteuert. Sie organisieren sich selbst. Das selbstorganisierende System wurde das neue Paradigma der Systemtheorie.[149]

Im Rahmen der Theorie selbstorganisierender Systeme wechselte die Fragestellung von der Frage nach der äußeren Funktion (Leistung) eines Systems zur Frage nach der internen Funktionsweise, der spezifischen Operationsform des Systems. Zur Leitfrage wurde dabei die Frage, wie das System sich eine Grenze schafft und erhält, die den Binnenraum seiner eigenen Operationen gegenüber der Umwelt des Systems schützt. Das läßt sich gut am Beispiel der lebenden Zelle deutlich machen. Die Membran bewahrt die Zelle davor, von unkontrollierbaren und potentiell zerstörerischen Einflüssen aus der Umwelt überschwemmt zu werden. Sie läßt, solange sie funktioniert, nur den Stoffwechsel zu, der nach Art und Menge in der Zelle benötigt wird und beherrscht werden kann. Das Beispiel der lebenden Zelle zeigt zugleich, daß ein solches System nicht in dem Sinn absolut geschlossen ist, daß es keine Prozesse gäbe, die die Grenze des Systems überschreiten. Aber innerhalb des Raumes, der durch die Grenzen des Systems umschrieben und gesichert wird, können diese Prozesse, solange das System lebt, nur unter der Kontrolle des Systems fortgesetzt werden.

Grenzen sozialer Systeme

Wenn man diesen Gedanken auf soziale Systeme überträgt, heißt das, daß auch soziale Systeme über eine Grenze verfügen könnten, die den Binnenraum der eigenen Operationen des Systems vor unverträglichen Einflüssen der Umwelt schützt. Genau das behauptet Luhmann. Wie kann man sich aber solche Grenzen sozialer Systeme und die ihnen zugrundeliegenden Vorgänge innerhalb sozialer Systeme vorstellen? Zunächst handelt es sich nach der Konzeption Luhmanns nicht um räumliche Grenzen. Soziale Systeme operieren nicht auf der Basis von Leben. Die Gesellschaft der Systemtheorie ist kein Mega-Organismus. Und kaum eine andere Theorie un-

---

[148] Heinz von Foerster, KybernEthik, Berlin 1993, S. 126 ff., 138 ff.
[149] Wolfgang Krohn und Günter Küppers (Hrsg.), Selbstorganisation. Aspekte einer wissenschaftlichen Revolution, Braunschweig, Wiesbaden 1990; Andreas Dress, Hubert Hendrichs und Günter Küppers, Selbstorganisation. Die Entstehung von Ordnung in Natur und Gesellschaft, München und Zürich 1986.

terscheidet so scharf wie die Systemtheorie Luhmanns zwischen den Kommunikationssystemen, die Gesellschaft ausmachen, und solchen gesellschaftlichen Einrichtungen, die, wie die Nationalstaaten, räumliche Grenzen ihres Herrschaftsbereichs etablieren.

Soziale Systeme operieren nicht auf der Basis von Leben, sondern auf der Basis von Sinn. Auf den bei Luhmann zugrundeliegenden Sinnbegriff werden wir noch näher eingehen müssen. Jedenfalls ereignet sich Sinn nicht in physikalischen oder chemischen Dimensionen. Es handelt sich nicht um Prozesse der Umwandlung von Energie oder Materie, auch wenn sie ohne das gleichzeitige Ablaufen solcher Prozesse nicht vorkommen. Darin entsprechen soziale Systeme Bewußtseinssystemen, die ebenfalls sinnhaft operieren. Kommunikationen sind ebenso wie Gedanken Sinn-Operationen. Die Grenzen von Sinn-Systemen umschreiben daher nicht Räume, sondern Felder sinnhafter Unterscheidungen.

Der Kommunikationsbegriff Luhmanns

Die kleinsten operativen Einheiten eines sozialen Systems, seine Grundelemente, sind Kommunikationen. Der Kommunikationsbegriff, den Luhmann verwendet, unterscheidet sich erheblich von dem geläufigen Verständnis von Kommunikation als Übertragung einer Information von einem Absender auf einen Empfänger.[150] Während die Übertragungsmetapher das Wesentliche der Kommunikation in den Akt der Übertragung, also in die Mitteilung legt, sieht Luhmann in der Mitteilung nur einen Sinnvorschlag, eine Anregung zur Ausstattung einer Mitteilung mit Sinn. Erst dadurch, daß diese Anregung aufgegriffen wird, kommt Kommunikation zustande. Vor allem aber verwirft Luhmann die in der Übertragungsmetapher ohne weiteres unterstellte Identität der Information beim Absender und beim Empfänger. Für Luhmann muß die Identität einer Information als vereinbar gedacht werden mit der Tatsache, daß sie für Absender und Empfänger sehr Verschiedenes bedeutet. An die Stelle einer Vorstellung, nach der bei der Kommunikation eine als dinghafte Substanz gedachte Information den Besitzer wechselt, setzt Luhmann die Konzeption eines dreistelligen Selektionsprozesses.[151] Daß Kommunikation ein selektiver Prozeß ist, ergibt sich für Luhmann schon aus dem Sinnbegriff. Auch der inzwischen geläufige Informationsbegriff, der auf der von Shannon und Weaver begründeten modernen Informationstheorie beruht, besagt, daß In-

---

[150] Vgl. zum Folgenden Niklas Luhmann, Soziale Systeme, S. 193 ff.
[151] Niklas Luhmann, Soziale Systeme, S. 194.

2. Das Konzept der Evolution sozialer Systeme bei Niklas Luhmann

formation eine Selektion (Auswahl) aus einem (bekannten oder unbekannten) Repertoire von Möglichkeiten ist. Kommunikation setzt also nach Luhmann zunächst die Auswahl einer Information voraus. Der Auswahl einer Information muß dann die Auswahl eines Verhaltens folgen, das diese Information mitteilt. Erst die Differenz von Information und Mitteilung macht eine dritte Selektion möglich: Die Beobachtung einer Mitteilung, die für etwas anderes steht, nämlich für eine Information, ermöglicht die Auswahl eines Verstehens. Dabei schließt Verstehen in der einzelnen Kommunikation mehr oder weniger weitgehende Mißverständnisse als normal ein, die im weiteren Verlauf der Kommunikation kontrolliert und korrigiert werden können.[152]

Luhmann beschreibt Kommunikation somit als Synthese dreier Selektionen, als eine Einheit aus Information, Mitteilung und Verstehen.[153] Jede dieser Selektionen ist notwendig, um die operative Einheit der Kommunikation zustande zu bringen. Die Unterscheidung von Mitteilung und Information ist im übrigen nicht neu. Sie entspricht der Unterscheidung zwischen der illokutionären und der propositionalen Komponente des Sprechaktes im handlungstheoretischen Kontext.[154] Luhmann erweitert den aus der handlungstheoretisch orientierten Kommunikationstheorie geläufigen Begriff der Kommunikation dadurch, daß er das Verstehen als dritte, für den Begriff der Kommunikation notwendige Selektion hinzunimmt und vor allem dadurch, daß sein Begriff des Verstehens sowohl das richtige Verstehen (das mit den Intentionen des Sprechers übereinstimmt) als auch das falsche Verstehen (Mißverstehen) umfaßt. Für diese Sichtweise läuft Kommunikation auch dann ohne Stockung weiter, wenn sie - zunächst - zu Mißverständnissen führt. Kommunikation in dem von Luhmann beschriebenen Sinn setzt darüber hinaus nicht voraus, daß der verstandene Sinn akzeptiert wird. Auch die anschließende Kommunikation, die zum Ausdruck bringt, daß der Sinnvorschlag abgelehnt oder als Zumutung zurückgewiesen wird, ist aus der Perspektive der Aufrechterhaltung des Kommunikationssystems gelungene Kommunikation. Luhmann kann auf dieser Grundlage erklären, warum soziale Systeme trotz Dissens stabil bleiben können oder sogar gerade dadurch, daß sie Dissens vermehrt zulassen, an Stabilität gewinnen können. Jedenfalls ist Luhmanns Theorie nicht auf die empirisch fragwürdige Unterstellung eines für den Zusammenhalt der Gesellschaft

---

[152] Niklas Luhmann, Soziale Systeme, S. 196.
[153] Niklas Luhmann, Soziale Systeme, S. 203.
[154] Vgl. Wolfgang Ludwig Schneider, Die Komplementarität von Sprechakttheorie und systemtheoretischer Kommunikationstheorie. Ein hermeneutischer Beitrag zur Methodologie von Theorievergleichen, Zeitschrift für Soziologie 1996, 263 ff., S. 277 m.w.N.

ausreichenden Konsenses zwischen allen oder doch den meisten Gesellschaftsmitgliedern angewiesen.

Die Selektionen, von denen hier die Rede ist, sind - trotz mancher Formulierungen, die anders klingen mögen - nicht die bewußten Auswahlentscheidungen der an Kommunikation beteiligten Menschen, sondern Auswahlereignisse im Kommunikationssystem. Was kann man darunter verstehen? Kommunikationen sind nichts anderes als das, was geschieht, wenn Menschen kommunizieren. Aber Luhmann beobachtet nicht, wie Menschen sich an Kommunikation beteiligen, sondern er beobachtet, was im Sinn-Gefüge sozialer Systeme passiert, wenn kommuniziert wird. Er analysiert die Eigendynamik der Sinnstrukturen von Texten und Semantiken. Er interessiert sich für die Frage, wie das System von sinnhaften Unterscheidungen, das aus früheren Kommunikationen hervorgegangen ist, die Bedingungen für weitere Kommunikation bereitstellt und zugleich festlegt, welche Möglichkeiten für den Anschluß weiterer Kommunikation es einerseits bietet und welche Einschränkungen (constraints) es ihr andererseits dadurch auferlegt. Wann immer Kommunikation zustandekommt, aktualisiert sie eine Anschlußmöglichkeit aus der Vielfalt von Möglichkeiten, die das System für weitere Kommunikation zur Verfügung stellt, um das Netzwerk weiter zu weben. Ohne eine solche Möglichkeit, an ein in der kulturellen Evolution allmählich entstandenes Netzwerk auf einander bezogener Sinngehalte anzuknüpfen, wäre Kommunikation unmöglich. Sie wäre so extrem unwahrscheinlich, daß sie praktisch nicht vorkommen würde. So ist Sprache, das grundlegende Medium gesellschaftlicher Kommunikation, eine extrem unwahrscheinliche Art von Geräusch. Daß ein Muster von Geräuschen erzeugt wird, wie es beim Sprechen eines beliebigen Satzes entsteht, wäre schon sehr unwahrscheinlich, wenn dies nicht deshalb geschehen würde, weil mit Sprache ein in langen Zeiträumen entstandenes Kommunikationsmedium zur Verfügung steht. Und daß derart unwahrscheinliche Muster von Geräuschen von einem Hörer verstanden werden, ist noch sehr viel unwahrscheinlicher. Wenn also Verständigung nur dadurch ermöglicht wird, daß jede neue Kommunikation sich auf das in kultureller Evolution entstandene System von Kommunikationen beziehen und daran anknüpfen kann, kann die Frage gestellt werden, wie ein solches System sich als Einheit in der Zeit und über die Abfolge immer neuer Kommunikationen hinweg erhalten kann. Warum, so könnte man die Frage formulieren, zerfallen Kommunikationsfolgen nicht vollständig in zahllose kleinere, untereinander nicht verbundene Bruchstücke, in private Verständigungssysteme etwa, mit denen sich nur zwei bestimmte Menschen oder kleinere Gruppen von Menschen verständigen können?

Codierung

Das Bindemittel, das Kommunikationssysteme zusammenhält, bezeichnet Luhmann mit den Begriffen Code und Codierung.[155] Kommunikation ist ohne Verschlüsselung und Entschlüsselung von Information unmöglich. Gedanken können nicht unmittelbar von Bewußtsein zu Bewußtsein ausgetauscht werden. Die Mitteilung muß die Information verdoppeln, ihr eine Zweitform (zum Beispiel eine sprachliche Form) geben, die sich für Beobachtung eignet. Und diese Zweitform muß ausreichend standardisiert sein, damit sie von „Alter" und „Ego" „gleichsinnig" gehandhabt werden kann und Aufmerksamkeit weckt. Nur codierte Ereignisse wirken im Kommunikationsprozeß als Information, nicht codierte Ereignisse erscheinen nur als Störung, Rauschen oder Lärm.[156] Die Codierung von Information in einer Mitteilung und das Verstehen als Entschlüsselung des Sinnes der Mitteilung ermöglichen den Anschluß jeder neuen Kommunikation an das Netzwerk der Kommunikationen, die sich des jeweiligen Codes bedienen.

Aber was ist ein Code? Der Begriff ruft unweigerlich eine bestimmte Assoziation hervor, den Gedanken an Geheimcodes, an die Verschlüsselung geheimer Botschaften durch Übersetzung der Botschaft aus der allgemein verständlichen Sprache in ein Zeichensystem, das nur einem kleinen Kreis Eingeweihter bekannt ist. Aber diese Assoziation führt zunächst in die Irre. Denn die Standardisierung und Benutzbarkeit durch einen möglichst großen Kreis von Kommunikationsteilnehmern ist gerade eine grundlegende Voraussetzung für das Funktionieren von Kommunikation als soziales System. Es kommt hinzu, daß es hier nicht um eine Übersetzung aus einem System von Zeichen (z.B. Sprache) in ein anderes System von Zeichen (z.B. Morsealphabet) geht, sondern um die erstmalige Übersetzung von Information in eine Form, die für „Beobachtung" geeignet ist. Auch hier bemüht sich Luhmann darum, die Vorstellung von Kommunikation als Übertragung einer Substanz zu überwinden und als Operation zu beschreiben. Ein Code ist deshalb für Luhmann nicht einfach ein gegebenes Zeichen- oder Symbolsystem, das auf eine abrufbar vorliegende Information verweist und mit dieser fest korreliert ist. Ein Code ist vielmehr eine Unterscheidung besonderer Art: eine Leitdifferenz. Zum Verständnis dieses Begriffs und seiner Bedeutung für das Konzept der Grenze des sozialen Systems

---

[155] Niklas Luhmann, Soziale Systeme, S. 197 f.; Gesellschaft, S. 226 ff., 359 ff.; Das Recht der Gesellschaft, S. 165 ff.; Über Codierung von Semantiken und Systemen, in: Aus Kultur und Gesellschaft, Sonderheft 27 der Kölner Zeitschrift für Soziologie und Sozialpsychologie, Opladen 1986, S. 145 ff.
[156] Niklas Luhmann, Soziale Systeme, S. 197.

sollen - im Vorgriff auf die erkenntnistheoretischen Grundlagen der Systemtheorie Luhmanns, auf die noch ausführlich einzugehen ist - die folgenden knappen Bemerkungen zur Bedeutung des Begriffs der Unterscheidung (Differenz) für die Theorie Luhmanns dienen:[157]

Unterscheidung

Psychische und soziale System bilden ihre Operationen nicht als materielle Operationen aus, sondern als beobachtende Operationen. Luhmann geht aus allgemeinen erkenntnistheoretischen Gründen davon aus, daß jede Beobachtung (bei schriftlicher Kommunikation: Beschreibung) eine Unterscheidung zugrundelegen muß.[158] Schon der Sinnbegriff verlangt die Unterscheidung von Aktualität und Möglichkeit. Sinn ist also für Luhmann nicht gegeben, so daß er nur entdeckt werden müßte.[159] Sinn kommt ohne die Operation des Unterscheidens nicht vor:

> „Man begreift die Funktionsweise von Sinn nicht zureichend, wenn man sie auf eine Sinnvolles legitimierende Identität bezieht - sei es den an sich perfekten Kosmos, sei es das Subjekt, sei es den sinngebenden Kontext. Dieser Identität wird dann die Unterscheidung von Sinnvollem und Sinnlosem abgenötigt, die sie als Identität nicht leisten kann." ... „Wir gehen statt dessen davon aus, daß in aller Sinnerfahrung zunächst eine *Differenz* vorliegt, nämlich die Differenz von *aktual Gegebenem* und auf Grund dieser Gegebenheit *Möglichem*. Diese Grunddifferenz, die in allem Sinnerleben zwangsläufig reproduziert wird, gibt allem Erleben Informationswert." ..."Am Anfang steht also nicht Identität, sondern Differenz."[160]

Mit Hilfe eines differenztheoretischen Ansatzes will Luhmann die ontologische Tradition der „Semantik Alteuropas"[161] überwinden, die um Substanzbegriffe wie „Identität" und „Sein" kreist oder, wie Luhmann es differenztheoretisch formuliert, von der Unterscheidung Sein/Nichtsein ausgeht und alle anderen Unterscheidungen dieser Unterscheidung unterordnet.[162] An die Stelle des ontologischen Denkens will Luhmann ein Denken setzen,

---

[157] Zum differenztheoretischen Ansatz insbesondere Niklas Luhmann, Soziale Systeme S. 92 ff.; Gesellschaft, S. 44 ff.
[158] Niklas Luhmann, Das Recht der Gesellschaft, S. 26.
[159] Vgl. Niklas Luhmann, Soziale Systeme, S. 111.
[160] Niklas Luhmann, Soziale Systeme, S. 111, 112; Hervorhebungen im Original.
[161] Niklas Luhmann, Gesellschaft, S. 893 ff.
[162] Niklas Luhmann, Gesellschaft, S. 895.

2. Das Konzept der Evolution sozialer Systeme bei Niklas Luhmann

das von Unterscheidungen statt von Objekten ausgeht.[163] Unterscheidungen werden dabei nicht als vorhandene Sachverhalte (Unterschiede) begriffen. Unterscheidungen sind vielmehr Form bildende Operationen im Sinne von George Spencer Brown:[164] Formen sind Grenzlinien, „Markierungen einer Differenz, die dazu zwingt, klarzustellen, welche Seite man bezeichnet, das heißt, auf welcher Seite der Form man sich befindet und wo man dementsprechend für weitere Operationen anzusetzen hat." Das bedeutet: „Die andere Seite der Grenzlinie (der „Form") ist gleichzeitig mitgegeben. Jede Seite der Form ist die andere Seite der anderen Seite. Keine Seite ist etwas für sich selbst. Man aktualisiert sie nur dadurch, daß man sie, und nicht die andere bezeichnet."[165] Die spezifische Operation von Gesellschaft als einem „sinnkonstituierenden System"[166] ist Beobachtung. Und Beobachten heißt Unterscheiden und Bezeichnen.[167] Identitäten wie Worte, Typen und Begriffe werden auf dieser Grundlage nur eingeführt, um Differenzen zu organisieren.[168] Deshalb steht am Anfang nicht Identität, sondern Differenz.[169]

Leitdifferenz

Auf dieser Grundlage läßt sich nun auch der Begriff der Leitdifferenz und seine Funktion für die Aufrechterhaltung der Einheit eines Kommunikationssystems verstehen. Die Operationen sozialer Systeme sind Beobachtungen. Sie setzen Unterscheidungen voraus. Ein Anschluß der Operationen eines beobachtenden Systems an zeitlich frühere Operationen desselben Systems setzt voraus, daß das System auch sich selbst beobachten kann, und das wiederum heißt, daß es in seinen Operationen zwischen sich selbst und seiner Umwelt unterscheiden muß. Es muß sich zugleich auf sich selbst beziehen können (Selbstreferenz) und auf anderes, davon Unterschiedenes, eben seine Umwelt (Fremdreferenz). Auf andere Weise könnte es niemals einen Anschluß an seine eigenen Operationen sicherstellen. Für den Versuch, diesen abstrakten Gedankengang anschaulich zu machen, bietet sich das Rechtssystem an. Die Leitdifferenz des modernen, ausdifferenzierten

---
[163] Niklas Luhmann, Gesellschaft, S. 60.
[164] Georges Spencer Brown, Laws of Form, Neudruck New York 1979, insbes. S. 56 ff.; dazu Dirk Baecker (Hrsg.), Probleme der Form, Frankfurt am Main 1993.
[165] Niklas Luhmann, Gesellschaft, S. 60, 61.
[166] Niklas Luhmann, Gesellschaft, S. 50.
[167] Niklas Luhmann, Gesellschaft, S. 60 ff., 69.
[168] Niklas Luhmann, Soziale Systeme, S. 112, mit Hinweis auf Ferdinand Saussure als eine der Quellen dieser Einsicht in Fußnote 34.
[169] Niklas Luhmann, Soziale Systeme, S. 112.

Kommunikationssystems Recht ist die zweiwertige (binäre) Unterscheidung Recht/Unrecht.[170] Nur Kommunikationen, die das, was sie beobachten, als Unterscheidung zwischen Recht und Unrecht beobachten und dem alle weiteren Unterscheidungen unterordnen, sind als Elemente des Rechtssystems erkennbar und damit als Anknüpfungspunkte für weitere rechtliche Kommunikation geeignet. Man kann dasselbe auch ohne Rückgriff auf die Terminologie der Differenztheorie ausdrücken, indem man die Bezeichnungen und Begriffe verwendet, die aus den Unterscheidungen resultieren: Nur eine Kommunikation, in der ein Sachverhalt entweder als Recht oder als Unrecht behauptet wird, ist ein Element des Rechtssystems. An dieser Stelle ist anzumerken, daß Luhmanns kommunikationstheoretischer Begriff des Rechtssystems, wie inzwischen schon deutlich geworden ist, nichts mit einem geläufigen gegenständlichen Verständnis des Rechtssystems als Apparat zu tun hat, das sich vor allem an Institutionen wie den Gerichten orientiert. Er ist einerseits erheblich weiter, sofern er etwa auch den Abschluß eines Kaufvertrages oder das Schweigen eines Kaufmanns nach Erhalt eines kaufmännischen Bestätigungsschreibens als Element des Rechtssystems einschließt; er ist andererseits enger, sofern er zum Beispiel Gerichtsgebäude, Roben, Aktendeckel oder Anwaltsbüros zur Umwelt des Rechtssystems zählt.[171] Wesentlich für die Zuordnung einer Kommunikation zum Kommunikationssystem Recht ist, daß sie sich des Rechtscodes bedient, und das heißt, daß sie die Sachverhalte, die sie beobachtet, unter dem Aspekt der Unterscheidung zwischen Recht und Unrecht beobachtet. Ein Gespräch über das Wetter bedient sich nicht dieser Leitunterscheidung (und zwar auch dann nicht, wenn jemand es als ungerecht bezeichnet, daß das Wetter meistens in der Woche schön und am Wochenende schlecht ist). Allerdings können auch Gespräche über das Wetter zum Gegenstand von rechtlicher Kommunikation werden, etwa in einer Beweisaufnahme zu der Frage, wann eine an dem Gespräch beteiligte Person von der anderen zuletzt gesehen wurde. Aber dann ist erst die im Rahmen der Beweisaufnahme vor Gericht erfolgende Kommunikation Element des Rechtssystems. Das Gespräch über das Wetter ist dabei Teil der Umwelt des Rechtssystems, die von diesem beobachtet wird.

Wie Information ist auch Mitteilung eine Selektion. Alle Selektion setzt Einschränkungen (constraints) voraus.[172] Die Auswahl erfolgt nicht völlig beliebig, sondern innerhalb einer Struktur, die Bedingungen für die Auswahl vorgibt, ohne sie festzulegen. Leitdifferenzen arrangieren derartige

---

[170] Niklas Luhmann, Das Recht der Gesellschaft, S. 165 ff.
[171] Dazu Niklas Luhmann, Das Recht der Gesellschaft, Frankfurt am Main 1993.
[172] Niklas Luhmann, Soziale Systeme, S. 57.

Einschränkungen.[173] Sie zwingen anschließende Kommunikationen zur Verwendung der gleichen Leitunterscheidung, ohne festzulegen, was unter Zugrundelegung dieser Leitunterscheidung im einzelnen beobachtet wird. Wer im wissenschaftlichen Diskurs wahrgenommen werden will, muß eine Form der Mitteilung wählen, die erkennen läßt, daß die Argumente anhand der leitenden Unterscheidung von Wahrheit und Unwahrheit strukturiert sind. Aber die Verwendung des Codes legt - bei den ausdifferenzierten Funktionssystemen der modernen Gesellschaft wie Recht, Wirtschaft, Politik oder Wissenschaft so wenig wie bei dem allgemeinen Sprachcode der Gesellschaft - nicht im einzelnen fest, was beobachtet wird. Luhmann unterscheidet zwischen Codierung und Programmierung.[174] Die Beobachtungsschemata von Kommunikationssystemen enthalten notwendig beides: Der Code repräsentiert die Art und Weise, wie das System seine eigene Einheit produziert und reproduziert.[175] Codes allein sind aber nicht existenzfähig; sie erzeugen die Suche nach weiteren Gesichtspunkten, sie generieren Programme, mit deren Hilfe das Kommunikationssystem seine Umwelt beobachtet.[176] Für das Beispiel des Rechts: Die Unterscheidung zwischen Recht und Unrecht als solche wäre leer und sinnlos, wenn sie nicht die Subsumtion von Sachverhalten unter Tatbestände dirigieren würde, so daß etwas Bestimmtes als Recht oder als Unrecht bezeichnet wird.[177]

Ein Beispiel: Die Willenserklärung im Recht

Luhmann insistiert also darauf, daß weder ganze Menschen noch psychische oder biologische Systeme noch deren Elemente, zum Beispiel Gedanken, innerhalb der Grenze sozialer Systeme liegen. Wäre das anders, kämen Juristen in große Schwierigkeiten. Ob durch ein bestimmtes kommunikatives Verhalten von Menschen ein Vertrag mit den entsprechenden Rechtsfolgen der Begründung gegenseitiger Rechte und Pflichten zustande gekommen ist, deren Beachtung notfalls mit Hilfe der Gerichte und durch Zwangsvollstreckung durchgesetzt werden kann, ist nicht von den im Rechtssystem geltenden Regeln abhängig. Das gilt auch dann, wenn das Recht - wie im Falle des Vertrages - eine Rechtswirkung von Willenserklä-

---

[173] Niklas Luhmann, Soziale Systeme, S. 57.
[174] Niklas Luhmann, Das Recht der Gesellschaft, S. 165 ff.
[175] Niklas Luhmann, Das Recht der Gesellschaft, S. 187.
[176] Niklas Luhmann, Das Recht der Gesellschaft, S. 190.
[177] Vgl. zu den Programmen des Rechts als Konditionalprogramme Niklas Luhmann, Das Recht der Gesellschaft, S. 195 ff.

rungen der Beteiligten abhängig macht. § 116 Satz 1 BGB bringt die Unabhängigkeit der Rechtsfolgen eines Vertragsabschlusses von den wirklichen Gedanken der Beteiligten deutlich zum Ausdruck, indem er regelt, daß eine Willenserklärung nicht deshalb nichtig ist, weil sich der Erklärende insgeheim vorbehält, das Erklärte nicht zu wollen. Aber auch wenn der geheime Vorbehalt zur Nichtigkeit führt, weil der Erklärungsempfänger den Vorbehalt kennt (§ 116 S. 2 BGB), hat der innere Vorbehalt nur deshalb Rechtswirkungen, weil das Gesetz dies unter einer einschränkenden Voraussetzung vorsieht; dabei ist auch klar, daß der innere Gedanke nur dann die Rechtswirkung des § 116 S. 2 BGB haben kann, wenn er, zum Beispiel im Rahmen eines Rechtsstreits, offenbart wird. Ohne gedankliche und psychische Aktivität kommt zwar kein Vertrag zustande. Dennoch handelt es sich nach der oben beschriebenen systemtheoretischen Konzeption der Systemgrenze um Ereignisse in der Umwelt des Rechtssystems, weil die Gedanken und Handlungen der Individuen nicht als solche das Recht kontrollieren können. Erst wenn sie nach Maßgabe der Normen des Rechtssystems in Tatbestände transformiert werden, haben sie Wirkungen im Rechtssystem. Die Individuen können also nicht mit der Kraft ihrer Gedanken das Recht kontrollieren. Vielmehr sind sie gezwungen, sich am Recht zu orientieren. Das soziale System Recht tritt ihnen als autonome Macht gegenüber.

Mensch und Gesellschaft

Es ist nicht zu bezweifeln, das ein soziales System wie das Recht und die menschlichen Individuen in einer notwendigen Beziehung stehen. Das Recht beobachtet Menschen, insbesondere menschliche Handlungen, und das Recht setzt denkende, fühlende, handelnde und insbesondere an Kommunikation teilnehmende Menschen voraus. Aber nach Luhmann ist diese Beziehung keine Beziehung der wechselseitigen Kontrolle, Information und Steuerung, sondern ein komplizierteres Verhältnis. Wenn man sich auf diese Gedankengänge einläßt, erscheint Luhmanns Schlußfolgerung, daß Menschen, menschliches Bewußtsein und menschliche Gedanken zur Umwelt sozialer Systeme gehören, plausibel. Jedenfalls sollte deutlich geworden sein, daß sie im Rahmen dieser systemtheoretischen Konzeption weder bedeutet, daß Kommunikation und Gesellschaft ohne Menschen und deren Denken, Fühlen und Handeln denkbar seien, noch daß Mensch und Gesellschaft völlig unverbunden und isoliert nebeneinander existieren. Autopoietische Geschlossenheit der Operationen von Systemen bedeutet nicht deren völlige, monadische Abgeschlossenheit. Die Systemtheorie ordnet zunächst lediglich das Verhältnis von Mensch und Gesellschaft unter anderen Fragestellungen und nach anderen Gesichtspunkten, als dies geläufig ist. Die Be-

2. Das Konzept der Evolution sozialer Systeme bei Niklas Luhmann

hauptung, daß es einen Unterschied zwischen Mensch und Gesellschaft, zwischen Denken und Kommunikation gebe, hat nichts Anstößiges. Sie artikuliert zunächst nur eine Beobachtung, die schon für Emile Durkheim, einen der Klassiker der Soziologie, grundlegende Bedeutung hatte: Soziologische Tatbestände (fait social) - darunter verstand Durkheim zum Beispiel das „Zeichensystem, dessen ich mich bediene, um meine Gedanken auszudrücken, das Münzsystem, in dem ich meine Schulden zahle, die Kreditpapiere, die ich in meinen geschäftlichen Beziehungen benütze" - „führen ein von dem Gebrauche, den ich von ihnen mache, *unabhängiges* Leben".[178] Daß die Gesellschaft dem einzelnen als eine mehr oder weniger zwingende Macht gegenübersteht, die er kaum zu beeinflussen vermag, an der er sich vielmehr orientieren muß, ist für keine Variante der Soziologie zu bezweifeln.[179] Andererseits ist nicht zu bezweifeln, daß Gesellschaft ohne denkende und handelnde Menschen nicht entstanden wäre. Die Frage, über die gestritten werden muß, kann deshalb nur sein, ob es möglich ist, Gesellschaft im Sinne einer kausalen, gesetzmäßigen Erklärung auf das Handeln menschlicher Individuen zurückzuführen. Das ist die Position des methodologischen Individualismus. Demgegenüber hatte Durkheim Gesellschaft als Wesen sui generis bezeichnet, als eine eigenständige, gegenüber den Individuen verselbständigte Realität, die sich nur aus diesen eigenständigen Eigenschaften erklären und nicht auf die Eigenschaften der vergesellschafteten Individuen zurückführen lasse. Luhmanns Systemtheorie ist dieser methodischen Position Durkheims insofern verwandt, als auch sie soziale Systeme als emergente Einheiten versteht, die auch bei noch so feiner Auflösung nicht auf individuelle Akteure oder individuelle Bewußtseinssysteme und deren Eigenschaften oder Operationen zurückgeführt werden können. Im übrigen unterscheidet sich allerdings die Systemtheorie Luhmanns grundlegend von der Konzeption Durkheims. Während Durkheim Gesellschaft als „Kollektivbewußtsein" mit einer „psychischen Individualität" eigener Art deutet,[180] unterscheidet Luhmann scharf zwischen den Operationen des Bewußtseins und den Operationen sozialer Systeme. So etwas wie Kollektivbewußtsein kann es dann bei hinreichender begrifflicher Klarheit nicht geben. Nur das individuelle Bewußtsein hat Geist und kann denken, aber es kann weder unmittelbar in ein anderes Bewußtsein noch in die Gesellschaft „hinüberdenken".[181] Auch aus der Perspektive der Individuen hat

---

[178] Emile Durkheim, Die Regeln der soziologischen Methode, 5. Aufl., Darmstadt und Neuwied 1976, S. 105 f.
[179] Vgl. Hartmut Esser, Soziologie. Allgemeine Grundlagen, Frankfurt am Main und New York 1993, S. 403.
[180] Emile Durkheim, a.a.O., S. 187.
[181] Niklas Luhmann, Gesellschaft, S. 105.

diese scharfe Unterscheidung zunächst etwas Entlastendes und Befreiendes. Denn sie macht deutlich, daß Menschen gegenüber der Gesellschaft, in der sie leben, grundsätzlich autonom sind. Zudem entlastet sie die Individuen von einer Letztverantwortung für die Gesellschaft, der sie nicht gerecht werden könnten, indem sie deutlich macht, daß soziale Systeme über eigene, interne Mechanismen zur Selbsterhaltung verfügen, so daß die Stabilität der Gesellschaft zumindest nicht ausschließlich von jeweils aktuellen individuellen Leistungen wie Vernunft oder Konsens abhängig ist. Während Kritiker der Systemtheorie Luhmanns in der strikten Verweisung des Menschen in die Umwelt sozialer Systeme den Kern einer subjektlosen Gesellschaftstheorie sehen und vor einem systemtheoretischen objektiven Idealismus als einer modernen Variante des Hegelschen objektiven Weltgeistes warnen, verweisen Befürworter darauf, daß die Theoriekonzeption Luhmanns sich gerade deutlich von kollektivistischen Konzepten, die den Menschen insgesamt als Bestandteil sozialer Ordnung ansehen, abhebe und dem Individuum größere Freiheit und Autonomie zubillige, weil es sich nur jeweils mit Teilen seiner Persönlichkeit an soziale Systeme koppele, und ihn zugleich von überfordernder Verantwortung für die Gesellschaft entlaste: Soziale Systeme werden eben in der Sichtweise Luhmanns durch unangepaßtes Verhalten einzelner zwar gestört, sie verfügen aber über interne Mechanismen, um ihr Gleichgewicht wiederherzustellen.[182]

Die scharfe Unterscheidung von Bewußtsein und Gesellschaft unter dem Aspekt ihrer jeweils eigenständigen, geschlossenen Operationsweise erweist sich danach durchaus als plausibel. Das Problem liegt nicht in dieser scharfen Unterscheidung, sondern in der Konzeption des Zusammenhangs der autopoietisch geschlossen operierenden Systeme Bewußtsein und Gesellschaft und des Zusammenhangs beider Systeme mit ihrer Umwelt. Luhmann hat hinreichend oft und deutlich herausgestellt, daß Geschlossenheit des sozialen Systems unter dem Aspekt seiner Operationen nicht bedeutet, daß kausale Zusammenhänge zwischen System und Umwelt unterbrochen seien.[183] Kommunikation ist ohne kommunizierende Menschen, ohne biologische Existenz und insbesondere ohne Bewußtsein von Menschen nicht möglich.[184] Insofern ist auch nicht zu bestreiten, daß Gedanken das konkrete Kommunikationsgeschehen entscheidend beeinflussen. Die strikte Unterscheidung der Operationsform löst aber die vereinfachende Vorstellung der Übertragung einer als Ding vorgestellten Information von Bewußtsein zu Bewußtsein oder zwischen Mensch und Gesellschaft auf. Was

---
[182] Dietrich Schwanitz, Verlorene Illusionen, Soziologische Revue 1996, S. 127 ff.
[183] Zum Beispiel: Niklas Luhmann, Gesellschaft, S. 96.
[184] Niklas Luhmann, Gesellschaft, S. 103.

mit Hilfe der Übertragungsmetapher als einfach strukturierter Wechsel im Besitz von Informationen gedacht wurde, muß nun auf einer anderen, Prozeß und Struktur des Geschehens wesentlich feiner auflösenden Grundlage neu zusammengebracht werden. Das Zusammenspiel von Mensch und Gesellschaft muß auf eine Weise gedacht werden, die der jeweils eigenständigen, sich voneinander unterscheidenden und damit zugleich selbstbezüglichen Form sinnhafter Operationen Rechnung trägt. Der erste Schritt, die Auflösung der verfälschenden Vereinfachung dieses Verhältnisses in der Übertragungsmetapher, ist nicht so anstößig, wie es zunächst scheinen konnte. Aber was die systemtheoretische Beschreibung des „selbstbeweglichen Sinngeschehens" der Kommunikation leisten kann, muß sich erst noch in der Beschreibung des Zusammenhangs von Gesellschaft, individuellem Bewußtsein und Umwelt zeigen und bewähren. Wenn, um eine bekannte Formel des postmodernen Denkens zu zitieren, „die Welt als Text" erscheint, müssen wir die Frage stellen, was sie mit der Welt zu tun hat, die sie beschreibt. Auf diese Frage antwortet Luhmann mit dem Begriff der „strukturellen Kopplung". Diesem Begriff wenden wir uns jetzt zu.

b) Strukturelle Kopplung von sozialem System und Umwelt

Ein schwieriger Begriff für ein schwieriges Problem

„Auf eine schwierige Frage antwortet ein schwieriger Begriff." - Mit diesen Worten führt Luhmann in „Die Gesellschaft der Gesellschaft" den Begriff der „strukturellen Kopplung" ein, den er der biologischen Erkenntnistheorie Humberto Maturanas entlehnt.[185] Die schwierige Frage, um die es ihm dabei geht, formuliert er folgendermaßen: „Wie gestaltet ein System, und in unserem Falle: wie gestaltet das Gesellschaftssystem, seine Beziehungen zur Umwelt, wenn es keinen Kontakt zur Umwelt unterhalten und nur über eigenes Referieren verfügen kann." Und er fügt hinzu: „Die gesamte Gesellschaftstheorie hängt von dieser Frage ab ... ."[186]

Die Schärfe, mit der sich das Problem stellt, ist eine Folge der „kompromißlosen Härte" der Konzeption von Gesellschaft als operativ geschlossenes, autopoietisches System. Für beobachtende Systeme heißt Autopoiese: „Beobachtungen können nur auf Beobachtungen einwirken, können nur Unterscheidungen in andere Unterscheidungen transformieren, können, mit anderen Worten, nur Informationen verarbeiten; aber nicht Dinge

---

[185] Niklas Luhmann, Gesellschaft, S. 100, 779.
[186] Niklas Luhmann, Gesellschaft, S. 100, 779.

der Umwelt berühren ..."".[187] Und für Gesellschaft bedeutet operative Geschlossenheit: „Als Kommunikationssystem kann die Gesellschaft nur in sich selber kommunizieren, aber weder mit sich selbst, noch mit ihrer Umwelt."[188] Operative Geschlossenheit bedeutet im Falle sinnverarbeitender, beobachtender Systeme auch informationelle Geschlossenheit. Die Umwelt kann Gegenstand von Kommunikation sein, aber es können keine Informationen aus der Umwelt in die gesellschaftliche Kommunikation gelangen. Das gilt insbesondere auch für das Verhältnis von Gesellschaft und individuellem Bewußtsein. Wir können als Individuen über die Gesellschaft nachdenken und in der Gesellschaft kann über die Gedanken eines Individuums kommuniziert werden. Berührungen hat beides nach der Vorstellung Luhmanns nicht, keine operative Berührung jedenfalls.

Nun wäre es nach unserer alltäglichen Erfahrung kaum plausibel anzunehmen, daß es keinerlei Zusammenhang zwischen dem, was wir als Individuen denken, und dem, worüber in der Gesellschaft kommuniziert wird, geben sollte. Anderenfalls würde es keinen Sinn machen, daß Menschen sich überhaupt an Kommunikation beteiligen. Wir gehen für unsere alltäglichen Zwecke ständig davon aus, daß die Kommunikation, an der wir teilnehmen, etwas mit der Wirklichkeit zu tun hat, in der wir leben, und mit den Gedanken, die wir uns über diese Wirklichkeit machen. Wir sind davon überzeugt, daß Kommunikation in der Wissenschaft uns sehr genaue und brauchbare Informationen über die Wirklichkeit gibt. Und Juristen halten ihr Geschäft keineswegs für ein Glasperlenspiel, sondern sind davon überzeugt, soziale Wirklichkeit befriedend zu ordnen. Wenn all das nicht reine Illusion sein soll, müssen die beobachtenden Operationen gesellschaftlicher Kommunikation in einem zumindest für praktische Zwecke ausreichenden Maße mit einigen objektiven Strukturen der Umwelt abgestimmt sein.

Das nimmt auch Luhmann an, und diese Art von Abgestimmtsein der Strukturen sozialer Systeme mit den Strukturen anderer Systeme in ihrer Umwelt bezeichnet er als „strukturelle Kopplung". Andere Begriffe, die Luhmann in diesem Kontext verwendet, sind „Interpenetration",[189] „Anregung" und „Resonanz";[190] auf der anderen Seite der Unterscheidung erscheinen die Begriffe „Perturbation", „Störung" und „Rauschen". Nur wenn das soziale System über geeignete Beobachtungsschemata verfügt, die mit seiner

---

[187] Niklas Luhmann, Gesellschaft, S. 92.
[188] Niklas Luhmann, Gesellschaft, S. 96.
[189] Niklas Luhmann, Soziale Systeme, S. 286 ff.
[190] Niklas Luhmann, Ökologische Kommunikation, S. 40 ff.

2. Das Konzept der Evolution sozialer Systeme bei Niklas Luhmann

Umwelt strukturell gekoppelt sind, regen Ereignisse in der Umwelt das soziale System an, finden sie im sozialen System Resonanz. Denn nur dann kann das soziale System diesen Ereignissen Sinn und Bedeutung verleihen, nur dann sind diese Ereignisse im sozialen System Anlässe für Operationen, also Informationen. Anderenfalls wirkt die Umwelt auf das soziale System nur als Störung. Statt Information „hört" das soziale System nur „Rauschen". Luhmann benutzt den Begriff der strukturellen Kopplung auch für die gesellschaftsinterne Abstimmung zwischen den funktional differenzierten Teilsystemen der Gesellschaft.[191] So sind Politik und Wirtschaft in erster Linie durch Steuern und Abgaben strukturell gekoppelt, Recht und Politik durch die Verfassung, Recht und Wirtschaft durch Eigentum und Vertrag.[192] Den älteren, bei Parsons entlehnten Begriff der Interpenetration[193] verwendet Luhmann für den Fall, daß strukturelle Kopplungen sich wechselseitig koevolutiv entwickeln und beide Systeme existentiell auf diese Kopplungen angewiesen sind.[194] Als Beispiele dafür nennt er das Verhältnis zwischen Nervenzellen und Gehirnen oder das Verhältnis zwischen Bewußtseinssystemen und Gesellschaft.[195]

Luhmann grenzt den Begriff der strukturellen Kopplung in zweifacher Weise ab: zum einen gegen „operative Kopplung (Kopplungen von Operationen durch Operationen)", zum anderen gegen „laufende Kausalitäten, die die Grenzen des Systems, wenn man so sagen darf, ignorieren oder mißachten".[196]

Der wichtigste Fall der operativen Kopplung ist die Autopoiese. Diese Art der Kopplung von Operationen an Operationen des Systems überschreitet die Systemgrenze nicht. Als weitere Variante operativer Kopplungen hat Luhmann „eine momenthafte Kopplung von Operationen des Systems mit solchen, die das System der Umwelt zurechnet" erwogen und als Beispiele dafür die Möglichkeit angeführt, durch eine Zahlung eine Rechtsverbindlichkeit zu erfüllen oder mit dem Erlaß eines Gesetzes politischen Konsens/Dissens zu symbolisieren.[197] Den Begriff der operativen Kopplung und insbesondere die Variante der „auf Ereignislänge" erfolgenden operati-

---

[191] Niklas Luhmann, Gesellschaft, S. 776 ff.
[192] Niklas Luhmann, Gesellschaft, S. 781 ff., mit weiteren Beispielen für strukturelle Kopplungen zwischen Funktionssystemen. Zu den strukturellen Kopplungen des Rechtssystems insbesondere Niklas Luhmann, Das Recht der Gesellschaft, 1993, S. 440 ff.
[193] Niklas Luhmann, Soziale Systeme, S. 286 ff.
[194] Niklas Luhmann, Gesellschaft, S. 108.
[195] Niklas Luhmann, Gesellschaft, S. 108, 378.
[196] So in: Das Recht der Gesellschaft, 1993, S. 440.
[197] Niklas Luhmann, Das Recht der Gesellschaft, 1993, S. 441.

ven Kopplung zwischen System und Umwelt hat Luhmann in „Die Gesellschaft der Gesellschaft" nicht wieder aufgegriffen,[198] und es spricht einiges dafür, daß er diese Beschreibungen letztlich als mit seinem Begriff der Autopoiese unvereinbar fallen gelassen hat. Vielmehr ist anzunehmen, daß Luhmann strikt davon ausgeht, daß Operationen nur innerhalb autopoietischer Systeme aneinander anschließen und in diesem Sinne gekoppelt sein können. In „Die Gesellschaft der Gesellschaft" lesen wir: „Strukturelle Kopplung schließt also aus, daß Umweltgegebenheiten nach Maßgabe eigener Strukturen spezifizieren können, was im System geschieht."[199] Der Begriff der strukturellen Kopplung hat also die schwierige Aufgabe, die Anpassung eines operativ geschlossenen Systems an seine Umwelt zu beschreiben.

Die andere Abgrenzung betrifft die „laufenden Kausalitäten". Operative Geschlossenheit heißt nicht Abgeschlossenheit gegenüber jeglichen kausalen Einflüssen der Umwelt.[200] Im Gegenteil: „Daß die Umwelt immer mitwirkt und ohne sie nichts, absolut gar nichts geschehen kann, ist selbstverständlich. Der Begriff der Produktion (oder eben: poiesis) bezeichnet immer nur einen Teil der Ursachen, die ein Beobachter als erforderlich identifizieren könnte; und zwar jenen Teil, der über die interne Vernetzung der Operationen des Systems gewonnen werden kann; jenen Teil, mit dem das System seinen eigenen Zustand determiniert."[201] Wenn es zwar kausale Einflüsse aus der Umwelt des Systems gibt, diese aber nicht die Operationen und den Zustand des Systems determinieren können, reicht allein die Durchlässigkeit des operativ geschlossenen Systems für kausale Einflüsse der Umwelt nicht aus, um zu erklären, wie ein solches System sich im Aufbau seiner Strukturen durch seine Operationen auf seine Umwelt einstellen kann. Als Beispiel mag wieder das Bewußtsein dienen: Ohne Gehirntätigkeit würde es keine Gedanken und kein Bewußtsein geben. Aber das Gehirn determiniert Gedanken und Bewußtsein nicht. Das unbestreitbare kausale Angewiesensein des Bewußtseins auf die Gehirntätigkeit kann noch nicht erklären, wie das Bewußtsein eine brauchbare Vorstellung von seiner Umwelt gewinnt. Strukturelle Koppelung ist also gerade nicht kausale Determination. Sie setzt im Gegenteil operationale Geschlossenheit und dadurch ermöglichte Autonomie voraus.

---

[198] Bei Niklas Luhmann, Gesellschaft, S. 195 ff., wird vielmehr im Zusammenhang der Unterscheidung zwischen Medium und Form zwischen loser und strikter Kopplung von Elementen gesprochen.
[199] Niklas Luhmann, Gesellschaft, S. 100.
[200] Niklas Luhmann, Gesellschaft, S. 68.
[201] Niklas Luhmann, Gesellschaft, S. 96 f.

2. Das Konzept der Evolution sozialer Systeme bei Niklas Luhmann 77

Luhmann umschreibt das, was der Begriff strukturelle Kopplung bezeichnen soll, folgendermaßen: „Von strukturellen Kopplungen soll ... die Rede sein, wenn ein System bestimmte Eigenarten seiner Umwelt dauerhaft voraussetzt und sich strukturell darauf verläßt - zum Beispiel: daß Geld überhaupt angenommen wird; oder daß man erwarten kann, daß Menschen die Uhrzeit feststellen können. ... Formen struktureller Kopplung *beschränken* mithin und *erleichtern dadurch* Einflüsse der Umwelt auf das System. Zellen nehmen durch ihre Membranen nur bestimmte Ionen auf (wie Natrium und Calcium) und andere (wie Cäsium oder Lithium) nicht. Gehirne sind mit ihren Augen und Ohren nur in einer sehr schmalen physikalischen Bandbreite an ihre Umwelt gekoppelt (und jedenfalls nicht durch ihre eigenen neurophysiologischen Operationen); aber gerade deshalb machen sie den Organismus in unwahrscheinlich hohem Maße umweltsensibel. Einschränkung ist Bedingung der Resonanzfähigkeit, Reduktion von Komplexität ist Bedingung des Aufbaus von Komplexität."[202] Strukturelle Kopplung bestimmt nicht, was im System geschieht, sie muß aber vorausgesetzt werden, weil anderenfalls das System aufhören würde zu existieren. Insofern beweist die Existenz eines Systems, daß es „immer schon" an seine Umwelt angepaßt ist.[203]

Damit wird allerdings zunächst nur das Problem formuliert und an Beispielen wie den Aufnahmekanälen der Zelle oder den Wahrnehmungsorganen des Menschen plausibel gemacht. Es muß in einem autopoietisch operierenden System Vorkehrungen geben, die die Einflüsse, die aus der Umwelt in das System gelangen können, kanalisieren und damit andere Einflüsse ausschließen. Solche Strukturen, die den Zutritt von kausalen Einflüssen aus der Umwelt des Systems zu den Prozessen im Inneren des Systems einschränken, müssen im Ergebnis in der Weise mit den Strukturen der Umwelt zusammenstimmen, daß es die Umwelteinflüsse, auf die sich das System in seinen Operationen einstellt, in hinreichendem Maße zuläßt. Zellen, deren Operationsweise auf den regelmäßigen Zutritt bestimmter Arten von Ionen eingestellt ist, können nur in einer Umwelt überleben, in der solche Ionen in hinreichender Menge vorkommen und aufgenommen werden können.

---

[202] Niklas Luhmann, Das Recht der Gesellschaft, 1993, S. 441.
[203] Niklas Luhmann, Gesellschaft, S. 100, 101.

Strukturelle Kopplung von Kommunikationssystemen

So klar der Gedanke der strukturellen Kopplung in dem Beispiel der Kanäle in der Zellwand auch erscheinen mag, der Versuch, diesen Gedanken auf soziale Systeme zu übertragen, trifft auf offenkundige Schwierigkeiten. Zunächst einmal stellt sich die Frage, was denn in einem geschlossen operierenden Kommunikationssystem die Funktion der Öffnung wahrnehmen könnte, die im Beispiel der Zelle die Kanäle in der Zellwand und im Beispiel des Bewußtseinssystems Augen und Ohren wahrnehmen. Da soziale Systeme nicht auf der Basis eines Stoffwechsels von Energie und Materie operieren, haben sie keine selbstkonstituierten räumlichen Grenzen und dementsprechend auch keine räumliche Öffnung.[204] Soziale Systeme haben auch keine Wahrnehmungsorgane. Wahrnehmung ist die spezifische Form, in der Bewußtseinssysteme mit ihrer Umwelt strukturell gekoppelt sind. Kommunikationssysteme operieren aber nicht wie Bewußtseinssysteme; soziale Systeme können nichts wahrnehmen.[205] Wie können soziale Systeme sich aber auf ihre Umwelt einstellen, wenn sie weder Energie und Materie aufnehmen, noch ihre Umwelt sinnlich wahrnehmen können?

Ein gedanklicher Ansatzpunkt innerhalb der Systemtheorie Luhmanns scheint sich daraus zu ergeben, daß die sinnhaften Operationen der Beobachtung in der Kommunikation sich immer auch auf Umwelt beziehen. Einfacher ausgedrückt: Kommunikation ist immer Kommunikation über etwas, sie hat immer auch ihre Umwelt zum Gegenstand. Das notwendige Gegenstück zur Codierung, die die Geschlossenheit der Operationen des Systems gewährleistet, ist die Programmierung, mit der sich Kommunikation auf ihre Umwelt einstellt, sich insofern zur Umwelt öffnet.[206] Wir würden dann zu einer verblüffend einfachen Lösung gelangen: Indem in der Kommunikation Beobachtungsschemata ausgebildet werden, die - wie die gesetzlichen Tatbestände im Rechtssystem - geeignet sind, Ereignisse in der Umwelt mit Informationswert zu versehen und zum Anlaß für weitere eigene Operationen zu machen, konstituiert das soziale System selbst ausgewählte Ereignisse in seiner Umwelt als Auswahlbereich für seine internen Operationen. Die sinnhaften Deutungsmuster der Kommunikation sind also, allegorisch gesprochen, die Augen und Ohren der sozialen Systeme. Die begriffliche Beschreibung des Tatbestands des Diebstahls in § 242 StGB ist in dem Sinne strukturell mit der Umwelt des Rechtssystems gekoppelt, daß sie es dem Rechtssystem ermöglicht, Sachverhalte, die in der Realität

---

[204] Niklas Luhmann, Gesellschaft, S. 76.
[205] Niklas Luhmann, Gesellschaft, S. 103.
[206] Niklas Luhmann, Das Recht der Gesellschaft, 1993, S. 165 ff.

2. Das Konzept der Evolution sozialer Systeme bei Niklas Luhmann

stattfinden, zu erkennen und nach seinen Regeln weiter zu bearbeiten: zu ermitteln, Anklage zu erheben, eine Hauptverhandlung durchzuführen und ein Urteil zu fällen. Das Kommunikationssystem Recht kann nur existieren, wenn es Ereignisse gibt, die es als für die Unterscheidung von Recht und Unrecht erheblich deuten und in der weiteren systemspezifischen Kommunikation verarbeiten kann. Strukturelle Kopplung wäre also gegeben, solange in der Umwelt sozialer Systeme in hinreichendem Maße Ereignisse stattfinden, die mit Hilfe der Beobachtungsschemata des Systems so gedeutet werden können, daß sie die Kommunikation im sozialen System Recht in Gang halten.

Das Problem der Entstehung struktureller Kopplungen

Damit wird das entscheidende Problem jedoch noch nicht gelöst, sondern erst gestellt. Denn die Frage ist, wie es dazu kommen kann, daß ein Kommunikationssystem ausgerechnet über solche sinnhaften Deutungsmuster verfügt, für die es in hinreichendem Maß passende Ereignisse in der Umwelt gibt, und die sich auch in dem Sinne bewähren, daß Menschen in ausreichender Anzahl und in hinreichendem Ausmaß motiviert werden, sich dieses Kommunikationssystems zu bedienen. Das Rätsel, das die Kommunikationstheorie Luhmanns hier aufgibt, resultiert daraus, daß das Modell der autopoietischen Geschlossenheit der Operationen des Systems an keiner Stelle Zugänge zu den Operationen des Systems von außen zuläßt. Während die Zellwand Öffnungen aufweist, Kanäle, die den Zutritt von Stoffen aus der Umwelt zwar nach systemeigenen Regeln auf die Verarbeitungskapazitäten der Zelle beschränken, aber in diesem Rahmen doch Stoffe, die ihre eigenen materiellen Strukturen haben, in die Stoffwechselprozesse der Zelle integrieren, scheint ein Äquivalent dieser räumlichen Öffnungen in der autopoietischen Konzeption geschlossen operierender Kommunikationssysteme zu fehlen. Der Begriff der Autopoiese ist eben bei Luhmann von kompromißloser Härte. Luhmann hat alle Versuche, das Konzept der operativen und informationellen Schließung des Systems zu „durchlöchern", stets zurückgewiesen. So unnachgiebig wie der Begriff der Autopoiese ist daher auch der Begriff der strukturellen Kopplung: Ein System existiert entweder – dann ist es auch mit seiner Umwelt strukturell gekoppelt. Oder es ist nicht strukturell gekoppelt – dann hört es auf zu existieren. Es gibt kein Mehr oder Weniger an struktureller Kopplung, es gibt auch keine Krisen und keinen allmählichen Aufbau struktureller Kopplungen. Etwas Ähnliches wie den Nahrungsmangel der Zelle in einer für ihr Überleben schwierigen Umwelt scheint es im Fall von Kommunikationssystemen nicht zu geben. Was ist dann aber die Grundlage für die Einstellung sozialer Systeme auf ihre Umwelt?

Die Frage nach den Bedingungen, die die Möglichkeit struktureller Kopplungen zwischen sozialen Systemen und ihrer jeweiligen Umwelt zulassen könnten, läßt sich also nicht schon damit beantworten, daß soziale Systeme ihre Umwelt beobachten, also zum Thema von Kommunikation machen können. Die Frage ist ja gerade, wie sie das können, wenn sie nichts wahrnehmen, wie sie die Beobachtungsschemata aufbauen, die ihnen dann erlauben, ihre Umwelt zum Gegenstand von Kommunikation zu machen. Luhmann verwendet in Anlehnung an Maturana die kontrastierenden Begriffe Perturbation, Störung, Lärm (noise) und Rauschen zur Beschreibung des Falles, daß Umweltereignisse für das System bedeutungslos sind, und Anregung, Resonanz, Interpenetration und strukturelle Kopplung zur Beschreibung des Falles, daß Umweltereignisse für das System Informationswert haben. Betrachten wir zunächst die erste Begriffsreihe. Wie bewirken Ereignisse in der Umwelt des sozialen Systems eine Perturbation im System, wie wird das System gestört und wie empfindet es Rauschen, wenn es nichts wahrnimmt? Wir setzen also nicht erst bei der Frage an, wie aus Störung Anregung, aus Rauschen Resonanz und aus Perturbation strukturelle Koppelung werden kann, sondern fragen bereits: Wie ist Störung eines Systems möglich, das definitionsgemäß nichts wahrnimmt? Für eine Theorie sozialer Systeme ist die Erklärungslast größer als für die biologische Erkenntnistheorie. Biologische Systeme verfügen über Wahrnehmungsorgane. Sie können also mindestens etwas wahrnehmen, das als störendes Rauschen oder als Lärm beschrieben werden kann, auch wenn es keinerlei Informationswert oder Bedeutung für das Lebewesen hat. Das Problem der biologischen Erkenntnistheorie ist es dann zu erklären, wie systemintern Strukturen entstehen können, für die bestimmte Ereignisse in ihrer Umwelt Bedeutung erlangen. Die Theorie sozialer Systeme steht aber vor einem weitaus größeren Problem, wenn sie erklären muß, wie überhaupt Störung, Perturbation und „Lärm" möglich sind. Das folgende Gedankenexperiment mag dies veranschaulichen:

Vulkanologen am Fuße des Vesuv

Angenommen, eine Gruppe von Vulkanologen säße in dem fensterlosen, schallisolierten und erdbebensicher gegen seismische Erschütterungen geschützten Konferenzraum eines Instituts für Erdbeben- und Vulkanforschung am Fuße des Vesuv. Die Meßgeräte stehen in anderen Räumen. Die Vulkanologen reden unter anderem über die Frage, wie wahrscheinlich die

Gefahr eines neuen großen Ausbruchs des Vesuv ist. Wenn während dieses Gesprächs der Vesuv ausbricht (und wir annehmen, daß Schallisolierung und Erschütterungsschutz ausreichend sind, um eine Wahrnehmung dieses Ereignisses durch die Vulkanologen zu verhindern), werden unsere Vulkanologen ihre Unterhaltung völlig unbeeindruckt von dem Ereignis in der Umwelt fortführen. Der Ausbruch des Vesuv wird die Kommunikation der Vulkanologen nicht nur nicht anregen, er wird die Kommunikation auch nicht stören. Es gibt nichts, was als Anregung, Resonanz oder strukturelle Koppelung, aber auch nichts, was als Störung, Rauschen, Lärm oder Perturbation beschrieben werden könnte. Erst wenn das Telefon im Labor klingelt und jemand, der den Ausbruch des Vesuv wahrgenommen hat oder dem die Wahrnehmung Dritter mitgeteilt worden ist, die Nachricht von diesem Ereignis übermittelt, löst das Ereignis bei unseren Protagonisten etwas aus, und zwar, da es sich um Vulkanologen handelt, nicht nur Lärm, sondern heftige Resonanz.

Kommunikation und Wahrnehmung

Das dargestellte Gedankenexperiment macht zunächst anschaulich, was Luhmann selbst betont: Soziale Systeme nehmen nichts wahr. Sie können aber auf Ereignisse in der Umwelt nur reagieren, wenn diese Ereignisse wahrgenommen werden können. Soziale Systeme sind deshalb in jeder Operation auf Bewußtsein angewiesen, eben weil nur das Bewußtsein, nicht aber die Kommunikation selbst sinnlich wahrnehmen kann und weder mündliche noch schriftliche Kommunikation ohne Wahrnehmungsleistungen funktionieren könnte.[207] Und daraus folgt wiederum, daß die Gesellschaft nur auf dem Weg über Bewußtsein irritiert und angeregt werden kann:

„Anders als Bewußtseinssysteme, die sinnlich wahrnehmen können, ist Kommunikation nur durch Bewußtsein affizierbar. Alles, was von außen, ohne Kommunikation zu sein, auf die Gesellschaft einwirkt, muß daher den Doppelfilter des Bewußtseins und der Kommunikationsmöglichkeit passiert haben. ... Man muß sich vor Augen führen (buchstäblich: vor *Augen* führen), was dies bedeutet: Die gesamte physikalische Welt kann einschließlich der physikalischen Grundlagen der Kommunikation selbst nur über *operativ geschlossene* Gehirne und diese nur über *operativ geschlossene*

---

[207] Niklas Luhmann, Gesellschaft, S. 103.

Bewußtseinssysteme auf Kommunikation einwirken, also auch nur über ‚Individuen'."[208]

Das zieht wiederum die Erkenntnis nach sich, daß das individuelle Bewußtsein - obwohl auch Teil der Umwelt der Gesellschaft - für das soziale System eine hervorgehobene Bedeutung hat:

„Das Bewußtsein hat also unter allen Außenbedingungen der Autopoiesis eine privilegierte Stellung. Es kontrolliert gewissermaßen den Zugang der Außenwelt zur Kommunikation, aber dies nicht als ‚Subjekt' der Kommunikation, nicht als eine ihr ‚zugrunde liegende' Entität, sondern dank seiner Fähigkeit zur (ihrerseits hochfiltrierten, selbsterzeugten) Wahrnehmung, die ihrerseits unter der Bedingung struktureller Kopplung auf die neurophysiologischen Prozesse des Gehirns und, über diese, auf weitere Prozesse der Autopoiesis des Lebens angewiesen ist."[209]

Ein Begriff für alle Fälle?

Die Einsicht in die Sonderstellung des Bewußtseins in der Umweltbeziehung sozialer Systeme ändert nichts an der operationalen Geschlossenheit der jeweiligen Systeme. Aber wir sehen jetzt, daß auf dem Weg von der physikalischen Umwelt zur Kommunikation mehrere Schritte struktureller Kopplung notwendig sind. Das führt uns zu einem ersten kritischen Einwand gegen den Begriff der strukturellen Kopplung: Der Begriff wird unterschiedslos auf die Beziehungen von sozialem System und Bewußtsein, von Bewußtsein und Gehirn, von Gehirn und Nervenzellen, von Nervenzellen und physikalischer Umwelt angewandt, aber er wird darüber hinaus auch zur Beschreibung des Verhältnisses zwischen Kommunikation und der Umwelt, über die kommuniziert wird, des Verhältnisses zwischen Bewußtsein und der Umwelt, die bewußt wahrgenommen wird, und schließlich zur Beschreibung der wechselseitigen Abstimmung im Verhältnis sozialer Teilsysteme wie Recht und Wirtschaft benutzt. Nun ist zwar zu bedenken, daß der Begriff einen hohen Abstraktionsgrad hat und nur die andere Seite der operativen Schließung bezeichnet. Aber auch dann wüßte man gern, wie denn der Begriff der strukturellen Kopplung spezifiziert und konkretisiert werden könnte. Vor allem wäre angesichts der von Luhmann selbst deutlich zum Ausdruck gebrachten Sonderstellung von Bewußtsein und Wahrnehmung - auch angesichts der Kritik an der Konzeption des Verhältnisses von Mensch und Gesellschaft - eine genauere Beschreibung der Form

---

[208] Niklas Luhmann, Gesellschaft, S. 113, 114.
[209] Niklas Luhmann, Gesellschaft, S. 114.

der strukturellen Kopplung zwischen Gesellschaft und Bewußtsein erforderlich. Der Einwand geht aber über die Forderung einer Konkretisierung hinaus. Wenn der Begriff der strukturellen Kopplung sowohl auf die Beziehung zwischen den Beobachtungsschemata des Systems und der Umwelt, die mit ihrer Hilfe beobachtet wird, als auch auf die engere, privilegierte Beziehung zwischen sozialem System und Bewußtseinssystemen angewandt wird, trägt der Begriff der strukturellen Kopplung dazu bei, wesentliche Unterschiede zu überdecken, die für eine Analyse der Umweltbeziehung sozialer Systeme von entscheidender Bedeutung sind. Es ist offenbar etwas völlig Verschiedenes, ob wir uns für den Zusammenhang zwischen Regenwäldern und der Kommunikation über Regenwälder interessieren oder ob es uns darum geht, wie Bewußtsein auf Kommunikation einwirkt. Die Richtungen sind verschieden: Wenn gesellschaftliche Kommunikation über entsprechende Deutungsmuster verfügt, kann sie die außerhalb ihrer operativen Grenzen liegende Wirklichkeit zu ihrem Gegenstand machen. Diese Gegenstände können aber nicht umgekehrt auf Kommunikation einwirken. Für die Frage nach der genetischen Erklärung struktureller Kopplungen kommt es aber offenbar genau auf die Beziehungen an, in denen in umgekehrter Richtung eine Einwirkung möglich ist, hier: von Bewußtseinssystemen auf soziale Systeme. Gesucht wird der Mechanismus des „Übersetzungsgetriebes", der es ermöglicht, daß die individuell verstreuten Bewußtseinssysteme die Operationen des sozialen Systems antreiben, und zwar in dem Sinne, daß sie die Wahrnehmungsleistungen, über die nur das Bewußtsein verfügen kann, für die Operationen des sozialen Systems zur Verfügung stellen. Wir können also unsere Fragestellung präzisieren: Wie stellt Bewußtsein seine Wahrnehmungsleistungen für Kommunikation zu Verfügung?

Sprache

Die regelmäßige strukturelle Kopplung von Bewußtseinssystemen und Kommunikationssystemen wird durch Sprache ermöglicht.[210] Luhmann verweist auf Wilhelm von Humboldt, der in subtilen Analysen bereits den sowohl subjektiven als auch objektiven Charakter der Sprache herausgearbeitet habe:[211] Der Sprecher müsse eine objektive Form wählen und sein Eigentum am gesprochenen Wort aufgeben mit der Folge, daß bei sprachli-

---

[210] Niklas Luhmann, Gesellschaft, S. 108.
[211] Niklas Luhmann, Gesellschaft, S. 109 mit Fußnote 144; Wilhelm von Humboldt, Über die Verschiedenheit des menschlichen Sprachbaues und ihren Einfluß auf die geistige Entwicklung des Menschengeschlechts, Werke Band III, Darmstadt 1963, S. 368 - 756 (423 ff., 438).

cher Kommunikation keiner der Beteiligten genau das denke, was ein anderer denke. Die Sprache verselbständige sich gegenüber ihren Schöpfern als Form. Warum dennoch Verständigung durch Sprache möglich ist, will Humboldt dann allerdings mit der anthropologischen Annahme der „Einheit der menschlichen Natur" erklären. Diese Voraussetzung will Luhmann dagegen im Rahmen einer Sozialtheorie, die von Kommunikation und nicht von Sprache ausgeht, durch den Begriff der strukturellen Kopplung ersetzen.[212] Durch Sprache kann für die strukturelle Kopplung von Bewußtsein und Gesellschaft erreicht werden, daß das kontinuierliche Nebeneinander von Bewußtseinssystem und Kommunikationssystem in ein diskontinuierliches Nacheinander verwandelt wird, oder, wie Luhmann in Anlehnung an die Computersprache formuliert, daß die zunächst nur analogen (parallellaufenden) Verhältnisse digitalisiert werden.[213] Damit ist allerdings nicht gemeint, daß das Bewußtsein etwas zu den Operationen der Kommunikation beitrage, etwa im Sinne einer sukzessiven Abfolge von Gedanke - Rede - Gedanke - Rede.[214] Die Vorstellung, daß das Bewußtsein die Kommunikation mit gedanklicher Information versorge und in diesem Sinne „Subjekt" oder „Träger" der Kommunikation sei, bleibt der dinghaften Übertragungsmetapher verhaftet, die Luhmann verwirft. Sie ist mit seiner autopoietischen Konzeption der operationalen und informationellen Geschlossenheit sowohl des Bewußtseins als auch des Kommunikationssystems unvereinbar. Gedankliche Information und kommunikative Information bleiben - trotz Sprache - etwas Verschiedenes, sie bleiben an die Operationsweise und an die komplexen Strukturen ihres je eigenen Systems gebunden und können nicht, auch nicht teilweise, von dem einen System in das andere System übernommen werden.

Wie kann unter diesen Voraussetzungen Sprache dann aber „strukturelle Kopplung" ermöglichen? Für das Verständnis der Antworten, die Luhmann anbietet, ist es hilfreich, einen Gedanken einzubeziehen, den er im Kontext der „Kommunikationsmedien" ausführt: Den systemtheoretisch nicht plausiblen Begriff der Übertragung von Information ersetzt Luhmann durch eine weitere Unterscheidung, die Unterscheidung von Medium und Form.[215] Was damit gemeint ist, läßt sich vielleicht besonders anschaulich an einer Metapher darstellen, die Luhmann verwendet: In Kathedralen wird Licht zugelassen, wird Form, um mit den Säulen und Bögen spielen zu

---

[212] Niklas Luhmann, Gesellschaft, S. 109.
[213] Niklas Luhmann, Gesellschaft, S. 101.
[214] Niklas Luhmann, Gesellschaft, S. 104.
[215] Niklas Luhmann, Gesellschaft, S. 190 ff.

2. Das Konzept der Evolution sozialer Systeme bei Niklas Luhmann

können.[216] Licht als Medium hat physikalisch vorgegebene Eigenschaften. Die Formen der Fenster, die den Zutritt des Lichts in den Innenraum der Kathedrale einschränken, binden das Licht zu Formen. Die physikalische Struktur der Welt macht dies möglich. Aber die Unterscheidung von Medium und Form ist eine Eigenleistung des wahrnehmenden Organismus: Den Wahrnehmungsprozessen des Organismus liegt die Unterscheidung von medialem Substrat und Form zugrunde. Sie setzen spezifische „Wahrnehmungsmedien" wie Licht und Luft oder elektromagnetische Felder voraus, die durch den wahrnehmenden Organismus „zu bestimmten Formen gebunden" werden können, die dann auf Grund komplexer neurophysiologischer Prozesse als bestimmte Dinge, bestimmte Geräusche, spezifische Signale erscheinen und verwertet werden können. In ähnlicher Weise fungiert Sprache als Medium, in das Formen sich einprägen können: Die lose gekoppelten Worte werden zu Sätzen verbunden. Sie gewinnen dadurch „eine in der Kommunikation temporäre, das Wortmaterial nicht verbrauchende, sondern reproduzierende Form".[217] Von entscheidender Bedeutung ist, daß die Bindung der lose gekoppelten Elemente des medialen Substrats zu einer Form, in der diese Elemente strikt gekoppelt sind,[218] eine Eigenleistung des jeweiligen Systems, zum Beispiel des wahrnehmenden Organismus oder des sozialen Systems, ist.

Um strukturelle Kopplung von Bewußtsein und Kommunikation in einem mit der autopoietischen Geschlossenheit der Operationen beider Systeme zu vereinbarenden Sinn zu ermöglichen, muß Sprache von beiden Systemen für ihre je eigene Operationsweise benutzbar sein. Und genau das ist nach Luhmann der Fall. Sprache ist nach Luhmann kein eigenes System. Sie hat keine eigene Operationsweise. Sprache muß entweder als Denken oder als Kommunikation vollzogen werden.[219] Sprache beruht zunächst - als gesprochene Sprache - auf der Unterscheidung von lautlichem Medium und Sinn,[220] später - in der Schriftsprache - auf der Unterscheidung von optischem Medium und Sinn.[221] Sprache ist eine extrem unwahrscheinliche Art von Geräusch, die gerade deshalb geeignet ist, Aufmerksamkeit zu erregen.[222] Wenn gesprochen wird, sind diese Geräusche leicht von anderen Ge-

---

[216] Niklas Luhmann, Gesellschaft, S. 197.
[217] Niklas Luhmann, Gesellschaft, S. 197.
[218] Zur weiteren Unterscheidung von loser und strikter Kopplung Niklas Luhmann, Gesellschaft, S. 198.
[219] Niklas Luhmann, Gesellschaft, S. 112. Luhmann widerspricht hier ausdrücklich der Linguistik Ferdinand Saussures.
[220] Niklas Luhmann, Gesellschaft, S. 213.
[221] Niklas Luhmann, Gesellschaft, S. 110, 255.
[222] Niklas Luhmann, Gesellschaft, S. 110.

räuschen zu unterscheiden. Der Faszination durch die laufende Kommunikation kann man sich kaum entziehen. Zugleich erlauben die Spezifikationsmöglichkeiten der Sprache den Aufbau hochkomplexer Kommunikationsstrukturen, sprachlicher Regeln und sozialer Semantiken. Während die Sprache als Struktur relativ zeitbeständig fixiert sein muß, erlauben Sinnkombinationen (Schemata), die konkretisiert und jedem Bedarf angepaßt werden können, der Gesellschaft und den psychischen Systemen, ein Gedächtnis zu bilden, das fast alle eigenen Operationen vergessen, aber einiges in schematisierter Form doch behalten und wiederverwenden kann.[223] Diese Schemata - als weitere Namen in dem schlecht koordinierten Forschungsgebiet der kognitiven Psychologie nennt Luhmann zum Beispiel „frames", „scripts", „prototypes". „stereotypes", „cognitive maps" und „implicit theories" - stellen einen „zweiten Kopplungsmechanismus" dar, der „labil und gleichsam lernfähig eingerichtet ist".[224] Es handelt sich um standardisierte Formen der Bestimmung von etwas, um Attributionsschemata, die Ursachen und Wirkungen verknüpfen und eventuell mit Handlungsaufforderungen oder Schuldzuweisungen ausstatten, um Zeitschemata wie Vergangenheit/Zukunft oder Präferenzcodes wie gut/schlecht, wahr/unwahr oder Eigentum/Nichteigentum. Solche Schemata können nicht nur, sie müssen konkretisiert und dem jeweiligen Bedarf angepaßt werden. Sie sind auf Ergänzungen und Ausfüllungen angelegt. Auf diese Weise dienen sie der laufenden Anpassung der strukturellen Kopplung psychischer und sozialer Systeme an sich ändernde Vorgaben.

Voraussetzung dafür, daß Sprache als Medium der Kopplung von Bewußtseinssystemen und Kommunikationssystemen dienen kann, ist die symbolmäßige Verwendung der Sprachzeichen. Luhmann spricht im Anschluß an Talcott Parsons von „symbolischer Generalisierung".[225] Symbolische Generalisierung, die Wiederverwendbarkeit für ähnliche Situationen, setzt die Zeichenhaftigkeit der Sprache voraus: Sowohl im Bewußtsein als auch in der Kommunikation muß das Bezeichnende (Worte) vom Bezeichneten unterschieden werden. Nur das Bezeichnende eignet sich für symbolische Verwendung, nicht die Dinge selbst. Sprache kann von beiden Seiten aus symbolisch verwendet werden und ermöglicht so strukturelle Kopplung.[226]

---

[223] Niklas Luhmann, Gesellschaft, S. 110, 111; zum Gedächtnis sozialer Systeme insbesondere S. 576 ff.
[224] Niklas Luhmann, Gesellschaft, S. 110.
[225] Niklas Luhmann, Gesellschaft, S. 112; zu den symbolisch generalisierten Kommunikationsmedien ausführlich S. 316 ff.
[226] Niklas Luhmann, Gesellschaft, S. 112.

Ein weiteres wichtiges Moment der Sprache ist für Luhmann ihre binäre Codierung: Alle Kommunikation eröffnet die zweifache Möglichkeit, angenommen oder abgelehnt zu werden, aller Sinn kann in einer Ja-Fassung und in einer Nein-Fassung ausgedrückt werden. Luhmann vermutet, daß die binäre Codierung von Sprache als Form der strukturellen Kopplung entstanden ist. Sie eröffnet dem Bewußtsein die Option für die eine oder die andere Seite der Form. Sie schafft damit Freiheitsgrade, die ihm erlauben, sich der Determination durch den Kommunikationsverlauf zu entziehen.[227] Indem Sprache für alles, was gesagt wird, eine positive und eine negative Fassung zur Verfügung stellt, verdoppelt sie die Aussagemöglichkeiten und ermöglicht, daß das Repertoire der Kommunikation sich vom Wahrnehmbaren, auf das man zeigen kann, ablösen kann. Das hat zahlreiche Vorteile. Unter anderem kann durch Negation etwas so bezeichnet werden, daß unbestimmt bleibt, was tatsächlich vorliegt.[228]

Wir müssen hier auf die weiteren Einzelheiten der Analyse von Voraussetzungen und Folgen des Sprachcodes bei Luhmann verweisen.[229] Uns geht es an dieser Stelle um die Frage, wie Sprache strukturelle Kopplungen zwischen Bewußtsein und Gesellschaft leistet. Wie Bewußtsein an Kommunikation beteiligt ist, beschreibt Luhmann nicht wesentlich anders als die handlungstheoretisch orientierte Kommunikationstheorie. Zwar geht Luhmann in seiner theoretischen Analyse des Kommunikationsgeschehens nicht von der Sprechhandlung aus, sondern von der Situation des Mitteilungsempfängers, der den Mitteilenden beobachtet und ihm die Mitteilung, aber nicht die Information zurechnet. Aber das ändert nichts daran, daß Kommunikation nur stattfindet, wenn es einen Sprecher und einen Mitteilungsempfänger gibt und wenn beide mit Bewußtsein das Kommunikationsgeschehen beobachten und sich gegenüber dem angebotenen Sinn in einer in der Kommunikation verstehbaren Weise verhalten. Luhmann beschreibt Kommunikation daher durchaus auch aus der Perspektive der beteiligten Menschen in einer Weise, die unmittelbar verständlich ist: „Der Mitteilungsempfänger muß die Mitteilung als Bezeichnung einer Information (...) beobachten (obwohl ihm auch andere, zum Beispiel rein wahrnehmungsmäßige, Möglichkeiten der Beobachtung zur Verfügung stehen). Dies setzt nicht unbedingt Sprache voraus. So sieht man, daß die Hausfrau tapfer vom Angebrannten ißt, um mitzuteilen (oder so vermutet man), daß man es sehr wohl noch essen könne. Dabei bleibt der Tatbestand der Kommunikation jedoch unscharf und mehrdeutig, und der Mitteilende

---

[227] Niklas Luhmann, Gesellschaft, S. 113.
[228] Niklas Luhmann, der Gesellschaft, S. 221, 223.
[229] Niklas Luhmann, Gesellschaft, S. 205 ff.

kann, zur Rede gestellt, leugnen, eine Mitteilung beabsichtigt zu haben; und eben deshalb wählt er die nonverbale Kommunikation. Das heißt aber auch, daß es schwierig ist, an seine Mitteilung eine andere anzuschließen, also ein Kommunikationssystem zu bilden. Dies wird durch Sprache anders."[230] Dieses Zitat macht deutlich, daß man sehr wohl beschreiben kann, wie mit Bewußtsein und kommunikativen Fähigkeiten begabte Menschen Kommunikation beobachten und kommunikativ handeln, ohne daß diese Beschreibung mit dem systemtheoretischen Ansatz Luhmanns unvereinbar wäre. Es handelt sich allerdings um eine Beschreibung der Umwelt des Kommunikationssystems aus der Beobachtungsperspektive eines Dritten, der das Kommunikationssystem, die am Kommunikationsgeschehen beteiligten Menschen und deren strukturelle Kopplung beobachten kann. Aus dieser Perspektive kann man dann aber sehen, daß Menschen auf Kommunikation einwirken und das lose gekoppelte Medium Sprache benutzen und mehr oder weniger überlegt „zu Formen binden". Beim Sprechen oder Schreiben denken Menschen sich etwas, und auch wenn sie auf die Benutzung der von ihnen vorgefundenen Sprache und der über Sprache vermittelten sozialen Systeme angewiesen sind, werden sie doch ihrerseits nicht über Sprache vollständig vom sozialen System determiniert. Der entscheidende Unterschied zwischen der Kommunikationstheorie Luhmanns und einer handlungstheoretisch orientierten Sicht der Verhältnisse liegt in Luhmanns Annahme, daß das soziale System in keinem noch so komplex verstandenen Sinn auf bewußte Handlungen von Individuen zurückgeführt werden kann. Das soziale System - mag es sich auch in der Evolution aus Interaktionssystemen entwickelt haben, indem es diese allmählich überdeterminiert hat - operiert, einmal entstanden, nach eigenen Gesetzen. Die Operationen des Bewußtseins und die Operationen des sozialen Systems greifen nicht ineinander, sie setzen sich lediglich wechselseitig voraus. Wir haben uns also in der Konzeption Luhmanns vorzustellen, daß Sprache von zwei selbständig operierenden Systemen als Zeichen „benutzt" wird. Aber Luhmann mutet uns zu, die Vorstellung aufzugeben, daß Sprache eine vom Sprecher ausgewählte Information an den Hörer weiterleitet. Vielmehr haben wir es mit drei Systemen zu tun, die jeweils für sich Information erzeugen: Der Sprecher - sonst könnte er keine Mitteilung auswählen -, das soziale System - sonst könnte es nicht zwischen Information und Mitteilung unterscheiden und Verstehen ermöglichen - und der Hörer - sonst könnte er nicht erkennen, daß das Wahrgenommene eine Mitteilung ist und was sie bedeutet. Gerade weil jedes dieser drei Systeme selbstreferentiell und geschlossen operiert, weil andererseits aber offenbar auch Luhmann davon

---

[230] Niklas Luhmann, Gesellschaft, S. 210, 211.

ausgeht, daß im Ergebnis ALTER verstehen kann, was EGO mitteilen wollte, liegt die ganze Erklärungslast für eine aus der Perspektive der beteiligten Individuen im allgemeinen gelingende Kommunikation bei dem Begriff der strukturellen Kopplung. Kann das, was wir über Sprache gehört haben, eine solche Leistung erklären?

Die Erkenntnis, daß Gesellschaft durch Sprache ermöglicht wird, ist keine originäre Einsicht der Systemtheorie; sie entspricht, bei allen Unterschieden im Detail, einer im Kern weitgehend übereinstimmenden Überzeugung in den Sozialwissenschaften nach dem „linguistic turn". Daß Sprache als Medium sowohl dem Denken als auch der Kommunikation zur Verfügung steht, löst indessen das Problem der strukturellen Kopplung ebenfalls noch nicht. Allein der Umstand, daß zwei Systeme - Bewußtseinssystem und Kommunikationssystem - jeweils unabhängig voneinander im gleichen Medium Sprache operieren, stellt keineswegs schon eine hinreichende Bedingung für die Entstehung zueinander passender Strukturen im Denken und in der Gesellschaft dar, zumal wenn eines dieser Systeme, die Gesellschaft, nicht über die Fähigkeit zur Wahrnehmung verfügt und damit auch außerstande ist, seine eigenen Operationen der Erkenntnis der Strukturen des Denkens anzupassen. Die Gemeinsamkeit des Mediums Sprache vermag allenfalls zu erklären, daß sowohl Denken als auch Kommunikation an die Grenzen der Kombinationsmöglichkeiten gebunden sind, die Sprache ermöglicht; umgekehrt kann Sprache sich auch nur in dem Maße entwickeln, wie sie den Anforderungen sowohl des Denkens als auch der Kommunikation genügt. Es gibt aber keinen Hinweis darauf, daß Sprache über Eigenschaften verfügen könnte, die aus sich heraus, unabhängig von den Operationen des Denkens und der Kommunikation, für eine Koordination der Strukturen von Bewußtsein und Gesellschaft sorgen. Deshalb lehnt Luhmann die Auffassung Ferdinand Saussures ab, daß Sprache eine eigene Operationsform habe.[231]

Dieser Befund bestätigt nur, was die Grundaussage der Konzeption des autopoietischen Systems ist: Jede der beiden Arten von Systemen, die Sprache als Medium benutzen, kann nur sich selbst determinieren. Es kann in keinem Fall, auch nicht über Sprache, das andere System determinieren oder mit Informationen versorgen. Was sorgt aber dann dafür, daß in den Operationen des einen Systems Strukturen hervorgebracht werden, die mit Strukturen des anderen Systems abgestimmt sind? Oder, um einen anderen Versuch Luhmanns aufzugreifen, den Sachverhalt der strukturellen Kopplung zu beschreiben: Wie kann das eine System die strukturelle Komplexi-

---

[231] Niklas Luhmann, Gesellschaft, S. 112.

tät (Geordnetheit) des anderen Systems für den Aufbau der eigenen strukturellen Komplexität nutzen, wenn es nicht schon über dafür geeignete, passende Strukturen verfügt? Sprache leistet das nicht, es sei denn, wir würden Sprache als Mittel der Übertragung von Information ansehen. Aber gerade die Verkürzungen und Verdinglichungen der Übertragungsmetapher sollen vermieden und durch eine komplexere Fassung der Beziehung überwunden werden.

Wie können also Systeme, die nur sich selbst determinieren, sich aber nicht von außen determinieren lassen, strukturelle Kopplungen entwickeln? Zwar geht es im Kontext der Systemtheorie Luhmanns nicht um vollständige kausale Determination, auch nicht im Falle der Selbstdetermination autopoietischer Systeme. Luhmann meint mit Autopoiese Selbstproduktion, und der Begriff der Produktion meint, daß das System einige, aber nicht alle ursächlich mitwirkenden Faktoren kontrolliert. Damit wird zugestanden, daß am Vollgeschehen dessen, was herkömmlich als Kommunikation bezeichnet wird, neben dem Kommunikationssystem weitere Faktoren mitwirken, und zwar notwendig mitwirken: Vor allem ist unverzichtbar das vom Bewußtsein kontrollierte Denken, aber auch die körperliche Aktivität des Menschen als biologischer Organismus: sprechen, schreiben, hören, lesen, den Körper aufrecht auf dem Stuhl und die Zeitung in der Hand halten zum Beispiel. Die spezifischen Einschränkungen, die das soziale System der fortlaufenden Kommunikation auferlegt, sind also nicht die einzigen Bedingungen der Kommunikation. Aber sie reichen aus, um ungeachtet aller anderen Einflüsse sicherzustellen, daß nachfolgende Kommunikation den Sprachcode der Gesellschaft oder spezielle Codes wie die Leitunterscheidung wahr/unwahr für wissenschaftliche Kommunikation oder die Leitunterscheidung gut/böse für moralische Kommunikation verwenden kann, um an das soziale System anzuknüpfen. Aber das besagt noch in keiner Weise, daß und vor allem wie das soziale System dabei Rücksicht nimmt auf die Struktur der Einschränkungen, die das Denken dem Geschehen auferlegt. Es wäre noch vorstellbar, daß das Denken sich kraft der Fähigkeiten des individuellen Bewußtseins zur Wahrnehmung den Strukturen des sozialen Systems anpaßt. Das ist Gegenstand der Sozialisationsforschung, die, vor allem auf handlungstheoretischer Grundlage, empirisch erforschen will, wie Individuen, vom sozio-kulturellen Nullpunkt bei der Geburt ausgehend, soziale Kompetenz erwerben, also die Fähigkeit, in der Gesellschaft adäquat zu kommunizieren und zu handeln.[232] Darauf werden wir ausführlich zurückkommen. Für eine Theorie sozialer Systeme stellt sich aber auch und vor allem komplementär zum Problem der Sozia-

---

[232] Dazu Gert Nicolaisen, Die Konstruktion der sozialen Welt, Opladen 1994, S. 24 ff.

lisation der Individuen das Problem der „Individualisation" des Kommunikationssystems: Wie erlangt das soziale System die Fähigkeit, sich adäquat auf die Operationen der Vielzahl individueller Bewußtseinssysteme einzustellen?

Kommunikation und Handlung

Ein Ansatz für die Erklärung struktureller Kopplung zwischen Bewußtsein und Gesellschaft könnte sich aus der Analyse der Beziehung zwischen Kommunikationen als den Elementen des sozialen Systems und den Handlungen der an Kommunikation beteiligten Individuen ergeben. Luhmann verwendet tatsächlich große Sorgfalt auf die Analyse des Verhältnisses von Kommunikation und Handlung innerhalb seiner Konzeption des sozialen Systems.[233] Es wird sich allerdings zeigen, daß der von Luhmann im Rahmen seiner Theorie sozialer Systeme verwandte Begriff der Handlung sich grundsätzlich vom Handlungsbegriff der klassischen soziologischen Handlungstheorie unterscheidet.

Ausgangspunkt ist die Kritik Luhmanns an der Übertragungsmetapher, nach der Information wie ein Ding besessen, übertragen und in Empfang genommen werden könne. Kommunikation ist vielmehr „koordinierte Selektivität". Wenn aber jedes Individuum - als autopoietisches System - für sich sichtet und bearbeitet, was es wahrnimmt, wie ist dann koordinierte Selektivität, Informationsverarbeitung im Kommunikationsprozeß also, möglich? Luhmann listet die Probleme und Hindernisse auf, die die Kommunikation überwinden muß, damit sie überhaupt zustande kommt.[234] Versetzt man sich auf den Nullpunkt der Evolution, so ist zunächst unwahrscheinlich, daß Verstehen überhaupt möglich ist. Denn Sinn ist kontextgebunden und als Kontext fungiert für jeden zunächst einmal nur das, was sein eigenes Wahrnehmungsfeld und sein eigenes Gedächtnis bereitstellt. Unwahrscheinlich sind auch das Erreichen des Adressaten über räumliche und zeitliche Distanzen hinweg und der Erfolg von Kommunikation im Sinne von Annahme und Befolgung des Mitgeteilten. Der gemeinsame Kontext, der die an sich unwahrscheinliche Kommunikation erst wahrscheinlich macht, ist Produkt der Evolution: „Man hat den Prozeß soziokultureller Evolution zu begreifen als Umformung und Erweiterung der Chancen für aussichtsreiche Kommunikation, als Konsolidierung von Erwartungen, um die herum die Gesellschaft dann ihre sozialen Systeme bildet (...)." Sozio-kulturelle Evolution führt zur Herausbildung von Medien,

---

[233] Soziale Systeme S. 191 - 241.
[234] Soziale Systeme S. 217 f.

den Errungenschaften, die an den Bruchstellen der Kommunikation ansetzen und dazu dienen, Unwahrscheinliches in Wahrscheinliches zu transformieren. Was das Verstehen von Kommunikation weit über das Wahrnehmbare hinaus steigert, ist das Medium Sprache und sind die auf ihr aufbauenden Verbreitungsmedien Schrift, Druck und Funk, ist schließlich die Entwicklung von „symbolisch generalisierten Kommunikationsmedien". Sie steigern die Informationsleistungen, die durch soziale Kommunikation erbracht werden können. Wenn auf diese Weise Kommunikation in Gang gekommen ist, bildet sich unvermeidlich ein sie begrenzendes Sozialsystem, das es ermöglicht, Erwartungen zu bilden. Dazu gehört auch die Herausbildung eines „Themenvorrats", den wir Kultur nennen.[235]

In diesen Zusammenhang der Leistung sozio-kultureller Evolution, einen sozialen Kontext für übereinstimmende Erwartungen zu schaffen und auf diese Weise die Unwahrscheinlichkeit von gelingender Kommunikation in Wahrscheinlichkeit zu transformieren, stellt Luhmann seine Analyse des Verhältnisses von Kommunikation und Handlung.[236] Unter Handlung versteht Luhmann die elementare Einheit der Selbstbeobachtung und Selbstbeschreibung sozialer Systeme.[237] Soziale Systeme bestehen also aus Kommunikationen und deren Zurechnung als Handlung.[238] Diese Form der im Kommunikationsgeschehen ständig mitlaufenden Selbstbeobachtung und Selbstbeschreibung hat sich evolutionär bewährt, weil sie die elementaren Einheiten der Kommunikation so markiert, daß sich „Abstützpunkte für Anschlußhandlungen" ergeben.[239] Was damit gemeint ist, wird aus dem Zusammenhang mit dem Problem der Unwahrscheinlichkeit gelingender Kommunikation deutlicher. Kommunikation ist etwas anderes und setzt mehr voraus als den Akt der Mitteilung oder eine Kette von Mitteilungen, von denen eine die andere auslöst. In die Kommunikation geht immer auch die Selektivität des Mitgeteilten, der Information und des Verstehens ein, also die Auswahl eines aktuell Gemeinten, die zugleich auf den fortbestehenden Horizont alternativer Möglichkeiten verweist und neue Möglichkeiten anschließender Kommunikation hervorbringt. Dieser Sinnbezug verleiht allem Kommunikationsgeschehen eine Reichhaltigkeit und Komplexität, die sich der unmittelbaren Beobachtung entzieht. Ähnlich wie dem Bewußtsein nicht die volle Komplexität der neurologischen Prozesse er-

---

[235] Soziale Systeme S. 224.
[236] Soziale Systeme S. 225 ff.
[237] Soziale Systeme S. 241.
[238] Soziale Systeme S. 240.
[239] Soziale Systeme S. 229.

2. Das Konzept der Evolution sozialer Systeme bei Niklas Luhmann

fahrbar ist, sondern nur ausgewählte Produkte dieser Prozesse,[240] kann auch Kommunikation nur indirekt anhand von Markierungen erschlossen werden. Um beobachtet werden und um sich selbst beobachten zu können, muß ein Kommunikationssystem deshalb „als Handlungssystem ausgeflaggt werden".[241] Erst dadurch werden die Teilnehmer am Kommunikationsgeschehen in die Lage versetzt, Kommunikation zu beobachten und Anschlußhandlungen vorzunehmen. Auch wenn diese Anschlußhandlungen nicht Kommunikationen oder deren Bestandteile, sondern Ereignisse in der Umwelt des Kommunikationssystems sind, handelt es sich doch um notwendige Ereignisse, ohne die Kommunikation sich nicht fortsetzen würde.

Der Erleichterung der Beobachtung von Kommunikation als Voraussetzung für Anschlußhandlungen dient nun die Zurechnung ausgezeichneter Produkte des Kommunikationsgeschehens als Handlungen von Personen. Sie sind „Abstützpunkte für Anschlußhandlungen".[242] Die Synthese der Selektionen der Information, der Mitteilung und des Verstehens, die eine symmetrische und reversible Beziehung aufweist - zum Beispiel kann die Synthese über längere Zeit in der Schwebe gehalten werden und erst nach Rückfragen durch Verstehen zum Abschluß kommen -, erhält durch den Einbau des Handlungsverständnisses eine Richtung, sie wird zeitlich asymmetrisiert. Das interdependente Kommunikationsgeschehen wird zur Mitteilung des Mitteilenden an den Mitteilungsempfänger. Die Vor- und Rückgriffe der Kommunikation im Auswählen verständlicher Mitteilungen werden so, obwohl sie Zeit übergreifen, und obwohl das vorausgesetzt bleibt, auf einen Zeitpunkt bezogen, auf den Zeitpunkt, in dem der Mitteilende handelt.[243] Aus der Sicht der Teilnehmer an Kommunikation ermöglicht ihnen die Zurechnung als Handlung, Kommunikation zu beobachten, das Kommunikationsgeschehen also vereinfachend als Mitteilung einer Person an sich oder eine andere Person aufzufassen und mit eigenem Handeln, mit einer neuen eigenen Mitteilung zu reagieren. Auf diese Weise wird schließlich das Entstehen von Kommunikationsroutinen, die kein langes Nachdenken erfordern, erleichtert. Aus der Sicht des Kommunikationssystems stellt die vereinfachende Selbstbeobachtung und Selbstbeschreibung von Kommunikation als Handlung sicher, daß in der Umwelt des Systems für dessen Autopoiese notwendige Ereignisse stattfinden. Die Zurechnung von Kommunikationen als Handlung von Personen bedeutet im übrigen auch deshalb eine Vereinfachung, weil sie dem einzelnen die Entscheidung

---

[240] Soziale Systeme S. 239.
[241] Soziale Systeme S. 226.
[242] Soziale Systeme S. 229.
[243] Niklas Luhmann, Soziale Systeme S. 232 f.

zuschreibt, obwohl zumeist, wie zahlreiche empirische Untersuchungen nahelegen, die Situation die Handlungsauswahl dominiert.

Die Zurechnung von Kommunikation als Handlung von Personen ist ein konstruktives Element des Systems; Handlung im Sinne Luhmanns ist nicht eine Selektionsleistung des Individuums. Das begriffliche Fundierungsverhältnis von Kommunikation und Handlung wird gegenüber den in der Soziologie und insbesondere in der Kommunikationstheorie gängigen handlungstheoretischen Ansätzen umgekehrt. Während dort Handlung der Grundbegriff ist und Kommunikation als Ergebnis der Verkettung von Handlungen erscheint, ist für Luhmann Kommunikation der Grundbegriff und Handlung eine spezifische Form von Kommunikation.[244] Handlungen im Sinne der Soziologie seit Max Weber sind intentionale Handlungen von Individuen. Auch die Sprechakttheorie Searles, an die Habermas anknüpft, versteht Sprechakte als intentionale Handlungen des Sprechers. Dagegen ist Handlung im Sinne Luhmanns Selbstbeobachtung des Systems, die dem System wiederum nur in der Form von Kommunikationen möglich ist.[245] Das System kommuniziert also über seine eigenen Elemente, die Kommunikationen, mithilfe von Kommunikationen in Form ihrer Beschreibung als Handlungen, die Personen zugerechnet werden. So gehört zum Rechtssystem die Beschreibung rechtlicher Kommunikationen als Handlungen von Rechtssubjekten. Der konstruktive Charakter des Rechtssubjekts wird bei der juristischen Person evident. Für die Zurechnung von Handlungen sind zwar reale Akte von realen Menschen notwendig. Sie sind und bleiben aber trotz der Zurechnung von Kommunikationen als Handlung von Personen Ereignisse in der Umwelt des Kommunikationssystems.

Luhmann paßt den Begriff der Handlung also sorgsam und genau in das Konzept der Autopoiese des Systems ein. Er zeigt mit seinem Begriff der Handlung, wie Kommunikationssysteme sich im Verlauf der sozio-kulturellen Evolution auf das Bedürfnis nach Erleichterungen für die Beobachtung von Kommunikationen und nach Bereitstellung von Abstützpunkten für Anschlußhandlungen eingestellt haben. Die entscheidende Frage ist aber, wie die Entstehung solcher auf die Bedürfnisse der an Kommunikation beteiligten Individuen Rücksicht nehmenden Strukturen des Kommunikationssystems erklärt werden kann. Der Begriff der Handlung beschreibt im

---

[244] Vgl. Wolfgang Ludwig Schneider, Die Komplementarität von Sprechakttheorie und systemtheoretischer Kommunikationstheorie. Ein hermeneutischer Beitrag zur Methodologie von Theorievergleichen, Zeitschrift für Soziologie 1996, S. 263 (267). Daraus folgt, wie Schneider zeigt, nicht notwendig, daß eine der Theorien falsch sein müsse; denn es handelt sich um Lösungen für unterschiedliche Probleme. Schneider geht deshalb der Frage nach, wie die Theorien sich ergänzen können.

[245] Niklas Luhmann, Soziale Systeme S. 226.

2. Das Konzept der Evolution sozialer Systeme bei Niklas Luhmann 95

Kontext einer funktionalen Analyse, wie das Kommunikationssystem sich auf die Strukturen seiner Umwelt einstellt. Aber diese Analyse gelangt letztlich nicht über eine synchrone Beschreibung der Verhältnisse hinaus. Wir können nachvollziehen, daß und wie die mit dem Begriff der Handlung beschriebenen Strukturen des Kommunikationssystems den Individuen die Teilnahme an Kommunikation erleichtern. Die Strukturen des Kommunikationssystems sind sowohl auf die Möglichkeit erleichterter Beobachtung des Kommunikationsgeschehens durch die Individuen als auch auf Zurechnung jedenfalls von Mitteilungen zu Personen angelegt. Das sind grundlegende Strukturen des Kommunikationssystems, die gut zu den Bedürfnissen des Denkens und des kommunikativen Handelns der Menschen passen. Sie bilden in gewisser Weise das kommunikative Handeln von Individuen im Kommunikationssystem ab, so daß Kommunikationssystem und kommunikatives Handeln sich ergänzen und wechselseitig konstituieren.

Aber das Rätsel besteht doch gerade darin, zu erklären, wie es genetisch zu solchen Strukturen kommt, wenn das Kommunikationssystem weder die Strukturen von Bewußtseinssystemen wahrnehmen noch in anderer Weise Informationen über die Bedürfnisse der kommunizierenden Individuen gewinnen kann. Es ist also nicht erkennbar, daß das Konzept des Verhältnisses von Kommunikation und Handlung aus den Aporien der in vollständiger operationaler und informationeller Geschlossenheit sich gegenüberstehenden Kommunikations- und Bewußtseinssysteme herausführen könnte. Wie es zu der Entstehung günstiger Eigenschaften von Kommunikationssystemen wie dem „Ausflaggen" von Kommunikationen als Handlungen von Personen kommen kann, ist gerade die Frage. Sie kann nicht mit einem Begriff der Handlung beantwortet werden, der auf Selbstbeobachtung und Selbstbeschreibung von Kommunikationen durch Kommunikationen beruht. Denn Handlung in diesem Sinn ist nichts anderes als eine bestimmte Art von Kommunikation. Sie ist ein Ausdruck der strukturellen Kopplung zwischen Kommunikationssystem und Bewußtseinssystem. Aber zu klären wäre, wie soziale Systeme und Bewußtseinssysteme sich wechselseitig so beeinflussen und anregen können, daß derartige strukturelle Kopplungen entstehen.

c) Folgerungen für das Evolutionskonzept

Nach dem, was wir über das Konzept der biologischen Evolution wissen, scheint sich für die genetische Erklärung struktureller Kopplungen von Kommunikationssystem und Umwelt und im besonderen von Bewußtsein und Gesellschaft das Evolutionskonzept anzubieten. Denn auch das genetische System ist in seinen Operationen geschlossen. Genetische Information wird nur im genetischen System erzeugt. Die Umwelt determiniert die Gene nicht. Nach heute allgemein anerkannter Auffassung können die Gene nichts aus den Erfahrungen des phänotypischen Individuums „lernen". Veränderungen der Körperzellen bewirken keine Veränderung der genetischen Information. Dennoch wirken sich die Einschränkungen, die die Umwelt dem Überleben und der Fortpflanzung der Individuen auferlegt, mittelbar und auf der Ebene des Genpools auf die genetische Information aus, indem sie die Wahrscheinlichkeit der Repräsentation eines individuellen Genoms im Genpool der folgenden Generationen modulieren. Es liegt daher nahe, diesen Gedanken auf eine Theorie sozialer Systeme zu übertragen, die ebenfalls davon ausgeht, daß das soziale System ein operativ geschlossenes System ist, das nicht von seiner Umwelt determiniert wird. Voraussetzung wäre allerdings, daß sich auch für die Evolution sozialer Systeme eine „Einheit der Selektion" bestimmen ließe, die Ansatzpunkt des Selektionsdrucks der Umwelt sein könnte. Es müßte sich um eine Einheit handeln, die sowohl von den Informationen des sozialen Systems als auch von den Strukturen der Umwelt abhängig ist.

Man könnte daran denken, daß eine derartige Rolle dem individuellen Bewußtsein zukommen könnte, weil dessen Wahrnehmungs- und Gedächtnisleistungen darüber entscheiden, ob die für die weitere Kommunikation notwendigen Ereignisse in der Umwelt des Kommunikationssystems stattfinden, ob also bestimmte Worte gesagt, bestimmte Sätze geschrieben, bestimmte Mitteilungen verstanden und bestimmte Anschlußäußerungen vorgenommen werden. Wir wollen diesen Gedanken jedoch hier zunächst nicht weiterspinnen. Denn Luhmann weist die Vorstellung, das Individuum oder das individuelle Bewußtsein oder Gedächtnis könne als Einheit der Selektion in der soziokulturellen Evolution fungieren, ausdrücklich zurück.[246] Das scheint auf der Grundlage der systemtheoretischen Konzeption von Individuum und Gesellschaft als jeweils unabhängig voneinander operierende autopoietische Systeme auch konsequent zu sein.

Strukturselektion

Das Kennzeichnende des Evolutionskonzepts bei Niklas Luhmann liegt darin, daß er die auf Darwin zurückgehende Auslagerung des Selektionsmechanismus in die Umwelt (natural selection) für seine an der Produktion und Reproduktion einer Differenz von System und Umwelt ausgerichtete

---

[246] Niklas Luhmann, Gesellschaft, S. 103 f.; 436, 584.

Systemtheorie ausschließt.[247] Luhmann will die Möglichkeit von kultureller und sozialer Evolution ausschließlich auf der Grundlage „einer mit Autopoiesis kompatiblen Strukturselektion",[248] und das heißt: ausschließlich mit internen Selektionsmechanismen des sozialen Systems erklären. Erinnern wir uns an die Beschreibung der Selektion in der oben wiedergegebenen Konzeption der Evolution sozialer Systeme.[249] Einheiten der Selektion sind danach die Strukturen des Systems. Die Strukturen wählen aus, ob abweichende Kommunikationen auf Dauer in das System eingebaut und so erhalten oder ob sie fallengelassen und vergessen werden. Selektionskriterium ist der „Strukturaufbauwert" von (neuen) Kommunikationen. Strukturaufbauwert haben Sinnbezüge, die sich für wiederholte Verwendung eignen und „erwartungsbildend und -kondensierend" wirken können.

Struktur und Erwartung

Die Bezugnahme auf den Begriff der Erwartung ist auffällig. Sie scheint an einen klassischen und auch von Luhmann selbst früher ausgearbeiteten soziologischen Grundbegriff anzuknüpfen.[250] Das könnte den Gedanken aufkommen lassen, daß über „Erwartungen" doch so etwas wie eine externe Selektion durch individuelle Bewußtseinssysteme stattfinde. Es scheint in der Tat plausibel, anzunehmen, daß Kommunikationsstrukturen und Erwartungen in einem engen Zusammenhang stehen. Aber wie sieht dieser Zusammenhang genau aus? Luhmann spricht wörtlich von Strukturen als „Kommunikation steuernden Erwartungen". Soll das heißen, daß die Erwartungen von Individuen Kommunikation steuern? Luhmann hat den Begriff der Erwartung weder im Kontext seiner Ausführungen zur Evolution sozialer Systeme noch an anderer Stelle in „Die Gesellschaft der Gesellschaft" noch einmal ausdrücklich definiert. Die Annahme, daß subjektive Erwartungen von Individuen gemeint seien, würde aber der Konzeption Luhmanns diametral zuwiderlaufen, würde sie doch bedeuten, daß Umwelt (Bewußtseinssysteme) einen dirigierenden und steuernden Einfluß auf das soziale System hätten. Wir können das ausschließen und müssen wohl auch hier - wie schon beim Begriff der Handlung - davon ausgehen, daß es Luhmann nicht um Erwartungen im Sinne eines psychischen Erlebens einzelner Menschen, sondern um „Erwartungsstrukturen des Systems"[251] geht,

---

[247] Niklas Luhmann, Gesellschaft, S. 435, 477.
[248] Niklas Luhmann, Gesellschaft, S. 438.
[249] Niklas Luhmann, Gesellschaft, S. 454.
[250] Niklas Luhmann, Vertrauen: Ein Mechanismus der Reduktion sozialer Komplexität, 3. Aufl., Stuttgart 1989.
[251] Niklas Luhmann, Gesellschaft, S. 791.

um ausgewählte Sinnbezüge, die im Kommunikationssystem „Erwartungswert" haben. Dies wäre dann nur ein anderes Wort für den „Strukturaufbauwert" von Kommunikationen. Nach dem Muster der Verwendung des Begriff der Handlung in Luhmanns Theorie sozialer Systeme wird man auch davon ausgehen können, daß Strukturen als „Kommunikation steuernde Erwartungen" Bedeutung für die strukturelle Kopplung des Kommunikationssystems mit Bewußtseinssystemen haben, die ihrerseits nur ausgewählte, für wiederholte Verwendung in typischen Situationen geeignete Kommunikationen in Erinnerung behalten, das meiste von dem, was in der Kommunikation geschieht, dagegen vergessen. Man kann aber, wenn man sich innerhalb der Theorie Luhmanns bewegt, nicht davon ausgehen, daß die Erwartungsstrukturen von Bewußtseinssystemen informierend und dirigierend auf die Kommunikationsstrukturen des sozialen Systems einwirken. Subjektive Erwartungen und Strukturen des Kommunikationssystems stehen im Verhältnis struktureller Kopplung, und dieser Begriff steht gerade für die vollständige Unabhängigkeit der Operationen der strukturell gekoppelten Systeme.

Auch über die Einführung des Begriffs der Erwartung in die Beschreibung der Selektion durch die Strukturen des Systems wird also kein der Umwelt des Systems zuzurechnendes Selektionskriterium in das Evolutionskonzept einbezogen.

Evolution und strukturelle Kopplung

Luhmann verwirft grundsätzlich jede Vorstellung von einer Erklärung der Evolution sozialer Systeme, die eine wie auch immer geartete Tendenz zur Anpassung sozialer Systeme an ihre Umwelt beinhalten würde.[252] Das aber heißt - und Luhmann spricht das in aller Deutlichkeit aus - , daß strukturelle Kopplung nicht als Folge von Evolution erklärt werden kann:

> „Erst die Theorie autopoietischer Systeme erzwingt eine begriffliche Revision. Für sie ist Angepaßtsein Voraussetzung, nicht Resultat von Evolution; und Resultat dann allenfalls in dem Sinne, daß die Evolution ihr Material zerstört, wenn sie Angepaßtsein nicht länger garantieren kann. Die Erklärungslast trägt jetzt der Begriff der ‚strukturellen Kopplung'. Über strukturelle Kopplung ist eine für die Fortsetzung der Autopoiesis ausreichende Anpassung immer schon garantiert."[253]

---

[252] Niklas Luhmann. Gesellschaft, S. 446.
[253] Niklas Luhmann, Gesellschaft, S. 446; vgl. auch S. 433.

2. Das Konzept der Evolution sozialer Systeme bei Niklas Luhmann

Luhmann knüpft an die Kritik des Anpassungsparadigmas in der modernen Diskussion der biologischen Evolutionstheorie an. Aber diese Kritik wird auf der Grundlage des Konzepts der Autopoiese in entscheidendem Sinne radikalisiert. Man kann durchaus sagen, daß die wichtigste Konsequenz des Autopoiese-Konzepts darin besteht, daß jegliche Annahme eines strukturbestimmenden Einflusses der Umwelt auf evoluierende Systeme zugunsten einer ausschließlich auf die Binnenverhältnisse des evoluierenden Systems umgestellten Betrachtungsweise verworfen werden. Es geht also nicht mehr nur darum, daß der Selektion durch Umwelt andere, interne Selektionsmechanismen zur Seite gestellt werden und dadurch die alte Darwinsche Idee der „natural selection" ihres Charakters als eine alles Evolutionsgeschehen erklärende Zauberformel entkleidet wird. Von der umweltabhängigen Selektion soll - jedenfalls für soziale Systeme - nichts übrig bleiben. Evolution wird im Falle soziokultureller Evolution ausschließlich mit interner Selektion erklärt. Und weil die Autopoiese sowohl psychischer als auch sozialer Systeme trotz der unbestreitbaren Durchlässigkeit für kausale Einwirkungen der Umwelt nach dem Verständnis Luhmanns die Annahme nicht zuläßt, daß diese kausalen Einflüsse der Umwelt in irgendeiner Weise Einfluß auf die Entwicklung der internen Strukturen der Systeme haben können, kann auch die Entwicklung gekoppelter Strukturen nicht als Folge wechselseitiger Umweltselektion erklärt werden. Sie kann ganz offensichtlich aber auch nicht ohne weiteres durch interne Selektionsmechanismen erklärt werden. Denn woher sollten die Maßstäbe für die Auswahl von Strukturen im Hinblick auf die Passung zu den Strukturen der Umwelt bei ausschließlich interner Selektion kommen? Luhmann zieht - ungeachtet der Schwierigkeiten, die das zur Folge hat - die Konsequenzen, wenn er feststellt, daß strukturelle Kopplung nicht Folge, sondern Voraussetzung von Evolution sei. Wenn Luhmann diese Feststellung um die Bemerkung ergänzt, strukturelle Kopplung sei allenfalls in dem Sinne Folge von Evolution, daß sie ihr Material zerstöre, wenn sie Angepaßtsein nicht länger garantieren könne, darf man diese Bemerkung nicht mißverstehen. Sie ändert am grundlegenden Befund nichts. Soziale Systeme sind zwar existentiell von strukturellen Kopplungen mit ihrer Umwelt abhängig. Aber daraus folgt gerade nicht, daß die Umwelt auch einen formenden Einfluß auf den Auf- oder Abbau der Strukturen des Systems hätte.

Zwei Fragen

Luhmanns Entscheidung für sein strikt durchgehaltenes Konzept der Autopoiesis des sozialen Systems führt uns danach zu zwei Fragen an seine Evolutionstheorie, denen wir im Folgenden nachgehen müssen:

(1) Wie kann die Evolution sozialer Systeme ohne „natürliche Auslese" erklärt werden? Wie kann sie insbesondere erklärt werden, wenn die Strukturen der Umwelt des sozialen Systems einschließlich des einzelmenschlichen Bewußtseins keinen Anhaltspunkt für die Erklärung bilden, weil sie die interne Strukturbildung sozialer Systeme nicht beeinflussen?

(2) Wie kann strukturelle Kopplung genetisch erklärt werden kann, wenn nicht als Folge von Evolution?

2.5. Die Konzeption einer „selbstreferentiellen Evolution" des sozialen Systems

Eine Antwort auf die Frage, wie Evolution sozialer Systeme ohne externe, umweltabhängige Selektion möglich ist, gibt Luhmann mit einer Beschreibung der Evolutionsfunktionen und ihres Zusammenspiels im Fall sozialer Systeme.[254] Diese Beschreibung gilt es im Folgenden zunächst in ihren Grundzügen nachzuvollziehen, bevor wir der Frage nachgehen können, ob sie eine schlüssige Erklärung kultureller und sozialer Evolution ermöglicht.

a) Variation der Elemente des sozialen Systems

Zunächst legt Luhmann dar, worin die Variation der Elemente des sozialen Systems besteht.[255] Auch insoweit ist Luhmanns Ausgangspunkt, daß Variation nur im evoluierenden System selbst erfolgen kann.[256] Den primären Variationsmechanismus sieht Luhmann bereits in der Sprachförmigkeit der Kommunikation. Hier sieht er auch eine Parallele zum Erfordernis chemischer Stabilität genetischer Mutationen. Sprache macht Variation bereits als solche von komplexen Feinregulierungen abhängig. Die Kommunikation muß sprachlich annähernd richtig, jedenfalls verständlich sein. Variation liegt deshalb nicht im gelegentlichen Sichversprechen oder in Schreib- oder Druckfehlern. Evolutionäre Variation kommt nur dadurch zustande, daß sprachlich gelungene Sinnzumutungen im Kommunikationsprozeß in Frage gestellt oder rundheraus abgelehnt werden. Der Variationsmechanismus liegt in der Erfindung der Negation und in der dadurch ermöglichten Ja/Nein-Codierung sprachlicher Kommunikation.[257] Variation kommt durch

---

[254] Niklas Luhmann, Gesellschaft, S. 456 ff.
[255] Niklas Luhmann, Gesellschaft, S. 456 ff.
[256] Niklas Luhmann, Gesellschaft, S. 457.
[257] Niklas Luhmann, Gesellschaft, S. 459.

2. Das Konzept der Evolution sozialer Systeme bei Niklas Luhmann

eine Kommunikationsinhalte ablehnende Kommunikation zustande.[258] Dieser Variationsmechanismus wird in komplexeren Gesellschaften vor allem durch zwei Zusatzeinrichtungen der Häufung und Beschleunigung von Variation verstärkt: zum einen durch das Verbreitungsmedium Schrift, das der Kommunikation größere räumliche und zeitliche Reichweite gibt und sie von den Zwängen der Interaktion befreit.[259] Luhmann führt hier das Beispiel an, daß sich durch Schrift die Festigkeit des althergebrachten heiligen Rechts auflöst und das jetzt „geltende" Recht Gesetzgebung ermöglicht - also eine im Vergleich zum allmählichen Wandel des guten alten Rechts beschleunigte Variation, die die damit konfrontierten Gesellschaften vor große Probleme stellte.[260] Auch die Steigerung der Variationsfähigkeit durch Erzeugung und Tolerierung innergesellschaftlicher Konflikte mußte gegen Bedenken durchgesetzt werden. Konflikte geraten leicht außer Kontrolle. In älteren Gesellschaften, in denen Gewalt unter Anwesenden sehr viel häufiger sei als heute, habe es deshalb, wie Luhmann unter Bezugnahme auf umfangreiche Literatur über segmentäre Gesellschaften feststellt, eine schwer lastende Repression von Konfliktneigungen gegeben.[261] Eine Möglichkeit zur Stärkung gesellschaftlicher Konfliktfähigkeit sei die Entwicklung durchsetzungsfähiger politischer Herrschaft, eine andere, Konflikte zuzulassen, sie aber durch soziale Regulierung und durch Einfluß Dritter auf den Streitausgang - also durch Recht - zu entschärfen, eine dritte die Differenzierung von Konfliktgründen und Konfliktthemen in hochkomplexen Gesellschaften.[262]

Im Anschluß an diese hier nur verkürzt wiedergegebene Beschreibung der zunehmenden Variationsmöglichkeiten sozialer Systeme gelangt Luhmann zu einer für unseren Zusammenhang wichtigen Überlegung:

„All diese Überlegungen zu Formen der Variation setzen voraus, daß Abweichungen überhaupt wahrgenommen werden können. Damit hängt alle Variation ab von einer vorgegebenen Semantik, vom Gedächtnis des Systems, das alle Kommunikationen darüber informiert, was bekannt und normal ist, was erwartet werden kann und was nicht. Gerade das, was auffällt, wird also gesteuert durch schon etablierte Strukturen."[263]

---

[258] Niklas Luhmann, Gesellschaft, S. 461.
[259] Niklas Luhmann, Gesellschaft, S. 464.
[260] Niklas Luhmann, Gesellschaft, S. 465.
[261] Niklas Luhmann, Gesellschaft, S. 466 mit Fußnote 100.
[262] Niklas Luhmann, Gesellschaft, S. 467 - 469.
[263] Niklas Luhmann, Gesellschaft, S. 470.

Semantische Strukturen sind also die soziale Information, die im sozialen System aufrechterhalten wird und der gegenüber abweichende Kommunikation sich als Variation mit der Chance zur Innovation des Systems darstellt.

b) Die Selektionsfunktion in der Evolution sozialer Systeme

Daran können wir anknüpfen, wenn wir nun nachzuvollziehen versuchen, wie die Selektion abweichender Kommunikationen durch die Strukturen des Systems erfolgt.[264] Luhmann trifft zunächst die Feststellung, daß grundlegende Bedingung aller Evolution sei, daß Einrichtungen der Variation und Einrichtungen der Selektion nicht zusammenfallen, sondern getrennt bleiben.[265] Die Trennung dieser evolutionären Funktionen ist nun nach Luhmann schon dadurch gewährleistet, daß sie sich auf verschiedene Komponenten des Gesellschaftssystems beziehen: die Variation auf die Elemente, also auf die einzelnen Kommunikationen, die Selektion dagegen auf die Strukturen, also auf die Bildung und den Gebrauch von Erwartungen.[266] Zwischen Variationsereignissen und Selektionen darf deshalb kein Verhältnis eins zu eins unterstellt werden. Ein einzelnes Nein ändert noch keine Strukturen. Variation kommt dauernd vor, erst über Selektionen einer dieses Ereignis benutzenden, bestätigenden, kondensierendes Struktur kommt etwas Unwahrscheinliches zustande, nämlich eine markante Abweichung vom Ausgangszustand. Mit klassischen Theorien linearer Kausalgesetzlichkeit lassen sich solche Phänomene nicht erklären. Wenn die Kommunikation eine abweichende Variante aktualisiert, kann diese zur Struktur gerinnen - oder auch nicht. Die Variation als solche erzeugt immer beide Möglichkeiten. Sie gibt, sonst wäre sie keine Variation, die Selektion frei.[267]

Von da aus kommt Luhmann zu der hier vor allem interessierenden Frage, welche Mechanismen es sind, die dafür sorgen, daß die Gesellschaft sich auf die eine oder andere Möglichkeit vorläufig festlegt. Hier setzt Luhmann sich deutlich von der Tradition der darwinistischen Theorie ab:

„Die darwinistische Theorie hatte hierfür eine einfache Antwort parat: Die Variation erfolge im System, die Selektion als „natural selection" dagegen durch die Umwelt. Diese einfache Entgegensetzung wird jedoch heute kaum noch vertreten. Biologen haben

---

[264] Niklas Luhmann, Gesellschaft, S. 473-484.
[265] Niklas Luhmann, Gesellschaft, S. 474.
[266] Niklas Luhmann, Gesellschaft, S. 475 f.
[267] Niklas Luhmann, Gesellschaft, S. 476, 477.

2. Das Konzept der Evolution sozialer Systeme bei Niklas Luhmann

sie zum Beispiel durch spieltheoretische Annahmen aufgelöst. Sie ist vor allem aber mit einer entwickelten systemtheoretischen Begrifflichkeit nicht zusammenzubringen. Wenn man die Theorie operativ geschlossener, strukturdeterminierter Systeme akzeptiert, muß man davon ausgehen, daß Systeme ihre Strukturen nur mit den eigenen Operationen ändern können, wie immer diese in der Form von Störung, Irritation, Enttäuschung, Mangel etc. auf Umweltgeschehnisse reagieren. Wir müssen also die Gesellschaft selbst auf ihre Selektionsmechanismen hin untersuchen."[268]

Differenzierung von Interaktionssystemen und Gesellschaftssystem

Als primären Selektionsmechanismus für alle Gesellschaften, die primitivsten eingeschlossen, identifiziert Luhmann nun die Differenzierung von Interaktionssystemen und Gesellschaftssystem.[269] Dazu führt er aus, in der Interaktion unter Anwesenden könne man abweichende Meinungen, wenn sie geäußert werden, kaum ignorieren. Es komme entweder zu Konflikten, die die Ressourcen aufzehren, oder das System ergreife die Gelegenheit und gehe auf den dadurch nahegelegten Kurs. Innerhalb von Interaktionssystemen sei mithin die Wahrscheinlichkeit von Strukturtransformationen sehr hoch, so hoch, daß es keine Evolution gebe, weil die Selektion nicht unabhängig eingerichtet werden könne, sondern praktisch jeder Variation auf den Leim gehe. Die Gesellschaft vollziehe sich aber nicht nur in Interaktionen, sie sei zugleich immer auch gesellschaftliche Umwelt von Interaktionen. Diese innergesellschaftliche Differenz verhindere, „daß alles, was in Interaktionen einfällt, gefällt, mißfällt, sich auf gesellschaftliche Strukturen auswirkt." Aller Sinn werde „transinteraktionell" konstituiert mit einem Blick für Verwendungen außerhalb der jeweils laufenden Interaktion. Im Vergleich zu dem, was in der Interaktion passieren kann, könne nur wenig Innovation diesen Filter zu gesellschaftsweiter Diffusion passieren.[270] Während in frühen segmentären Gesellschaften noch recht übersichtlich sei, was anderswo in der Gesellschaft passieren kann und akzeptabel sein wird, verliere die Gesellschaft, wenn sie komplexer werde, diese leichte Möglichkeit der Selbsteinschätzung. Anderseits gebe es jetzt „Subkulturen", in denen Abweichungen sich halten können.[271] Eine tiefgreifende Veränderung der

---
[268] Niklas Luhmann, Gesellschaft, S. 477 f.
[269] Niklas Luhmann, Gesellschaft, S. 478; eine eingehende Darstellung des Verhältnisses von Interaktion und Gesellschaft findet sich auf S. 812 ff.
[270] Niklas Luhmann, Gesellschaft, S. 478, 479.
[271] Niklas Luhmann, Gesellschaft, S. 479.

Evolutionslage finde aber erst durch die Erfindung und Verbreitung der Schrift statt.[272] Luhmann zeichnet in Grundlinien nach, wie Religion den Druck auffängt, der daraus resultiert, daß jetzt nicht mehr alle Kommunikation in Interaktionssystemen stattfindet und die Schrift ihrerseits der Negation neue Chancen gibt.[273]

Symbolisch generalisierte Medien der Kommunikation

Ein ganz anderer Ansatz zur Verstärkung der Selektionsmittel liegt in der Entwicklung funktionsspezifischer, symbolisch generalisierter Medien der Kommunikation.[274] Deren Funktion besteht darin, die Annahme eines Sinnvorschlags in der Kommunikation erwartbar zu machen und auf diese Weise zur Annahme eines Sinnvorschlags zu motivieren in Fällen, in denen die Ablehnung wahrscheinlich ist.[275] Das läßt sich zunächst am Beispiel des Geldes plausibel machen: Geld motiviert zur Hingabe von Sachen in der Erwartung, daß andere bereit sind, für dieses Geld ebenfalls Sachen hinzugeben. Es bewirkt dies, obwohl es für seinen Besitzer nur geringen Gebrauchswert hat und obwohl im Laufe der Entwicklung zunächst die Rücknahmegarantie durch den Hersteller des Geldes und später auch die Rückversicherung im Metallwert der Münze entfällt.[276] Das Geld steht nur noch als Symbol für die mit ihm verbundene generalisierte Erwartung, daß jedermann bereit ist, für Geld Dinge herzugeben. Der Begriff „Symbol" bezeichnet in diesem Zusammenhang den Fall, daß ein Zeichen die eigene Funktion mitbezeichnet, also reflexiv wird. Die praktische Bedeutung dieser Form liegt darin, daß das Bezeichnende als stellvertretend für das Bezeichnete benutzt werden kann.[277] Geld weist also nicht nur auf Zahlungsfähigkeit hin. Es steht stellvertretend für wirtschaftliche Leistungsfähigkeit. Luhmann sieht die soziale Funktion des Eigentums nicht in der Unmittelbarkeit des Zugriffs auf materielle Güter und Dienstleistungen und die soziale Funktion des Geldes nicht in der Vermittlung von Transaktionen. Als generalisierte symbolische Medien dienen sie dazu, Selektionen so zu konditionieren, daß erwartbar wird, was anderenfalls extrem unwahrscheinlich

---

[272] Niklas Luhmann, Gesellschaft, S. 480; zur Bedeutung der Schrift ausführlich S. 249 ff.
[273] Niklas Luhmann, Gesellschaft, S. 480.
[274] Niklas Luhmann, Gesellschaft, S. 481; zu symbolisch generalisierten Kommunikationsmedien umfangreich S. 316 - 396; zum Verhältnis zum Begriff der symbolischen Generalisierung bei Talcott Parsons S. 318
[275] Niklas Luhmann, Gesellschaft, zum Beispiel S. 316, 382
[276] Niklas Luhmann, Gesellschaft, S. 327 f., 348 ff. ausführlich dazu Niklas Luhmann, Die Wirtschaft der Gesellschaft, Frankfurt am Main 1988.
[277] Niklas Luhmann, Gesellschaft, S. 319.

2. Das Konzept der Evolution sozialer Systeme bei Niklas Luhmann 105

wäre: *„Jedermann muß* motiviert werden, *extrem spezifische Selektionen* durch irgendeinen anderen - vom Einrichten des eigenen Wohnzimmers und vom Kauf einer bestimmten Schraube bis hin zur „Übernahme" eines internationalen Konzerns durch einen anderen - *erlebend hinzunehmen.* Anders könnte die Wirtschaft schon in älteren Zeiten, erst recht aber unter heutigen Ansprüchen nicht funktionieren."[278]

Recht als „Zweitcodierung der Macht"[279] ist ebenfalls in diesem Sinn ein symbolisch generalisiertes Medium der Kommunikation. Schon bei der Macht geht es nicht einfach darum, fremdes Verhalten zu erzwingen.[280] Luhmann stellt die Funktion von Macht in den Zusammenhang der „rhythmischen Koordination" von Handlungen, die zustandekommt, wenn die unmittelbar folgende Handlung des anderen erkannt, die in Gang befindliche Bewegung extrapoliert und die eigene Handlung im passenden Augenblick placiert wird. Das Bezugsproblem der Macht stellt sich nur in dem Sonderfall, daß das Handeln des einen in der Entscheidung über das Handeln des anderen besteht, dessen Befolgung verlangt wird. Dabei soll das Handeln des einen keineswegs das Handeln des Angewiesenen ersetzen oder erzwingen, so daß dieser nur erleben und erdulden könnte. Vielmehr soll der Angewiesene zurechenbar handeln. Erreicht wird die Befolgung der Anweisung durch die Drohung damit, daß anderenfalls eine Sanktion erfolgt, also ein alternativer Verlauf, den zwar beide nicht wünschen können, der aber für den, der die Sanktion verhängt, weniger nachteilig ist als für den, den sie trifft.[281] Der Sinn der Macht besteht nicht in der Anwendung des Machtpotentials, sondern in der wechselseitigen Beobachtung der Beobachtungen des Anweisenden und des Angewiesenen[282], also in der gegenseitigen Einschätzung, wie der jeweils andere die Lage hinsichtlich des Drohpotentials und der Risiken eines Machteinsatzes einerseits und einer Gehorsamsverweigerung andererseits beurteilt. Macht ist in dieser sozialen Funktion eine knappe Ressource. Macht muß wie Geld „ausgegeben" werden (Parsons), sonst verliert sie sich.[283] Recht konditioniert Macht; es bindet den Einsatz von Macht an Bedingungen: Zum einen und zunächst geht es darum, Privaten für den Fall, daß sie im Recht sind, die politisch organisierte Zwangsgewalt von Zentralinstanzen zur Verfügung zu stellen. Zum anderen wird politische Macht selbst dem Recht unterworfen, so daß sie

---

[278] Niklas Luhmann, Gesellschaft, S. 350; Hervorhebungen im Original.
[279] Niklas Luhmann, Gesellschaft, S. 357.
[280] Niklas Luhmann, Gesellschaft, S. 355.
[281] Niklas Luhmann, Gesellschaft, S. 356.
[282] Niklas Luhmann, Gesellschaft, S. 374.
[283] Niklas Luhmann, Gesellschaft, S. 367.

ihre eigenen Zwangsmittel nur in Anspruch nehmen kann, wenn sie im Recht ist.[284] Auch dadurch wird erreicht, daß Anweisungen, die anderenfalls als Zumutungen betrachtet würden, befolgt werden, weil sie im Hintergrund durch rechtlich begrenzte und kontrollierte Macht gedeckt sind. Auch hier besteht die soziale Form in der Verwendung eines symbolisch generalisierten Mediums, über das die wechselseitige Beobachtung von Beobachtungen möglich wird. Das Bestimmende des Rechts ist also nicht die Zwangsvollstreckung. In der Regel reicht die Zuordnung der Codewerte Recht und Unrecht in der Kommunikation aus, um die Befolgung von Anweisungen, die durch das Recht gedeckt sind, zu motivieren. Der Einsatz staatlicher Machtmittel ist nur der Grenzfall, in dem er dann aber auch zuverlässig erfolgen muß, wenn das System generalisierter Erwartungen sich auf die Dauer bewähren soll.

Im Anschluß daran können wir nun besser nachvollziehen, was gemeint ist, wenn Luhmann die Selektionsfunktion in der Evolution sozialer Systeme den Strukturen des Kommunikationssystems zuweist und Strukturen als Kommunikation steuernde Erwartungen beschreibt. Geld, Macht oder Recht als symbolisch generalisierte Medien der Kommunikation sind soziale Formen, die als solche ihre Wirkung unabhängig von den Gedanken und Empfindungen der Menschen, die damit umgehen, entfalten. Ihre Selektionswirkung ergibt sich daraus, daß sie Selektionsmöglichkeiten in der Kommunikation eröffnen, zugleich aber eine positive Selektion - Anerkennung des Geldes als Zahlungsmittel und Hergabe entsprechend wertvoller Güter, Anerkennung und Befolgung rechtlicher Verpflichtungen, Anerkennung demokratisch legitimierter politischer Macht zum Beispiel - nahelegen und so zur Verstärkung der Struktur im Sinne eines positiven Feedbacks führen. Strukturen des sozialen Systems in diesem Sinne zeichnen sich also durch eine Tendenz zur Selbstverstärkung aus, die der Durchsetzung abweichender Kommunikation als neue Struktur - im Gegensatz zur immer möglichen, aber vereinzelt bleibenden Abweichung - Grenzen setzt.

c) **Restabilisierung des sozialen Systems**

Wenn man wie Luhmann Selektion als rein internen Vorgang begreift, entsteht das Problem, auf welche Weise das System seine Stabilität als Ganzes garantieren kann. Das Darwinsche Konzept der natürlichen Auslese geht davon aus, daß die Selektion unter dem Gesichtspunkt der jeweils besseren

---

[284] Niklas Luhmann, Gesellschaft, S. 357.

Umweltanpassung unter der Voraussetzung einer stabilen Umwelt auch ein stabiles internes Gleichgewicht der biologischen Gattung gewährleistet. Auch bei Veränderungen der Umwelt kann sich ein neuer Gleichgewichtszustand herstellen. Die Umwelt fungiert als Maßstab und Bezugspunkt der Selektion, und solange sie als stabil vorausgesetzt werden kann, liefert sie mit dem Auswahlkriterium der Anpassung ein Kriterium, das im biologischen System (Gattung) zugleich eine zur Umwelt gewissermaßen spiegelbildliche Stabilität sicherstellt. Eine ausschließlich interne Selektion kann eine solche Stabilität nicht gewährleisten. Es gibt keine Garantie dafür, daß interne Selektion nur solche Kommunikationen bevorzugt, die Aussicht auf eine Stabilisierung des Systems bieten. Diese Überlegung ist Ausgangpunkt für Luhmanns Unterscheidung zwischen den Evolutionsfunktionen der Selektion und der Restabilisierung und für seinen Versuch, der auf der Ebene der Strukturen des Systems angesiedelten Selektion die auf der Ebene des Systems angesiedelte Restabilisierung zur Seite zu stellen.[285]

Einbau von Strukturänderungen in das System

Da schon der Selektionsprozeß zu Strukturbildungen - also zu einer Stabilisierung im Vergleich zu unstrukturierten Kommunikationsfolgen - führt, kann das weitere Problem nur im Verhältnis der Strukturen zu den Systemen liegen.[286] Strukturänderungen erfassen immer nur einen Teil der Strukturen des Systems. Diese veränderten Strukturen müssen in die übrigen, zunächst unveränderten Strukturen eingebaut werden. Der Begriff der Restabilisierung bezeichnet deshalb „Sequenzen des Einbaus von Strukturänderungen in ein strukturdeterminiert operierendes System".[287] Restabilisierung kann sowohl nach positiven Selektionen, also nach Strukturänderungen (Beispiel: allmähliche Umstellung des politischen Systems in Frankreich auf eine repräsentative Demokratie in der Folge der französischen Revolution von 1789), als auch nach der Abwehr von Strukturänderungen vorkommen (als Beispiel führt Luhmann hier Preußen und sein Kulturstaatsprogramm für Schulen und Hochschulen an: das System muß mit dem Wissen zurechtkommen, daß eine alternative Möglichkeit nicht realisiert wurde; es muß also eigene Alternativen anbieten).[288]

---

[285] Niklas Luhmann, Gesellschaft, S. 485 ff., 486; zur Differenzierung der Evolutionsfunktionen zusammenfassend S. 498 ff.
[286] Niklas Luhmann, Gesellschaft, S. 487.
[287] Niklas Luhmann, Gesellschaft, S. 488.
[288] Niklas Luhmann, Gesellschaft, S. 487, 488.

Luhmann wirft auch hier einen Seitenblick auf die biologische Evolution: Die einzelnen Lebewesen bilden eine Population, die nur in sich selbst Nachwuchs erzeugen kann und insofern isoliert ist. Dadurch werden die Voraussetzungen für ein hohes Maß an Stabilität der biologischen Art gewährleistet. Anders als bei der biologischen Evolution bleibt dagegen, wie Luhmann konstatiert, der Ertrag dürftig, wenn man in der heutigen Theorie gesellschaftlicher Evolution nach Anregungen für eine genauere Erfassung der Restabilisierungsfunktion sucht. Probleme struktureller Kompatibilität oder struktureller Widersprüche sind in der Soziologie zwar geläufig; im Kontext der Evolutionstheorie werden sie aber nicht genügend beachtet.[289]

Ausdifferenzierung von Teilsystemen und Externalisierung von Problemen

Luhmann versucht diesem Mangel abzuhelfen. Den ersten Ansatzpunkt liefert die Überlegung, daß die Systembildung selbst zur Verringerung der Probleme struktureller Kompatibilität beitrage.[290] Vor allem die Ausdifferenzierung der Strukturen des Systems in Teilsysteme und deren weitere Ausdifferenzierung[291] ermögliche es, die Last der strukturellen Inkompatibilitäten gering zu halten und auf verschiedene Teilsysteme zu verteilen: Jedes dieser Teilsysteme nämlich bildet Grenzen aus, auf deren Innenseite reduzierte Komplexität und ein hohes Maß an Indifferenz gegen die Außenseite gewonnen werden kann.[292] Auf diese Weise können die Strukturprobleme des Systems zum Teil auf spezialisierte Teilsysteme verteilt und dort relativ störungsfrei, mit reduzierter Komplexität, bearbeitet werden. Der innerhalb eines Teilsystems nicht aufgefangene Problemdruck wird „externalisiert", also anderen Teilsystemen oder der Umwelt als deren Problem zugerechnet und überlassen.[293]

Diese Strategien führen jedoch zu neuen Problemen: Zum einen können Externalisierungen nie endgültige Problemlösungen sein; die Probleme kehren in veränderter Form in die Beziehung zwischen System und Umwelt zurück.[294] „Inflation" kann beispielsweise als Folge der Externalisierung

---

[289] Niklas Luhmann, Gesellschaft, S. 486, 488.
[290] Niklas Luhmann, Gesellschaft, S. 488.
[291] Dazu eingehend insbesondere Niklas Luhmann, Gesellschaft, S. 595 ff.
[292] Niklas Luhmann, Gesellschaft, S. 488 f.
[293] Niklas Luhmann, Gesellschaft, S. 489.
[294] Niklas Luhmann, Gesellschaft, S. 490.

politischer Konflikte auf Kosten des Wirtschaftssystems gedeutet werden.[295] Die Überforderung der Regenerationskapazitäten der natürlichen Umwelt kann als Folge unbewältigter innergesellschaftlicher Konflikte und Koordinationsprobleme interpretiert werden. Zum anderen handelt sich das System nun das Problem von Inkompatibilitäten zwischen den Teilsystemen ein.

Die ökologischen Probleme der modernen Gesellschaft als Beispiel

Diese Strukturprobleme hat Luhmann beispielhaft anhand der ökologischen Probleme, in die die moderne Gesellschaft geraten ist, analysiert:[296]

Die hochspezialisierten, an eigenen Leitunterscheidungen orientierten Funktionssysteme der Gesellschaft wie Wirtschaft, Recht und Politik sind nicht ohne weiteres in der Lage, angemessen auf die Gefährdungen zu reagieren, die der Gesellschaft als Ganzes aufgrund der Rückwirkungen der von ihr selbst verursachten Belastungen und Gefährdungen der natürlichen Umwelt drohen. Denn als funktional begrenzte Teilsysteme verfügen sie nur über Entscheidungsprogramme, die auf ihre eigene Leitdifferenz bezogen sind. Die Gesellschaft verfügt aber auch nicht über ein spezielles Organ für die Wahrnehmung und Entscheidung von Fragen, die sie als Ganzes betreffen. Auch die Politik ist keine solche, allen anderen Teilsystemen übergeordnete Regulierungsinstanz. Das politische System der modernen Gesellschaft ist, so wie Luhmann die Dinge sieht, ein autopoietisches Teilsystem unter anderen. Es muß seine spezifischen Entscheidungskriterien, die an der Leitunterscheidung zwischen politischer Macht und Opposition ausgerichtet sind, gegen die Entscheidungskriterien anderer Teilsysteme wie Wirtschaft, Recht oder Wissenschaft zur Geltung bringen, ohne sie sich unterordnen und gefügig machen zu können. Es kann nicht mehr verbindlich für alle anderen Teilsysteme und für die Gesellschaft als Ganzes das Gemeinwohl definieren. Die Ansprüche der Politik ändern nichts daran, daß die Wissenschaft nach ihren Kriterien darüber entscheidet, was wahr und was unwahr ist. Und die Politik muß damit rechnen, daß die zur Umsetzung politischer Programme erlassenen Gesetze am Widerstand des Rechtssystems scheitern. Das Gesamtsystem gewinnt Kohärenz nur über strukturelle Kopplungen seiner Teilsysteme. Luhmanns Diagnose der

---

[295] Im einfachsten Fall läßt der Staat vermehrt Geld drucken, um Kaufkraft zu schaffen und dadurch sozialen und politischen Druck aufzufangen. Die Folge für das Wirtschaftssystem ist Geldentwertung.
[296] Niklas Luhmann, Ökologische Kommunikation. Kann die moderne Gesellschaft sich auf ökologische Gefährdungen einstellen? 3. Aufl., Opladen 1990; vgl. auch ders., Gesellschaft, S. 490.

Kommunikation über die ökologischen Gefährdungen der modernen Gesellschaft fällt danach skeptisch aus. Es ist für ihn vor allem wegen des Zeitbedarfs für den Aufbau struktureller Kopplungen nicht ausgemacht, ob die moderne Gesellschaft ihr Gesamtinteresse gegenüber der Eigendynamik der Teilsysteme durchsetzen und die durch die Überforderung ihrer natürlichen Lebensgrundlagen verursachte Selbstgefährdung vermeiden kann. Die starke funktionale Differenzierung der modernen Gesellschaft und das Fehlen eines zentralen Organs zur Artikulierung und Durchsetzung von Allgemeininteressen wäre dann vielleicht der tiefere Grund dafür, daß die moderne Gesellschaft zwar mit erheblichem Aufwand und vielfältig auf ihre ökologischen Probleme reagiert, daß sie dabei aber nach dem gegenwärtigen Erkenntnisstand keine stabilen Lösungen des Problems zu finden scheint.

Die ökologischen Probleme der modernen Gesellschaft sind nur ein beispielhaftes Folgeproblem der von Luhmann herausgestellten Konsequenzen des Wandels der Differenzierungsform der Gesellschaft zur funktionalen Differenzierung: In evolutionstheoretischer Perspektive sind wesentliche Konsequenzen der Übergang der Restabilisierungsfunktion von den auf Stabilität angelegten Strukturen früherer segmentärer und stratifikatorischer Formen der Differenzierung auf die Funktionssysteme und die damit einher gehende Umstellung von eher statischer Stabilität auf dynamische Stabilität mit der Folge einer Beschleunigung der gesellschaftlichen Evolution in einem bisher unbekannten Ausmaß.[297] Die moderne Gesellschaft verfügt nicht mehr in gleichem Maße wie ältere Gesellschaftsformen über Selektionskriterien, die Stabilität versprechen. Die multifunktionalen Problemlösungen der Familienhaushalte und der Moral werden aufgebrochen und durch funktionale Spezifikationen ersetzt. Schon in der ausgeprägt stratifikatorischen Ordnung des Mittelalters hat die Gesellschaft zwar mit Formen dynamischer Stabilität experimentiert und im Rahmen von Korporationen wie der Kirche, den Klöstern, Orden, Städten, Zünften und Universitäten Innovationen zugelassen. Aber erst in der modernen Gesellschaft ist die Ordnung von Ständen und Korporationen durch die Ordnung von Organisationen in Funktionssystemen ersetzt worden.[298] Die Funktionssysteme mit den in ihnen sich arbeitsteilig ausdifferenzierenden Organisationen, Professionen und Rollen übernehmen zunehmend die Aufgabe der Restabilisierung, aber sie gewährleisten nicht mehr dauerhafte Stabilität, sondern die dynamische Suche nach Ersatzlösungen.[299] Selektion und Stabilisierung werden deutlicher als je zuvor getrennt. Stabilität wird selbst

---

[297] Niklas Luhmann, Gesellschaft, S. 492 ff.
[298] Niklas Luhmann, Gesellschaft, S. 492 f.
[299] Niklas Luhmann, Gesellschaft, S. 491.

2. Das Konzept der Evolution sozialer Systeme bei Niklas Luhmann

zu einem dynamischen Prinzip und indirekt dann zu einem Hauptanreger von Variation.[300]

d) Die Bedeutung des Zufalls in der Evolution sozialer Systeme

Sucht man bei Luhmann nach Antworten auf die weitere Frage, wie strukturelle Koppelung genetisch erklärt werden kann, wenn nicht als Produkt von Evolution, stoßen wir auf eine auf den ersten Blick erstaunliche Antwort. Sie lautet: Zufall.[301] Es ist deshalb kein Zufall, daß man bei Luhmann vergeblich nach kausalen Erklärungen für strukturelle Kopplungen sucht. Es finden sich zwar Beschreibungen „fertiger" struktureller Kopplungen, so etwa im Kapitel über strukturelle Kopplung in „Das Recht der Gesellschaft"[302] oder in einer prägnanten Darstellung von Beispielen struktureller Kopplungen zwischen Funktionssystemen in „Die Gesellschaft der Gesellschaft".[303] Dabei handelt es sich aber nicht um Erklärungen des Entstehens solcher strukturellen Kopplungen als Ergebnis bestimmter Ursachen oder gesetzmäßiger Prozesse. Das Auftauchen von Kommunikationsstrukturen, deren Beitrag zur strukturellen Kopplung der sich herausbildenden Funktionssysteme Luhmann analysiert, läßt sich zwar zumindest ungefähr datieren und unter Umständen lassen sich auch historische Vorläufer identifizieren. Aber die Frage, warum es zur Entwicklung und zur Ausprägung klarer Konturen von Kommunikationsstrukturen wie Eigentum und Vertrag, Verfassung, Steuern und Abgaben gekommen ist, stellt und beantwortet Luhmann nicht. Er stellt nur dar, wie diese Kommunikationsstrukturen, einmal vorhanden, strukturelle Kopplungen zwischen Recht und Wirtschaft, Recht und Politik und Politik und Wirtschaft ermöglichen und so zur wechselseitigen Stabilisierung der sich ausdifferenzierenden, nur noch über ausgewählte Strukturen mit ihrer gesellschaftlichen Umwelt gekoppelten, auf der anderen Seite aber weitgehend entkoppelten, von gesellschaftlichem Druck entlasteten Funktionssysteme Wirtschaft, Politik und Recht beitragen. Die Darstellung dient also der funktionalen Analyse in synchroner Perspektive. Es handelt sich nicht um eine genetische Erklärung in diachroner Perspektive. Luhmann bezeichnet strukturelle Kopplungen als „evolutionäre Errungenschaften"[304], nicht weil sie der Gesellschaft eine bessere Anpassung an ihre Umwelt ermöglichen, sondern weil sie höhere in-

---

[300] Niklas Luhmann, Gesellschaft, S. 492.
[301] Niklas Luhmann, Gesellschaft, S. 448 ff.; ders., Das Recht der Gesellschaft, Frankfurt am Main 1993, S. 285.
[302] Niklas Luhmann, Das Recht der Gesellschaft, Frankfurt am Main 1993, S. 440 ff.
[303] Niklas Luhmann, Gesellschaft, S. 776.
[304] Dazu Niklas Luhmann, Gesellschaft, S. 505 ff.

terne Komplexität durch Umstellung auf funktionale Differenzierung möglich machen. Wenn wir aber in einer genetischen Perspektive danach fragen, wie die Strukturen, von denen sich in funktionaler Analyse sagen läßt, daß sie mit den Strukturen anderer Systeme oder anderer Teilsysteme des sozialen Systems gekoppelt sind, entstehen konnten, erhalten wir keine positive Auskunft. Aber Luhmann begründet auch, warum er auf diese Frage keine Antwort gibt. Er bietet Argumente gegen gängige Erklärungsversuche an. Insbesondere wendet Luhmann sich gegen die Annahme, daß es möglich sei, evolutionäre Errungenschaften durch bewußte Problemlösung zu erreichen. So meint Luhmann, es sei zwar durchaus möglich, bewußt nach neuen Lösungen für Strukturprobleme sozialer Systeme zu suchen. Aber gerade weitreichende evolutionäre Errungenschaften kämen zumeist nicht auf diese Weise zustande,[305] - was, wörtlich genommen, immerhin noch die Möglichkeit offen ließe, daß es wenigstens ausnahmsweise doch der Fall sein könnte. Den Grund für seine Skepsis gegenüber der Möglichkeit, evolutionäre Errungenschaften wie die strukturellen Kopplungen gezielt zu erreichen, sieht Luhmann wohl vor allem darin, daß die Komplexität der internen Verknüpfungsfähigkeit der im Medium Sinn operierenden sozialen Systeme für das individuelle Bewußtsein nicht erfaßbar ist. Evolutionäre Fortschritte lassen sich aus der Sicht Luhmanns prinzipiell weder ex post erklären noch gar vorhersehen. Für keine der evolutionären Errungenschaften, nicht einmal für das Entstehen von Landwirtschaft, gibt es für ihn eindeutige Ursachen.[306] Und wo es keine eindeutigen, isolierbaren Ursachen gibt, kann es eine kausale Erklärung nicht geben.

Aber was meint Luhmann genau, wenn er an dieser Stelle von Zufall spricht? Zufall bedeutet, wie er ausdrücklich klarstellt, nicht, daß es keine Ursachen gebe.[307] Der Begriff des Zufalls dient ihm also nicht dazu, die kausale Determination allen Geschehens zu negieren. Luhmann setzt den Begriff des Zufalls aber auch nicht erst dort ein, wo es um die Grenzen unseres Erkenntnisvermögens geht. Das „Postulat der Unkenntnis" der mikrophysikalischen, chemischen, biochemischen, neurophysiologischen und psychologischen Prozesse, die dann letztlich doch determinieren, was geschieht,[308] betrifft den Sonderfall der Begrenztheit des menschlichen Erkenntnisvermögens. Luhmann geht es aber um die viel allgemeinere Einsicht, daß Systeme immer begrenzte (reduzierte und gesteigerte) Resonanz-

---

[305] Niklas Luhmann, Gesellschaft, S. 509.
[306] Niklas Luhmann, Gesellschaft, S. 507.
[307] Niklas Luhmann, Gesellschaft, S. 449.
[308] So Niklas Luhmann, Gesellschaft, S. 448, unter Bezugnahme auf Michael Conrad, Rationality in the Light of Evolution, in: Ilya Prigogine, und Michéle Sanglier (Hrsg.), Laws of Nature and Human Conduct, Brüssel 1987, S. 111 ff.

2. Das Konzept der Evolution sozialer Systeme bei Niklas Luhmann

fähigkeit aufweisen und füreinander gewissermaßen nur über „windows" zugänglich sind.[309] Alle Systeme müssen Messungen durchführen, um Informationen zu erzeugen, nach denen sie sich richten können. Hier kommt nun der Begriff des Zufalls ins Spiel: „Deshalb ersetzt ein System Vollkenntnis der Umwelt durch Einstellung auf etwas, was *für es* Zufall ist. Nur dadurch ist Evolution möglich."[310] Unter Zufall ist danach eine Form des Zusammenhangs von System und Umwelt zu verstehen, die sich der Synchronisation, also auch der Kontrolle, der „Systematisierung" durch das System entzieht. Kein System kann alle Kausalitäten beachten. Also muß deren Komplexität reduziert werden. Nur bestimmte Kausalzusammenhänge werden beobachtet, erwartet, vorbeugend eingeleitet oder abgewendet, normalisiert, und andere werden dem Zufall überlassen. Erst die Systemreferenz ermöglicht einem Beobachter zu sagen, für wen etwas Zufall ist.[311] Aber Luhmann charakterisiert Zufall auch positiv als die Fähigkeit eines Systems, Ereignisse zu benutzen, die nicht durch das System selbst, also nicht im Netzwerk der eigenen Autopoiesis produziert und koordiniert werden können. Zufälle sind also „Gefahren, Chancen, Gelegenheiten". Und: „Zufall benutzen" soll heißen: ihm mit Mitteln systemeigener Operationen strukturierende Effekte abzugewinnen.[312] Im Anschluß an diese Erläuterungen räumt Luhmann ein, daß darüber, wie dies geschieht, mit den getroffenen begrifflichen Festlegungen noch nichts gesagt ist. Die Systemtheorie habe darüber sehr allgemeine Vorstellungen, etwa das Konzept „order from noise" (Heinz von Foerster) oder die Vorstellung, daß strukturelle Kopplungen Irritationen kanalisieren. Die Systemtheorie sei mit solchen Vorstellungen vorbereitet, Evolutionstheorie zu empfangen. Aber das erkläre natürlich noch nicht, wie Evolution möglich ist.[313]

Es mag schon an dieser Stelle angemerkt werden, daß unklar bleibt, wie ein System imstande ist, Ereignisse in seiner Umwelt, über die es operativ nicht verfügen kann, für den Aufbau eigener Strukturen zu nutzen, und vor allem, warum das strukturelle Kopplungen zur Folge haben soll. Auffällig ist auch, daß auf den möglichen Erkenntnisgewinn aus der Evolutionstheorie verwiesen wird, daß andererseits aber definitionsgemäß strukturelle Kopplung nicht Folge, sondern Voraussetzung von Evolution ist. Für strukturelle Kopplung würde es damit bei dem Verweis auf Zufall, ohne Aussicht auf weitere Erklärungsmöglichkeiten, bleiben.

---

[309] Niklas Luhmann, Gesellschaft, S. 449.
[310] Niklas Luhmann, Gesellschaft, S. 449.
[311] Niklas Luhmann, Gesellschaft, S. 449, 450.
[312] Niklas Luhmann, Gesellschaft, S. 450.
[313] Niklas Luhmann, Gesellschaft, S. 450.

Auf die Rolle des Zufalls stoßen wir aber auch in der Darstellung der Differenzierung von Variation, Selektion und Restabilisierung, also in der Beschreibung der „Evolution der Evolution" oder der „Autopoiesis der Evolution", die Luhmann als Zwischenbilanz seiner Überlegungen apostrophiert.[314] In diesem Zusammenhang treffen wir auf den Gedanken, daß der Umgang der Gesellschaft mit dem Zufall sich im Laufe der Evolution verändere, indem die Gesellschaft bei zunehmender Differenzierung der evolutionären Funktionen (Variation, Selektion, Restabilisierung) mehr Außeneinflüsse aufnehmen, mehr auf historische Lagen reagieren und deshalb schneller evoluieren könne. Luhmann umschreibt dies mit den Worten, daß der betriebsnotwendige Zufall im Lauf der Evolution einen höheren Organisationsgrad erhalte.[315] Für die Einstellung auf die systematische Nutzung von Zufällen für interne Operationen und Strukturbildungen, die in der funktional differenzierten Gesellschaft extrem gesteigert ist, verwendet Luhmann die Begriffe „Irritation" und „Perturbation".[316] Die Evolution der Gesellschaft hat zu einer immer stärkeren „Irritierbarkeit" der funktionalen Teilsysteme der Gesellschaft und der Gesellschaft als Ganzes geführt.[317] Das bedeutet einerseits, daß die Fähigkeit der Gesellschaft, auf ihre Umwelt rasch zu reagieren, zunimmt. Es erweist sich aber in Luhmanns skeptischer Sicht zugleich als ein zentrales Problem der modernen Gesellschaft, weil sie diese Fähigkeit, wie man an den ökologischen Problemen, an der Bevölkerungszunahme und deren Folgen und an den zunehmend individualisierten, zunehmend „eigensinnig" gebildeten, auf Glück und Selbstverwirklichung gerichteten Erwartungen der Einzelmenschen sehen könne,[318] mit einem weitgehenden Verzicht auf Koordination der Irritationen bezahlen muß.[319]

---

[314] Niklas Luhmann, Gesellschaft, S. 498 ff. (501, 502, 503).
[315] Niklas Luhmann, Gesellschaft, S. 503.
[316] Niklas Luhmann, Gesellschaft, S. 789, 790.
[317] Niklas Luhmann, Gesellschaft, S. 503 mit Hinweis auf die Verwendung des Begriffs „irritabilité" bei Lamarck. Zum Begriff der „Irritationen" im Zusammenhang der Strukturprobleme der funktional differenzierten Gesellschaft Niklas Luhmann, Gesellschaft, S. 789 ff.
[318] Niklas Luhmann, Gesellschaft, S. 795.
[319] Niklas Luhmann, Gesellschaft, S. 789.

2. Kapitel
Grenzen der Erklärungskraft des Luhmannschen Evolutionskonzepts

Was leistet Luhmanns Konzept der Evolution autopoietischer sozialer Systeme? Können interne Strukturselektion und die dem sozialen System zugeschriebene gesonderte Evolutionsfunktion der Restabilisierung kulturelle und soziale Evolution erklären? Und erlaubt das Konzept trotz der Aufgabe jeder Vorstellung von externer, von Umweltfaktoren abhängiger Selektion schlüssige Lösungen für alle Probleme, für die man von einer Evolutionstheorie Lösungen erwarten darf? Ausgehend vom Vergleichsmaßstab der Synthetischen Theorie der biologischen Evolution müssen wir von vornherein mit einem reduzierten Erklärungsanspruch rechnen. Die biologische Evolutionstheorie liefert keine vollständige kausale Erklärung der historischen Entstehung der biologischen Arten und ihrer Eigenschaften. Sie kann nur ein Grundmodell anbieten, das die Möglichkeit der Entstehung der vorfindlichen Vielfalt biologischer Arten mit relativ stabilen Eigenschaften schlüssig erklärt und mit exakteren gesetzmäßigen Erklärungen für einzelne Zusammenhänge vereinbar ist. Mehr wird man auch von einer Theorie sozialer und kultureller Evolution nicht erwarten können. Im Gegenteil wird der Bereich solcher Zusammenhänge, für die exakte nomologische Erklärungen möglich sind, in einer Theorie, die kulturelle Erscheinungen zum Gegenstand hat, noch wesentlich eingeschränkter sein, als dies schon in der Biologie der Fall ist. Möglicherweise wird man im Kontext kultureller und sozialer Phänomene auch von einer anderen Vorstellung von Gesetzmäßigkeit und Determination ausgehen müssen, als das in den traditionellen Naturwissenschaften der Fall war. Dabei kann man heute allerdings auch auf neuere Entwicklungen in den Naturwissenschaften zurückgreifen: Mit der Quantentheorie, der modernen Thermodynamik und der Chaostheorie werden in die strenge Gesetzmäßigkeit des Newtonschen Universums Unbestimmtheiten und Übergangszustände zwischen Ordnung und Chaos eingebaut, die die strikte Alternative von Gesetzmäßigkeit oder Zufall relativieren. Auch die sinnvoll zu erhebenden methodischen Anforderungen an empirische Forschung, die Forderung experimenteller Überprüfbarkeit einerseits und die Zulässigkeit deutender Methoden der Interpretation von Zusammenhängen andererseits, werden sich in den Sozialwissenschaften von den entsprechenden methodischen Forderungen in der Biologie unterscheiden müssen.[320] Was aber bleibt, ist der Anspruch einer schlüssigen Erklärung der **Möglichkeit** der Entstehung der vorfindlichen Vielfalt und Stabilität kultureller und sozialer Phänomene. Ohne diesen Anspruch wäre es nicht sinnvoll, von Evolutionstheorie zu reden. Wir fragen also danach, ob das Evolutionskonzept Luhmanns diesem reduzierten Anspruch an eine genetische Erklärung sozialer Systeme genügt, und das heißt, ob es hinreichende Bedingungen der Möglichkeit der Entstehung sozialer Systeme benennt und in einen Zusammenhang bringt, der wissenschaftstheoretischen Ansprüchen an eine moderne Evolutionstheorie genügt. Und wir können und müssen zugleich fragen, inwieweit dieses Evolutionskonzept mit anerkannten empirischen Befunden vereinbar ist oder diese Befunde auf eine neue Weise zu deuten und zu integrieren vermag.

1. Evolution durch interne Selektion

Bevor Luhmann Überlegungen zu einigen Aspekten seiner Evolutionstheorie darstellt, die aus seiner Sicht weiterer Forschung bedürfen (Evolutionäre Errungenschaften, Technik, Ideenevolutionen, Teilsystemevolutionen, Evolution und Geschichte, kulturelles Gedächtnis), zieht er eine Zwischenbilanz,[321] die ein scharfes Licht auf Eigenart und Problematik seines Evolutionskonzepts wirft. Luhmann hebt in dieser Zwischenbilanz anknüpfend an seine Überlegungen zu den einzelnen Evolutionsfaktoren der Variation, Selektion und Restabilisierung hervor, daß die Schwerpunktprobleme der Trennung und Einrichtung dieser Evolutionsfaktoren und die Art ihrer Verknüpfung sich mit dem Übergang von einer Form gesellschaftlicher Differenzierung zu einer anderen verändern. Luhmann zieht aus seinen Überlegungen die Schlußfolgerung, daß die Trennung und (zufallsabhängige) Wiederverknüpfung der evolutionären Funktionen sich nicht auf Naturgesetze oder Notwendigkeiten eines dialektischen Prozesses stützen könne, daß vielmehr die Evolution sich der Evolution verdanke.[322] Luhmann faßt das Ergebnis dieser Überlegungen auch dahin zusammen, daß er von der „Autopoiesis der Evolution selbst" spricht.[323] Es sei angemerkt, daß diese Formulierung die Frage aufwirft, ob Evolution denn als ein (autopoietisches) System aufzufassen sei. Man wird aber wohl davon auszugehen ha-

---

[320] Zur Methodendiskussion in den Sozialwissenschaften Werner Meinefeld, Realität und Konstruktion. Erkenntnistheoretische Grundlagen einer Methodologie der empirischen Sozialforschung, Opladen 1995, S. 29 ff.
[321] Niklas Luhmann, Gesellschaft, S. 498 ff., 505.
[322] Niklas Luhmann, Gesellschaft, S. 499.
[323] Niklas Luhmann, Gesellschaft, S. 504 f.

ben, daß die Wendung von der „Autopoiesis der Evolution" nur eine zugespitzte, aber verkürzende Formulierung darstellt und daß gemeint ist, daß die Autopoiesis der Gesellschaft auch die Elemente, Strukturen und Systemeigenschaften produziert, die dann als Evolutionsfaktoren die Evolution der Gesellschaft ermöglichen. Treffender wäre demnach die Formulierung, daß die Evolution des sozialen Systems Produkt der Autopoiesis des sozialen Systems ist. Dabei geht es nicht um Spekulationen über den Ursprung aller kulturellen und sozialen Evolution oder um die müßige Frage, was zuerst da war, Evolution oder autopoietische soziale Systeme, sondern darum, daß für alle späteren Einsatzpunkte evolutionärer Entwicklung bereits von selbstreferentiellen Mechanismen ausgegangen werden könne: „Wie alles angefangen hat, müssen wir dem ‚big bang' oder ähnlichen Mythen überlassen. Für alle späteren Einsatzpunkte der Evolution kann man immer schon System/Umweltdifferenzen voraussetzen und damit jenen Multiplikationsmechanismus, der nur noch Systeme mit Operationen entstehen läßt, die sich auf eine Gemengelage von Phänomenen einstellen können, die sie als Unordnung bzw. Ordnung, als Zufall bzw. Notwendigkeit, als Erwartbares bzw. Irritierendes, und damit eben auch als Variation konstruieren können, die einen Selektionsdruck auslöst."[324]

Das systemtheoretische Konzept der Autopoiesis überformt also das ursprüngliche darwinistische Konzept der Evolution mit der Folge, daß die für jene charakteristische Kombination von interner Übertragung und zufallsabhängiger Variation der systemspezifischen Informationen mit externer Selektion ersetzt wird durch die Verteilung der Evolutionsfunktionen auf ausschließlich interne Träger (Kommunikation, Struktur, System). Es ist klar, daß dieses Evolutionskonzept eng auf das Konzept des Verhältnisses von System und Umwelt abgestimmt ist, das mit den zentralen Begriffen Autopoiesis und strukturelle Kopplung bezeichnet wird.

Um deutlich zu machen, wodurch sich das Evolutionskonzept Luhmanns auszeichnet, werfen wir an dieser Stelle wieder einen Seitenblick auf die Biologie.[325] In der biologischen Evolutionstheorie wird die Möglichkeit einer „nichtdarwinschen Selektion" oder „genetischen Drift" diskutiert. Das Darwinsche Konzept der Selektion geht davon aus, daß die im Genpool einer Population repräsentierten Genome sich hinsichtlich ihrer für das Überleben der Individuen in der Umwelt relevanten Eigenschaften unterscheiden. Man spricht deshalb von „differentieller Reproduktion". Die „natürliche Auslese" testet gewissermaßen die Reproduktionsvorteile aus

---

[324] Niklas Luhmann, Gesellschaft, S. 500.
[325] Zum Folgenden Bernd-Olaf Küppers, Ursprung, S. 205 ff.

und sorgt dafür, daß die vorteilhafteren Varianten sich effizienter, schneller und zahlreicher reproduzieren können als andere und daher in einer begrenzten Population allmählich die weniger vorteilhaften Varianten verdrängen. Insbesondere die Molekularbiologie hat aber zahlreiche empirische Hinweise dafür erbracht, daß sich in der Evolution auch Mutationen durchgesetzt haben, die keinerlei Reproduktionsvorteile gegenüber anderen Varianten haben. In spieltheoretischen Computersimulationen konnte gezeigt werden, daß Selektionseffekte unter der Voraussetzung eines begrenzten Wachstums des Systems auch ohne die Annahme unterschiedlicher Wertparameter für die Reproduktion (differentielle Reproduktion) zustande kommen. Voraussetzung dafür ist eine spezifische Schwankungsdynamik des Systems, die sich in biochemischen Systemen empirisch nachweisen läßt. Die Schwankungsdynamik, die evolutionäre Prozesse der biologischen Informationserzeugung ermöglicht, indem sie die Produktion eines breiten Mutantenspektrums, die Stabilisierung eines selektiven Vorteils und den Zusammenbruch selektiv ungünstiger Populationen erlaubt, zeichnet sich dadurch aus, daß das System auf Schwankungen in seinen Populationszahlen variabel reagiert. Das ist der Fall, wenn Aufbaurate und Abbaurate der Individuen der Population stets in gleichem Sinne auf Veränderungen der Populationszahlen reagieren, und zwar im Regelfall parallel, so daß bei sinkenden Populationszahlen sowohl Aufbaurate als auch Abbaurate sinken und bei steigenden Populationszahlen sowohl Aufbaurate als auch Abbaurate steigen. In solchen Systemen mit variabler Schwankungsdynamik tritt das Phänomen autokatalytischer Schwankungsverstärkung auf. Diese Schwankungsverstärkung kann dazu führen, daß eine Spezies unter die für ihre Reproduktion erforderliche Konzentration absinkt und dann irreversibel ausstirbt. Allerdings wirkt diese nichtdarwinsche Selektion in der Computersimulation erheblich langsamer als die auf differentieller Reproduktion beruhende darwinsche Selektion.

Wir können und müssen der reizvollen Frage, ob es auch in sozialen Systemen eine vergleichbare Schwankungsdynamik gibt, hier nicht nachgehen. Der Exkurs zu den Grundlagen einer „nichtdarwinschen Selektion" in der Biologie soll vielmehr verdeutlichen, daß das Evolutionskonzept Luhmanns für soziale Systeme gerade nicht ausschließlich auf Effekten von Schwankung und Schwankungsverstärkung im System ohne differentielle Reproduktion aufbaut. Luhmann ersetzt vielmehr den externen Reproduktionsvorteil des Darwinschen Modells durch einen internen Reproduktionsvorteil. Die Wertparameter, die die unterschiedlichen Reproduktionschancen von Kommunikationen beeinflussen, werden ausschließlich innerhalb des Systems selbst gebildet. Sie hängen nicht davon ab, daß die Kommunikationen sich in irgendeiner Weise gegenüber den Anforderungen der Umwelt des sozialen Systems, also zum Beispiel gegenüber den Anforderungen des Denkens und Handelns der an Kommunikation beteiligten Menschen, zu bewähren hätten. Ausschlaggebend für die differentielle Reproduktion von Kommunikationen ist ausschließlich ihr „Strukturaufbauwert". Im Selektionsprozeß setzen sich solche Kommunikationen durch, die sich besser als andere mit den im sozialen System nach Art eines Gedächtnisses verfügbar gehaltenen Sinnstrukturen vergangener Kommunikationen verknüpfen lassen und deren Ordnung (Komplexität) steigern. Wenn es also in Luhmanns Konzeption der sozialen Evolution überhaupt eine Entwicklungsrichtung gibt, die an die Stelle der Tendenz zu immer besser an ihre Umwelt angepaßten Lebewesen in der Darwinschen Theorie der biologischen Evolution tritt, kann es allenfalls eine Tendenz zur Möglichkeit von Gesellschaften mit höherer interner Komplexität sein. In diesem Sinne spricht Luhmann von der evolutionären Errungenschaft wachsender Irritabilität, die einerseits höhere Lernfähigkeit und andererseits wachsende Probleme interner Koordination zur Folge hat und deshalb noch nichts über die Überlebensfähigkeit der modernen Gesellschaft in ihrer Umwelt aussagt.

Damit ist die Eigenart der Luhmannschen Konzeption der Evolution sozialer Systeme mit ihren Ähnlichkeiten und Unterschieden im Vergleich zum Konzept der Synthetischen Theorie der biologischen Evolution hinreichend charakterisiert. Im Folgenden soll die innere Konsistenz und Plausibilität dieser Konzeption geprüft werden.

2. Die Erklärungslast des Begriffs der strukturellen Kopplung

Luhmanns Evolutionskonzept ist, wie gezeigt, durch eine grundlegende Veränderung des Darwinschen Evolutionskonzepts gekennzeichnet. Das systemtheoretische Konzept der Autopoiesis und das komplementäre Konzept der strukturellen Kopplung zwingen dazu, die Idee der externen „natural selection" durch die Vorstellung einer ausschließlich internen Strukturselektion zu ersetzen. Der schwächste Punkt dieser Konzeption ist der Begriff der strukturellen Kopplung.

Es sei zunächst daran erinnert, daß strukturelle Kopplung überall dort für die Beschreibung der Umweltbeziehungen eines Systems steht, wo dieses System als autopoietisch bezeichnet wird. Autopoiesis ist ohne gleichzeitige strukturelle Kopplung nicht möglich. Der Begriff der strukturellen Kopplung beschreibt daher entsprechend dem Einsatzbereich des Begriffs des autopoietischen Systems sowohl die Beziehungen zwischen

Kommunikation und Bewußtsein als auch die Beziehungen zwischen funktionalen Teilsystemen der Gesellschaft wie Politik, Wirtschaft, Recht, Wissenschaft und Moral. Luhmann beschwört selbst die Vordringlichkeit einer Korrektur jener „Schieflage der Gesellschaftstheorie (...), die entsteht, wenn man allein die autopoietische Dynamik der Funktionssysteme in Betracht zieht."[326] Denn bei einer derart einseitigen Sichtweise wäre nicht zu erklären, warum eine Gesellschaft, die aus Funktionssystemen besteht, die einander keine Rücksicht schulden, nicht in kürzester Zeit explodiert oder in sich zusammenfällt. Für das Verhältnis von Mensch und Gesellschaft kann aber nichts anderes gelten. Sähe man nur die Autopoiesis von Kommunikationssystemen einerseits und die Autopoiesis des Bewußtseins der vielen menschlichen Individuen andererseits, so wäre angesichts der Autonomie und Eigensinnigkeit beider Arten von Systemen nicht verständlich, warum Kommunikation sich nicht in kürzester Zeit von den Bedürfnissen und Interessen der Menschen entfernt und warum diese sich nicht in kürzester Zeit vollständig von gesellschaftlicher Kommunikation abwenden, so daß Kommunikation sich in Nichts auflösen würde.

Unklar bleibt, inwieweit auch das Verhältnis zwischen dem Kommunikationssystem und der nichtmenschlichen, nicht sinnhaft operierenden Realität unter den Begriff der strukturellen Kopplung fällt. Ist zum Beispiel die Beschreibung eines Baumes in der Kommunikation strukturell mit ihrem Gegenstand gekoppelt? Wenn, wie das Gedankenspiel mit den Vulkanologen am Fuße des Vesuv zeigt und wie Luhmann ausdrücklich betont, die natürliche Umwelt nur auf dem Weg der Vermittlung über das zur Wahrnehmung befähigte Bewußtsein Zugang zur Kommunikation erlangen kann, haben wir es zum einen mit einer (mindestens) zweifach vermittelten strukturellen Kopplung zu tun, zum anderen auch mit der erkenntnistheoretischen Frage nach den Beziehungen zwischen Bewußtsein und Realität. Die letztere Frage stellen wir zunächst zurück. Wir konzentrieren uns im Folgenden auf die Beziehungen zwischen Mensch und Gesellschaft. Die „windows" sozialer Systeme öffnen sich nur für Anregungen des ebenfalls im Medium des Sinnes operierenden menschlichen Bewußtseins. Kommunikation läßt sich nur durch Bewußtsein irritieren. Der strukturellen Kopplung zwischen Bewußtsein und Kommunikation kommt somit eine Schlüsselstellung für die Theorie Luhmanns zu.

Wir haben gesehen, daß Luhmann das Konzept der Evolution, wie es auf der Grundlage der Darwinschen Selektion tradiert ist, verändert, um es mit seinem Begriff der Autopoiesis des sozialen Systems zu harmonisieren,

---

[326] Niklas Luhmann, Gesellschaft, S. 776 ff. (778).

2. Die Erklärungslast des Begriffs der strukturellen Kopplung

oder, anders gesagt, um Evolution sozialer Systeme ohne Widerspruch zum Postulat der strikten operationalen und informationellen Geschlossenheit des Systems konstruieren zu können. Der Preis für die Harmonisierung ist der völlige Verzicht auf externe, umweltabhängige Wertparameter für die differentielle Reproduktion im sozialen System. Das wiederum hat zur Folge, daß strukturelle Kopplungen nicht schlüssig als Folge von Evolution erklärt werden können. Denn wie sollte eine Selektion zur Durchsetzung struktureller Kopplungen führen, die nicht über Auswahlkriterien verfügt, die von der Umwelt des sozialen Systems abhängen und die daher Kommunikationen auch nicht anhand ihres Werts zum Aufbau struktureller Kopplungen auswählen kann?

Der Preis für die Harmonisierung zwischen der systemtheoretischen Konzeption der Autopoiesis und der Evolutionstheorie besteht also darin, daß ein erheblicher Teil der Erklärungslast vom Evolutionskonzept auf den Begriff der strukturellen Kopplung verschoben wird. Das stellt Luhmann auch selbst fest. Aber damit wird für die Theorie der Evolution sozialer Systeme zugleich auf eine evolutionstheoretische Erklärung für jene „Zweckmäßigkeit" geordneter Strukturen verzichtet, die für die biologische Evolutionstheorie die entscheidende Herausforderung war: Es galt, für die als augenscheinlich empfundene Zweckmäßigkeit der biologischen Organismen auch und gerade hinsichtlich der Eigenschaften, die ihnen das Leben und Überleben in ihrer Umwelt ermöglichen, eine Erklärung zu finden, die empirisch tragfähiger und schlüssiger war als die nicht mehr plausible Schöpfungsthese.

Man kann natürlich bestreiten, daß die Strukturen sozialer Systeme in einem vergleichbaren Sinne zweckmäßig für die Strukturen der Umwelt des sozialen Systems seien oder sein müßten. Aber Plausibilität hätte ein solches Bestreiten allenfalls auf dem Boden einer Auffassung, die Menschen, menschliches Bewußtsein und menschliches Handeln zu Bestandteilen der Gesellschaft erklärt. Denn dann wäre jedenfalls nicht ohne weiteres zu erkennen, worin die Zweckmäßigkeit von Gesellschaftsstrukturen im Hinblick auf die physikalische Umwelt besteht. Aber für Luhmann gehören der biologische Organismus des Menschen und vor allem sein Bewußtsein zur Umwelt des sozialen Systems, und unter dem Oberbegriff der strukturellen Kopplung findet sich bei Luhmann eine Fülle von Hinweisen für die funktionale Beziehung zwischen bestimmten Kommunikationsstrukturen und den Wahrnehmungsbedingungen, Bedürfnissen und Interessen der an Kommunikation sich beteiligenden Menschen. Gerade für Luhmanns Konzeption der Grenze zwischen sozialem System und Umwelt ergibt sich ein dringendes Erklärungsbedürfnis für „strukturelle Kopplungen". Wie ist zum Beispiel zu erklären, daß es in Kommunikationssystemen die Zurechnung von Kommunikationen auf Personen als deren Handlungen gibt, eine Einrichtung, die, wie Luhmann anschaulich schreibt, Kommunikation so „ausflaggt", daß sie den Individuen überhaupt erst ermöglicht, Kommunikation wahrzunehmen, sich an ihr zu beteiligen und praktische Kommunikationsroutinen zu entwickeln? Kommunikationssysteme nehmen also systematisch auf Bedürfnisse von Menschen Rücksicht, sie sind insofern für ihre Umwelt zweckmäßig eingerichtet. Keine Theorie hat einen so dringenden Bedarf an Erklärung für diese Zweckmäßigkeit sozialer Systeme im Hinblick auf ihre Umwelt wie die Theorie Luhmanns.

Gleichwohl führt seine Theorie der Evolution sozialer Systeme, wie wir gesehen haben, dazu, daß die Last der Erklärung für strukturelle Kopplungen sozialer Systeme „externalisiert" wird, um das Evolutionskonzept autopoietisch fassen bzw. um das Konzept der Autopoiese sozialer Systeme unter den Anforderungen eines schlüssigen Evolutionskonzepts aufrechterhalten zu können. Externalisierungen von Problemen können aber auch im Falle von Theoriesystemen nur dann dauerhaften Erfolg haben, wenn sie dort, wohin sie exportiert werden, bearbeitet und gelöst werden können. Anderenfalls kehren sie bekanntlich als Problem in veränderter Form wieder in die Umweltbeziehungen des Systems zurück. Wohin exportiert Luhmann also das Problem der Erklärung struktureller Kopplungen und wie wird es dort ohne Rückgriff auf das Evolutionskonzept gelöst?

Man muß wohl feststellen, daß der Ertrag der Bemühungen Luhmanns um Antworten auf die Frage nach den Bedingungen der Möglichkeit struktureller Kopplungen gering ist. Diese Feststellung steht nicht im Widerspruch zu den eingangs akzeptierten Postulaten, wonach im Zweifel von der Gültigkeit einer Theorie auszugehen ist. Auch Luhmann selbst räumt ein, daß das Konzept der strukturellen Kopplung nicht die Struktur und Geschlossenheit aufweist, die eine Theorie auszeichnet: Luhmann spricht davon, daß es in der Systemtheorie „sehr allgemeine Vorstellungen" darüber gebe, wie Systeme Ereignisse, die nicht durch das System selbst produziert und koordiniert werden können, benutzt, um ihnen strukturierende Effekte abzugewinnen."[327] Das Konzept der strukturellen Kopplungen ist eine dieser Vorstellungen. Luhmann hat den Begriff der strukturellen Kopplung zusammen mit dem Begriff der Autopoiese bei der auf neuere systemtheoretische Konzepte zurückgreifenden biologischen Erkenntnistheorie Maturanas entlehnt. Ob dessen Konzeption oder andere Spielarten des radikalen Konstruktivismus das Problem, das durch das Postulat der

---

[327] Niklas Luhmann, Gesellschaft, S. 450.

2. Die Erklärungslast des Begriffs der strukturellen Kopplung 123

operationalen Geschlossenheit des Systems aufgeworfen wird, im Zusammenhang erkenntnistheoretischer Fragestellungen überzeugend zu lösen vermögen, werden wir weiter unten diskutieren. Für Luhmanns Theorie sozialer Systeme muß man wohl, ohne Luhmann Unrecht zu tun, feststellen, daß der Begriff der strukturellen Kopplung und das, was zu seiner Konkretisierung gesagt wird, nur die Art der gesuchten Problemlösung umschreibt, eine schlüssige Lösung aber selbst noch nicht anzubieten vermag. Das Konzept des „order from noise" (Heinz von Foerster) ist nur eine sehr allgemeine Umschreibung, die die gesuchte Lösung charakterisiert und metaphorisch andeutet. Auch der von Luhmann benutzte Begriff der „Resonanz" ist eine Metapher, die verdeutlichen mag, welche Art von Problemlösung gesucht wird: Eine schwingende Saite regt eine andere zu gleichartigen Schwingungen an, obwohl es keine mechanische Übertragung der Schwingungen gibt. Aber die Begrenztheit dieser Metapher zeigt sich, wenn wir nach dem Äquivalent für die Übertragung der Schwingungen durch die Luft im Falle der Resonanz zwischen Kommunikation und Bewußtsein fragen.

Das Problem, zu dessen Lösung der Begriff der strukturellen Kopplung beitragen soll, stellt sich für Luhmann deshalb in aller Schärfe, weil er die geläufige Vorstellung der Übertragung von Informationen über die Grenze zwischen einem (autopoietischen) System und seiner Umwelt und insbesondere von einem System auf ein anderes verwirft. Seine Kritik an der dinghaften Übertragungsmetapher führt zum Postulat der informationellen Geschlossenheit sozialer Systeme. Information kommt danach immer nur als systemspezifische Information vor. Sie ist Information nur für das System. Sie wird nur im System erzeugt und kann auch nur im System verstanden werden. Auch Kommunikationssysteme produzieren also keine Informationen für ihre Umwelt. Die Information, über die das Bewußtsein verfügt, ist nicht dieselbe, die im Kommunikationssystem entsteht.

Unter diesen Maßgaben ist allerdings nicht mehr ohne weiteres verständlich, wie ein System, das seine Ordnungsstrukturen selbst erzeugt und dazu ausschließlich auf Informationen zurückgreifen kann, die es ebenfalls selbst erzeugt, sich in die Lage versetzen können sollte, auf die Strukturen eines anderen Systems „Bedacht zu nehmen". Denn, naiv gefragt, wie könnte es dies tun, ohne etwas über die Strukturen des anderen Systems zu „wissen", ohne mit anderen Worten über Informationen zu verfügen, die zumindest in ausgewählten Hinsichten mit den Informationen korrespondieren, die im anderen System verfügbar sind und dessen Strukturen generieren und regenerieren? Wechselseitige Einstellung von Systemen auf die Strukturen des jeweils anderen Systems scheint also überhaupt nur denkbar zu sein, wenn es doch so etwas wie einen Informationsfluß von System zu System, insbesondere von Bewußtsein zu Kommunikation und umgekehrt, gibt.

Wir können die eingangs gestellte Leitfrage nun als Frage nach der Entstehung der Information, die strukturelle Kopplungen ermöglicht, fassen: Wie kann die Entstehung von Information in Kommunikationssystemen erklärt werden, die eine sinnvolle Abstimmung zwischen Kommunikationssystem und Bewußtsein und zwischen ausdifferenzierten Kommunikationssystemen möglich macht?

Auf der Suche nach einer Antwort empfiehlt es sich, zunächst zu präzisieren, was unter Information zu verstehen ist und wie Information entsteht.

3. Überlegungen zum Begriff und zur Entstehung von Information

3.1. Die Analyse des Informationsbegriffs bei Bernd-Olaf Küppers

Bernd-Olaf Küppers hat den Informationsbegriff im Kontext der biologischen Evolution analysiert.[328] Die Klärung des Informationsbegriffs dient ihm zur Erarbeitung der philosophischen und wissenschaftstheoretischen Grundlagen der molekularen Theorie der evolutionären Entstehung der ersten Bausteine des Lebens aus unbelebter Materie, die von Manfred Eigen und anderen entwickelt worden ist. Ein zentrales Problem dieser Theorie besteht darin, daß sie erklären muß, wie biologische Information zur genetischen Steuerung der Reproduktion lebender Materie erstmals entstehen konnte. Die Struktur auch der einfachsten Bausteine des Lebens ist so komplex, ihre Entstehung aus den bekannten Formen unbelebter Materie auf der Erde daher so extrem unwahrscheinlich, daß Jacques Monod die Entstehung des Lebens auf der Erde mit einiger Plausibilität als singuläres Ereignis im ganzen Universum darstellen konnte, als Zufall, der sich mit an Sicherheit grenzender Wahrscheinlichkeit nicht ein zweites Mal irgendwo im Universum ereignet hat und ereignen wird. Am gedachten Nullpunkt vor der Entstehung des Lebens gab es noch keine genetische Information, die von irgendwo her hätte übertragen werden können. Der Übergang von unbelebter zu lebender Materie setzt also voraus, daß genetische Informa-

---

[328] Bernd-Olaf Küppers, Der Ursprung biologischer Information. Zur Naturphilosophie der Lebensentstehung, München 1986.

3. Überlegungen zum Begriff und zur Entstehung von Information 125

tion, die es vorher nicht gegeben hat, erstmals entsteht. Mit der Vorstellung der Übertragung fertiger Information läßt sich dieses Problem offensichtlich nicht lösen. Für unseren Kontext, in dem es um die Frage geht, wie in einem System Information über Strukturen seiner Umwelt entstehen kann, sind daher die Überlegungen von Küppers von großem Interesse.

Küppers führt den Informationsbegriff mit dem folgenden Zitat von Carl-Friedrich von Weizsäcker ein: „Information ist nur, was verstanden wird."[329] Von Information kann danach, so folgert Küppers, nur im Zusammenhang mit einem Sender und einem Empfänger gesprochen werden. Küppers führt dann einige Grundbegriffe ein: Für die Darstellung und Übertragung von Information sind *Zeichen* erforderlich; Zeichen, die eine Bedeutung haben, werden *Symbole* genannt. Sie sind die elementaren, nicht weiter zerlegbaren Einheiten einer Information. Sie fixieren eine semantische Ebene als Mikrozustand; die verschiedenen Kombinationsformen der Symbole legen eine semantische Ebene als Makrozustand fest. Information gibt es nur in Relation auf zwei semantische Ebenen. Sie werden für Sender und Empfänger als *gemeinsame Verständigungsstruktur* vorausgesetzt; anders wäre ein Informationsaustausch nicht möglich.

Diese einführenden Begriffsbestimmungen scheinen auf die Ding-Metaphorik hinauszulaufen, die Luhmann kritisiert. Folgen wir aber zunächst der weiteren Explikation des Informationsbegriffs bei Küppers.

Küppers unterscheidet unter Bezugnahme auf Hans Seiffert[330] drei Dimensionen oder Aspekte von Information:

(1) Die *syntaktische* Dimension umfaßt die Beziehung der Zeichen untereinander.

(2) Die *semantische* Dimension umfaßt die Beziehung der Zeichen untereinander und das, wofür sie stehen.

(3) Die *pragmatische* Dimension umfaßt die Beziehung der Zeichen untereinander, das wofür sie stehen, und das, was dies für den beteiligten Sender und Empfänger als Handlungsforderung darstellt.[331]

Zwischen diesen Dimensionen besteht ein Verhältnis zunehmender Komplexität. Der pragmatische Aspekt von Information umfaßt einen semantischen und dieser wiederum einen syntaktischen Anteil. Die drei Dimensionen von Information lassen sich nur analytisch unter dem Gesichtspunkt

---

[329] Carl-Friedrich von Weizsäcker, Die Einheit der Natur, München 1971, S. 351.
[330] Hans Seiffert, Information über die Information, München 1968.
[331] Bernd-Olaf Küppers, Ursprung, S. 63.

der vereinfachten Darstellung trennen, sie kommen in der Realität nicht isoliert vor. Syntaktische Information ist nicht möglich, ohne daß der Empfänger bereits über semantische Information verfügt, also über das Vorwissen oder die gemeinsame Verständigungsstruktur von Sender und Empfänger. Denn nur so kann das übermittelte Zeichen als Symbol identifiziert und in seiner Bedeutung entschlüsselt werden. Semantische Information ist wiederum nicht denkbar ohne den pragmatischen Aspekt von Information, da das Erkennen der Semantik als Semantik irgendeine Wirkung beim Empfänger hervorrufen muß.

a) Der syntaktische Aspekt von Information

Der syntaktische Aspekt ist der zentrale Gegenstand der klassischen mathematischen Informationstheorie von Shannon und Weaver, die nachrichtentechnische Probleme behandelt, die bei der Speicherung, Umwandlung und Übertragung von Zeichenfolgen auftreten.[332] Sie kann hier nicht im einzelnen und in ihrer mathematischen Form dargestellt werden. Für den vorliegenden Zusammenhang genügt es, einige Aspekte der Theorie, die Küppers herausgearbeitet hat, wiederzugeben.

Ausgangspunkt der Shannonschen Informationstheorie ist der Gedanke, daß Information Unsicherheit beseitigen soll. Deshalb widmet sie sich der mathematischen Analyse der Voraussetzungen, unter denen Unsicherheit in Information transformiert wird. Dazu wendet sie sich dem nachrichtentechnischen Problem zu, eine vorgegebene Zeichenanordnung innerhalb gewisser Schwankungsgrenzen strukturgetreu vom Sender auf den Empfänger zu übertragen. Es geht ihr also um die Struktur der Information als solcher. Dafür kann der semantische Aspekt unberücksichtigt bleiben.[333] Die Shannonsche Informationstheorie ermöglicht eine mathematische Analyse der Prozesse der Informationsverarbeitung. Dazu wird ein quantitatives Maß für die Menge an Information benötigt, die in einer Zeichen- oder Symbolfolge enthalten ist. Die Shannonsche Theorie mißt die Informationsmenge einer Nachricht durch die Zahl der Symbole, die zu ihrer gedrängtesten Formulierung nötig sind. Das Symbolsystem, das sich insbesondere bei der technischen Realisierung informationsverarbeitender Systeme als außerordentlich praktisch erwiesen hat, ist das Binärsystem (Binärcode). Danach besteht jede Nachricht aus einer Folge von Einsen und Nullen. Die Einheit der Information (binary digit, „bit") ist dann die In-

---

[332] Claude E. Shannon und Warren Weaver, The Mathematical Theory of Communication, Urbana 1949.
[333] Vgl. Bernd-Olaf Küppers, Ursprung, S.64.

3. Überlegungen zum Begriff und zur Entstehung von Information 127

formationsmenge einer Binärentscheidung, durch welche festgelegt wird, ob ein Symbol den Wert „0" oder „1" annimmt. Die Shannonsche Informationstheorie mißt also den Entscheidungsgehalt einer Nachrichtenmenge. So sind für die Auswahl einer Nachricht aus einer Menge von acht Nachrichten drei aufeinanderfolgende Alternativentscheidungen nötig, unter der Voraussetzung, daß alle acht Nachrichten gleich wahrscheinlich sind.

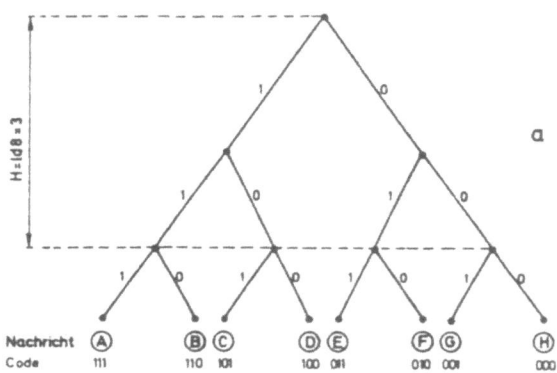

Wenn die Wahrscheinlichkeit der Nachrichten verschieden ist, ist auch die Zahl der erforderlichen Alternativentscheidungen zur Auswahl der Nachrichten verschieden. So bedarf es in Abbildung b für die Auswahl der Nachrichten A oder B nur zweier Binärentscheidungen, für die Nachrichten C oder D sind drei Binärentscheidungen erforderlich, für die Nachrichten E bis H jeweils 4 Alternativentscheidungen.

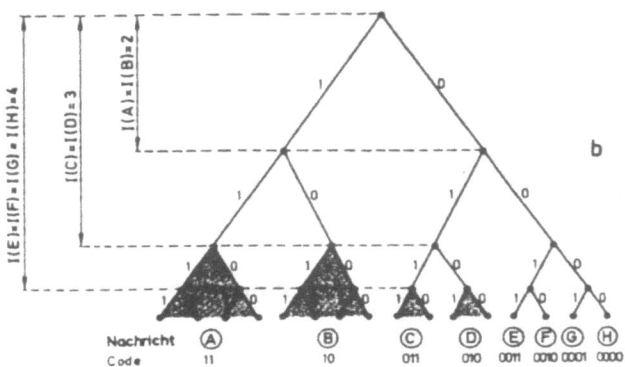

Küppers weist darauf hin, daß auch die Sprache von dem Prinzip der Codierung Gebrauch macht, daß die häufigsten Nachrichten die wenigsten Zeichen zur Codierung benötigen: Häufig verwendete Wörter sind im Durchschnitt kürzer als seltene Wörter.[334]

Die Wahrscheinlichkeitsverteilung, die als Eingangsgröße in die mathematische Quantifizierung von Information eingeht, ist abhängig vom Vorwissen des Empfängers. Dieses Vorwissen ist eine subjektive Eigenschaft des Empfängers, die Wahrscheinlichkeiten sind also subjektive, auf den Empfänger bezogene Wahrscheinlichkeiten. Küppers stellt daher fest, daß es im Kontext der Shannonschen Informationstheorie keine Information im *absoluten* Sinn gebe.[335] Hier ist deutlich zu erkennen, daß die Shannonsche Informationstheorie die gemeinsame Verständigungsstruktur von Sender und Empfänger und damit die semantische Dimension von Information voraussetzt und nicht zu ihrem eigentlichen Untersuchungsgegenstand macht.

Die Shannonsche Informationstheorie führt unter anderem zu mathematischen Definitionen des Informationsgehalts einer Nachricht und des Erwartungswerts für den Neuigkeitsgehalt einer Nachricht. Küppers unterscheidet hier im Anschluß an Weizsäcker zwischen aktueller Information, also der Information, die man hat, und potentieller Information, die man erst gewinnen wird, wenn man das nächste Signal beobachtet hat.[336] Der Informationsgehalt einer Nachricht bezieht sich auf die aktuelle Information. Er ist um so größer, je unwahrscheinlicher das Eintreffen der Nachricht war. Der Erwartungswert für den Neuigkeitsgehalt einer Nachricht betrifft die potentielle Information und bezieht sich auf die Auswahl zwischen zwei voneinander unabhängigen Nachrichten. Hier führt die Shannonsche Informationstheorie zu dem Ergebnis, daß der Erwartungswert für den Neuigkeitsgehalt einer einzelnen Nachricht am größten, die Unsicherheit in der Auswahl einer Nachricht also am größten ist, wenn alle Wahrscheinlichkeiten einander gleich sind, während der Erwartungswert bei extrem ungleicher Verteilung der Wahrscheinlichkeiten den Wert Null annimmt, weil dann keine Alternative besteht, so daß für eine Zuordnung auch keine Information benötigt wird. Der Begriff „potentielle Information" bringt einen Zukunftsbezug der Information zum Ausdruck: die Information, die man aufgrund einer Beobachtung gewinnen kann.[337]

---

[334] Bernd-Olaf Küppers, Ursprung, S. 66, Text zu Abb. 10.
[335] Bernd-Olaf Küppers, Ursprung, S. 66.
[336] Bernd-Olaf Küppers, Ursprung, S. 69.
[337] Bernd-Olaf Küppers, Ursprung, S. 70, dort auch zur mathematischen Formulierung des Informationsgewinns durch Alfred Renyi, Probability Theorie, Amsterdam 1970.

3. Überlegungen zum Begriff und zur Entstehung von Information

Als charakteristisches Merkmal der Shannonschen Informationstheorie wird beschrieben, daß sie sich immer auf ein Ensemble von möglichen Ereignissen bezieht und die Unbestimmtheiten analysiert, mit denen das Eintreffen dieser Ereignisse behaftet ist.

b) Der semantische Aspekt von Information

Auf vertrauteres Gelände kommen wir beim semantischen Aspekt von Information. Küppers erläutert die semantischen Bezugsebenen, die er als Mikro- bzw. Makrozustand eingeführt hat, zunächst am Beispiel der menschlichen Sprache. Ein Wort der Schriftsprache, das aus einer linearen Sequenz einer bestimmten Anzahl von Buchstaben besteht, wird als Makrozustand definiert, jede der möglichen Buchstabenanordnungen als Mikrozustand. Die Informationsmenge eines Wortes im Sinne der Shannonschen Informationstheorie ist durch die Zahl der Binärentscheidungen gegeben, die notwendig sind, um aus der Menge aller möglichen Mikrozustände einen bestimmten Mikrozustand auszuwählen, der dem Makrozustand entspricht. Diese Shannonsche Information sagt aber nichts über den Sinn des Wortes aus. Sie repräsentiert vielmehr die in einem Makrozustand enthaltene potentielle Information, also das maximal mögliche Wissen, das sich aus der vollen Kenntnis des bestimmten Mikrozustandes ergibt.

Das Shannonsche Informationsmaß hängt jedoch entscheidend von der vorherigen Vereinbarung zweier semantischer Ebenen und dem damit gegebenen semantischen Vorwissen ab.[338] Das zeigt sich, wenn man zur Ebene der Buchstaben und Wörter die Ebene der Satzkonstruktion und die Ebene der Zeichen hinzufügt. Ein Makrozustand auf der Ebene der Satzkonstruktion hat dann Mikrozustände auf den Ebenen der Wörter, der Buchstaben und der Zeichen. Andererseits existieren, bezogen auf die Ebene der Zeichen, Makrozustände auf den Ebenen der Buchstaben, der Wörter und der Satzkonstruktion. Das Shannonsche Informationsmaß, das in einem Wort enthalten ist, hängt von dem semantischen Vorwissen des Empfängers ab und dieses wiederum von der semantischen Ebene, auf die sich das Vorwissen bezieht, und von der Genauigkeit, mit der jeweils Mikro- und Makrozustand definiert sind. So hat ein Empfänger, der nur auf der semantischen

---

[338] Der Begriff der Vereinbarung wird im Sinne von expliziter und impliziter Vereinbarung verstanden. Küppers veranschaulicht das an folgendem Beispiel: Der Leser, der weiß, daß die verrauschte Symbolfolge „INFORMATIONSTHELRIE" im Kontext der Diskussion über den Informationsbegriff einen Sinn ergibt, wird die falschen Buchstaben aufgrund seines semantischen Vorwissens ohne große Schwierigkeiten zur Symbolfolge „INFORMATIONSTHEORIE" korrigieren können (a.a.O., S. 87).

Ebene der Zeichen über Vorstellungen von den geometrischen Formen und den Konstruktionsregeln für geometrische Figuren verfügt, ein geringeres semantisches Vorwissen als ein Empfänger, der über Kenntnisse auf der Ebene der Buchstaben verfügt und weiß, daß die Auswahl nur aus der weitaus begrenzteren Zahl von Buchstaben getroffen werden wird. Umgekehrt ist der Informationsgehalt eines Wortes für den ersteren (aufgrund seines geringeren Vorwissens) wesentlich größer als für letzteren. Denn für das Auftreten eines „Buchstabens" unter allen konstruktiv möglichen geometrischen Figuren besteht eine sehr viel geringere Wahrscheinlichkeit als für das Auftreten eines Buchstabens unter allen Buchstaben des lateinischen Alphabets. Unklarheiten zum Beispiel darüber, ob das lateinische oder das griechische Alphabet maßgeblich ist, verringern wieder das Vorwissen und erhöhen damit den Informationsgehalt des übermittelten Wortes. Ein und dieselbe Symbolfolge enthält also je nach der semantischen Ebene, unter der sie abgefragt wird, verschiedene Mengen an Shannonscher Information. Es wird also deutlich, was Weizsäcker meint, wenn er sagt, ein absoluter Begriff der Information habe keinen Sinn, Information existiere stets nur „unter einem Begriff", also relativ auf zwei semantische Ebenen.[339]

Die Wahrscheinlichkeit, mit der das Eintreffen einer Nachricht oder eines Ereignisses erwartet wird, hängt also davon ab, inwieweit der Bedingungskomplex für das Eintreten des Ereignisses dem Empfänger bekannt ist. Der Informationsgehalt eines Ereignisses ist um so größer, je unwahrscheinlicher sein Eintreffen war. Information erscheint insofern als etwas Subjektives, als das Shannonsche Informationsmaß vom subjektiven semantischen Vorwissen des Empfängers abhängt. Andererseits ist für alle Empfänger, die über dieselben Methoden und Möglichkeiten des Wissenserwerbs verfügen, die Wahrscheinlichkeit, von der das Informationsmaß abhängt, intersubjektiv gegeben und quantitativ vergleichbar.

Auch im Falle der genetischen Information weist Küppers nach, daß die durch das Shannonsche Informationsmaß gegebene Strukturinformation für sich allein wenig aussagekräftig ist. So enthält das Genom des Bakteriums E.coli mit einer Kettenlänge von etwa $4 \cdot 10^6$ eine Strukturinformation von $8 \cdot 10^6$ bits. Die gleiche Informationsmenge enthält aber auch jede der etwa $10^{2,4 \text{ Millionen}}$ Sequenzalternativen, von denen aber nur wenige Sequenzen biologisch „sinnvolle" Information tragen, die die Aufrechterhaltung der funktionellen Ordnung einer Bakterienzelle gewährleistet.[340]

---

[339] Carl-Friedrich von Weizsäcker, Evolution und Entropiewachstum, Nova Acta Leopoldina 37 (1972), S. 515 ff.
[340] Bernd-Olaf Küppers, Ursprung, S. 81.

3. Überlegungen zum Begriff und zur Entstehung von Information

Das Interesse gilt also auch im Falle der genetischen Information nicht so sehr der durch die räumliche Anordnung eines Makromoleküls repräsentierten Strukturinformation als vielmehr der durch sie induzierten funktionalen Ordnung.

Wir kommen nun zu einer auch für unseren Kontext zentralen Überlegung von Küppers. Küppers fragt, durch welche Kriterien sich der semantische Aspekt von Information eingrenzen läßt. Um die Frage zu beantworten, greift er zurück auf die eingangs formulierte Einsicht, daß die verschiedenen Dimensionen des Informationsbegriffs in Wirklichkeit nicht voneinander zu trennen sind, und stellt im Anschluß an Carl-Friedrich von Weizsäcker und Ernst-Ulrich von Weizsäcker die Behauptung auf, daß der semantische Aspekt von Information genau dort zum Tragen kommt, wo die Information *pragmatisch* verbindlich wird. Dieser pragmatische Bezug der semantischen Komponente der Information wird in den beiden folgenden, einander ergänzenden Thesen Carl-Friedrich von Weizsäckers zum Ausdruck gebracht:

(1) Information ist nur, was verstanden wird,

(2) Information ist nur, was Information erzeugt.

These (1) bringt zum Ausdruck, daß der Austausch von Strukturen zwischen einem Sender und einem Empfänger an sich noch keine Information darstellt, sondern nur dann, wenn eine gemeinsame Verständigungsstruktur, also eine gemeinsame semantische Ebene existiert.

These (2) bringt zum Ausdruck, daß Semantik durch die „meßbare" Wirkung, Information zu erzeugen, objektiviert werden kann. Sie führt die Fähigkeit zur Informationserzeugung als dynamisches Wertkriterium ein, das die Objektivierung von Semantik ermöglicht.[341]

Was unter dem dynamischen Wertkriterium der Informationserzeugung gemeint ist, macht Küppers anhand der Frage deutlich, wie die in der Nukleotid-Kette eines DNS-Moleküls enthaltene Strukturinformation *operational* wird. Die Molekularbiologie liefert danach zwei Antworten:

„(1) In der *Morphogenese* wird die Strukturinformation eines DNS-Moleküls um ein Vielfaches multipliziert. Zunächst erzeugt ein bestimmter Abschnitt auf der Nukleotid-Kette viele gleichartige Proteinmoleküle. Die Proteine bauen zusammen eine Zelle auf, deren Stoffwechsel wiederum viele bits Strukturinformation erzeugt. Bei den Vielzellern schließlich multipliziert sich die

---

[341] Bernd-Olaf Küppers, Ursprung, S. 82

durchschnittliche Strukturinformation einer Zelle mit der Anzahl ihrer Zellen.

(2) Bei der *Vererbung* wird die Strukturinformation des Erbmoleküls einmal „kopiert" und der Tochterzelle weitergegeben. Die Strukturinformation der Nukleotid-Kette eines Erbmoleküls ist somit eine notwendige und hinreichende Bedingung für die Definition der betreffenden Spezies, sie ist vollständig äquivalent zur Formmenge des Organismus und bleibt bei der Vererbung (nahezu) konstant."[342]

Die erste Antwort bezieht sich auf den Phänotyp, das materielle Erscheinungsbild eines Organismus, die zweite auf den Genotyp, also das zeitlich (nahezu) invariante Programm. Die überschüssige Information der ersten Antwort ist bereits in der zweiten Antwort enthalten, die dadurch erst den Organismus unter den Begriff eines lebenden Wesens bringt. Küppers zieht aus diesen Überlegungen die Schlußfolgerung, daß die Ursemantik genetischer Information durch die Fähigkeit eines lebenden Systems bestimmt ist, sich reproduktiv zu erhalten. Das ist die biologische Umsetzung der These, nach der nur das Information ist, was Information erzeugt.

c) Der pragmatische Aspekt von Information

Den pragmatischen Aspekt von Information umschreibt Küppers folgendermaßen:

„Der pragmatische Aspekt von Information zeigt sich dort, wo eine Nachricht oder ein Ereignis den Empfänger im weitesten Sinn verändert. Unter „Veränderung" soll dabei sowohl jede strukturelle Änderung des Empfängers als auch jede beim Empfänger hervorgerufene Bereitschaft für eine zielgerichtete Handlung verstanden werden."[343]

Christine und Ernst von Weizsäcker haben nach einer Anregung Carl-Friedrich von Weizsäckers zwei essentielle Komponenten des pragmatischen Aspekts von Information herausgearbeitet: Konstitutiv für *jede* Information sind danach *Erstmaligkeit* und *Bestätigung*.[344] Von Erstmaligkeit

---

[342] Bernd-Olaf Küppers, Ursprung, S. 83.
[343] Bernd-Olaf Küppers, Ursprung, S. 85.
[344] Christine und Ernst von Weizsäcker, Wiederaufnahme der begrifflichen Frage: Was ist Information? Nova Acta Leopoldina 206 (1972), S. 535 ff.; dort findet sich in Fußnote 20 der Hinweis, daß das Modell einer wechselseitigen Beziehung von Erstmaligkeit und Bestätigung auf Carl Friedrich von Weizsäcker zurückgeht; Ernst von Weizsäcker, Erstmaligkeit und Bestätigung als Komponenten der pragmatischen Information, in: ders. (Hrsg.), Offene Systeme I, Stuttgart 1974.

3. Überlegungen zum Begriff und zur Entstehung von Information

wird gesprochen, wenn ein Ereignis zum ersten Mal in das „Gesichtsfeld" des Empfängers tritt. Der damit verbundene Überraschungs- und Neuigkeitswert wird quantitativ adäquat durch das Shannonsche Informationsmaß zum Ausdruck gebracht. Eine Nachricht muß andererseits, um verstanden zu werden, immer auch etwas Nicht-Erstmaliges, also Bestätigung von schon Bekanntem enthalten. Sinnvolle Nachrichten bestätigen überdies die Existenz von zugehörigen Verständnisstrukturen beim Empfänger. In der Nachrichtentechnik werden verschiedene Verfahren der Stabilisierung der Information eingesetzt, um die symbolgetreue Übertragung einer Nachricht sicherzustellen, wenn sie aufgrund von Störungen (Rauschen im Übertragungskanal) gefährdet ist. Man spricht dann von Redundanz. Sie betrifft den Aspekt der Bestätigung. Stabilisierung von Information gegen Störungen kann insbesondere auch dadurch erreicht werden, daß das gemeinsame semantische Vorwissen von Sender und Empfänger präzisiert wird, das zum Beispiel die Entschlüsselung der verrauschten Symbolfolge „INFORNATIONSTHELRIE" erlaubt, wenn der Kontext bekannt ist.

Erstmaligkeit und Bestätigung sind konstitutive Bestandteile jeder Art von Information, unabhängig davon, ob man den syntaktischen, semantischen oder pragmatischen Aspekt von Information betrachtet. Der Zusammenhang beider Komponenten stellt sich folgendermaßen dar: Erstmaligkeit birgt sehr viel Information im Sinne der Shannonschen Theorie, weil das Eintreffen des Ereignisses sehr unwahrscheinlich war. Der pragmatische Anteil der Information ist jedoch im Falle ausschließlicher Erstmaligkeit gleich Null, da kein Empfänger existiert, der die Information wahrnehmen kann. Information ist nur unter dem Aspekt der Bestätigung möglich; denn durch sie wird der Empfänger überhaupt erst in die Lage versetzt, sein Vorwissen zu mobilisieren und eine Hypothese über die Wahrscheinlichkeit des Eintreffens eines Ereignisses zu bilden. Im Extremfall ausschließlicher Bestätigung ist andererseits überhaupt keine Information im Shannonschen Sinne vorhanden. Diesen Zusammenhang von Erstmaligkeit und Bestätigung bringt das folgende Diagramm zum Ausdruck:

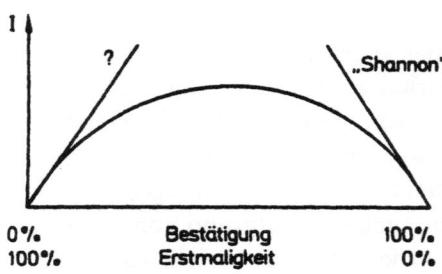

Abbildung: Erstmaligkeit und Bestätigung als Komponenten des pragmatischen Aspekts von Information (Nach Ernst von Weizsäcker, Erstmaligkeit und Bestätigung, in: Offene Systeme I, Stuttgart 1974, S. 99).[345]

Küppers wendet gegen die Quantifizierung des pragmatischen Aspekts von Information nach dem oben wiedergegebenen Diagramm ein, daß auch die hundertprozentige Bestätigung einer Nachricht auf den Empfänger eine Wirkung haben könne. Auch bei der Vererbung werde die Erbinformation bestätigt; die Erzeugung des Gleichartigen durch das Gleichartige sei das augenscheinlichste Merkmal des Lebendigen.[346]

Diesem Einwand läßt sich allerdings mit der Überlegung begegnen, daß die Wiederholung einer Nachricht, die unter syntaktischem Aspekt mit einer früheren Nachricht identisch ist, deshalb ein Element von Erstmaligkeit enthalten und insofern eine Information sein kann, weil dem Umstand, daß die Nachricht zu einem bestimmten Zeitpunkt, an einem bestimmten Ort oder in einer bestimmten Form wiederholt wird, nach der jeweiligen semantischen Verständigungsstruktur eine eigene Bedeutung zukommt. Ein Beispiel dafür ist etwa das kaufmännische Bestätigungsschreiben, das einen zuvor mündlich abgeschlossenen Kaufvertrag inhaltlich unverändert bestätigt. Die Erstmaligkeit liegt hier in der Schriftform, die nach dem rechtlichen Bezugssystem die Bedeutung hat, daß der Inhalt dieses (einseitigen) Schreibens als verbindliche Beschreibung des Vertragsinhalts des (gegensei-

---

[345] Bernd-Olaf Küppers, Ursprung, S. 89 weist darauf hin, daß der in der Abbildung gezeigte Kurvenverlauf nur auf einer Plausibilitätsbetrachtung beruht und daher nur heuristischen Wert hat; er erlaubt keine Quantifizierung des Informationsgehalts und bildet nur die einfachste Hypothese über den Kurvenverlauf ab.

[346] Bernd-Olaf Küppers, Ursprung, S. 91.

tigen) Vertrages gilt, sofern der Empfänger nicht unverzüglich widerspricht. Der Fall Bestätigung = 100% liegt also nur scheinbar vor.

Das Konzept der auf Erstmaligkeit und Bestätigung beruhenden Information erlangt besondere Bedeutung, wenn es um die Frage der Entstehung von Information geht. Denn es zeigt sich, daß semantische Information nur entstehen kann, wenn neben der Bestätigung von Vorwissen auch erstmalige, das Vorwissen überschreitende Information hinzukommt, die dann auf der pragmatischen Ebene selektiv bewertet werden muß, um Aufnahme in das für relevant gehaltene semantische Bezugssystem zu finden.

3.2. *Information bei Luhmann und Küppers*

Wenn wir daran denken, diese Überlegungen zum Informationsbegriff heranzuziehen, um die Frage nach den Bedingungen struktureller Kopplungen von sozialen Systemen zu präzisieren, müssen wir im Sinne der methodischen Vorbemerkung zunächst prüfen, ob der Informationsbegriff, den Küppers reflektiert, hinreichend kompatibel ist mit dem grundlegenden theoretischen Ansatz Luhmanns. Zweifel könnten sich schon daraus ergeben, daß bei Küppers wie bei der Shannonschen Informationstheorie von Sender und Empfänger, von Übertragung und Übertragungskanälen die Rede ist. Es mag also der Eindruck naheliegen, daß der Informationsbegriff, mit dem Küppers sich beschäftigt, gerade jener Übertragungsmetapher verhaftet ist, die Luhmann verwirft und überwinden will.

a) Sinn und Information bei Luhmann

Fragen wir also zunächst nach dem Informationsbegriff bei Luhmann. Luhmann geht allerdings nicht vom Informationsbegriff aus, sondern vom Sinnbegriff. Sowohl das individuelle Bewußtsein als auch soziale Systeme sind nach Luhmann sinnverarbeitende Systeme, sie operieren in der Form von Sinn. Was Sinn ist, beschreibt Luhmann in Anknüpfung an Edmund Husserl und Alfred Schütz folgendermaßen:

„Das Phänomen Sinn erscheint in der Form eines Überschusses von Verweisungen auf weitere Möglichkeiten des Erlebens und Handelns. Etwas steht im Blickpunkt, im Zentrum der Intention, und anderes wird marginal angedeutet als Horizont für ein Und-so-weiter des Erlebens und Handelns. Alles, was intendiert wird, hält in dieser Form die Welt im ganzen sich offen, garantiert also immer auch die Aktualität der Welt in der Form der Zugänglichkeit. Die Verweisung selbst aktualisiert sich als Standpunkt der Wirklichkeit, aber sie bezieht nicht nur Wirkliches (bzw. präsumtiv Wirkliches) ein, sondern auch Mögliches (konditional Wirkliches) und Negatives (Unwirkliches, Unmögliches). Die Gesamtheit der vom sinnhaft intendierten Gegenstand ausgehenden Verweisungen gibt mehr an die Hand, als faktisch im nächsten Zuge aktualisiert werden kann."[347]

Sinn-Systeme operieren, indem sie fortlaufend **Selektionen** aus einem Welthorizont von Alternativen vornehmen, mit jeder Selektion aber zugleich auf den fortbestehenden Horizont anderer Alternativen **verweisen** und dadurch den **Anschluß** weiterer Selektionen aus dem Horizont von Alternativen erzwingen: „Also **zwingt** die Sinnform durch ihre Verweisungsstruktur den nächsten Schritt zur **Selektion**."[348]

Man mag Luhmanns Formulierungen zum Sinnbegriff als unnötig kompliziert und verwirrend empfinden. Richtig ist aber auch, daß der Sinnbegriff, den Luhmann verwendet, sich im Ansatz nicht wesentlich von den geläufigen Verständnissen des Sinnbegriffs unterscheidet,[349] deren Gemeinsamkeit Esser darin sieht, daß es um Vorgänge der Einordnung von zunächst isolierten Elementen in einen übergeordneten Zusammenhang geht.[350] Unter Sinn wird also keine absolute, sondern eine relationale Eigenschaft verstanden. Aufgrund der Einordnung in einen Zusammenhang gibt es Anschlußmöglichkeiten und tatsächlich realisierte Anschlüsse. Dabei ist wichtig, daß die Einordnung nie fest und unverrückbar, sondern eine Frage der Selektion vor dem Hintergrund von Alternativen ist, und daß die aktuelle Realisierung einer Selektion die anderen, nicht gewählten Alternativen grundsätzlich nicht vernichtet, sondern - für zukünftige Selektionen - weiter offenhält.[351] Der so verstandene Sinnbegriff ist für jede verstehend-erklärende Soziologie unverzichtbar. In dieser Gemeinsamkeit mit anderen, in der Soziologie geläufigen Verständnissen erschöpfen sich Luhmanns Überlegungen zum Sinnbegriff indessen nicht. Sein spezifischer theoretischer Ansatz besteht darin, daß er die ursprünglich in der Phänomenologie Husserls und in der Soziologie Alfred Schütz' auf die individuellen Prozesse der Wahrnehmung und der selektiven Interpretation von Sinnesdaten bezogene Idee der Selektion einer subjektiven „Wirklichkeit" aus einem Welthorizont auf die sozialen Selektionen des kommunikativen Prozesses bezieht.[352] Damit erscheinen soziale Systeme als sinnverarbeitende Systeme,

---

[347] Niklas Luhmann, Soziale Systeme, S. 93 f.
[348] Niklas Luhmann, Soziale Systeme, S. 94.
[349] Vgl. dazu Hartmut Esser, Soziologie, Frankfurt am Main und New York 1993, S. 485 ff.
[350] Hartmut Esser, a.a.O., S. 490, 491.
[351] Hartmut Esser, a.a.O., S. 491.
[352] Hartmut Esser, a.a.O., S. 501.

3. Überlegungen zum Begriff und zur Entstehung von Information

in deren Operationen eigenständiger Sinn konstituiert wird und nicht nur nach bestimmten Gesetzen die Folgen von Handlungen ausgemittelt werden, deren Sinn von den Individuen konstituiert wird. Diese Sichtweise trägt zu der ungewohnten, soziale Systeme mit anthropomorphen Wendungen beschreibenden Sprache Luhmanns bei.

Auf der Grundlage des Sinnbegriffs wird verständlich, daß es eine einfache „Übertragung" von Information im Kontext sozialer Systeme nicht geben kann, nicht einmal im Hinblick auf die internen Operationen des sozialen Systems. Im Falle von Kommunikation spricht Luhmann von „doppelter Kontingenz"[353], weil sowohl in der Position des Mitteilenden als auch in der Position des Verstehenden eine kontingente Entscheidung erforderlich ist, eine Festlegung, die immer auch anders möglich wäre. Luhmann macht in diesem Zusammenhang auch darauf aufmerksam, daß das Resultat von Kommunikation nicht die Herstellung von (vollständigem) Konsens ist, sondern die Schaffung eines Überschusses an Informationsmöglichkeiten (Redundanz) und die Entstehung von Abweichungen bis hin zum Protest (Differenz).[354] Es wäre also eine verfehlte Vorstellung anzunehmen, Kommunikation in sozialen Systemen führe zur Verbreitung identischer Information.

Die Besonderheit der Kommunikation in sozialen Systemen liegt nach der Theorie Luhmanns darin, daß die Verständigung nicht unmittelbar von Mensch zu Mensch oder von Bewußtsein zu Bewußtsein erfolgt, daß Gesellschaft also - auch entgegen Maturana - gerade nicht aus der strukturellen Kopplung unmittelbar zwischen den Individuen entsteht, sondern aus der strukturellen Kopplung der Individuen an ein Drittes, ein Kommunikationssystem, das die unmittelbaren Beziehungen zwischen Individuen, die zum Beispiel die frühe Mutter-Kind-Beziehung auszeichnen, überlagert, auf das die Individuen sich andererseits immer nur partiell, mit ausgewählten Teilen ihrer Persönlichkeit einlassen.[355] Wir haben es also nach Luhmann bei Kommunikationen in sozialen Systemen nicht einfach mit einem Menschen als Sender und einem anderen Menschen als Empfänger zu tun, sondern mit einer komplexeren Struktur: Individuelles Bewußtsein von „Alter" / strukturell gekoppelt mit / Kommunikationssystem / strukturell gekoppelt mit / Individuelles Bewußtsein von „Ego". Strukturelle Kopplungen bestehen also jeweils zwischen Individuum und sozialem System, nicht zwischen Individuum und Individuum. Unser Problem ist, ob und

---

[353] Niklas Luhmann, Soziale Systeme, S. 148 ff.; Gesellschaft, S. 332.
[354] Niklas Luhmann, Soziale Systeme, S. 236 ff.
[355] Niklas Luhmann, Gesellschaft, S. 24 und 211.

unter welchen Bedingungen im Verhältnis zwischen Individuum und sozialem System Information entsteht, die strukturelle Kopplung erklären kann. Wir müssen deshalb fragen, ob die dargestellten Überlegungen zum Informationsbegriff etwas zur Klärung oder wenigstens zur Präzisierung der Frage beitragen können, wie strukturelle Kopplung zwischen Individuum und sozialem System möglich ist.

Im Fall des Verhältnisses zwischen Individuum und sozialem System kann man offenbar nicht ohne weiteres von Sender und Empfänger sprechen. Das Individuum richtet seine Nachricht seiner Intention nach an andere Individuen und nicht an ein Kommunikationssystem. Und kann man das Kommunikationssystem als Empfänger der Nachrichten von Individuen und als Sender von Nachrichten an Individuen auffassen? Lassen sich die Überlegungen von Küppers zum Informationsbegriff dann überhaupt auf das Verhältnis zwischen Individuum und sozialem System beziehen?

Um die Überlegungen von Küppers zum Informationsbegriff auf das Problem der strukturellen Kopplung zwischen Individuum und sozialem System in der Konzeption Luhmanns beziehen zu können, können wir aber eine abstraktere Fassung des Informationsbegriffs wählen. Statt von Nachrichten zu sprechen, die ein intentional handelndes Subjekt als Verursacher voraussetzen, können wir auch abstrakter von Ereignissen und Verursachung von Ereignissen sprechen. Und anstelle des Empfängers einer Nachricht sprechen wir von einem informationsverarbeitenden System, das aus einem Ereignis Information gewinnt.

Eine solche abstraktere Fassung des Informationsbegriffs ist auch bei der Frage nach der Entstehung biologischer Information angebracht, um die es Küppers geht. Vererbung und Morphogenese kann man zwar plausibel auch als Vorgänge der Übertragung biologischer Information beschreiben. Aber das Erklärungsziel, für das Küppers eine Präzisierung des Informationsbegriffs braucht, ist die erstmalige Entstehung von Strukturen, die den Aufbau eines lebenden Organismus steuern, also biologisch wirksame Information enthalten. Diese Frage läßt sich nicht mit dem Modell der Übertragung bereits vorhandener biologischer Information beantworten. Denn die Information, deren Entstehung erklärt werden soll, ist weder in bereits existierenden Genen, noch in einem schon existierenden Organismus noch gar in der sonstigen Umwelt irgendwo bereits als solche vorhanden, so daß sie nur abgerufen oder übertragen werden könnte.

Ein weiterer Aspekt der Überlegungen Luhmanns zum Sinnbegriff betrifft die Rolle der Kausalität. Der Gesichtspunkt der Kausalität im Sinne

3. Überlegungen zum Begriff und zur Entstehung von Information

isolierter und eindeutig bestimmbarer Ursachen kann für das Verständnis von Systemen, die im Medium Sinn operieren, nicht die gleiche Rolle spielen, die sie im Zusammenhang naturwissenschaftlicher Beschreibungen physikalischer oder chemischer Prozesse spielt. Es geht dabei nicht nur um die eigentlich banale Einsicht, daß es keine unmittelbaren energetischen, physikalischen oder chemischen Ursachen für bestimmte Strukturen sozialer Systeme gibt. Wichtiger und weitreichender noch ist die Erkenntnis, daß Operationen in der Form von Sinn nur möglich sind, wenn vorausgesetzt wird, daß es für jede Operation Alternativen, also mehr als nur eine Möglichkeit gibt, so daß eine Auswahl möglich ist, aber auch getroffen werden muß. Determination im strikten Sinne kann es also für soziale Systeme nicht geben. Gesucht werden kann nur nach den Einschränkungen (constraints) für die möglichen Relationen der Elemente in sozialen Systemen.[356]

Hier liegt auch ein wichtiger Ansatzpunkt für das Verständnis der Bedeutung von Kausalität in einer an der Differenz von System und Umwelt orientierten Theorie: Systemgrenzen markieren keinen Abbruch von kausalen Zusammenhängen. Der Grenzbegriff besagt lediglich, daß grenzüberschreitende Prozesse (zum Beispiel des Energie- oder Informationsaustausches) beim Überschreiten der Grenze unter andere Bedingungen der Fortsetzung gestellt werden.[357] Die Grenzlinie von System und Umwelt kann nicht als Isolierung und Zusammenfassung der „wichtigsten" Ursachen im System begriffen werden. Stets wirken an allen Effekten System und Umwelt zusammen. Im Bereich sozialer Systeme gilt das, wie Luhmann ausdrücklich feststellt, allein schon deshalb, weil es ohne das Bewußtsein psychischer Systeme kaum zu Kommunikationen kommen kann.[358]

Die Frage lautet also: Wie wird Ursächlichkeit auf System und Umwelt verteilt? Und die Antwort wird auf einer allgemeinen systemtheoretischen Ebene mit dem Begriff der Produktion und seiner Derivate (Reproduktion, Selbstreproduktion, Autopoiesis) gegeben. Der Begriff der Produktion bezeichnet den Fall, daß **einige**, aber **nicht alle** Ursachen, die zum Bewirken bestimmter Wirkungen nötig sind, unter Kontrolle durch ein System eingesetzt werden können.[359]

Systeme, die in der Form von Sinn operieren, also psychische und soziale Systeme, kontrollieren nur einige, aber nicht alle Faktoren, die als Ur-

---

[356] Niklas Luhmann, Soziale Systeme, S. 44, 45.
[357] Niklas Luhmann, Soziale Systeme, S. 35, 36.
[358] Niklas Luhmann, Soziale Systeme, S. 40.
[359] Niklas Luhmann, Soziale Systeme, S. 40.

sachen auf die Prozesse im System einwirken. Aber durch die Kontrolle einiger Faktoren stellen sie sicher, daß Umwelt für sie nur in der Form von Sinn gegeben ist, daß Ereignisse der Umwelt also in die Form von Sinn umgewandelt werden müssen, um innerhalb des Systems wirksam werden zu können.[360] Die auf Wahrnehmung, Beobachtung und Beschreibung beruhende Umweltbeziehung von Sinnsystemen bezeichnet Luhmann mit dem Begriff **Information**. Information ist ein Ereignis, das Systemzustände auswählt.[361]

b) Übereinstimmungen

Der Informationsbegriff, den Luhmann hier verwendet, stimmt mit wesentlichen Aspekten des Informationsbegriffs bei Küppers überein. Luhmann verweist insofern auf den Informationsbegriff, der der Shannonschen Informationstheorie zugrunde liegt, als sie den Entscheidungsgehalt der Auswahl aus einem Repertoire von Möglichkeiten mathematisch modelliert, Information also als Selektion begreift. Auch die weiteren, über die syntaktische Dimension hinausgehenden Überlegungen von Küppers zur semantischen und pragmatischen Dimension von Information decken sich in wichtigen Punkten mit Überlegungen Luhmanns. Information ist zum einen auch in den Überlegungen von Küppers nicht ein „Ding", das fertig vorliegt und als solches übertragen werden könnte. Sender und Empfänger haben ihr jeweils eigenes semantisches Vorwissen. Der Empfänger muß eine Information erst mit Hilfe seines syntaktischen und semantischen Wissens codieren, in Zeichen übersetzen, bevor er sie als Nachricht übermitteln kann. Und der Empfänger muß dann seinerseits wieder die übermittelten Zeichen als Symbole entschlüsseln und in sein semantisches Bezugssystem einordnen, er muß die Nachricht also decodieren, um Information zu erzeugen, und er ist dafür seinerseits auf die Kenntnis der Symbolstrukturen und passender semantischer Bezugssysteme angewiesen. Es finden also die Selektionen der Information, der Mitteilung und des Verstehens statt. Nur unter der Annahme einer vollständig übereinstimmenden Verständigungsstruktur und bei fehlerloser Übertragung der Strukturinformation wäre die Information für Sender und Empfänger identisch. Man kann das bei technischen Informationssystemen anstreben. Das ist der praktische Bezugspunkt der Shannonschen Informationstheorie. Es wäre aber nicht plausibel anzunehmen, daß diese Voraussetzungen in der Realität sozialer Kommunikation jemals gegeben wären. Die Grundannahme Luh-

---

[360] Niklas Luhmann, Soziale Systeme, S. 95, 102.
[361] Niklas Luhmann, Soziale Systeme, S. 102.

manns, daß jedes autopoietische System über seine je eigene Verständigungsstruktur, über eigene Beobachtungsschemata verfügt, läßt sich deshalb mit den dargestellten Überlegungen zum Informationsbegriff grundsätzlich durchaus vereinbaren. Und schließlich beschreibt der Begriff der strukturellen Kopplung nichts anderes als die partielle Übereinstimmung der semantischen Verständigungsstrukturen, nur hebt Luhmann hervor, daß diese Übereinstimmung im Verhältnis autopoietischer Systeme immer nur auf „windows" beschränkt ist.

Zum anderen lassen sich auch bei Luhmann Überlegungen zur pragmatischen Dimension von Information finden. Luhmann definiert Information als ein Ereignis, das Systemzustände auswählt.[362] Den pragmatischen Aspekt von Information beschreibt Küppers im Zusammenhang seiner Untersuchung der evolutionären Entstehung der biologischen Information ganz ähnlich:

„Der pragmatische Aspekt von Information zeigt sich dort, wo eine Nachricht oder ein Ereignis den Empfänger im weitesten Sinne verändert. Unter „Veränderung" soll hier sowohl jede strukturelle Veränderung des Empfängers als auch jede beim Empfänger hervorgerufene Bereitschaft für eine zielgerichtete Handlung verstanden werden."[363] Und auch zu Weizsäckers These, daß Information nur sei, was Information erzeugt, findet sich ein passendes Gegenstück: Anknüpfend an eine Formulierung bei Gregory Bateson definiert Luhmann Informationen als Unterschiede, die im System einen Unterschied machen, den Zustand des sie prozessierenden Systems verändern.[364]

3.3. *Informationstheoretische Defizite des Luhmannschen Evolutionskonzepts*

Die Überlegungen von Küppers zur Präzisierung des Informationsbegriffs stehen also nicht schon im Ansatz im Widerspruch zur Fragestellung und zur Grundanlage der Theorie Luhmanns. Sie sind aber, wie nun zu zeigen ist, geeignet, in mehreren Punkten empfindliche Defizite des Evolutionskonzepts bei Luhmann aufzudecken.

---

[362] Soziale Systeme, S. 102.
[363] Bernd-Olaf Küppers, Ursprung, S. 85.
[364] Niklas Luhmann, Gesellschaft, S. 66, 86; Gregory Bateson, Geist und Natur. Eine notwendige Einheit, Frankfurt am Main 1987, S. 123; ders., Ökologie des Geistes. Anthropologische, psychologische, biologische und epistemologische Perspektiven, Frankfurt am Main 1985, S. 582.

a) Hierarchie semantischer Ebenen

Küppers weist mit seiner Unterscheidung von Makro- und Mikroebene darauf hin, daß Information nur in Bezug auf verschiedene semantische Ebenen existiert. Ebenso stellt sich syntaktische Information als Auswahl aus einer Vielzahl von Alternativen der geometrischen Anordnung von Strukturen dar. Kriterium dieser Auswahl ist die Eignung als Symbol nach Maßgabe zum Beispiel eines Alphabets. Semantische Information wiederum beruht auf der Auswahl einer bestimmten Anordnung dieser Symbole aus der Vielzahl möglicher alternativer Anordnungen. Kriterium dieser Auswahl ist die Bedeutung (der Sinn) nach Maßgabe eines semantischen Bezugssystems. Diese zweite Auswahl setzt die erste bereits voraus. Derartige hierarchische Ebenen berücksichtigt Luhmann weder beim Begriff der Information noch in seiner Konzeption der Kommunikation. Wenn man sie nicht schon grundsätzlich wegen der ausdrücklich formulierten Skepsis Luhmanns gegenüber der Konzeption hierarchischer Systemebenen[365] für unvereinbar mit der Grundanlage seiner Theorie hält, muß man zumindest feststellen, daß seinem Kommunikationsbegriff eine hierarchische Struktur des Informationsbegriffs fremd ist. In Luhmanns Begriff der Kommunikation als Synthese der Selektionen einer Information, einer Mitteilung und eines Verstehens stehen die Selektion einer Information und die Selektion einer Mitteilung gleichrangig nebeneinander, sie sind seriell angeordnet. Betont wird nur, daß Information und Mitteilung unterschieden werden müssen, damit Verstehen möglich ist. Folgt man dagegen dem Gedanken, daß die Selektion einer Information und die Selektion einer Mitteilung in einer hierarchischen Beziehung zueinander stehen, würde sich eine abweichende Konstruktion des Kommunikationsbegriffs aufdrängen: Kommunikation müßte dann als Synthese von **zwei** Selektionen, der Mitteilung einer Information und des Verstehens einer Information, aufgefaßt werden, wobei jede dieser Selektionen wiederum mindestens zwei, möglicherweise aber auch mehr als zwei hierarchisch aufeinander aufbauende Selektionen voraussetzt, die Auswahl der Mitteilung (Strukturinformation, Symbol) und die Auswahl einer Information (Sinn, semantischer Gehalt). Auch und gerade das für Luhmann so wichtige Verstehen würde danach aus hierarchisch aufeinander bezogenen Selektionen bestehen. Verstehen setzt zunächst die Auswahl eines bestimmten Ereignisses als eine möglicherweise bedeutsame Nachricht oder Mitteilung aus der Vielzahl sonstiger Ereignisse und erst darauf aufbauend die Auswahl eines bestimmten Sinnes aus der Vielzahl möglicher Deutungen der Nachricht voraus.

---

[365] Vgl. Niklas Luhmann, Gesellschaft, S. 58.

b) Übertragung von Strukturinformation

Diese Überlegungen führen zu einem weiteren Gesichtspunkt, der bei Luhmann eher vernachlässigt wird: Alle Auflösung der dinghaften Assoziationen, die in der Metapher der Übertragung von Information mitschwingen, zugunsten der Betonung der operativen Elemente und des Entscheidungsgehalts der Selektionen und Unterscheidungen, die bei Kommunikationen stattfinden, rechtfertigt nicht die Annahme, daß Information völlig ohne jedes Moment der Übertragung auskommen könne. Das gilt nicht nur für die technische Übertragung von Informationen, auf die die Shannonsche Informationstheorie ausgerichtet ist. Auch biologische Information existiert nicht losgelöst von den materiellen Strukturen, die Träger der biologischen Evolution sind. Und ohne die grundlegenden Eigenschaften einer bestimmten Klasse von Stoffen, der Nukleinsäuren, ohne deren Merkmale der Selbstreproduktivität, des Metabolismus und der Mutabilität wären Vererbung und Morphogenese und damit biologisch wirksame Information nicht möglich.[366] Zugleich begrenzen die chemischen Eigenschaften der Trägersubstanzen der biologischen Information und der weiteren, am Biosynthesezyklus beteiligten Substanzen die Möglichkeiten biologisch wirksamer Information.

Die Strukturinformation muß also in ein Medium eingeprägt werden, das geeignet ist, als Träger von Symbolen zu fungieren und Information zu verschlüsseln. Im Fall der biologischen Information wird die informationstragende materielle Struktur reproduziert und rekombiniert (Vererbung) und abgelesen (Genexpression, Morphogenese), sie wird also identisch neu aufgebaut und in der Steuerung der Morphogenese getreu umgesetzt, insofern also von Genom zu Genom und von Genom zu Soma „übertragen".

Bei der Kommunikation mag es an einer mit biologischer Vererbung und Morphogenese vergleichbaren Genauigkeit der Kopie und der Umsetzung fehlen. Grundsätzlich setzt aber auch mündliche oder schriftliche Kommunikation voraus, daß die sprachlichen Symbole mittels dafür geeigneter akustischer und optischer Medien übertragen werden.

Luhmann reflektiert, wie gezeigt, eingehend die Bedeutung der Sprache als Medium sowohl des Denkens als auch der Kommunikation. Aber Sprache beinhaltet ihrerseits symbolische Strukturinformation, die in ein geeignetes Medium wie Schall, Licht oder die Schwingungen eines neuronalen Netzes eingeprägt werden muß. Und diese Medien bewerkstelligen eine Übertragung einer Struktur, die als Symbol dient. Dieses Moment der

---

[366] Bernd-Olaf Küppers, Ursprung, S. 197 ff., 204 f.

Übertragung wird aber bei Luhmann marginalisiert, weil er sich für ein systemtheoretisches Konzept entscheidet, das soziale Systeme als Sinn-Systeme versteht, die operational vollständig geschlossen sind. Damit werden alle Vorgänge, die die der Sinnkonstitution vorausliegende Symbolstruktur und deren Übertragung betreffen, der Umwelt des Systems zugerechnet. Anders als die biologische Zelle, deren Zellwand Rezeptoren für energiereiche materielle Strukturen aufweist, hat das soziale System in der Konzeption Luhmanns keine definierten Rezeptoren, die der Aufnahme von symbolisch wirksamen Strukturen dient. Und ebensowenig gibt es Vorrichtungen für die Abgabe von Strukturinformation an die Umwelt des sozialen Systems.

Könnte es nicht vielmehr so sein, daß auch Kommunikation in sozialen Systemen ein reales Moment der Übertragung voraussetzt, und daß strukturelle Kopplungen zwischen sozialen Systemen und individuellen Bewußtseinssystemen nur deshalb zustande kommen können, weil gedanklicher Sinn in sprachlichen Symbolen ausgedrückt werden kann, die ihrerseits mit hoher Genauigkeit über akustische oder optische Übertragungsmedien in Kommunikation und damit in soziale Systeme eingebracht und dort zur Informationsgewinnung genutzt werden können? Die Unterscheidung zwischen Makroebene und Mikroebene bei Küppers schärft den Blick dafür, daß die Selektionen, die auch das soziale System in der Konzeption Luhmanns durchführt, eine Auswahl aus einer Fülle der unter syntaktischen Gesichtspunkten möglichen Strukturinformationen nach dem Kriterium einer semantischen Verständigungsstruktur erfordert. Die sinnkonstituierende Entschlüsselung der Bedeutung eines Ereignisses in der Umwelt des sozialen Systems setzt also voraus, daß das soziale System überhaupt in der Lage ist, ein Ereignis in seiner Umwelt als Ereignis mit Strukturinformationswert zu erfassen. Im Falle eines sozialen Kommunikationssystems kommen dafür nur solche Ereignisse in Frage, die in den Übertragungsmedien der Kommunikation stattfinden. Andere Ereignisse, sei es ein Erdbeben oder ein einfallender Vogelschwarm, können Kommunikation nicht unmittelbar irritieren, sie können allenfalls destruktiv auf Kommunikation einwirken. Denn sie eignen sich nicht als Symbole mit Strukturinformationswert, aus der mit Hilfe eines semantischen Bezugssystems Information gewonnen werden kann. Mikro- und Makroebene, syntaktische und semantische Dimension der Information, sind aufeinander bezogen. Nur das ist Strukturinformation, woraus nach dem jeweiligen semantischen Bezugssystem Information gewonnen werden kann. Damit wird unsere Aufmerksamkeit auf die Frage gelenkt, welches die Ereignisse sind, die im Verhältnis von Individuum und sozialem System Strukturinformationswert haben können. Es sind offenbar solche lautlichen und schriftlichen Äußerungen, aber auch Gebärden oder Handlungen wie die Hingabe von Geld, die von menschlichen Individuen verursacht werden, oft intentional mit dem Ziel der Verständigung, unter Umständen aber auch unwillkürlich, spontan, unfreiwillig, jedenfalls aber Handlungen in der physischen Realität, die nur deshalb Kommunikation irritieren oder anregen können, weil sie Symbolwert für das Kommunikationssystem haben. Das semantische „Vorwissen" des sozialen Systems ist nicht identisch mit dem subjektiven semantischen Vorwissen der zahlreichen Individuen. Aber die Strukturinformation, die Auswahl der als Träger von Sinn in Frage kommenden Symbole aus der Vielfalt möglicher akustischer und optischer Ereignisse, wirkt offensichtlich sowohl in sozialen Systemen als auch in individuellen Bewußtseinssystemen, wobei wir an dieser Stelle nur vermuten können, daß das Denken in der Lage ist, Ereignisse, die in sozialer Kommunikation Symbolwert haben, zu beobachten und dieses Wissen dazu zu benutzen, um Handlungen zu steuern und Ereignisse herbeizuführen, die geeignet sind, in der Kommunikation als Symbol zu wirken. Andererseits kann man vermuten, daß die Wahrnehmung von Ereignissen, die in sozialer Kommunikation Symbolwert haben, und die Entschlüsselung der Bedeutung dieser Ereignisse Einfluß auf das individuelle Denken haben. Das könnte, so vermuten wir also, der Mechanismus sein, der der beobachteten strukturellen Kopplung zwischen Denken und Kommunikation, zwischen Bewußtsein und Gesellschaft, zugrunde liegt.

c) Das pragmatische Defizit des Luhmannschen Evolutionskonzepts

Vor allem aber regen die Überlegungen von Küppers zur pragmatischen Dimension von Information dazu an, die Konsequenzen der Entscheidung Luhmanns für die Annahme einer ausschließlich internen Strukturselektion im Hinblick auf die evolutionstheoretische Erklärung der Entstehung und Innovation von Information in sozialen Systemen zu überdenken. Küppers zeigt mit Bezugnahme auf das Konzept von Erstmaligkeit und Bestätigung, daß semantische Information voraussetzt, daß die Nachricht oder das Ereignis, aus dem Information gewonnen wird, unter pragmatischen Aspekten selektiv bewertet wird, mit anderen Worten, daß die Nachricht dem Empfänger auch praktisch etwas „bedeutet", ihn zum Beispiel zu Handlungen veranlaßt oder in anderer Weise Zustandsveränderungen, etwa Erbleichen oder Erröten, beim Empfänger auslöst. Wenn wir uns fragen, wie es mit der selektiven Bewertung von Ereignissen unter pragmatischen Aspekten im Falle des sozialen Systems aussieht, stoßen wir auf ein Problem. Luhmann nimmt zwar an, daß der Zustand eines sinnkonstituierenden Systems, also sowohl eines individuellen psychischen Systems als auch eines sozialen Systems, durch Ereignisse in der Umwelt des Systems verändert wird, wenn das System sie als Information bewertet. Aber unter welchen Voraussetzungen gewinnt das soziale System aus Ereignissen, die es seiner Umwelt zurechnet, Information? Möglich ist das an sich nur, wenn das soziale System bereits über entsprechende Auffassungs- oder Beobachtungsschemata verfügt, also im Sinne von Küppers über das semantische Vorwissen, das das System überhaupt erst in die Lage versetzt, das Ereignis als bedeutsames Ereignis zu deuten und von der nahezu unbegrenzten Zahl von sonstigen Ereignissen in der Umwelt zu unterscheiden, die für das System bedeutungslos sind. Dann könnte es allerdings genau genommen überhaupt keine neue Information in sozialen Systemen geben. Das Konzept der Erstmaligkeit und der Bestätigung bedeutet im Zusammenhang sozialer Kommunikation: Information kann nicht entstehen, wenn ein Ereignis keinerlei Bestätigungswert hat, wenn es, anders gesagt, für eine sinnvolle Deutung und Einordnung des Ereignisses im semantischen Wissen des Systems keinen Anknüpfungspunkt gibt. Andererseits kann Information aber auch nicht entstehen, wenn das Ereignis keinen Neuigkeitswert hat, sondern nur schon vorhandenes Wissen bestätigt. Das läßt sich bis dahin noch gut mit den Überlegungen Luhmanns zur Abhängigkeit des Beobachtens von entsprechenden Beobachtungsschemata vereinbaren. Wenn es aber darum geht, eine Erklärung für die erstmalige Entstehung von (biologischer oder sozialer) Information oder für die Innovation von Information zu geben, muß sehr genau gefragt werden, was das jeweilige System dazu veranlassen kann, erstmals aus einem Ereignis, dem es bis dahin keine (oder eine andere) Bedeutung zugemessen hatte, Information zu gewinnen. Begrifflich dürfte es so etwas wie erstmalige Information nicht geben, wenn Information voraussetzt, daß Erstmaligkeit **und Bestätigung** vorhanden sind. Aber auch im Falle der Innovation vorhandener Information verschärft sich der Erklärungsbedarf in dem Maße, in dem die Bestätigung abnimmt und die Erstmaligkeit zunimmt. Im Fall der Kommunikation in sozialen Systemen lautet die Frage zum Beispiel: Wie ist es möglich, daß eine Gesellschaft, der juristische Personen unbekannt sind, die Vorstellung einer juristischen Person entwickelt und in weitem Umfang kommunikativ verwendet? Oder: Wie ist es möglich, daß in einem Rechtssystem, das nur eine Haftung aufgrund vertraglicher Bindung oder aufgrund Verschuldens kennt, der Gedanke einer verschuldensunabhängigen Gefährdungshaftung auftaucht und sich durchsetzt? Schließlich, um ein letztes Beispiel zu nennen: Wie ist es möglich, daß in einem Rechtssystem, dessen Ordnungsrecht vom Begriff der Gefahrenabwehr beherrscht wird, die Pflicht des Betreibers einer An-

3. Überlegungen zum Begriff und zur Entstehung von Information

lage zur Risikovorsorge eingeführt wird, die weit vor der Grenze der konkreten Gefahr eines Schadens einsetzt?

Aus der Sicht Luhmanns würde eine erste Antwort lauten: Zufall.[367] Abweichende Kommunikation ist aus der Perspektive des sozialen Systems ein zufälliges Ereignis. Zufällig nicht in dem Sinn, daß es dafür überhaupt keine erkennbaren Ursachen gäbe, sondern in dem Sinn, daß es sich um ein Ereignis handelt, das weitgehend außerhalb der Kontrolle des Systems liegt. In diesem Sinn sind etwa auch die innovativen Ideen von Rechtsgelehrten oder die Motive und Interessen von Parlamentariern aus der Sicht des Rechtssystems zufällige Ereignisse.

Die spannende Frage lautet aber dann, wie erklärt werden kann, warum eine derartige, aus der Perspektive des sozialen Systems zufällige, abweichende Kommunikation nicht so schnell wie möglich wieder fallengelassen wird, sondern sich durchsetzt und sogar zu einer Veränderung der Strukturen des sozialen Systems führt, also das semantische Vorwissen ändert, das zukünftige Kommunikationen kontrolliert. Wenn wir diese Frage unter dem Aspekt von Erstmaligkeit und Bestätigung analysieren, zeigt sich die Bedeutung der pragmatischen Dimension von Information in voller Schärfe. Je stärker nämlich ein einzelnes Ereignis in der Kommunikation von den überkommenen Kommunikationsstrukturen abweicht, vor allem dann, wenn es im Widerspruch zu ihnen steht und nicht nur Lücken ausfüllt und Vorhandenes sinnvoll ergänzt, bedarf es einer Erklärung für die Integration der Abweichung.

Es geht an dieser Stelle um die Frage, welche Selektionskriterien die Auswahl von Ereignissen, die kaum oder schlecht zu den vorhandenen Systemstrukturen passen oder ihnen widersprechen, als bedeutsame Ereignisse, aus denen das System Information gewinnt, erklären können. Eine ausschließlich interne Strukturselektion, deren Kriterium die Übereinstimmung mit den gegebenen Strukturen des Systems wäre, stößt hier offensichtlich an Grenzen. Luhmann hat allerdings bereits eine gewisse Dynamik eingebaut, indem er den „Strukturaufbauwert" abweichender Kommunikation als Selektionskriterium beschreibt. Nicht die Übereinstimmung mit den etablierten Strukturen, sondern die Eignung zum Weiterbau der Strukturen ist also entscheidend. Aber auch mit diesem dynamischeren Kriterium dürfte die Erklärungskraft einer ausschließlich internen Selektion nicht ausreichen. Wenn nicht der Grad an Übereinstimmung mit den bekannten Beobachtungsschemata ausschlaggebend ist, woher gewinnt das System dann die Kriterien für den Strukturaufbauwert? Struktursektion

---

[367] Vgl. zum Beispiel Niklas Luhmann, Gesellschaft, S. 449, 450.

als Erklärung wäre noch einleuchtend, solange die Abweichung Detailprobleme löst und sich derart in das Überkommene einfügt, daß sie dazu hilft, die tragenden Strukturen des Systems zu stabilisieren. Aber wie kann man dann die Entwicklung und Ausbreitung innovativer Kommunikation erklären, die überkommene Strukturen zunächst einmal destabilisieren und einen tiefgreifenden Umbau tragender Strukturen des sozialen Systems nach sich ziehen? Kann man, so wäre etwa zu fragen, den Übergang von einer feudal-ständischen zu einer modernen bürgerlich-kapitalistischen Gesellschaft plausibel als Ergebnis der Selektion zufälliger Abweichungen anhand ihres „Strukturaufbauwerts" erklären? Oder kann man, um in Kategorien der Differenzierungstheorie Luhmanns zu argumentieren, die Übergänge von stratifikatorischer zu funktionaler Differenzierung mit all ihren Entwertungen etablierter Strukturen auf diese Weise plausibel erklären? Und ist die Durchsetzung des modernen Verfassungsstaats, die doch in schweren und langen gesellschaftlichen Konflikten erfolgt ist, allein eine Frage der Optimierung der inneren Tragfähigkeit von Sinnstrukturen? Sind Grundrechte, parlamentarische Demokratie, allgemeines Wahlrecht, unabhängige Verwaltungsgerichte, sozialstaatliche Sicherungssysteme oder moderner Umweltschutz nur Produkte der Steigerung der internen Komplexität von Sinnstrukturen?

Das Konzept der operationalen und informationellen Geschlossenheit des autopoietischen Systems zwingt Luhmann also zum völligen Verzicht auf externe Selektionskriterien. Das bedeutet, daß die nicht so fern liegende Überlegung, daß Kommunikationsstrukturen und soziale Systeme sich auch in der Realität, im praktischen Zusammenleben der Menschen bewähren müssen, so daß ihre Chancen zur Durchsetzung in der kulturellen und sozialen Evolution auch von pragmatischen Kriterien der Bewährung abhängen, im Evolutionskonzept Luhmanns aus prinzipiellen Gründen der Theorieanlage keine Rolle spielen kann. Luhmann akzeptiert anfangs zwar noch den Gedanken, daß Evolution, auch Sinn-Evolution, „ausprobiert, welche Schemata der Informationsgewinnung und -verarbeitung sich in ihren Anschlußqualitäten (vor allem: prognostisch und handlungsmäßig) bewähren."[368] Jedenfalls wenn man dies als Bewährung in der Realität, also außerhalb der Sinnstrukturen, versteht, ist davon im ausgearbeiteten Konzept der Evolution sozialer Systeme in „Die Gesellschaft der Gesellschaft" keine Rede mehr. Eine solche Vorstellung würde in der Tat auch das Konzept einer ausschließlich internen Strukturselektion sprengen.

---

[368] Niklas Luhmann, Soziale Systeme, S. 104.

d) Symbiotisches Symbol und Realität

Welche Rolle spielt nun die Realität des Zusammenlebens der Menschen in Luhmanns Theorie sozialer Systeme? Welche Bedeutung haben existentielle Bedürfnisse oder die reale Ausübung von Zwang? Daß Kommunikation sich immer auf Realität bezieht, mit realen Vollzügen lockt oder droht, steht natürlich auch für Luhmann außer Frage. Er spricht in diesem Zusammenhang von „symbiotischen Symbolen": So setzt Macht voraus, daß glaubhaft mit der Möglichkeit des Einsatzes von Zwangsmitteln gedroht wird. Oder die Kommunikation zwischen Liebenden spielt mit der Möglichkeit des körperlichen Vollzugs. Aber der reale Vollzug ist etwas anderes als die Kommunikation darüber. Luhmann analysiert diese Beziehung und stellt zum Beispiel fest, daß Macht entwertet wird, wenn von den Möglichkeiten des realen Zwangs nicht nur sparsam und zurückhaltend Gebrauch gemacht wird. In jedem Fall liegt der reale Vollzug außerhalb der Grenzen von Sinn-Systemen. Er ist nur Thema für Kommunikationen. Eine Theorie sozialer Systeme, die sich strikt an die Grenzen von Sinn-Systemen hält und die Selbstbeschreibung der Gesellschaft auch als Grenze ihres Gegenstands akzeptiert, kann deshalb reale Vollzüge auch nur unter dem Gesichtspunkt ihrer Thematisierung in der Kommunikation analysieren. Realität kommt in Luhmanns Theorie nur vor, soweit sie durch symbiotische Symbole bezeichnet und in Bezug genommen wird. Das hindert Luhmann allerdings nicht, umfangreiche und kenntnisreiche Analysen vorzulegen, die sich sprachlich nicht von Beschreibungen unmittelbar beobachteter Realität unterscheiden, und oft vermitteln gerade erst solche Analysen eine Anschaulichkeit und Plausibilität, die mit der Befremdung versöhnt, die die autopoietische Begriffswelt hinterläßt.

4. Überlegungen zu einer evolutionstheoretischen Alternative

Wir können nun die verschiedenen Aspekte der Analyse und Kritik des Evolutionskonzepts bei Luhmann zusammenfassen.

Luhmann paßt das Evolutionskonzept genau an seine systemtheoretische Konzeption des operational und informationell geschlossenen autopoietischen Systems an. Er zieht daraus für die Evolution des sozialen Systems - in sich schlüssig - die Folgerung, daß die Selektionsfunktion in der Evolution sozialer Systeme ausschließlich von den internen Strukturen sozialer Systeme abhängen könne. Externe Selektion findet prinzipiell nicht statt. Und das bedeutet, daß für die Entstehung und Innovation von Information in sozialen Systemen externe, außerhalb der Sinnstrukturen des sozialen Systems angesiedelte Bewertungskriterien keine Rolle spielen können.

Diese Konsequenz erweist sich aber im Hinblick auf die pragmatische Dimension von Information als fragwürdig. Die Annahme, daß die Strukturen des sozialen Systems den Wertmaßstab für die Auswahl abweichender Kommunikationen bilden und so ihre eigene Innovation selektiv steuern, ist wenig plausibel. Sie scheitert insbesondere an der Erklärung von Innovationen, die zumindest vorübergehend die überlieferten Sinnstrukturen des sozialen Systems destabilisieren. Es kommt hinzu, daß auf dieser Grundlage eine Erklärung struktureller Kopplungen als Produkt von Evolution von vornherein ausgeschlossen ist. Diese Konsequenz hat Luhmann selbst gesehen. Er verschweigt auch nicht, daß sich damit ein Großteil der Erklärungslast vom Evolutionskonzept auf den Begriff der strukturellen Kopplung verschiebt. Diese Erklärungslast kann Luhmann aber nicht einlösen, und es ist auch sonst kein Ansatz ersichtlich, der diese Erklärungslast einlösen könnte.

4.1. Ansatzpunkte für ein Konzept externer Selektion

Es scheint aussichtsreicher, den Versuch zu unternehmen, die Entstehung und Innovation von Information in sozialen Systemen, einschließlich der Information, die „strukturelle Kopplungen" im Verhältnis von sozialem System und Bewußtsein und im Verhältnis der funktional differenzierten Teilsysteme untereinander ermöglicht, auf der Grundlage eines Evolutionskonzepts zu erklären, das auch externe Selektion umfaßt. Die entscheidende Schwierigkeit dieses Versuchs besteht darin, daß wir eine „Einheit der Selektion" in der Evolution sozialer Systeme angeben müssen, die einerseits Ausdruck der Information ist, die im sozialen System, also in Kommunikationen produziert und reproduziert wird, die aber andererseits auch dem Selektionsdruck der Umwelt des sozialen Systems ausgesetzt ist. Eine solche Einheit kann es in einem Theoriekonzept, das wie die Theorie sozialer Systeme nach Luhmann die Grenzen der Selbstbeschreibung von Sinnsystemen zugleich auch als Grenze der theoretischen Beobachtung und Beschreibung akzeptieren zu müssen meint, nicht geben.

Wir müssen daher bei unserer Suche grundlegend ansetzen und uns fragen, ob es einen Zugang zur theoretischen Beschreibung des Verhältnisses von Sinnsystemen und der außerhalb ihrer Sinngrenzen liegenden Realität gibt, der den Argumenten, mit denen Luhmann die vereinfachenden Modelle der Übertragung von Information und der Steuerung und Kontrolle

4. Überlegungen zu einer evolutionstheoretischen Alternative

sozialer Systeme von außen in Frage stellt, und der dennoch die aufgezeigten pragmatischen Defizite vermeidet.

Die gestellte Frage erweist sich damit auch als eine Frage an die Erkenntnistheorie. Wie läßt sich der Zusammenhang zwischen den Strukturen des Bewußtseins (kognitiven und affektiven Sinnstrukturen) und den Strukturen der außerhalb der Sinndimension liegenden Realität theoretisch angemessen beschreiben? Luhmann zieht hier im Gefolge des radikalen Konstruktivismus eine strikte Grenze, die der in den Operationen von Sinnsystemen selbst gezogenen Grenze entspricht, und verweist für die Brückenfunktion auf den Begriff der strukturellen Kopplung, der aber keine tragfähige und überzeugende Lösung zu bieten scheint. Auch Luhmann stellt nicht in Abrede, daß es kausale Wechselwirkungen zwischen Sinnsystemen und Ereignissen in der äußeren, physikalischen Realität gibt. Es ist aber sein grundlegendes Credo, daß es unmöglich, jedenfalls aber forschungsstrategisch nicht aussichtsreich sei, die Evolution sozialer Systeme als Folge äußerer Ereignisse, seien es Ereignisse im Denken einzelner Menschen oder Ereignisse in der physischen Realität, zu erklären. Das scheint zunächst einleuchtend zu sein. So wird man zwar nicht bezweifeln, daß eine Symphonie nicht entstehen kann ohne die Beteiligung neuronaler Vorgänge im Gehirn des Komponisten. Dennoch wäre es wenig sinnvoll, wollte man den Versuch unternehmen, eine Symphonie auf der Beschreibungsebene neurophysiologischer Prozesse zu beschreiben oder gar kausal zu erklären.

Dieser grundlegende Einwand ist sehr ernst zu nehmen. Er greift aber, wie die folgenden Überlegungen zeigen sollen, gegenüber einer systemtheoretischen und evolutionstheoretischen Erklärung, die externe Selektion einschließt, nicht zwingend durch.

Die systemtheoretische Beobachtung gilt Beziehungen von Elementen, deren Komplexität die einer einfachen kausalen Beziehung von Ursache und Wirkung übersteigen. Gregory Bateson hat am Beispiel eines getretenen Hundes die für biologische Systeme charakteristischen Kausalverhältnisse anschaulich beschrieben:

„Wenn ich gegen einen Stein trete, dann gebe ich dem Stein Energie, und er bewegt sich mit dieser Energie; und wenn ich einen Hund trete, dann stimmt es, daß mein Tritt einen teilweise newtonschen Effekt hat. Ist er fest genug, dann könnte mein Tritt den Hund in eine Newtonsche Flugbahn versetzen, aber das ist nicht das Wesen der Sache. Wenn ich einen Hund trete, dann reagiert er mit der Energie, die aus seinem Stoffwechsel kommt. In der „Steuerung" der Handlung durch Information ist die Energie bereits vor der Einwirkung von Ereignissen in dem Reagierenden vorhanden."[369]

Dieses Zitat beleuchtet den energetischen und informationstheoretischen Aspekt des Verhältnisses von System und Umwelt. Biologische Systeme verfügen über eine eigene Energiequelle und über interne Information. Die Energie, die aus der Umwelt auf biologische Systeme einwirkt, kann minimal sein im Vergleich zu der Energie, die im System freigesetzt wird: Die Energie des Lichts, das auf die Netzhaut des Auges fällt, wenn der Hund des Wurstzipfels ansichtig wird, ist geringfügig im Vergleich zu dem Energieaufwand, den der Hund betreibt, um an den Wurstzipfel zu gelangen. Der „Trick, den das Leben ständig anwendet" (Bateson) besteht darin, daß wechselseitig voneinander unabhängige Energiesysteme miteinander verknüpft werden. Einfache technische Beispiele dafür sind der Wasserhahn, das Ventil oder das Relais: „Wenn ich den Hahn aufdrehe, zieht oder drückt diese Arbeit nicht den Wasserstrom heraus. Vielmehr wird diese Arbeit von Pumpen oder von der Schwerkraft geleistet, deren Kraft durch meine Öffnung des Hahns freigesetzt wird."[370]

Eine ähnliche Beziehung besteht offenbar auch im Verhältnis zwischen Kommunikationssystem und Umwelt. Weder steuert das Denken im Sinne einer einfachen linearen Kausalität die soziale Kommunikation, noch vermag das reale Handeln der Individuen dies zu leisten. Aber wenn wir uns an den Aspekt der Übertragung von symbolischer Strukturinformation erinnern, eröffnet sich der Zugang zu einer Art von Kausalbeziehung, die zwischen dem Denken und Handeln der Individuen und dem sozialen System angenommen werden kann. Menschen können möglicherweise kraft ihrer Fähigkeit zur Wahrnehmung und zur bewußten kognitiven Steuerung ihres Handelns in geeignete akustische und optische Medien Formen einprägen, die in der Kommunikation als Symbol wirksam werden. Luhmann dürfte darin Recht haben, daß Menschen, wenn sie reden und schreiben, nicht im Sinne einer Kontrolle über das verfügen, was sie damit im Kommunikationssystem anrichten. Martin Walser könnte davon ein Lied singen. Es kann immer nur um den Versuch gehen, über den für die individuelle Wahrnehmung verfügbaren Ausschnitt des Vollgeschehens sozialer Kommunikation mit ihren unendlich vielfältigen aktuellen und potentiellen Sinnbezügen abzuschätzen, was man bewirken könnte. Das Öffnen eines Ventils birgt im Falle der Kommunikation ungleich vielfältigere Überraschungen als das beim Öffnen eines Wasserhahns der Fall ist. Wichtig ist

---

[369] Gregory Bateson, Geist und Natur. Eine notwendige Einheit, Frankfurt am Main 1987, S. 126 f.
[370] Gregory Bateson, a.a.O., S. 127.

4. Überlegungen zu einer evolutionstheoretischen Alternative 153

hier aber, die spezifische Art von Kausalbeziehung zu erkennen, um die es in einem Evolutionskonzept nur gehen kann. Hier soll nicht die Selbststeuerung sozialer Systeme in Frage gestellt werden, auf die Luhmann zu Recht entscheidenden Wert legt. Es soll nur darauf bestanden werden, daß die Gesellschaft über unzählige „Ventile" verfügt, an denen die Individuen gleichzeitig und nacheinander munter drehen und mit denen sie Impulse geben.

Voraussetzung einer derartigen Einwirkungsmöglichkeit der Umwelt auf das System ist die „Plastizität" des Systems, das heißt die Eigenschaft, unterschiedliche interne Zustände annehmen zu können, zwischen denen das System in Abhängigkeit von seiner Umwelt oszilliert. Auch bei Luhmann findet sich ein deutlicher Hinweis auf diesen Gedanken. Im Zusammenhang seiner Überlegungen zur Restabilisierung des sozialen Systems bezweifelt er, ob der Begriff der Systemstabilität sich angesichts der Anerkennung struktureller Widersprüche und dynamischer Formen der Restabilisierung überhaupt noch angemessen mit der zweiwertigen Logik des Begiffspaars stabil/instabil erfassen lasse. Vielmehr seien selbstreferentielle Systeme so gebaut, daß sie „in sich Optionen freisetzen, deren Alternativen zugleich vorliegen und deren Einheit daher als paradox beschrieben werden muß."[371] Und nur weil dies so sei, könnten Änderungen von außen ausgelöst werden. Und Luhmann bietet dafür ein anschauliches Beispiel: So wie Wasser in sich selbst die Möglichkeit enthalte, zu Eis zu erstarren oder zu verdampfen und nur deshalb externe Veränderungen der Temperatur diese Wirkungen erzeugen könnten, sei mit der Form der Kommunikation die Möglichkeit gegeben, akzeptierend oder ablehnend zu reagieren. Nur deshalb sei es möglich, daß externe Veränderungen über Bewußtseinszustände psychischer Systeme auf die Gesellschaft einwirken.[372]

Wir können nun nach der besonderen Art von Plastizität fragen, die informationsverarbeitende Systeme wie Bewußtsein oder Kommunikationssysteme kennzeichnen. In der Neurologie spielt die „Plastizität" der neuronalen Strukturen als Voraussetzung für Lernen eine zentrale Rolle.[373] Das Gehirn ist nicht nach einem vorgegebenen Schaltplan unveränderlich und fest verdrahtet. Die Feinabstimmung der neuronalen Verbindungen im sich entwickelnden Gehirn ist offenbar aktivitätsabhängig.[374] Nach den Erkenntnissen der Gehirnforschung müssen die Nervenzellen aktiv sein,

---

[371] Niklas Luhmann, Gesellschaft, S. 495.
[372] Niklas Luhmann, Gesellschaft, S. 495.
[373] Gerald D. Fischbach, Gehirn und Geist, Spektrum der Wissenschaft 1992, S. 30 (36); vgl. auch Eric R. Kandel und Robert D. Hawkins, Molekulare Grundlagen des Lernens, Spektrum der Wissenschaft 1992, S .66 ff (73).
[374] Carla J. Shatz, Das sich entwickelnde Gehirn, Spektrum der Wissenschaft 1992, S. 44 ff.

wenn das Muster die für gesunde Erwachsene typische Präzision erreichen soll. Die richtige Verschaltung setzt eine bestimmte Stimulation des Gehirns voraus.[375]

Für die Frage nach der Entstehung von Information in Kommunikations- und Bewußtseinssystemen können wir den Aspekt der Plastizität mit den vorangegangenen Überlegungen zur pragmatischen Dimension von Information verknüpfen. Die Vorstellung, daß ein Ereignis immer entweder sicher als Nachricht und Information verstanden wird oder als bedeutungslos völlig unbeachtet bleibt, wird der Plastizität jedenfalls des kognitiven Systems offenbar nicht gerecht. Wir hatten gesehen, daß Information sowohl Bestätigung als auch Erstmaligkeit voraussetzt. Nur durch ein Mindestmaß an Bestätigung wird der Empfänger in die Lage versetzt, sein syntaktisches und semantisches Vorwissen zu mobilisieren und eine Hypothese über die Wahrscheinlichkeit des Eintreffens eines Ereignisses zu bilden. Andererseits hat ausschließliche Bestätigung keinen Informationswert, weil sie keinerlei Neuigkeitswert hat und damit keine Information im Sinne des Shannonschen Informationsmaßes beinhaltet. Zwischen einem für die Verarbeitung eines Ereignisses als Information gerade noch ausreichenden Anteil an Bestätigung des syntaktischen und semantischen Vorwissens und einem hohen Maß an Bestätigung bei gerade noch ausreichender Erstmaligkeit ist ein großer Bereich von Zwischenzuständen denkbar. Es spricht wenig für die Annahme, daß die Verarbeitung eines Ereignisses als Information nur bei einem ganz bestimmten Verhältnis der Anteile von Erstmaligkeit und Bestätigung möglich ist. Das bedeutet aber: Zwischen Bekanntem und Unbekanntem, zwischen bedeutungslosem Ereignis und relevanter Information, zwischen unsicheren, tastenden Hypothesen und gefestigtem semantischem Vorwissen gibt es fließende Übergänge. Das führt zu der Überlegung, daß objektive Strukturen der Umwelt über die pragmatischen Bezüge zwischen System und Umwelt Einfluß auf den systeminternen Vorgang der Bildung des symbolischen und semantischen Vorwissens erlangen könnten. So könnte die Regelmäßigkeit und Häufigkeit von Ereignissen zu einer Zunahme der Komponente der Bestätigung beitragen. Auch die Frage, ob das System mit der zunächst unsicheren Hypothese und daran anschließenden Operationen in einem pragmatischen Sinne Erfolg hat, könnte Einfluß darauf haben, ob das System die probeweise gebildeten Hypothesen bestätigt und ähnlichen Ereignissen in der Zukunft verstärkte Aufmerksamkeit widmet, oder ob es sie wieder fallen läßt.

---

[375] Carla J. Shatz, a.a.O., S. 44.

4. Überlegungen zu einer evolutionstheoretischen Alternative 155

Aber gelangen wir damit über Luhmanns Konzession, daß es kausale Einwirkungen von Ereignissen in der Umwelt sozialer Systeme gebe, hinaus? Es soll ja auch hier gerade nicht behauptet werden, daß es möglich sei, die Wirkungen einzelner Ursachen, etwa die Folgen einer Rede in der Frankfurter Paulskirche, zu isolieren und empirisch genau zu erforschen. Wir sind dabei ganz offensichtlich auf deutende Interpretation angewiesen. Aber für ein Evolutionskonzept, das externe Selektion einschließt, kommt es auch gar nicht darauf an, derartige Kausalketten im einzelnen nachzeichnen zu können. Auch die Darwinsche Theorie der biologischen Evolution behauptet trotz der teilweise verblüffenden und sehr anschaulichen Beispiele für Umweltanpassung gerade nicht, die Form des Blütenkelches sei in einem einfachen und linearen Sinn die Ursache für die Form des Schnabels eines Vogels. Das Erstaunliche ist, daß ein Ergebnis, das so aussieht, als habe ein Konstrukteur den Schnabel des Vogels genau an den Blütenkelch angepaßt, zustandekommt, obwohl es keinen Konstrukteur, keine direkte kausale Beziehung von der Blüte zum Schnabel des Vogels und auch keine Übertragung von Informationen vom Phänotyp zum Genotyp gibt. Die Darwinsche Erklärung besteht im Kern darin, daß die Umwelt die Wahrscheinlichkeit für die Weitergabe genetischer Informationen an die nächsten Generationen moduliert, indem genetische Informationen, die Eigenschaften prägen, die in einer bestimmten Umwelt für das Überleben eher nützlich sind, mit größerer Wahrscheinlichkeit weitergegeben werden als neutrale oder ungünstige Eigenschaften. Der differentielle Reproduktionsvorteil beschleunigt Selektionsprozesse und lenkt sie in bestimmte, wenn auch konkret nicht vorhersehbare Richtungen, während eine Selektion anderenfalls nur sehr viel langsamer und ungerichtet zustandekommen würde. In genau diesem Sinn hält die Umwelt möglicherweise auch einen Wertparameter bereit, der die Wahrscheinlichkeit der Weitergabe sozialer Information im Kommunikationssystem moduliert: Soziale Information, die zum Gelingen von Handlungskoordinationen beiträgt, hat vermutlich bessere Chancen, erinnert und wiederholt zu werden.

4.2. *Die Entstehung von Information als evolutionäres Optimierungsverfahren*

Die moderne Evolutionstheorie beansprucht also keineswegs, die Wege der Kausalbeziehungen im Detail nachzuvollziehen. Entscheidend ist nur, daß es überhaupt kausale Zusammenhänge gibt, über die der Selektionsdruck der Umwelt auf das evoluierende System einwirken kann. Wenn in neuronalen Netzen Lernprozesse simuliert werden, läßt sich nicht im einzelnen nachvollziehen, wie das Netz zur Optimierung seiner Lösungen gelangt.[376] Oft geschieht das über Zwischenstadien, deren Sinn von außen nicht erkennbar ist. Ein anschauliches Beispiel für die Art und Weise, in der Umwelt an der evolutionären Entstehung von Information beteiligt sein könnte, bietet die spieltheoretische Computersimulation des evolutionären Prozesses der biologischen Informationsentstehung nach einer Idee von Manfred Eigen, über die Küppers berichtet:[377]

Das Computerexperiment macht sich die Ähnlichkeit der menschlichen und der molekularen Sprache zunutze. Eine genetische Informationseinheit wird im Experiment durch ein Wort der menschlichen Sprache symbolisiert. Gegeben war eine Buchstabensequenz, die einen bestimmten, sinnvollen Informationsgehalt repräsentiert, das Wort „EVOLUTIONSTHEORIE". Es sollte nun gezeigt werden, wie diese Sequenz aus der nicht sinnverwandten, sinnlosen, statistischen Anfangssequenz „ULOWTRSMIKLABTYZC" nach einem Evolutionsmechanismus entsteht. Die Wahrscheinlichkeit, daß der Computer die Zielsequenz mit Hilfe eines reinen Zufallsgenerators erzeugt, liegt bei etwa 10^{26} Sequenzalternativen und ist damit praktisch gleich Null. Statt dessen wird nun ein Optimierungsverfahren im Sinne Darwins angewandt. Dazu wird die statistische Anfangssequenz dem Computer eingegeben mit der Maßgabe, sie zu reproduzieren, wobei jedes Reproduktionsprodukt wieder reproduziert werden kann. Das entspricht dem biologischen Phänomen der Selbstreproduktivität. Ferner wird der Computer so programmiert, daß die Reproduktion einzelner binärer Symbole nicht immer exakt ist: mit einer bestimmten Austauschrate wird eine Null durch eine Eins ersetzt und umgekehrt. Es treten also Fehler auf, die jedoch völlig zufällig und statistischer Natur sind. Das entspricht dem biologischen Phänomen der Mutation. Da alle Sequenzen selbstreproduktiv sind, können sich auch die mutierten Sequenzen anreichern. In das Computerprogramm wird dann ein differentieller Vorteil eingebaut: Jede Sequenz, die nach binärer Codierung um ein bit besser mit der Referenzsequenz übereinstimmt, soll sich um einen bestimmten Faktor schneller reproduzieren als die ursprüngliche Kopie. Schließlich wird durch eine Wachstumsbegrenzung ein fortwährender Selektionsdruck auf das System eingebaut: Die Sequenzen vermehren sich mit einer für ihre Fehlerzahl charakteristischen Reproduktionsrate. Die Gesamtpopulation wird immer, wenn eine Zahl von einhundert Kopien erreicht ist, nach einem rein zufälligen Verfahren auf zehn Kopien reduziert. Endlich kommt ein Wertkri-

---

[376] Geoffrey E. Hinton, Wie neuronale Netze aus Erfahrung lernen, Spektrum der Wissenschaft 1992, S .134 ff.
[377] Bernd-Olaf Küppers, Ursprung, S. 130 ff.

4. Überlegungen zu einer evolutionstheoretischen Alternative

terium zum Zuge: Die Buchstabensequenz, die der Zielsequenz am nächsten kommt, definiert die Wertebene der jeweiligen Generation. Die Buchstabensequenzen, die unterhalb eines Mittelwertes liegen, werden von der weiteren Optimierung ausgeschlossen. Dadurch wird der Mittelwert ständig zu höheren Werten verschoben und die Wertebene insgesamt auf ein höheres Niveau gehoben. Das Ergebnis des Simulationsexperiments war:

1. Generation
ELWWSJILAKLAFTYJ:/ELWWSJILAKLAFTYJ:/
ELYWSJILAK?AFTYJ:/ELWOSBCSEKLAJSYK:/
ELWOSBCKEKLKUTII:/ELOWTBCKYKLIFTYK:/
ELWOSBCKEKL!JTYI:/ELWWSJILAKL!FTYJ:/
ELWOSBDKEKLAJTYI:/ELOWTBCKZKLIJTYJ:

15. Generation
EVQLVDGONS?HEOQUI / EVOKVDGONSLHE:QIC /
ETOVDGONS?HEOQIE / EVOLVDGONS?LUOQUC /
EVQLVDGONC?HEOQIE / EVOLVDIONKLHEKQIC /
EVOLVDGONSLHEOQIC / EVOLVDGONS?HEOQIR /
EVOLVEDONSLHEOQIC / EVOLVDGONS?HEOQIE

30. Generation
EVOLUTIONSTHEORIE / EVOLTIONSTHEORIE /
EVOLUTIONSTHEORIE / EVOLUTIONSTHEORIE /
EVOLUTIONSTHEORIE / EVOLVDIONSTHEORIE /
EVOLUTIONSTHEORJE / EVOPUTIONSTHEORIE /
EVOLVTIONSTHEORIE / EVO?UTIONSKXHEORI

In der dreißigsten Generation hat sich also ein Selektionsgleichgewicht mit fünf korrekten Kopien der Zielsequenz eingestellt. Der Evolutionsmechanismus hat bewirkt, daß im Wege eines Optimierungsverfahrens ausgehend von einer statistischen Symbolfolge eine Buchstabensequenz entstanden ist, die eine von immerhin 10^{26} Sequenzalternativen ist und deren A-priori-Wahrscheinlichkeit praktisch Null ist. Die Entstehung der sinnvollen Symbolsequenz beruht also nicht auf einem singulären Zufallsereignis. Das Simulationsexperiment zeigt allerdings nur, daß das Problem der extremen statistischen Unwahrscheinlichkeit der Entstehung sinnvoller Information mit einem Evolutionsmechanismus gelöst werden kann. Mehr läßt sich mit der Computersimulation nicht belegen. Im Unterschied zur Entstehung biologischer Evolution war im Simulationsexperiment eine sinnvolle Buchstabensequenz als Zielsequenz schon vorgegeben. Das Experiment erklärt also nur ex posteriori, daß ein bereits sinnvolles Resultat prinzipiell als Ergebnis zufälliger Variation und (externer) Selektion entstehen kann. Dagegen scheint es nicht möglich zu sein, den Prozeß der biologischen Informationsentstehung absolut wirklichkeitsgetreu, das heißt vor allem ohne Vorgabe einer Zielsequenz, zu simulieren. Denn es ist prinzipiell nicht möglich, Kriterien anzugeben, die die Bewertung eines relativen Optimums der Anpassung ermöglichen. Eine weitere Schwäche der Computersimulation mit Hilfe einer Buchstabensequenz besteht darin, daß es im Fall der menschlichen Sprache nur entweder sinnvolle oder sinnlose Buchstabensequenzen gibt, aber keine „halb-sinnvollen" Wörter. Zwischen der als sinnvoll vorgegebenen Zielsequenz und der sinnlosen Ausgangssequenz gibt es keine Übergänge, die als relatives Optimum (lokales Maximum im „Optimierungsgebirge") erscheinen könnten.

Dennoch zeigt das Simulationsexperiment im Prinzip, welche Art von kausaler Einwirkung der Umwelt in einer Evolutionstheorie angenommen werden könnte. Die Umwelt beeinflußt lediglich die Wertparameter für den differentiellen Selektionsvorteil, der zu einer beschleunigten Reproduktion einiger Varianten beiträgt und deshalb deren Verbreitung in der Population begünstigt. In einer unveränderten Umwelt würde das bedeuten, daß das Selektionsgleichgewicht der Population sich allmählich von einem niedrigeren lokalen Maximum zu einem höheren lokalen Maximum bewegt. In der von Sewall Wright in die Populationsbiologie eingeführten mathematischen Modellierung, in der alle Sequenzalternativen eines biologischen Informationsträgers als „Koordinaten" eines „Sequenzraumes" dargestellt und über jeder Koordinate der Selektionswert der entsprechenden Spezies eingetragen wird, entsteht ein mehrdimensionales „Optimierungsgebirge":

4. Überlegungen zu einer evolutionstheoretischen Alternative

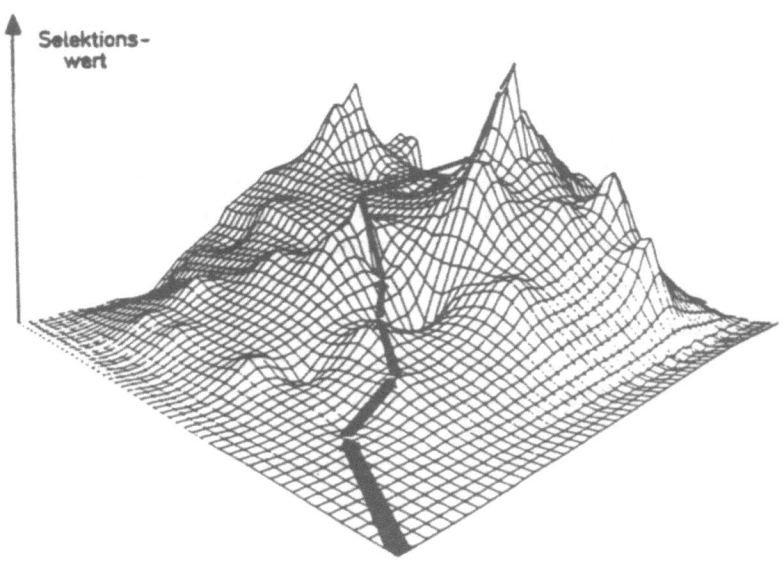

Abbildung: Modell des Optimierungsgebirges (Sewall Wright) nach Küppers, Ursprung, S. 135

Das Optimierungsverfahren der Evolution legt den Weg durch dieses Gebirge nur insoweit fest, als er immer, von gewissen Schwankungen abgesehen, von einem niedrigeren Gebirgszipfel zu einem höheren führen muß.[378] Bedenkt man nun noch, daß die Umwelt ihrerseits nicht zuletzt unter dem Einfluß einer erfolgreichen Spezies erheblichen Veränderungen unterliegt, wird das statische Bild des Optimierungsgebirges unzureichend. Ein lokaler Gipfel kann zu einem lokalen Minimum werden, so daß von einem ungestörten, kontinuierlichen Anstieg von einem Gipfel zum nächsthöheren unter Ausnutzung der Grate nicht selbstverständlich ausgegangen werden kann. Das Optimierungsgebirge ist also seinerseits nicht statisch, sondern dynamisch. Und was für die Evolution der biologischen Information gilt, gilt auch für die Evolution sozialer Information. Eine Konzeption der Evolution sozialer Systeme, die eine externe Selektion einschließen würde, wäre also nicht gleichbedeutend mit der naiven, empirisch wenig plausiblen

---

[378] Bernd-Olaf Küppers, Ursprung, S. 134.

Annahme einer stetigen, linearen Höherentwicklung von Kultur und Gesellschaft. Abstürze, Brüche und Rückschläge sind in diesem Optimierungsgebirge nicht ausgeschlossen.

Gesucht wird also eine „Einheit der externen Selektion" für das Konzept der Evolution von sozialen Kommunikationssystemen, die die folgenden beiden Bedingungen erfüllt:

> (1) Die gesuchte Einheit der Selektion muß nach Art eines Ventils so in den Kreislauf aneinander anschließender und sich aufeinander beziehender Kommunikationen integriert sein, daß der Zustand des Kommunikationssystems modifiziert wird, wenn bestimmte Impulse gegeben oder nicht gegeben werden.

> (2) Die gesuchte Einheit der Selektion muß andererseits in einer solchen Weise mit der außerhalb der Sinnbezüge des Kommunikationssystems liegenden realen Umwelt verbunden sein, daß diese Umwelt Einfluß darauf hat, ob die Impulse, die den Zustand des Kommunikationssystems modifizieren können, gegeben werden oder nicht gegeben werden.

Unter diesen Bedingungen wäre es denkbar, daß die Umwelt oder jedenfalls ausgewählte Merkmale der Umwelt die Wertebene beeinflussen, die über den differentiellen Selektionsvorteil entscheidet und dadurch dem Optimierungsverfahren der Evolution des sozialen Systems eine nicht zufällige Richtung gibt. Dann wäre die Information, die in sozialen Systemen produziert und reproduziert wird, auch ein Produkt der Umwelt des sozialen Systems. Strukturelle Kopplungen wären dann als Produkt von Evolution erklärbar. Aber: Gibt es eine Einheit der Selektion, die diesen Bedingungen auch dann genügt, wenn systemtheoretische Einsichten, wie sie von Luhmann und anderen auf der Grundlage der Ergebnisse der modernen Biologie und Gehirnforschung vorgetragen werden, beachtet werden? Wir wenden uns mit dieser Frage zunächst dem kognitiven System und damit Fragen der Erkenntnistheorie zu.

3. Kapitel
Die Entstehung von Information in kognitiven Systemen

Im Gegensatz zu sozialen Systemen können menschliche Individuen wahrnehmen. Das folgende Kapitel geht der Frage nach, wie Information in kognitiven Systemen entsteht. Nach einer knappen Einführung in die Fragestellung der systemtheoretisch orientierten und von neueren Forschungsergebnissen aus Biologie und Neurologie inspirierten Erkenntnistheorie und nach einer Diskussion der Antworten des radikalen Konstruktivismus wenden wir uns insbesondere der genetischen Epistemologie Jean Piagets zu.

1. Die Landkarte und das Territorium

Wenn wir als Ausgangspunkt akzeptieren, daß Information erst durch das Auffassungsschema des jeweiligen Systems produziert wird, was ist dann im Falle der Wahrnehmung der Rohstoff dieser Produktion, was wird aufgefaßt und in Information umgewandelt? Gregory Bateson hat am Beispiel des getretenen Hundes deutlich gemacht, daß es nicht um den rein physikalischen Effekt des Tritts geht, sondern um die Auslösung von Prozessen in einem System, das über eine eigene Energiequelle verfügt.[379] Wenn es also nicht die Einwirkung der (als Quantität meßbaren) Energie ist, die das Wesen der Dinge ausmacht und in Batesons Beispiel des Hundes dessen Reaktion auf den Tritt bestimmt - erst recht kann man am Beispiel der Reaktion des Hundes auf den Anblick der Wurst ausschließen, daß, solange es noch nicht ums Fressen, sondern den bloßen Anblick der Wurst geht, die Aufnahme von Materie eine Rolle spielt -, wie und womit lösen die Ereignisse des Tritts oder des Erscheinens der Wurst in Riechweite und im Blickfeld des Hundes dessen Reaktion aus? Im Fall des Wasserhahns wirkt physikalische Kraft auf den Sperrmechanismus ein, der dem Wasserdruck standhält. Wie und auf was wirkt der Wurstzipfel ein?

Erinnern wir uns an den Informationsbegriff: Der Wurstzipfel ist ein **Ereignis**, das den Zustand des Systems (Hund bzw. bestimmte Systeme des Hundes) verändert, oder, in Anlehnung an eine Formulierung Luhmanns, einen Zustand dieses Systems „auswählt". Aber wie macht ein Wurstzipfel

---

[379] Gregory Bateson, Geist und Natur. Eine notwendige Einheit, Frankfurt am Main 1987, S. 126 f.

so etwas? Nach Luhmann verhält es sich so, daß die Selektion nur dem System als Selektion der Umwelt erscheint. Der Beobachter aber kann erkennen, daß das System auswählt, welche Ereignisse es für relevant hält, aber der Umwelt die Selektion zurechnet. Es ist also der Hund, dessen Auffassungsschema das Ereignis mit dem Informationswert ausstattet, daß da ein Wurstzipfel zum Fressen reizt. Das Sinnverständnis des Hundes geht möglicherweise nicht so weit, daß er - der Formulierung Luhmanns folgend - dem Wurstzipfel diese Information zurechnet. Aber wenn überhaupt eine solche Zurechnung geschieht, ist auch dies offenbar eine Leistung des Systems.

Wir sind also wieder dahin zurückgekehrt, daß es vom Auffassungsschema des Systems abhängt, welche Bedeutung ein Ereignis in der Umwelt hat.

Das Hundebeispiel zeigt, daß die Reaktion biologischer Systeme auf Ereignisse in ihrer Umwelt von **kreiskausalen** Prozessen abhängt, die weit in die individuelle Geschichte des einzelnen Lebewesens und die Evolutionsgeschichte der Gattung zurückreichen.[380] Da die Anfänge der Geschichte sowohl von biologischen Systemen als auch von Sinnsystemen für uns im Dunkeln liegen, kann man offenbar nur voraussetzen, daß „eine solche Sinngeschichte bereits Strukturen konsolidiert hat, über die wir heute wie selbstverständlich verfügen".[381]

Der Umstand, daß die Wirkungen, die Ereignisse in der Umwelt des Systems auslösen, vom Auffassungsschema des Systems abhängen, ändert aber nichts daran, daß es Wirkungen sind, deren Ursachen nur zum Teil im System kontrolliert werden. Ob das Ereignis stattfindet, das, wenn es stattfindet, nach dem Auffassungsschema des Systems einen bestimmten Informationswert hat, unterliegt nicht der Kontrolle des Systems. Der Hund ist zu seinem Leidwesen davon abhängig, daß sein Herr ihm einen Wurstzipfel spendiert. Für die Entstehung von Information in kognitiven Systemen ist also beides notwendig, ein aus der gesamten Entwicklungsgeschichte des Systems hervorgegangenes Auffassungsschema, das auf ausgewählte Ereignisse wartet, und das Ereignis, das dem Muster entspricht, auf das das Auffassungsschema eingerichtet ist.

Wenn Strukturen von psychischen Systemen „immer schon" gegeben sind, die es dem System ermöglichen, ein Ereignis in eine Information umzuwandeln, dann würde man gerne wissen, was da genau umgewandelt

---

[380] Gregory Bateson, a.a.O., S. 129 ff.; Heinz von Foerster, Zirkuläre Kausalität, in: ders., KybernEthik, Berlin 1993, S. 109 ff.
[381] Niklas Luhmann, Soziale Systeme, S. 105.

1. Die Landkarte und das Territorium

wird und wie diese Umwandlung vor sich geht. Gesucht werden die Äquivalente für den Drehgriff des Wasserhahns und die physische Kraftaufwendung, die zum Drehen des Griffs benötigt wird, für die Sperrvorrichtung, das Leitungssystem und die Pumpe des Wasserwerks im Fall der Umwandlung von Umweltereignissen zu Informationen durch Sinnsysteme. Wenn wir akzeptieren, daß weder Energie noch Materie noch Information der Rohstoff ist, der von Sinnsystemen aufgenommen und verarbeitet, für die Produktion von Sinn benutzt wird, was ist dann dieser Rohstoff? Mit den Begriffen Anregung, Resonanz, strukturelle Koppelung und dem Verweis auf Koevolution sind diese Fragen nicht beantwortet, weil es gerade um deren grundlegende Voraussetzungen geht, und weil erst die genaue Kenntnis dieser Voraussetzungen es erlauben wird, zwischen den Umwandlungsprozessen an den Grenzen psychischer und sozialer Systeme zu differenzieren.

Unter der Überschrift „Jeder Schuljunge weiß ..." erinnert Gregory Bateson an die einfache Tatsache, daß die Karte nicht das Territorium ist.[382] Das Territorium wird nicht in die Karte geklebt, und wenn wir an Kokosnüsse oder an Schweine denken, haben wir keine Kokosnüsse oder Schweine im Gehirn. In allem Nachdenken, in der Wahrnehmung oder in der Kommunikation über Wahrnehmung findet also eine Umwandlung statt, eine **Codierung**, die zwischen dem Bericht und der berichteten Sache vermittelt.[383]

Und was gelangt vom Territorium in die Karte? Batesons Antwort lautet: Unterschiede, sei es ein Unterschied der Höhe, der Vegetation, der Bevölkerungsstruktur, der Oberfläche oder was auch immer.

Aber was ist ein Unterschied? Bateson gibt einige Hinweise, die deutlich machen, was ein Unterschied **nicht** ist: Ganz sicher ist es kein Ding oder Ereignis[384]; es ist nicht Materie und nicht Energie, also nicht Substanz.[385] Unterschiede sind nicht in der Zeit oder im Raum lokalisiert. Der Unterschied zwischen einem Kreidefleck und einer Tafel ist nicht in dem Fleck, er ist nicht in der Tafel und nicht in dem Raum zwischen Fleck und Tafel.[386] Dennoch haben Unterschiede in der Welt des Lebendigen Wirkun-

---

[382] Gregory Bateson, Geist und Natur. Eine notwendige Einheit, Frankfurt am Main 1987, S. 34 ff., 40 ff.; ders., Ökologie des Geistes. Anthropologische, psychologische, biologische und epistemologische Perspektiven, Frankfurt am Main 1985, S. 577; Bateson nimmt Bezug auf den Philosophen Alfred Korzybski.
[383] Gregory Bateson, Geist und Natur, S. 41.
[384] Gregory Bateson, Ökologie des Geistes, S. 580.
[385] Gregory Bateson, Geist und Natur, S. 124.
[386] Gregory Bateson, Geist und Natur, S. 122.

gen, und auch Ereignisse, die nicht eintreten, können Reaktionen auslösen, weil ihr Ausbleiben sich von der Erwartung ihres Eintreffens unterscheidet: die hungernde Amöbe sucht Nahrung und das Finanzamt reagiert auf die fehlende Steuererklärung.

Einen Ansatz zu einer positiven Begriffsbestimmung gibt Bateson aber auch: Unterschiede sind ihrer Natur nach Beziehungen[387] oder Verhältnisse[388], sie sind qualitativ und nicht quantitativ, sie sind Muster und nicht Substanz.[389]

Was bedeutet das für die hier verfolgte Fragestellung? Existieren diese Unterschiede unabhängig von dem System, das sie wahrnimmt und mit ihnen Sinn produziert? Bateson knüpft hier an Kant an: „Kant argumentierte vor langer Zeit so, daß dieses Stück Kreide (sc.: gemeint ist das zuvor im Text bei Bateson erörterte Beispiel eines Kreideflecks auf einer Tafel) eine Million potentieller Tatsachen <im Original deutsch> enthält, daß aber nur wenige davon wahrhaft zu Tatsachen werden, indem sie das Verhalten von Entitäten beeinflussen, die auf Tatsachen zu reagieren vermögen. An die Stelle von Kants **Tatsachen** möchte ich **Unterschiede** setzen und darauf hinweisen, daß die Anzahl **potentieller** Unterschiede in dieser Kreide unendlich ist, daß aber nur wenige von ihnen zu **effektiven** Unterschieden (d.h. Informationen) im geistigen Prozeß irgendeiner größeren Entität werden. Informationen bestehen aus Unterschieden, die einen Unterschied machen."[390]

Kant war noch selbstverständlich von der Vorstellung ausgegangen, daß Erfahrung jeder Erkenntnis vorausgehe, daß also Erfahrung und die Ordnung dieser Erfahrung durch den Verstand zwei grundverschiedene Fähigkeiten seien. Diese Vorstellung, daß Wahrnehmung und Interpretation des Wahrgenommenen getrennte Vorgänge seien, ist auch für die Sicht der Funktionsweise des Gehirns in der Neurologie bis in die Mitte der siebziger Jahre dieses Jahrhunderts prägend gewesen. Wahrnehmung wurde dabei als passiver Vorgang, die anschließende Interpretation als aktiver Vorgang an-

---

[387] Gregory Bateson, Geist und Natur, S. 122.
[388] Gregory Bateson, Geist und Natur, S. 124.
[389] Gregory Bateson, Geist und Natur, S. 124; vgl. zum Zusammenhang auch ders., Ökologie des Geistes, S. 577 ff.
[390] Gregory Bateson, Geist und Natur, S. 123 (Hervorhebungen und Klammerzusatz im Original); siehe auch ders., Ökologie des Geistes, S. 582; vgl. auch Carl Friedrich von Weizsäcker, Die Einheit der Natur, München 1971, S. 351 f.: Information ist nur, was Information erzeugt.

1. Die Landkarte und das Territorium 165

gesehen.³⁹¹ Semir M. Zeki beschreibt diese Vorstellung der Neurologen von der Arbeitsweise des visuellen Systems folgendermaßen:

„Fälschlich davon ausgehend, daß das von einem Objekt reflektierte oder abgestrahlte Licht einen visuellen Code darstelle, glaubten sie, daß der Gegenstand auf der Netzhaut wie auf einer photographischen Platte abgebildet und dieses Abbild dem visuellen Cortex übermittelt würde, der die codierte Information einfach entschlüssele. In dieser Decodierung bestünde das Sehen. Das Verstehen dessen, was man sah, also die Deutung der empfangenen Eindrücke und das Erkennen von Objekten dachte man sich als einen davon unabhängigen Vorgang, bei dem das Gehirn das Gesehene mit ähnlichen, früher empfangenen Eindrücken vergliche."³⁹²

Diese Sichtweise hat sich aufgrund der neurologischen Forschungen der letzten Jahrzehnte als unhaltbar erwiesen. Wichtige Phänomene und Leistungen der visuellen Wahrnehmung lassen sich mit der Vorstellung, das Abbild der Außenwelt auf der Netzhaut werde durch die neuronalen Verbindungen einfach an die Sehrinde weitergeleitet und dort „betrachtet", interpretiert und begrifflich eingeordnet, nicht vereinbaren. So ändert sich die Wellenlänge des Lichts, das von der Oberfläche eines Gegenstandes reflektiert wird, mit der Beleuchtung. Trotzdem ordnet das Gehirn dieser Oberfläche eine gleichbleibende Farbe zu (Phänomen der Farbkonstanz), und obwohl das Netzhautbild eines Gegenstandes mit zunehmender Entfernung immer kleiner wird, läßt sich das Gehirn in der Regel nicht über die wahre Größe dieses Gegenstands täuschen (Phänomen der Größenkonstanz).³⁹³ Wir vermögen einen schwarz-weiß gefleckten Dalmatiner vor einem fleckigen Hintergrundmuster auf einem Schwarz-Weiß-Foto zu erkennen³⁹⁴ und erkennen die Hand eines gestikulierenden Redners, obwohl sich das Bild, das sie auf die Netzhaut wirft, in jedem Augenblick ändert (Phänomen der Objektkonstanz).³⁹⁵

Aufgrund von Forschungsergebnissen vor allem der letzten beiden Jahrzehnte zeichnet sich eine grundlegend andere Sicht der Arbeitsweise des Sehsystems ab, die für die Sicht der Arbeitsweise des Gehirns insgesamt paradigmatisch ist.³⁹⁶ Ein wesentliches Ergebnis der neurophysiologischen Untersuchungen ist, daß Bewegung, Farbe und Form jeweils in verschie-

---

[391] Semir M. Zeki, Das geistige Abbild der Welt, Spektrum der Wissenschaft 1992, 54 f.
[392] Semir M. Zeki, a.a.O., S. 54.
[393] Vgl. Bateson, Geist und Natur, S. 43 ff.; Semir M. Zeki, a.a.O., S. 54.
[394] Beispiel mit Abbildung bei Andreas K. Engel, Peter König, Wolf Singer, Bildung repräsentationaler Zustände im Gehirn, Spektrum der Wissenschaft 1993, S. 43.
[395] Letzteres Beispiel bei Semir M. Zeki, a.a.O., S. 54.
[396] Zum Folgenden Semir M. Zeki, a.a.O., S. 54 ff.

nen Arealen der Sehrinde verarbeitet werden. Für die verschiedenen Attribute des visuellen Reizes sind vier parallel arbeitende Systeme zuständig, eines für Bewegung, eines für Farbe und zwei für die Form. Von den beiden Formerkennungssystemen ist eines eng mit der Farbwahrnehmung verbunden und das andere völlig farbunempfindlich. Zwei dieser Systeme (V1 und V2) dienen gewissermaßen als Sortierfächer, in denen die (aus den seitlichen Kniehöckern kommenden) verschiedenen Signale zusammenlaufen, bevor sie an die spezialisierten visuellen Areale weitergeleitet werden. Die Zellen in den Arealen V1 und V2 reagieren ausschließlich auf Reize aus einem eng begrenzten Bereich der Netzhaut (rezeptive Felder). Zusammen bilden die Zellen des Areals V1 eine genaue topographische Karte der Netzhaut. Dagegen haben die auf Bewegung spezialisierten Areale größere rezeptive Felder, die es ermöglichen zu bestimmen, welche Merkmale im Gesichtsfeld sich mit gleicher Geschwindigkeit in dieselbe Richtung bewegen.

Die Einheit der visuellen Reize auf der Netzhaut wird also in abstrakte Aspekte der Bewegung, der Form und der Farbe zerlegt und arbeitsteilig bearbeitet. Dabei ist keines der Sehfelder eine bloße Relaisstation zur Weiterleitung von Signalen an andere Regionen. Jeder Teil dieses Systems setzt vielmehr die ankommende Information aktiv um und trägt konkret, wenn auch nur bruchstückhaft, zur bewußten Wahrnehmung bei.

Während die „massive Parallelität" und die „Modularchitektur" des Gehirns nicht nur im Falle des Sehsystems inzwischen zum Gemeingut der neurologischen Forschung gehört, sind hinsichtlich der Frage, wie die Teilaspekte zu dem bewußt gesehenen Bild integriert werden, noch viele Fragen offen. Festzustehen scheint nur, daß es in der Anatomie des Cortex kein übergeordnetes Areal gibt, in dem das Ergebnis der Operationen der Teilsysteme zu einem Ganzen zusammengesetzt werden könnte. Hypothesen, für die es auch schon einige empirische Bestätigung gibt, besagen, daß es ein Rückmeldesystem gibt, das dafür sorgt, daß etwa die in getrennten Arealen verarbeiteten Signale für Form und Bewegung zusammengefaßt und synchronisiert werden: Die Bewegungsinformation, die wegen des großen rezeptiven Feldes topographisch ungenau ist, wird auf ein für die Formerkennung spezialisiertes Areal mit präziser topographischer Netzhautkarte zurückprojiziert. Die Rückwärtsprojektion von den spezialisierten Arealen verläuft dabei im Gegensatz zum „Hinweg" unspezifisch kreuz und quer. Der Mechanismus, der für die Integration sorgt, beispielsweise dafür, daß die Einzelsignale der Nervenzellen, die auf dasselbe Objekt im Gesichtsfeld reagieren, die aber vermutlich über das gesamte Areal V1 verteilt sind, nicht so behandelt werden, als stammten sie von verschiedenen

1. Die Landkarte und das Territorium

Objekten, und der auch für die richtige Verknüpfung mit den aus anderen Arealen zurückprojizierten Informationen sorgt, scheint ein zeitliches Bindungsmuster zu sein, das auf synchronen Oszillationen der über weit entfernte Hirnbereiche verstreuten Neuronengruppen beruht.[397]

Eine vergleichbare Arbeitsteilung und Integration der Verarbeitung von abstrakten Merkmalen durch drei wechselwirkende Gruppen von Strukturen prägt vermutlich auch die Verarbeitung von Sprache im Gehirn.[398] Und in der Folge dieser neuen Sichtweise stellt man sich auch die Repräsentation von Bildern und Begriffen anders vor als bisher:

„Wir glauben nicht, daß es dort (sc.: im Gehirn) - wie man früher angenommen hat - eine Art dauerhaftes Abbild von Objekten oder Personen gibt. Vielmehr legt das Gehirn gewissermaßen ein Protokoll der Nerventätigkeit an, die während der Beschäftigung mit einem bestimmten Objekt in den sensorischen und motorischen Hirnrindenbezirken stattfindet. Es verzeichnet quasi Muster synaptischer Verbindungen, in denen die unterschiedlichen neuronalen Aktivitäten, die ein Objekt oder ein Ereignis definieren, erneut ablaufen können; ein derart wiedererzeugtes Erregungsmuster kann auch andere - verwandte - stimulieren."[399]

Alle Erkenntnisse der neueren gehirnphysiologischen Forschungen laufen also darauf hinaus, daß Wahrnehmung keine passive Abbildung, sondern eine aktive Konstruktion ist, die auf einer arbeitsteiligen Verarbeitung ausgewählter abstrakter Merkmale der empfangenen Reize und deren anschließender Integration in einem Netzwerk mit vielfältigen Querverbindungen beruht. Diese Arbeitsweise des Gehirns setzt voraus, daß die Sinnesrezeptoren nicht wie Meßgeräte für Lichtquanten, Schalldruckwellen oder Duftmoleküle arbeiten. Zwar ist davon auszugehen, daß die Sinnesrezeptoren erst bei Überschreiten einer spezifischen Reizschwelle überhaupt „feuern" und daß die Stärke des Reizes auf die Reaktion der Sinnesrezeptoren Einfluß hat. Quantitative Meßgrößen der eingehenden Sinnesreize könnten aber bei der heute angenommenen Arbeitsweise des Gehirns nicht konstant gehalten werden.

Offenbar ist auch nicht erst die Verarbeitung der Sinnesreize im Gehirn, sondern schon ihre Aufnahme ein aktiver Vorgang. Sinnesreize werden aktiv aufgesucht, etwa durch Kopfbewegungen, bewußtes Lenken des Blicks,

---

[397] Andreas K. Engel, Peter König, Wolf Singer, Bildung repräsentationaler Zustände im Gehirn, Spektrum der Wissenschaft 1993, S. 42 ff.
[398] Antonio R. Damasio und Hanna Damasio, Sprache und Gehirn, Spektrum der Wissenschaft 1992, S. 80 ff.
[399] A.a.O., S. 82.

wobei die Steuerung der Aufmerksamkeit offenbar ein aktiver und konstruktiver Prozeß ist. Aber die Suchbewegungen erfolgen großenteils auch unbewußt. Bateson weist in diesem Zusammenhang auch auf den „Mikronystagmus" des Augapfels hin:

> „Der Augapfel hat einen ständigen Tremor, der **Mikronystagmus** genannt wird. Der Augapfel vibriert über einige Bogensekunden und verursacht dadurch, daß sich das optische Bild auf der Netzhaut relativ zu den Stäbchen und Zapfen bewegt, welche die Sinnesendorgane sind. Die Endorgane empfangen also ständig Ereignisse, die den Umrissen der sichtbaren Welt entsprechen Wir **ziehen** (draw) Unterscheidungen; das heißt, wir entnehmen sie. Die Unterscheidungen, die nicht gezogen werden, existieren **nicht**."[400]

Unterschiede sind also das Produkt von aktiven Tätigkeiten des Unterscheidens, Vergleichens, In-Beziehung-Setzens. Dieser Tätigkeit stellt die Welt eine unendliche Fülle von Möglichkeiten zur Verfügung. Welche dieser Möglichkeiten ausgewählt werden, hängt von den internen Strukturen des erkennenden Systems und deren Vorgeschichte ab.

Kommen wir nun zu der Frage zurück, auf welche Weise Information im Gehirn entsteht. Aufgrund der empirischen Ergebnisse der neueren Gehirnforschung, von denen die vorangegangenen Ausführungen nur einen beispielhaften Eindruck geben konnten, aber auch aufgrund neuer Forschungsergebnisse in Biologie, Chemie und Physik und gestützt auf das Konzept der Selbstorganisation von Systemen hat der Radikale Konstruktivismus erkenntnistheoretische Schlußfolgerungen gezogen, die nach eigenem Selbstverständnis einen Paradigmenwechsel gegenüber den traditionellen ontologischen Erkenntnistheorien bedeuten. Zu den Varianten des Radikalen Konstruktivismus gehört auch die Erkenntnistheorie von Maturana und Varela, bei der Luhmann seinen zentralen Begriff der Autopoiese entlehnt hat.

---

[400] Gregory Bateson, Geist und Natur, S. 121; Hervorhebungen im Original.

2. Die Erkenntnistheorie des Radikalen Konstruktivismus

Der Radikale Konstruktivismus[401] zieht aus Forschungsergebnissen der Physik, der Biologie und der Kybernetik und vor allem aus den Befunden der neueren Gehirnforschung und aus dem diese Forschungsergebnisse bündelnden Konzept des selbstorganisierenden Systems die erkenntnistheoretische Schlußfolgerung, daß Erkenntnis in biologischen Systemen **ausschließlich** von den internen Systemzuständen des erkennenden Systems und dessen Geschichte abhänge und nicht von objektiven Strukturen der Realität beeinflußt werde.[402] Darauf beruht die auch für das Alltagsbewußtsein provozierende und irritierende These des Radikalen Konstruktivismus, daß es keine wahre oder falsche, mit der Realität mehr oder weniger gut übereinstimmende Erkenntnis geben könne. Die Konstruktionen der Erkenntnis können lediglich in dem Sinn mit ihrer Umwelt vereinbar sein, daß sie sich praktisch bewähren, „viabel", also gangbar sind. Es kann also auch eine Rangfolge besserer oder mehr oder minder wahrer Erkenntnisse und eine Entwicklung zu höherer oder besserer Erkenntnis nicht geben. Das hat die weitere Konsequenz, daß kein System von Erkenntnissen von sich behaupten kann, mit der Wirklichkeit besser übereinzustimmen als andere Erkenntnisweisen. So verschiedene geistige Konstruktionen der Welt wie die Mythologie traditionaler Gesellschaften und die moderne Naturwissenschaft vermitteln prinzipiell gleich berechtigte Weisen des Umgangs mit der Umwelt und können sich in ihren jeweiligen kulturellen Kontexten gleich gut bewähren.

Der Kern der Begründung, auf die der Radikale Konstruktivismus seine Schlußfolgerungen stützt, ist die Entdeckung der Gehirnforschung, daß die aus der Umwelt aufgenommenen Signale, die an den sensorischen Eingän-

---

[401] Als Überblick siehe Siegfried J. Schmidt (Hrsg.), Der Diskurs des Radikalen Konstruktivismus, Frankfurt am Main 1987; ders. (Hrsg.), Kognition und Gesellschaft. Der Diskurs des Radikalen Konstruktivismus 2, Frankfurt am Main 1992; vgl. insbesondere Humberto R. Maturana und Francisco J. Varela, Der Baum der Erkenntnis, Die biologischen Wurzeln des menschlichen Erkennens, Bern 1987; Humberto R. Maturana, Biologie der Realität, Frankfurt am Main 1998; Paul Watzlawick (Hrsg.), Die erfundene Wirklichkeit. Wie wissen wir, was wir zu wissen glauben? Beiträge zum Konstruktivismus, München und Zürich 1986; Ernst von Glasersfeld, Wissen, Sprache und Wirklichkeit: Arbeiten zum radikalen Konstruktivismus, Braunschweig 1987; Gerhard Roth, Gehirn und Selbstorganisation, in: Wolfgang Krohn und Günter Küppers (Hrsg.), Selbstorganisation - Aspekte einer wissenschaftlichen Revolution, Braunschweig 1990, S. 167 ff.

[402] Eindrucksvoll scheint dies durch das Verhältnis zwischen der Kapazität der sensorischen Eingänge, des internen Verarbeitungssystems und der Motoneuronen im menschlichen Gehirn belegt zu werden. Es beträgt 1 : 100 000 : 1; vgl. Gerhard Roth, Die Entwicklung kognitiver Selbstreferentialität im menschlichen Gehirn, in: Dirk Baecker (Hrsg.), Theorie als Passion, Frankfurt am Main 1987, S. 394 ff. (420).

gen des Nervensystems in neuronale Impulse umgewandelt und an das Gehirn weitergeleitet werden, für das erkennende System keine festgelegte Bedeutung haben. Sie sind gewissermaßen nur Spielmaterial für die Konstruktionen des Gehirns. Würde man etwa die auf der Netzhaut eingehenden optischen Reize nicht an das Sehzentrum, sondern an das akustische Zentrum in der Hirnrinde weiterleiten, so würde das Gehirn sie eben als Höreindrücke deuten. Erst im Gehirn entstehen also Bedeutung und Information. Das gilt auch für so grundlegende Phänomene der Wahrnehmung wie die Objektkonstanz, die das Alltagsbewußtsein den Dingen zuschreibt, die deshalb, weil sie dieselben sind, wiedererkannt werden, aber auch für den Unterschied zwischen Objekten. Auch dies ist aber für den Radikalen Konstruktivismus ein Produkt des Gehirns: es lernt, identische und unterschiedliche Objekte zu konstruieren, wenn sich dies als zweckmäßig erweist. Das Gehirn nimmt also nur auf sich selbst, auf die eigenen früheren Zustände Bezug, es operiert selbstreferentiell. Es gewinnt gerade dadurch Autonomie gegenüber der Umwelt und kann sicherstellen, daß es nicht durch Einflüsse aus der Umwelt überschwemmt wird, die es nicht kontrollieren kann und auf die es deshalb nur noch unvermittelt regieren könnte. Die Autopoiese des Gehirns erscheint also als unabdingbare Voraussetzung für die Autonomie, die es dem Gehirn erlaubt, flexibel auf die Umwelt zu regieren und alternative Möglichkeiten zu entwerfen. Das menschliche Gehirn zeichnet sich dadurch aus, daß es dem Menschen in besonderem Maße erlaubt, nicht nur reflexartig, instinktiv und passiv auf seine Umwelt zu reagieren, sondern sich aktiv gegenüber der Umwelt zu verhalten - was paradoxerweise eine besonders effektive Anpassung an unterschiedliche Umweltlagen ermöglicht.

Die Frage, wie ein derartiges autopoietisch geschlossenes System sich nicht nur von der unvermittelten Reaktion auf seine Umwelt distanziert, sondern auch Zugang zur Umwelt hat, beantworten Maturana und Varela mit dem von Luhmann übernommenen Begriff der strukturellen Kopplung[403] und mit dem Hinweis auf die Entwicklung der erforderlichen Beobachtungsschemata in der biologischen Evolution und der darauf aufbauenden Ko-Ontogenese.[404] Daß die so entstandenen Auffassungs- und Reaktionsschemata zu ihrer Umwelt passen, kann aber das System selbst nicht erkennen - eben weil es keinen unmittelbaren, sondern nur einen an seine Auffassungsschemata gebundenen Zugang zur Umwelt hat. Man könnte nun daraus folgern, daß es auf die Frage, ob Erkenntnis und Um-

---

[403] Humberto Maturana und Francisco Varela, Der Baum der Erkenntnis, Bern, München, Wien 1987, S. 105 ff.
[404] A.a.O., S. 209.

2. Die Erkenntnistheorie des Radikalen Konstruktivismus 171

welt zueinander passen, keine Antwort geben könne, weil es kein erkennendes System gibt, das Zugang zur objektiven Realität hätte. Bedeutet dann aber die radikale Absage an die Vorstellung einer Repräsentation der Außenwelt in der Erkenntnis nicht die Vorstellung des Solipsismus, der absoluten kognitiven Einsamkeit? Maturana und Varela antworten auf dieses Problem mit dem für den radikalen Konstruktivismus grundlegenden erkenntnistheoretischen Konzept des Beobachters:[405] Der Beobachter kann ein lebendes System einerseits als von seiner Umwelt abgeschlossenes System ansehen, das nur für sich existiert und auf Umwelt nur nach seinen eigenen, internen Regeln reagiert, er verfügt aber auch über eine Perspektive, die dem von ihm beobachteten lebenden System versperrt ist und kann daher die Korrelationen wahrnehmen, die zwischen den Handlungen des beobachteten Systems und den Bedingungen seiner Umwelt bestehen. Der Beobachter kann also erkennen, daß das beobachtete System auf seine Umwelt eingestellt, mit ihr strukturell gekoppelt ist. Maturana und Varela verdeutlichen ihre Konzeption mit dem bekanntgewordenen Beispiel des U-Boot-Fahrers, der sein U-Boot zwischen Riffen hindurchmanövriert, die Riffe aber gar nicht als „Riffe" erkennt, sondern nur, wie er es gelernt hat, Hebel und Knöpfe dreht und Anzeigegeräte in einem bestimmten Bereich konstant hält.[406] Wir sind in dieser Welt also U-Boot-Fahrer, die auf die Riffe des Daseins nur mit den Instrumenten und Einstellungen reagieren, die uns die Evolution mitgegeben hat. Während der U-Boot-Fahrer also nur erkennt, daß intern alle Anzeigegeräte Werte anzeigen, die innerhalb der Norm liegen, kann ein außenstehender Dritter sowohl erkennen, daß das U-Boot nach seinen internen Regeln funktioniert, als auch erkennen, daß das U-Boot zwischen Riffen hindurch manövriert, also in Bezug auf eine Umwelt agiert. Mit dem Konzept des Beobachters wird die Abhängigkeit der Erkenntnis von der Perspektive des Erkennenden hervorgehoben. Alles was beobachtet wird, wird von einem Beobachter beobachtet.

Für die Diskussion des Radikalen Konstruktivismus bietet es sich an, zunächst danach zu fragen, was die Figur des Beobachters zur Lösung des Erkenntnisproblems beiträgt. Bleiben wir bei der U-Boot-Metapher. Es gibt eine naheliegende Erklärung für die Übereinstimmung zwischen der Orientierung an den Anzeigegeräten des U-Boots und einer Orientierung an den

---

[405] Humberto R. Maturana, Kognition, in: Siegfried J. Schmidt (Hrsg.), Der Diskurs des Radikalen Konstruktivismus, Frankfurt am Main 1987, S. 89 ff.; Humberto Maturana und Francisco Varela, a.a.O., S. 145 ff.; Ernst von Glasersfeld, Die Unterscheidung des Beobachters: Versuch einer Auslegung, in: Volker Riegas und Christian Vetter, Zur Biologie der Kognition. Ein Gespräch mit Humberto R. Maturana und Beiträge zur Diskussion seines Werkes, Frankfurt am Main 1990, S. 281 ff.
[406] Humberto R. Maturana und Francisco J. Varela, a.a.O., S. 149.

Linien der realen Klippen des Ufers: Der Konstrukteur des U-Boots hat die Meßinstrumente, die Anzeigegeräte und die Steuerungstechnik des U-Boots planvoll eingerichtet, so daß gewährleistet ist, daß das U-Boot von jeder Uferklippe, wie immer sie aussehen mag, einen ausreichenden Abstand hält. Dann müssen wir aber voraussetzen, daß der Konstrukteur über die Fähigkeit verfügt, Realität adäquat wahrzunehmen. Anderenfalls wäre nicht zu erklären, warum der Konstrukteur in der Lage ist, ein U-Boot zu konstruieren, das sich in der Fahrt durch reale Klippen bewährt. Aber auch beim U-Boot-Fahrer lauert ein Problem. Er nimmt zwar nicht die realen Klippen wahr, wohl aber die realen Anzeigegeräte. Wie läßt sich aber erklären, daß er die Anzeigegeräte richtig ablesen und interpretieren kann, wenn er, als autopoietisches erkennendes System, keinen Zugang zur Realität hat? Das U-Boot-Beispiel und die Figur des Beobachters lösen nach dieser Überlegung das Problem der Ontologie und des Zugangs zur Realität nicht, sie zeigen im Grunde lediglich - was allerdings nicht wenig ist - die Perspektivenabhängigkeit jeder Wahrnehmung und Erkenntnis auf.

Werner Meinefeld hat sich im Rahmen einer wissenschaftstheoretischen und methodologischen Fragestellung kritisch mit dem Radikalen Konstruktivismus auseinandergesetzt.[407] Seine Argumente sind für unsere Fragestellung besonders interessant. Meinefeld wendet gegen den Radikalen Konstruktivismus ein, daß er für die Untermauerung seiner eigenen Position voraussetze, was er generell in Frage stelle: eine realistische Interpretation seiner empirischen Ergebnisse. Die erkenntnistheoretische Radikalität des Radikalen Konstruktivismus beruht nach Meinefeld auf einer ontologischen Prämisse, die aber zumeist implizit bleibt, auf der Annahme nämlich, daß die Realität nicht strukturiert sei. Eine solche ontologische Prämisse gehe aber weit über die Annahme der Nichterkennbarkeit von Strukturen der Realität hinaus. Und sie ist, wie Meinefeld unter Bezugnahme auf die Neurologen und Radikalen Konstruktivisten Roth und Singer feststellt, nicht plausibel. Wie selbstverständlich gingen auch diese Autoren davon aus, daß ontogenetische Selbstorganisationsprozesse offenbar geeignet sind, Gesetzmäßigkeiten der physikalischen Welt auszuwerten und mittels selektiver Stabilisierung von Nervenverbindungen neuronale Repräsentationen für diese Gesetzmäßigkeiten zu generieren.[408] Wenn es eigene, von den Konstruktionen des Gehirns unabhängige Gesetzmäßigkeiten der physikalischen Realität gibt, kann man aber der Frage nach externen Bezugspunkten

---

[407] Werner Meinefeld, Realität und Konstruktion. Erkenntnistheoretische Grundlagen einer Methodologie der empirischen Sozialforschung, Opladen 1995, S. 122 ff.; vgl. auch seine Darstellung des Radikalen Konstruktivismus S. 99 ff.
[408] Werner Meinefeld, a.a.O., S. 126.

2. Die Erkenntnistheorie des Radikalen Konstruktivismus

der Erkenntnis und einer möglichen Wechselwirkung von erkennendem System und Umwelt nicht mehr ausweichen.

Meinefeld erhebt nun den Einwand, der Radikale Konstruktivismus führe zur Eliminierung des Subjekts und vernachlässige die Bedeutung sozialer und kultureller Prozesse für die Entstehung von Erkenntnis. Das „Ich" ist etwa nach Roth „eine Fiktion, ein Traum des Gehirns, von dem wir, die Fiktion, der Traum, nichts wissen können."[409] Damit setzt der Radikale Konstruktivismus, so die Diagnose von Meinefeld, Erkenntnis mit den neuronalen Prozessen gleich, er kommt ohne eine davon unterschiedene Instanz als Produzenten und Träger der Kognition aus, erklärt Erkenntnis ohne Rekurs auf einen Handelnden.[410] Die Erkenntnistheorie werde so nur auf der Theorie eines einzelnen Organs aufgebaut. Dieser Verzicht auf das Konzept eines erkennenden und handelnden Subjekts werfe aber die Frage nach der Möglichkeit der Reflexion, der Distanzierung eben dieses Organs von seinen eigenen strukturellen Begrenzungen ebenso auf wie die Frage danach, wie denn dieses Organ mit der Umwelt in Kontakt tritt.[411]

Meinefeld setzt sich in diesem Zusammenhang auch mit dem Konzept des Beobachters auseinander. Im oben wiedergegebenen Beispiel des U-Boot-Fahrers vermag erst der außenstehende Beobachter zu leisten, was das handelnde System (U-Boot-Fahrer) nicht leisten kann: den Fahrer des U-Bootes als einen in Bezug auf eine bestimmte Umwelt Handelnden erkennen.[412] Meinefeld fragt, wie der Beobachter, der ja ebenfalls - als ein lebendes System - seinerseits nur über ein in sich geschlossenes Gehirn verfügt, zu einer Leistung in der Lage sein soll, zu der das handelnde System nicht in der Lage sei; und er vermißt eine Diskussion dieser Frage bei Maturana. Meinefelds Schlußfolgerung lautet, das Konzept des Beobachters könne das Problem, wie das autopoietisch geschlossene System des Gehirns sich von der biologisch bedingten strukturellen Verweisung auf sich selbst lösen und Zugang zur Umwelt gewinnen kann, nicht klären. Darüber hinaus verfügt der Radikale Konstruktivismus nach Meinefelds Diagnose auch nicht über eine angemessene Erklärung dafür, wie das autopoietisch geschlossene Gehirn kommunizieren kann und wie gemeinsames Handeln möglich ist.

---

[409] Gerhard Roth, Erkenntnis und Realität: Das reale Gehirn und seine Wirklichkeit, in: Siegfried J. Schmidt, Der Diskurs des Radikalen Konstruktivismus, Frankfurt am Main 1987, S. 229 ff., 248 ff., 253; vgl. auch Humberto R. Maturana und Francisco J. Varela, Der Baum der Erkenntnis, S. 250.
[410] Werner Meinefeld, a.a.O., S. 128.
[411] Werner Meinefeld, a.a.O., S. 128/129.
[412] Werner Meinefeld, a.a.O., S. 129.

Allein die Parallelität autonomer kognitiver Prozesse, die darauf beruht, daß Individuen unter ähnlichen Bedingungen ähnliche, aber solipsistische Erfahrungen machen, könne weder die praktisch bewährte Präzision wissenschaftlicher Aussagen und ihre Replikation durch andere Wissenschaftler noch den Erfolg alltäglicher Kommunikation hinreichend erklären. Die zu beobachtende Übereinstimmung setze entweder eine hochgradige Determiniertheit unserer Wahrnehmung durch angeborene Unterscheidungskriterien voraus - was zum Beispiel von Roth und Singer als „technisch" unmöglich zurückgewiesen worden sei - oder erfordere die Annahme eines starken Sachzwanges seitens der Realität - was den Annahmen des Radikalen Konstruktivismus widerspreche.

Der Radikale Konstruktivismus verfügt nach Meinefeld also über kein Konzept für die Entstehung von Bedeutung im kognitiven System, weil er die über Handlungen des Subjekts vermittelten Zugänge zur Realität und zur Kommunikation mit seiner sozialen und kulturellen Umgebung vernachlässigt. Er kann deshalb weder die Genese unterschiedlicher Bedeutungszuweisungen in verschiedenen Kulturen noch die Übereinstimmung von Bedeutungszuweisungen innerhalb eines Kulturkreises angemessen erklären.

Die Argumentation Meinefelds ist überzeugend. Mit der Aufgabe der Vorstellung eines unmittelbaren Zugangs der Erkenntnis zur objektiven Realität wird das uralte Problem der Erkenntnistheorie, die Frage nach dem Verhältnis von Erkenntnis und Erkenntnisgegenstand, nicht gelöst, sie wird nur neu und schärfer als in der älteren Tradition der Erkenntnistheorie gestellt. Gesucht wird jetzt nicht mehr eine Antwort auf die Frage nach den Gründen für eine wesensmäßige Identität von Erkenntnis und Erkenntnisgegenstand, denn die Möglichkeit einer solchen Identität wird verworfen. Gefunden werden muß aber nun eine Antwort auf die Frage nach der pragmatischen Passung zwischen Erkenntnis und Realität. Daß es ein solche Passung, mag man sie als „Viabilität" oder anders bezeichnen, gibt, muß als empirisch evident gelten und kann kaum plausibel bestritten werden. Eine Antwort auf die Frage nach den Gründen für diese Passung kann es aber nicht geben, wenn das praktische Eingreifen des handelnden Subjekts in die Umwelt unterbelichtet bleibt. Zur Verdeutlichung kann das bereits angesprochene Beispiel von Landkarte und Territorium dienen, das wir ein wenig weiterdenken: Die Landkarte ist - wie Gregory Bateson im Anschluß an Alfred Korzybski hervorhebt - nicht die Landschaft.[413] Sie enthält eine Codierung ausgewählter Merkmale der Landschaft, zum Beispiel der

---

[413] Gregory Bateson, Geist und Natur, S. 40 ff.

Höhenlinien, der räumlichen Entfernung zwischen markanten Punkten oder der Lage von Flüssen oder Siedlungen. Wäre das Gehirn des Wanderers nur damit beschäftigt, aufgrund der Karte ein Bild der Landschaft zu entwerfen, würde es niemals zu einer praktischen Bewährungsprobe für die Landkarte kommen. Wenn alle Leser von Landkarten nur damit beschäftigt wären, sich die Landschaft vorzustellen, würde es auch nicht zu einer Evolution des Landkartenwesens im Sinne der Entwicklung günstigerer, der Landschaft besser angepaßter Landkarten kommen. Erst wenn der Wanderer handelt, wenn er in die Landschaft hinausgeht, kann die Landkarte sich bewähren oder als unbrauchbar erweisen. Ist die Karte zwar bunt und schön, sind die Linien aber willkürlich gezogen worden, so daß sie mit den für die Orientierung wichtigen Merkmalen der realen Landschaft in keiner Weise übereinstimmen, wird der Wanderer sich verirren, im Kreis laufen, vor einem unüberwindlichen Hindernis stehen oder welche Folgen mangelhafter Orientierung man sich immer ausdenken mag. Der Wanderer wird die Karte wegwerfen und versuchen, für seine nächste Wanderung eine tauglichere Landkarte zu finden - und die Evolution der Landkarten kann beginnen.

Wir müssen also den Blick über die konstruktive Tätigkeit des Gehirns hinaus auf die von diesen Konstruktionen instruierten Bewegungen richten. Das Gehirn ist mit dem Bewegungsapparat über Motoneuronen verbunden. Diese Verbindung erlaubt es dem Gehirn, Bewegungen so zu steuern, daß ein Mensch Hindernissen ausweichen, Gegenstände gezielt ergreifen, Basketball und Klavier spielen kann. Wahrnehmung, Konstruktion und Handlung erscheinen dabei als koordinierter Kreisprozeß.

Was für die Landkarte gilt, gilt auch für unmittelbare Wahrnehmungen. Auch sie sind, wie wir gesehen hatten, Codierungen. Würde also der Wanderer nur auf eine Landschaft blicken und sich nicht in ihr bewegen, wäre sein Gehirn nur mit der Konstruktion des Landschaftsbildes beschäftigt, würde es ebensowenig zu einer praktischen Bewährungsprobe für die Wahrnehmung kommen. Nicht die kognitiven Konstruktionen des Gehirns, sondern die von ihnen abhängigen Handlungen des Individuums als eines Ganzen, das den biologischen Organismus im realen Raum umfaßt, stoßen auf objektive Strukturen der Realität, können mit ihnen erfolgreich umgehen oder scheitern.

Da das Handeln - im Gegensatz zu den kognitiven Konstruktionen - außerhalb der Grenzen des kognitiven Systems in dessen Umwelt stattfindet, muß es im Ergebnis, um erfolgreich zu sein, objektive Strukturen der Realität für praktische Zwecke hinreichend - d.h. niemals vollständig und immer bezogen auf die jeweiligen Handlungsziele - in Rechnung stellen.

Deshalb ist auch die Annahme, daß es zwar objektive Strukturen der Realität, aber keinerlei Beziehung zwischen ihnen und den kognitiven Konstruktionen gebe, nicht plausibel. Wahrnehmung und Handeln haben offenbar im Zusammenwirken den Effekt, daß die Konstruktionen der Erkenntnis mit ausgewählten Strukturmerkmalen der Realität abgestimmt werden.

Der Umstand, daß es von den internen Strukturen der Verarbeitung von Sinnesreizen innerhalb des kognitiven Systems abhängt, auf welche Reize (Irritationen, Störungen, Perturbationen) der Außenwelt das System reagiert und unter welchen Umständen das System sich durch äußere Reize in seinen internen Zuständen modulieren (anregen) läßt, ändert nichts daran, daß es diesen Bezug des wahrnehmenden Systems auf eine äußere, von ihm nicht nach internen Gesetzen kontrollierte Wirklichkeit gibt. Beides ist also notwendig: Das System wählt aus, welche Wahrnehmungen relevant sind, es macht seine internen Zustände innerhalb der Grenzen seiner Wahl aber gerade auch von diesen von ihm ausgewählten Umweltreizen abhängig. Das System wählt die Relevanzen aus und läßt dann die Umwelt Systemzustände „auswählen". Information gibt es zwar nur für Sinn-Systeme und in Sinn-Systemen, aber die Information entsteht im System nur dadurch, daß das System sich auf Ereignisse in der Umwelt fokussiert. Offenbar ist die Effizienz dieser Orientierung auf die äußere, dem System unabhängig gegenüberstehende objektive Wirklichkeit gerade ein wesentliches Ergebnis der Evolution von wahrnehmungsfähigen biologischen Systemen in deren natürlicher Umwelt. Wozu sonst sollte das Gehirn des Menschen mit sensorischen Eingängen ausgestattet sein, statt auch seine Eingangsreize selbst zu produzieren? Mag das Verhältnis zwischen der Kapazität der sensorischen Eingänge, des internen Verarbeitungssystems und der Motoneuronen mit 1 : 100 000 : 1 auch eindrucksvoll sein, es belegt doch nur, daß der neurophysiologische Aufwand für die konstruktive Verarbeitung der neuronalen Impulse beim Menschen den Aufwand, der für die reine Rezeption der Umweltreize erforderlich ist, um das 100 000-fache übersteigt. Er besagt aber nicht, daß die sensorischen Eingänge als bedeutungslos behandelt werden könnten. Eins ist bekanntlich etwas anderes als Null. Die Erkenntnistheorie muß dem Umstand Rechnung tragen, daß die konstruktive Tätigkeit des Gehirns ständig Reizungen seiner Rezeptoren durch externe Einflüsse wie Licht- und Schallwellen verarbeitet, die nicht unter der Kontrolle des Gehirns stehen, sondern von den Ordnungsstrukturen der Realität abhängen. Kants kritische Wendung gegen die „Luftbaumeister der mancherlei Gedankenwelten"[414], die den Ausgangspunkt seiner Bemühungen bildete, sich zunächst von den Extrempositionen des dogmatischen Rationalismus und des Empirismus zu lösen, um erst aufgrund einer genauen Untersuchung der Arbeitsweise der menschlichen Erkenntnis die Anteile von a priori gegebener und erfahrungsabhängiger Erkenntnis zu bestimmen, ist nicht obsolet geworden, auch wenn sich die Frage nach dem Verhältnis von Denken und Erfahrung im Kontext von Systemtheorie und Evolutionstheorie und vor dem Hintergrund der neueren Forschungsergebnisse in Gehirnforschung und Entwicklungspsychologie neu stellt. Erst das Zusammenspiel zwischen der Bezugnahme der kognitiven Konstruktionen auf Wahrnehmungen, die einige ausgewählte Merkmale von objektiven Strukturen der Realität nutzen und verarbeiten, und dem praktischen Bewährungstest für die kognitiven Konstruktionen in den Handlungen des Individuums kann die evolutionäre Entstehung von Information über Umwelt in kognitiven Systemen und so etwas wie strukturelle Kopplung als Ergebnis von Sinn-Evolution erklären.

Das hat nichts mit einem Rückfall hinter die Erkenntnisse der Gehirnforschung zu tun. Es geht nicht um einfache Vorstellungen von Erkenntnis als Abbild objektiver Realität. Für die postulierte Abstimmung von Erkenntnis und Realität über Wahrnehmung und Handeln ist es hinreichend, eine Ähnlichkeit zwischen den Mustern von Unterschieden in der Realität und den Mustern der kognitiven Unterscheidungen, die die Realität symbolisieren, anzunehmen. Der Begriff des Musters ist deshalb besonders gut geeignet, die Art von Übereinstimmung zwischen Konstruktion und Realität, die hier als notwendige, aber auch hinreichende Bedingung für Erkenntnis postuliert wird, zu beschreiben, weil er auf Relationen zwischen einzelnen Elementen abstellt, die auch dann noch Ähnlichkeiten aufweisen können, wenn die quantitativen Größen verändert werden, wenn also zum Beispiel eine Form gedehnt oder gestaucht wird. Das läßt sich an der Ähnlichkeit von Bauformen der Natur gut illustrieren, etwa an den Ähnlichkeiten der Muster von Panzern verschiedener Krebsarten.

---

[414] Immanuel Kant, Träume eines Geistersehers, Immanuel Kants Werke, herausgegeben von Ernst Cassirer, Berlin 1912 ff., Band II, S. 357.

178 3. Kapitel Die Entstehung von Information in kognitiven Systemen

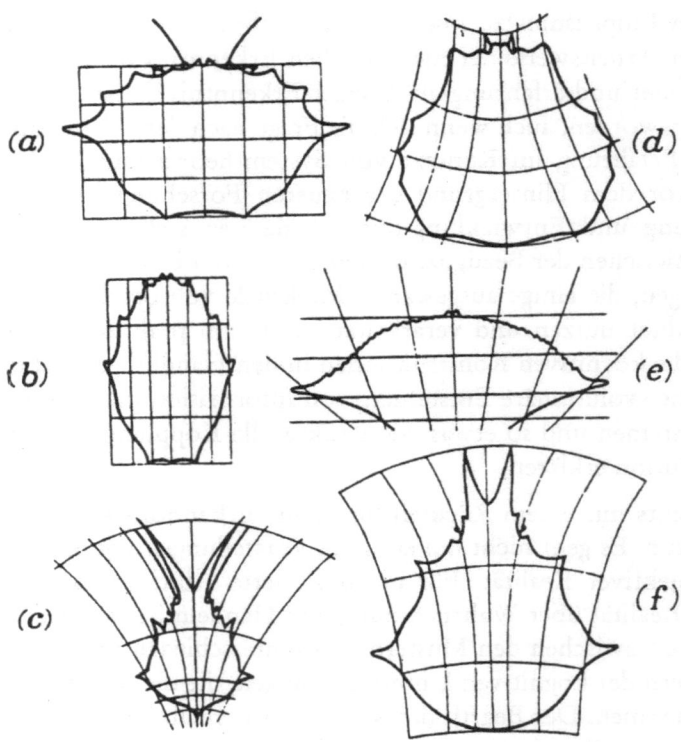

(Abbildung aus Gregory Bateson, Geist und Natur, S. 213)

Die Ähnlichkeit eines Musters kann nicht nur über eine Veränderung quantitativer Größen der einzelnen Elemente und ihrer Relationen hinweg erhalten bleiben, sondern auch über Umwandlungen in einen anderen Code hinweg mehr oder weniger deutlich wiedererkennbar bleiben. Die Ähnlichkeit eines Musters kommt zum Beispiel in den Entsprechungen zwischen der optischen Wahrnehmung und vermessungstechnischen Erfassung der Landschaft und deren Wiedergabe in dem spezifischen Code der Landkarte mit ihren Höhenlinien, Grenzmarkierungen und farblichen Gestaltungen zur Geltung. So sind die realen Höhen der Landschaft nicht Bestandteile der Landkarte. Aber das Muster der Höhenlinien eines Bergmassivs in einer Landkarte ist dem Muster ähnlich, das in der Landschaft erkennbar wäre, wenn man auf den bestimmten Höhen farbige Markierungen um das Bergmassiv herum anlegen und diese anschließend aus einem Flugzeug betrachten würde. Auch bei der Überschreitung der Systemgrenze zwischen Umwelt und kognitivem System, bei der sensorische Reize

2. Die Erkenntnistheorie des Radikalen Konstruktivismus 179

in neuronale Impulse umgewandelt werden, entsteht ein unverwechselbares Schwingungsmuster, das Grundlage für das Wiedererkennen des selben Objekts, für Zuordnungen bei der Wahrnehmung ähnlicher Objekte und für das Erfassen von Veränderungen der Objekte in Zeit und Raum ist. Das Argument, die sensorischen Reize würden ganz andere Bedeutung erhalten, optische Wahrnehmungen also etwa als Höreindrücke gedeutet, wenn sie an ein anderes Verarbeitungszentrum weitergeleitet würden, besagt nur, daß die Bedeutung sensorischer Reize nicht unabhängig von der konstruktiven Aktivität des Gehirns festliegt. Es widerlegt aber nicht, daß das Muster der sensorischen Reize in den neuronalen Schwingungsmustern als Ähnlichkeit erhalten bleibt und dies hinreicht, um Ähnlichkeiten und Unterschiede in den Ordnungsstrukturen der Realität auszuwerten und wiederzuerkennen. Die Verbindung zwischen sensorischen Eingängen und den ihnen entsprechenden Verarbeitungszentren im Gehirn, zwischen Retina und Sehzentrum, ist Bestandteil der Optimierung der visuellen Orientierung, die im Verlauf der biologischen Evolution stattgefunden hat, die in der vorgeburtlichen Entwicklung des Gehirns vorstrukturiert und von der Geburt an in Wechselwirkung mit den optischen Reizen der Umwelt feingesteuert wird.[415] So läßt sich vorstellen, daß das Muster der bei optischen Wahrnehmungen im Gehirn aufgebauten neuronalen Schwingungen spezifische Eigenschaften aufweist, die den spezifischen Eigenschaften des Lichtwellenmusters, das auf der Netzhaut des Auges auftrifft, hinreichend ähnlich sind, um eine Zuordnung bei der wiederholten Wahrnehmung des selben Objekts zu ermöglichen. Zugleich wird durch die Zuordnung ähnlicher Lichtwellenmuster das Wiedererkennen des selben Objekts bei wechselnden Lichtverhältnissen ermöglicht. Da das Lichtwellenmuster, das auf der Netzhaut auftrifft, bereits eine Umwandlung der Muster von Unterschieden in den vom Licht beschienenen und das Licht unterschiedlich reflektierenden Oberflächen der angeschauten Objekte ist, wird deutlich, daß die Ähnlichkeit des Musters sich über eine Reihe von Umwandlungen hinweg erhalten muß, sozusagen als Codierung von Codierungen. Die weit fortgeschrittenen Versuche mit künstlichen neuronalen Netzen, die lernen können, ähnliche, aber nicht genau identische Strukturen, zum Beispiel handgeschriebene Zahlen, zu erkennen, haben zumindest schon plausibel gemacht, daß ein System, das über ein internes Netz von impulsleitenden Verbindungen mit mindestens drei Schichten von Knoten verfügt, an denen die Stärke der horizontalen und vertikalen Verknüpfungen in Abhängigkeit von den Eingangssignalen und der Rückmeldung über

---

[415] Eindrucksvoll ist die Darstellung der vorgeburtlichen Zielfindung der neuronalen Verbindungen zwischen Retina und Sehzentrum dargestellt bei Carla J. Shatz, Das sich entwickelnde Gehirn, Spektrum der Wissenschaft 1992, S. 44 ff.

den Erfolg der Operationen verändert wird, lernen kann, ähnliche Strukturen zu erkennen und seine Ergebnisse zu optimieren. Nach heutigem Wissensstand spricht viel für die Annahme, daß das Netz von neuronalen Verbindungen im Gehirn sich in ähnlicher Weise durch aktivitätsabhängige Bahnung („Hebb-Synapsen") und Rückkopplungsmechanismen auf das Wiedererkennen von Ähnlichkeiten und Unterschieden einstellt.[416]

Aufgrund der bisherigen Überlegungen zur Entstehung von Information in kognitiven Systemen können wir nun folgende Hypothese formulieren:

Erst eine angemessene Berücksichtigung der Handlungen, auf die der Selektionsdruck der Umwelt einwirkt, ermöglicht eine Erklärung der Entstehung von Information und Bedeutung im kognitiven System. Die konstruierende Aktivität des Gehirns ist Bestandteil eines Kreisprozesses von Wahrnehmung, kognitiver Konstruktion und Handlung, der die Abstimmung der kognitiven Konstruktionen mit ausgewählten Mustern von Ähnlichkeiten und Unterschieden in der Realität ermöglicht.

Dieser Kreisprozeß von Wahrnehmung, kognitiver Konstruktion und Handlung steht im Zentrum der empirischen und theoretischen Arbeiten Jean Piagets. Mit der Erkenntnistheorie, die Piaget und seine Mitarbeiter im Genfer „Institut d'Epistemologie génétique", gestützt auf umfangreiche empirische Untersuchungen der kognitiven Entwicklung bei Kindern, ausgearbeitet haben, liegt ein theoretisches Modell der Entwicklung des Denkens vor, das sich auf reichhaltige empirische Bestätigung stützen kann, das auch mit den Ergebnissen der neueren Gehirnforschung gut vereinbar ist, und das die in der Kritik von Meinefeld diagnostizierten und am Vergleichsmaßstab des Evolutionskonzepts der Biologie deutlich werdenden Defizite des Radikalen Konstruktivismus vermeidet. Im Zentrum der genetischen Epistemologie Piagets steht die aktive Auseinandersetzung des handelnden Subjekts mit der objektiven Realität als Grundlage für die Entwicklung der kognitiven Konstruktionen zu einem zunehmend differenzierten und beweglichen, den objektiven Gegebenheiten der Umwelt zunehmend besser angepaßten Gleichgewicht. Piagets erkenntnistheoretisches Konzept hält auch einem Vergleich mit dem Grundkonzept der biologischen Evolu-

---

[416] Geoffrey E. Hinton, Wie neuronale Netze aus Erfahrung lernen, Spektrum der Wissenschaft 1992, S. 134 ff. Verblüffende Parallelen zwischen den Möglichkeiten künstlicher neuronaler Netze und der Arbeitsweise des menschlichen Gehirns deuten sich in Versuchen an, neuronalen Netzen eine Art Schlaf- und Traumphase zu verschaffen. Dabei sind die Eingangskanäle inaktiv. Das System spielt die Versuche des letzten Tages ständig durch und optimiert die gefundenen Lösungen, indem es die rationellsten Varianten auswählt. Die durch externe Rückmeldung veranlaßte Optimierung wird also um ein internes Optimierungsverfahren ergänzt, vgl. dazu Christoph Pöppe, Neuronale Netze lernen im Schlaf, Spektrum der Wissenschaft 1996, S. 31 ff.

tionstheorie als dem hier angelegten Vergleichsmaßstab stand. Es gibt daher auch wichtige Hinweise für eine mögliche Konzeption der Wechselwirkungen zwischen sozialen Systemen und deren Umwelt. Die Erkenntnistheorie Jean Piagets soll im Folgenden in ihren für die hier verfolgte Fragestellung wesentlichen Aspekten vorgestellt werden.

3. Die genetische Epistemologie Jean Piagets

3.1. Zu Anspruch und Bedeutung der genetischen Epistemologie Piagets

Jean Piaget[417] ist vor allem als Entwicklungspsychologe bekannt.[418] Seine empirischen Forschungen zur Entwicklung des Denkens beim Kind, die auf Laborstudien mit Kindern verschiedener Altersstufen und unter anderem auch auf Langzeitprotokolle der Entwicklung seiner eigenen Kinder seit den ersten Lebenswochen gestützt sind, gelten als Standardwerk der Entwicklungspsychologie.[419] Weniger bekannt ist die Bedeutung Piagets für die Erkenntnistheorie.[420] Die Erkenntnistheorie war indes Piagets leitendes Forschungsinteresse.[421] Sein strukturgenetischer Ansatz der Erkenntnistheorie hat ihn dazu bewogen, sich empirisch mit der Entwicklung des

---

[417] Zur Biographie Herbert Ginsburg und Sylvia Opper, Piagets Theorie der geistigen Entwicklung, 7. Aufl., Stuttgart 1993, S. 13 ff.; dort auch ein Verzeichnis der Werke Piagets, S. 295 ff.; zur Wirkung Piagets Gerhard Steiner, Jean Piaget: Versuch einer Wirkungs- und Problemgeschichte, in: Hommage à Jean Piaget zum achtzigsten Geburtstag, Stuttgart 1976, S. 49 ff.; siehe ferner Leslie Smith (Ed.), Jean Piaget. Critical Assessments, I - IV, London (Routledge) 1992.
[418] Zur Entwicklungstheorie Jean Piagets Franz Buggle, Die Entwicklungspsychologie Piagets, 2. Aufl., Stuttgart u.a. 1993; Herbert Ginsburg und Sylvia Opper, Piagets Theorie der geistigen Entwicklung, 7. Aufl., Stuttgart 1993; Patricia Miller, Theorien der Entwicklungspsychologie, Heidelberg, Berlin, Oxford 1993, S. 45 ff; Beate Sodian, Theorien der kognitiven Entwicklung, in: Heidi Keller (Hrsg.), Lehrbuch der Entwicklungspsychologie, Bern u.a. 1998, S. 147 ff.
[419] Patricia Miller, a.a.O., S. 46; Herbert Ginsburg, Sylvia Opper, a.a.O., S. 5. Die entwicklungstheoretischen Annahmen Piagets sind seit den sechziger Jahren in Tausenden von empirischen Studien kritisch überprüft worden; dieser Prozeß ist noch nicht abgeschlossen. Dazu und zu den bisherigen Ergebnissen der Evaluation Beate Sodian, a.a.O., S. 157.
[420] Zur genetischen Erkenntnistheorie Piagets H. G. Furth, Intelligenz und Erkennen. Die Grundlagen der genetischen Erkenntnistheorie Piagets, 2. Aufl., Frankfurt am Main 1981; R. F. Kitchener, Piagets Theory of Knowledge. Genetic Epistemology and Scientific Reason, New Haven, London 1986; Thomas Kesselring, Entwicklung und Widerspruch. Ein Vergleich zwischen Piagets genetischer Erkenntnistheorie und Hegels Dialektik, Frankfurt am Main 1981.
[421] Jean Piaget, Die Entwicklung des Erkennens I. Das mathematische Denken, Stuttgart 1975 (Paris 1950), S. 13 - 49.

Erkennens bei Kindern zu befassen. Aufschlußreich ist die folgende Mitteilung, die in einer Fußnote enthalten ist: „Es liegt uns vom genetischen Gesichtspunkt aus viel daran, mitzuteilen, daß A. Einstein, der 1928 die erste internationale Tagung für Philosophie und Psychologie in Davos präsidierte, die psychologische Priorität der Anschauung der Geschwindigkeit gegenüber der Anschauung der Zeit unterstrich. Er regte an, eine Studie der Entwicklung dieser Begriffe beim Kind zu unternehmen, und aus dieser Anregung heraus unternahmen wir die Untersuchungen, die 1946 publiziert wurden und die wir in diesem Kapitel zusammenfassen."[422] Piagets 1946 veröffentlichte Untersuchungen führten ihn zu dem Ergebnis, daß entgegen der Vorstellung, die von der klassischen Newtonschen Mechanik nahegelegt wird und auch für das alltägliche Bewußtsein Erwachsener nahezu selbstverständlich erscheint, in der genetischen Entwicklung beim Kind nicht die Zeit das ursprüngliche und die Geschwindigkeit das darauf aufbauende Konzept ist, sondern daß umgekehrt, wie Albert Einstein es aufgrund der Relativitätstheorie postuliert hatte, die Geschwindigkeit das ursprüngliche und der Zeitbegriff das darauf aufbauende Konzept ist.[423] Allerdings ist das Kind zunächst unfähig, die unterschiedlichen „Eigenzeiten" einzelner Bewegungen zu vergleichen und im Konzept einer Newtonschen Zeit zu koordinieren. Das Kind ist also nicht etwa von Natur aus mit relativitätstheoretischen Einsichten begabt. Es ist nur noch nicht in den Zeitbegriff des entwickelten Denkens der Erwachsenen eingeübt. Der Nachvollzug der genetischen Priorität der Geschwindigkeit gegenüber der Zeit bei Kindern erleichtert es aber, sich von der Evidenz des Zeitbegriffs zu lösen und das Befremden gegenüber den Zumutungen der Relativität der Zeit zu überwinden.[424]

Piagets eigene erkenntnistheoretische Methode besteht zunächst in einer radikalen Reduktion der Ansprüche: „Nun ist es aber die Eigenart der spezifischen Wissenschaften, Fragen, die zuviel implizieren, nie ganz von vorn anzugreifen. Die Schwierigkeiten werden aufgeteilt, so daß sie nacheinander erledigt werden können. Eine Erkenntnistheorie, die Wert darauf legt, selbst wissenschaftlich zu sein, wird sich deshalb hüten, gleich im Anfang zu fragen, was Erkenntnis sei. Auch die Geometrie vermeidet es, *a priori* zu entscheiden, was der Raum sei, und die Physik verzichtet anfänglich auf die Frage nach der Materie. Sogar die Psychologie nimmt vorerst nicht Stel-

---

[422] Jean Piaget, Die Entwicklung des Erkennens II. Das physikalische Denken, Stuttgart 1975 (Paris 1950), S. 46, Fußnote 2; vgl. dazu Franz Buggle, Die Entwicklungspsychologie Jean Piagets, 2. Aufl., Stuttgart, Berlin, Köln 1993, S. 18 ff.
[423] Jean Piaget, Les notions de mouvement et de vitesse chez l'enfant, Paris 1946.
[424] Jean Piaget, Die Entwicklung des Erkennens II, a.a.O., S. 20 ff.

3. Die genetische Epistemologie Jean Piagets

lung zur Natur des Geistes." ... „Die genetische Methode beschränkt sich darauf, die Tatsachen als einen Wachstumsprozeß der Kenntnis zu untersuchen. Es stellen sich also nur die Fragen: Worin besteht dieses Anwachsen der Kenntnis, und was kann man daraus über die eigentliche Natur dieser Kenntnisse folgern? (...) Die genetische Methode postuliert hier zweierlei: einerseits, daß der Mechanismus dieser Entwicklung uns lehrt, wie die Struktur der aufeinanderfolgenden Kenntnisse aussieht, indem er den Übergang von einer kleineren zu einer größeren Kenntnis beschreibt, andererseits, daß diese Einsicht, ohne die letzte Natur der Erkenntnis vorwegzunehmen, die Lösung dieser Grenzfrage vorbereitet (sogar wenn diese Lösung in der aufkeimenden Einsicht besteht, daß eine solche Grenze nie erreicht werden kann)."[425]

Piaget will also Aufschluß über das Wesen der Erkenntnis auf dem Weg einer Annäherung durch Erforschung des Wachstums der Erkenntnis gewinnen. Deshalb erforscht er zum einen die kognitive Entwicklung von Kindern[426], zum anderen analysiert er die Wissenschaftsgeschichte.[427] Die Erkenntnistheorie ist für Piaget stets leitendes Forschungsziel geblieben. Indem er die Entwicklung der Strukturen des Erkennens beim Kind erforscht und mit der Entwicklung der Kenntnisse in der Wissenschaftsgeschichte vergleicht, darüber hinaus aber auch über Fragen der biologischen Evolution arbeitet,[428] leistet er letztlich einen Beitrag zu einer allgemeinen Strukturwissenschaft. Die theoretischen Bemühungen Piagets finden ihren Abschluß in der Modellierung der Entwicklung der Erkenntnis als „Äquilibration der kognitiven Strukturen".[429] Im Vorwort seiner gleichnamigen Schrift faßt Piaget den Grundgedanken seiner Theorie folgendermaßen zusammen:

„Der Grundgedanke ist der, daß diese Erkenntnisse weder allein aus der Erfahrung der Gegenstände, noch aus einer im Subjekt vorgeformten, angeborenen Programmierung hervorgehen, sondern aus aufeinanderfolgenden Konstruktionen mit fortwährender Elaboration neuer Strukturen. Die Mechanismen, auf die man zurückgreifen muß, können demzufolge nur Regulierungen sein, die nicht zu statischen Gleichgewichtsformen, sondern

---

[425] Jean Piaget, Die Entwicklung des Erkennens I, a.a.O., S. 17, 32.
[426] Jean Piaget, Das Erwachen der Intelligenz beim Kinde, 3. Aufl., Gesammelte Werke Band 1, Stuttgart 1991; Der Aufbau der Wirklichkeit beim Kinde, Gesammelte Werke Band 2, Stuttgart 1991.
[427] Jean Piaget, Die Entwicklung des Erkennens I - III, Gesammelte Werke, Bände 8 - 10, Stuttgart 1991.
[428] Jean Piaget, Biologische Anpassung und Psychologie der Intelligenz, Stuttgart 1975.
[429] Jean Piaget, Die Äquilibration der kognitiven Strukturen, Stuttgart 1976 (Orig. „L équilibration des structures cognitives. Problème central du développement, Paris 1975).

zu Reäquilibrationen führen, die die früheren Strukturen verbessern. Deshalb wollen wir von Äquilibration als Prozeß und nicht nur von Gleichgewichten sprechen ... ."[430]

Piagets Erkenntnistheorie ist konstruktivistisch. Ernst von Glasersfeld hat Piaget deshalb auch als Vorläufer für den Radikalen Konstruktivismus reklamiert und die mit den Aussagen des Radikalen Konstruktivismus nicht vereinbaren Formulierungen Piagets als Restbestände eines noch nicht ganz überwundenen ontologischen Denkens interpretiert.[431] Aber Piaget erklärt Erkenntnis - in systemtheoretischer Terminologie gesprochen - weder allein aus internen Strukturen und Prozessen des erkennenden Systems noch allein aus externen Strukturen der Umwelt des Systems.

Von entscheidender Bedeutung ist nun, wie es Piaget gelingt, die Brücke zwischen System und Umwelt zu schlagen, auf der jene fortschreitende Elaboration neuer Strukturen aufbauen kann. Der tragende Grundpfeiler dieses Brückenschlags ist die mit einer Vielzahl von empirischen Untersuchungen der Entwicklung des Denkens beim Kind untermauerte Hypothese, daß die Entwicklung der geistigen Operationen auf den elementaren Koordinationen der Bewegung aufbaut, daß also das Denken genetisch untrennbar mit dem biologischen Organismus und dessen Handeln verbunden, verinnerlichtes Handeln ist.[432] Die kognitiven Konstruktionen des entwickelten menschlichen Geistes sind weder a priori im Subjekt noch in den Objekten präformiert, sondern sind das Ergebnis der Entwicklung von den ersten Reflex- und Instinkthandlungen über elementare sensomotorische Koordinationen wie die zwischen Sehen und Hören oder zwischen Sehen und Greifen bis zu den formalen Abstraktionen des abstrakten und hypothetischen Denkens.

---

[430] A.a.O., S. 7.
[431] Ernst von Glasersfeld, An Interpretation of Piaget's Constructivism, in: Leslie Smith (Hrsg.), Jean Piaget. Critical Assessments, Band IV, London 1992, S. 41 ff. (zuerst veröffentlicht in Revue Internationale de Philosophie 1982, S. 612); ders., Piaget und die Erkenntnistheorie des radikalen Konstruktivismus, in: ders., Wissen, Sprache und Wirklichkeit, Braunschweig 1987, S. 99 ff.; vgl. auch Walter Kargl, Handlung und Ordnung im Strafrecht, Grundlagen einer kognitiven Handlungs- und Straftheorie, Berlin 1991, S. 108 ff., 117; zur Kritik dieser Inanspruchnahme Piagets für den radikalen Konstruktivismus Werner Meinefeld, Realität und Konstruktion. Erkenntnistheoretische Grundlagen einer Methodologie der empirischen Sozialforschung, Opladen 1995, S. 130 f.; Tilmann Sutter, Konstruktivismus und Interaktionismus. Zum Problem der Subjekt-Objekt-Differenzierung im genetischen Strukturalismus, Kölner Zeitschrift für Soziologie und Sozialpsychologie 44 (1992), S. 419 ff.
[432] Gerhard Steiner, Jean Piaget: Versuch einer Wirkungs- und Problemgeschichte, in: Hommage à Jean Piaget zum achtzigsten Geburtstag, Stuttgart 1976, S. 49 ff., 73 m.w.N.; Werner Meinefeld, Realität und Konstruktion, a.a.O., S. 130 ff.

3.2. Das erkenntnistheoretische Problem der Zahl

Bevor Piagets theoretisches Modell der Entwicklung des Denkens dargestellt wird, soll der Grundgedanke seiner Erkenntnistheorie am Beispiel eines Textes zum erkenntnistheoretischen Problem der Zahl verdeutlicht werden.[433]

Piaget untersucht im ersten, dem mathematischen Denken gewidmeten Band seiner im französischen Original im Jahre 1950 erschienenen Schrift „Die Entwicklung des Erkennens" die operative Konstruktion des Zahlbegriffs unter erkenntnistheoretischen Aspekten.[434] Piaget knüpft dabei an die gemeinsam mit A. Szeminska durchgeführten empirischen Untersuchungen zur Entwicklung des Zahlbegriffs bei Kindern an.[435] Dabei wurden Kindern unterschiedlicher Altersstufen Aufgaben vorgelegt, deren richtige und zuverlässige Lösung voraussetzte, daß das Kind über ein ausgereiftes Verständnis der Zahl verfügt. Ein anschauliches Beispiel einer solchen Aufgabe und der Resultate der kindlichen Versuche[436] gibt Piaget auch in seinem Text zum erkenntnistheoretischen Problem der Zahl wieder:

„Gibt man einem Kind sechs aufgereihte rote Scheibchen mit dem Auftrag, ebenso viele blaue aus einer Sammlung von zahlreichen Scheibchen zu entnehmen, so wird es sechs blaue Scheibchen aneinanderreihen, wobei es eines um das andere seiner roten Entsprechung gegenüber hinlegen wird. Wenn man nun die Elemente einer der beiden Reihen ein wenig auseinanderlegt, wird ein 5 - 6jähriges Kind häufig keine Äquivalenz zwischen den beiden Kollektionen mehr feststellen („es hat mehr rote" usw.), da die visuelle Entsprechung wegfällt und der Raum, den die eine Reihe einnimmt, größer ist als der der andern. Ist das Kind wenigstens sicher, daß die Scheibchen, wenn man sie wieder zusammenschiebt, von neuem den gegenüberliegenden Partnern entsprechen? Die kleinen Kinder zweifeln sogar daran (z.B. sechs Eier, welche aus ihrer Schale in eine Tasse verbracht werden,

---

[433] Jean Piaget, Die Entwicklung des Erkennens I, Das mathematische Denken, Gesammelte Werke Band 8, Studienausgabe, 1. Aufl., Stuttgart 1975, Kapitel 1, insbesondere S. 129 ff. (Französische Originalausgabe: Introduction à l'Epistemologie Génétique, Tome I: La Pensée Mathématique, Paris 1950). Der hier gewählte Zugang zu den Grundgedanken der Erkenntnistheorie Piagets begründet sich daraus, daß Piagets Text zum erkenntnistheoretischen Problem der Zahl in besonderer Weise geeignet scheint, seinen spezifischen Ansatz und vor allem seinen Brückenschlag zwischen System und Umwelt, auf den es für die hier untersuchte Fragestellung ankommt, zu verdeutlichen.
[434] Ebenda, Kapitel I, S. 61 ff.
[435] Jean Piaget und Alina Szeminska, Die Entwicklung des Zahlbegriffs beim Kinde, Gesammelte Werke 3, Studienausgabe, 1. Aufl., Stuttgart 1975.
[436] Einzelheiten und Ergebnisse des im Folgenden dargestellten und ähnlicher Experimente bei Jean Piaget und Alina Szeminska, a.a.O., S. 61 ff.

können nicht unbedingt wieder in ihre Schale zurückkehren, wie wenn ihre Quantität infolge des Wechsels in der örtlichen Anordnung sich geändert hätte). Andere Kinder halten eine Rückkehr zur Beziehung gegenüberliegender Scheibchen für möglich, ohne aber daraus zu schließen, daß die ausgebreiteten Scheibchen ebenfalls die Beziehung der Äquivalenz erfüllen."[437]

Die empirischen Untersuchungen zur Entwicklung des Zahlbegriffs bei Kindern führte unter anderem zu dem Ergebnis, daß erst Kinder im Alter von ca. 7 Jahren über ein so ausgereiftes Verständnis der Zahl verfügen, daß sie Aufgaben dieser Art sicher lösen konnten und sich dabei nicht durch Änderungen im optischen Bild der Versuchsanordnungen täuschen ließen. Als Voraussetzung dafür erwies sich nach Piagets und Szeminskas Interpretation der Ergebnisse ihrer Studien, daß die Kinder die Operationen der Teilmengenbildung (kardinaler Aspekt der Zahl) und der Reihenbildung (ordinaler Aspekt der Zahl) koordinieren konnten. Dieses Ergebnis stimmt, wie Piaget betont, mit der Erkenntnis der Mathematik überein, daß kardinaler und ordinaler Aspekt der Zahl sich wechselseitig bedingen: Wenn die sich folgenden Einheiten streng homogen sind, kann man ihre Reihenfolge nur unterscheiden, indem man sich auf die Mengen stützt; z.B. unterscheidet sich $1+1+1$ von $1+1$ nur, weil es zwei Nummern vor der letzten aufzuzählen gibt anstelle einer einzigen. Umgekehrt können die Kardinalzahlen nur bestimmt werden, wenn sie geordnet sind, wenn man sicher ist, daß man denselben Term nur einmal gezählt hat.[438] Erst wenn die Operationen der Bildung von Teilmengen aus einem Ganzen und der Bildung einer Reihe miteinander verbunden werden, so daß Teilmengen geordnet werden können, und wenn die Handlungen umkehrbar (reversibel) geworden sind, läßt sich das Kind durch das räumliche Erscheinungsbild nicht mehr irritieren. Der Zahlbegriff, das Ergebnis des Zählens und seine Unabhängigkeit von Veränderungen in der Anordnung der Objekte werden für das Kind dann sogar so evident, daß es nicht mehr versteht, wo das Problem liegt.

Piaget geht nun in seinem erkenntnistheoretischen Text von genau dieser Beobachtung aus, daß es wenige Begriffe gebe, die klarer und deutlicher sind als der Begriff der Zahl, und daß wenige Operationen ein ebenso evidentes Resultat ergäben wie die arithmetischen Operationen: „Es ist dies eine Wissenschaft für Kinder, deren Gültigkeit durch niemand angefochten wird und deren anfängliche Wahrheiten in stetiger Weise reichhaltiger wer-

---

[437] Jean Piaget, Die Entwicklung des Erkennens I, Gesammelte Werke, Studienausgabe, Band 8, Stuttgart 1975, S. 65.
[438] A.a.O., S. 71 f.

3. Die genetische Epistemologie Jean Piagets

den, ohne selbst je erschüttert zu werden."[439] In starkem Kontrast zu dieser instrumentalen Evidenz der Zahl steht aber, wie Piaget andererseits beobachtet, die Schwierigkeit der erkenntnistheoretischen Fragen, die sie aufwirft: Ist die Aussage „1+1=2" eine Wahrheit, eine Konvention oder eine Tautologie? Ergibt sich diese Beziehung zuerst aus einem Experiment, und aus welchem? Handelt es sich um eine Konstruktion **a priori** oder um das Objekt einer unmittelbaren Anschauung, und in welcher Art? Handelt es sich bei der Zahl um einen primären Begriff oder um eine Synthese einfacher logischer Operationen?

Piaget setzt sich zuerst mit Theorien auseinander, die die Kardinalzahl als Folge eines auf die Realität angewandten „Gedankenexperiments" erklären (Mach, Rignano, Chaslin). Der Begriff des Gedankenexperiments erweist sich für Piaget aber als zweideutig, weil er nicht klärt, worin das Experiment besteht und wie groß bei seiner Durchführung der Anteil der subjektiven Aktivität und der Anteil der objektiven Gegebenheiten ist. Piaget trifft dagegen eine erste Unterscheidung zwischen Gedankenexperimenten, die lediglich im Vorstellen einer äußerlichen Realität durch das Subjekt bestehen und Gedankenexperimenten, die nicht nur verlangen, sich einfach „die Variationen der Tatsachen" (Mach) vorzustellen, sondern die Handlungen, durch die das Subjekt die Tatsachen variieren läßt.[440] Daran schließt sich eine weitere Unterscheidung innerhalb der zweiten Gruppe von „Gedankenexperimenten" an, die Unterscheidung zwischen der Vorstellung von wenig differenzierten und ungenügend koordinierten Handlungen, die sich an die äußere Realität anlehnen müssen, um eine Vorhersage ihrer Resultate zu erlauben, und der Vorstellung von Operationen, d.h. von reversibel gewordenen Handlungen, die genügend koordiniert sind, um Kompositionen zu ermöglichen, deren Ergebnisse präzise vorausgesagt werden können.

Piaget verdeutlicht diese Unterscheidungen am Beispiel der eingangs beschriebenen Experimente. Sie zeigen, daß die innerliche Vorstellung der äußeren Tatsachen nicht genügt, um die Zahl zu erzeugen. Denn die Wahrnehmung von zwei sich optisch entsprechenden Anordnungen gibt weder zu einer dauerhaften Äquivalenz zwischen den beiden Reihen verschiedenfarbiger Scheibchen Anlaß noch zu einer Erhaltung jeder Menge im Falle einer Veränderung der anschaulichen Figur. Vielmehr müssen die

---

[439] A.a.O., S. 61.
[440] A.a.O., S. 64.

Kinder bei den geschilderten Experimenten das Resultat der Handlungen und nicht etwa die direkte Veränderung der Tatsachen erkennen.[441]

In Bezug auf die zweite Unterscheidung zeigt Piaget zunächst, wodurch sich das Niveau älterer Kinder von ca. 7 Jahren auszeichnet: dieses Kind kann sich, ohne von einem realen Experiment abhängig zu sein, vorstellen, daß jede räumliche oder perzeptive Veränderung einer der beiden Scheibchenreihen die Äquivalenz 6=6 invariant läßt. Es hat verstanden, daß die eineindeutige Beziehung nicht von der optischen Entsprechung abhängig ist. Es wird sie sogar als evident, als eine Art Wahrheit a priori ansehen.

Piaget zeigt nun, daß dies nicht einfach das Resultat einer Gewöhnung an die immer wieder gefundene gleiche Zuordnung ist, sondern voraussetzt, daß die Handlungen umkehrbar (reversibel) geworden sind und die Rückkehr zum Ausgangspunkt deshalb als evident und notwendig als durchführbar empfunden wird. Die Reversibilität ist aber kein Produkt der Vorstellung, Wahrnehmung oder gar Gewöhnung. Während Bilder oder Wahrnehmungen einander während eines irreversiblen Ablaufs folgen, heißt eine Gewohnheit umkehren, eine neue Gewohnheit anzunehmen. Der Übergang von der empirischen Handlung zur reversiblen Operation muß also, so folgert Piaget, in der Koordinierung, d.h. in ihrer fortschreitenden Komposition gesucht werden und nicht in der einfachen Verinnerlichung der empirischen Handlung in Form eines „Gedankenexperiments".

Piaget faßt nun die Interpretation seiner Beobachtungen folgendermaßen zusammen:

„Wie wir in allen Situationen feststellen werden, in denen ein mathematischer Begriff durch ein System von Handlungen vorbereitet wird, stellt das Subjekt Experimente eher über seine eigenen Handlungen an als über das Objekt als solches. Wenn die roten und blauen Scheibchen in Beziehung gesetzt werden, spielen die physischen Körper höchstens die Rolle von Instrumenten - man könnte fast sagen, von Nährstoffen - für die Handlung: sie sind an das Schema dieser Handlungen assimiliert, viel mehr, als sich die Handlungen an die Scheibchen akkomodieren müßten, wenn es sich um das Studium ihrer Farbe, ihrer Härte oder des Gewichts handelte. Die Scheibchen haben also eine wichtige Funktion, solange die Handlungen relativ unkoordiniert sind. Mit dem Fortschritt der Koordination verwischt sich aber ihre Bedeutung und sie könnten durch immer symbolischere Elemente ersetzt werden."[442]

---

[441] A.a.O., S. 66.
[442] A.a.O., S. 67 f.

Daran schließt sich eine weitere Schlußfolgerung an:

„Vom genetischen Standpunkt aus liegt der Ausgangspunkt (sc.: für das Verständnis des Übergangs von der Handlung zur Operation) (...) nicht im Bewußtsein der eigenen Aktivität, sondern in der Aktivität selbst als fortschreitende Organisation und Veränderung des Objekts durch das Subjekt."[443]

Piaget stellt dann den Übergang von der Handlung zur Operation dar. Diese Darstellung soll hier im Wortlaut wiedergegeben werden; sie enthält die Erkenntnistheorie Piagets „in nuce":

„1. Eine Handlung ist immer mit früheren Handlungen verflochten, und diese Verflechtung geht bis auf die Ausgangsreflexe und Erbmechanismen zurück (die selbst wieder eine biologische Geschichte haben, die endlos zurückverfolgt werden kann). Jede Handlung besteht vorerst darin, das Objekt, auf das sie sich bezieht, an ein **Assimilationsschema** zu assimilieren, das aus früheren Handlungen entstanden ist, die mit der gegenwärtigen Handlung in stetiger Verbindung sind. Es existiert also ein Schema der Vereinigung, ein Schema der Abtrennung usw., und eine Handlung ist vorerst die Assimilation des Objekts an dieses Schema, vergleichbar mit dem Urteil, das das Objekt an Begriffe, d.h. an Operationsschemata assimiliert. Die Handlung bezieht sich notwendig auf ein handelndes Subjekt, wie sich der Gedanke auf ein denkendes Subjekt bezieht. Andererseits aber bezieht sich die Handlung auch auf das Objekt, d.h. das Handlungsschema wird in jeder neuen Situation durch ihr Objekt differenziert. Diese Veränderung kann momentan, gelegentlich oder dauerhaft sein. Wir sagen deshalb, daß die Handlung sekundär eine **Akkomodation** an das Objekt sei, d.h. sie sei auf das Objekt bezogen und nicht nur auf das Subjekt. Die Assimilierung und die Akkomodierung sind nicht voneinander trennbar, und man wird nie eine Handlung ohne diese zwei Pole verstehen können, jedoch sind zwischen diesen polarisierten Tendenzen verschiedene Gleichgewichtszustände möglich. Am Ausgangspunkt ist dieses Gleichgewicht unstabil, denn die Assimilation ist konservativ, während die Akkomodation die Veränderungen ausdrückt, denen das Subjekt durch die Objekte unterworfen ist.

2. Geht man von der sensomotorischen Handlung zur verinnerlichten Handlung oder zur anschaulichen Vorstellung weiter, so neigt das

---

[443] A.a.O., S. 68.

Gleichgewicht zwischen der Assimilation und der Akkomodation zu einer größeren Stabilität unter dem Einfluß der folgenden Faktoren: dank den innerlich hervorgerufenen Bedeutungen ist die Assimilation nicht mehr unmittelbar, sie geht über die momentane Handlung hinaus und bezieht sich auf größere raum-zeitliche Distanzen, d.h. sie erweitert sich zum Urteil. So komplex der psychologische Weg von der Handlung zur vorstellungsmäßigen Assimilation auch sein mag, die erkenntnistheoretische Kontinuität ist evident. Auch die Akkomodation verinnerlicht sich, aber als vorgestelltes Zeichen: das geistige Bild, das Symbol des Objekts, resultiert aus einer Art innerlicher Nachahmung, die wie die Nachahmung selbst die Akkomodation fortsetzt. Diese doppelte Verinnerlichung ermöglicht ein erweitertes und dauerhafteres Gleichgewicht zwischen der Assimilation und der Akkomodation, das aber noch unvollkommen ist, da diese zwei Tendenzen in divergierende Richtungen weisen, in eine konservative und eine vorwärtsdrängende. Das anschauliche Denken und die elementaren Gedankenexperimente bilden nicht weniger immer ausgeprägtere Systeme von gedanklich ausgeführten Handlungen, die einerseits die aufgenommene Realität abbilden (nachahmende Akkomodation) und diese andererseits an ihre verinnerlichten Schemata assimilieren. Mach und Rignano betonten jedoch nur das Element der Akkomodation an die Realität, ohne die unvermeidbare Begleiterscheinung der Assimilation an die Handlungsschemata, d.h. an eine Aktivität des Subjekts zu sehen (die allerdings noch nicht operativ ist).

3. In dritter Linie folgen die konkreten Operationen. Sie sind und bleiben noch Handlungen, effektive (gemäß 1.) oder gedachte Handlungen (gemäß 2.). Sie enthalten jedoch zwei übrigens zusammenhängende Neuerungen gegenüber den vorhergehenden Handlungen. Erstens sind sie reversibel, während die ursprünglichen Handlungen irreversibel waren. Die gesamte Kinderpsychologie zeigt, wie langsam die Eroberung der Reversibilität vor sich geht bis zum Moment, wo die inverse Handlung notwendig als mit der direkten Handlung verbunden erkannt wird: die Umkehrung einer Ordnung, die Abtrennung als Gegenteil der Vereinigung usw. Hieraus folgt die zweite Eigenschaft der Operationen: sie sind nie vereinzelte Handlungen, sondern sind gut mit anderen Handlungen koordiniert, wobei die Komposition der aufeinanderfolgenden Handlungen durch ihre Reversibilität zusammenhängend gemacht wird. Tatsächlich sind die Reversibilität und die Koordination

nichts anderes als der Ausdruck des endlich erlangten Gleichgewichtszustandes zwischen der Assimilation und der Akkomodation: Handlungen in reversibler Art koordinieren heißt, gleichzeitig die Schemata an alle Transformationen akkomodieren und jede Transformation durch das Schema der damit verbundenen Handlungen an jede andere Transformation assimilieren. Die ersten Operationen bleiben allerdings konkret, da sie noch an effektive oder gedachte Manipulationen gebunden sind.

4. Schließlich, am Ende der Organisation der konkreten Operationen, werden abstrakte oder formelle Operationen möglich, die auf reinen Annahmen und nicht mehr auf manipulierbaren Realitäten basieren: diese neuen Operationen beziehen sich auf Aussagen, die die konkreten Operationen beschreiben, und nicht auf deren Objekte. Auf diese Weise bildet sich schließlich eine Aussagenlogik, die sich gleichzeitig auf verschiedene Operationssysteme beziehen kann. Es ist hingegen klar, daß psychologisch jede Aussage nach wie vor eine Handlung darstellt, die koordinierbar und reversibel ist, aber rein symbolisch und hypothetisch aufgefaßt werden muß. Von der ursprünglichen Handlung zum System der hypothetisch-deduktiven Aussagen führt somit ein kontinuierlicher Übergang."[444]

Die Kritik der Erklärung der Zahl durch das Gedankenexperiment führt Piaget also zu folgendem Resultat: Die Zahl wird nicht vom Subjekt oder aus der Realität abstrahiert, auf der das Experiment beruht, sondern von den ausgeführten oder gedachten Handlungen, die beim Experiment auftreten und dieses möglich machen.

Piaget fragt nun, ob damit nicht bezeugt sei, daß die Zahl einen empirischen Ursprung hat, aber einen innerlichen und nicht einen äußeren. Ist also die Abstraktion von den Handlungen nicht dieselbe wie die Abstraktion von den Objekten, mit dem einzigen Unterschied, daß das Erfahrungsobjekt, von dem durch Abstraktion die Elemente der Zahl entnommen werden, das Subjekt ist, das seiner eigenen empirischen Realität direkt bewußt ist? Piaget diskutiert diese Frage in der Auseinandersetzung mit der Erklärung der Ordinalzahl durch die innerliche Erfahrung der Bewußtseinszustände (Helmholtz). Nach Helmholtz beruht das Zählen darauf, daß wir die Reihenfolge, in der Bewußtseinakte zeitlich nacheinander eingetreten sind, im Gedächtnis behalten können. Das Gedächtnis erzeugt also die „innere Anschauung" einer Reihe, deren Endglieder dann nur noch aufgrund verbaler Konvention numeriert werden müssen, um

---

[444] A.a.O., S. 68 ff.

eine Reihe von Ordnungszahlen zu erhalten. Piaget hält diesem Erklärungsversuch entgegen, daß der Zahlbegriff, wie die genetische Entwicklung zeige, die Vereinigung der Operationen der Teilmengenbildung und der Reihenbildung voraussetze, daß diese Operationen aber nicht in der Erfahrung vorgegeben seien, in der inneren nicht mehr als in der äußeren. **Diese Operationen werden vielmehr - so Piaget - der Erfahrung hinzugefügt**, in derselben Art, wie Handlungen auf Objekte ausgeübt werden, seien diese in der Erinnerung oder im aktuellen Bewußtsein gegeben.[445] So fügt die elementare Vereinigung 1+1=2 jedem als Einheit gezählten Objekt die neue Eigenschaft hinzu, zu einem Ganzen 2 zu gehören.[446]

Hier gelangt Piaget nun zu einer weiteren grundlegenden Unterscheidung: Die Entwicklung der komplexen Operation der Reihenbildung aus einer einfacheren Operation erfordert eine eigene Art von Abstraktion, die sich von der Abstraktion einer beliebigen Eigenschaft von einer äußeren Erfahrung der Objekte unterscheidet: die Abstraktion von den Handlungen (reflektierende Abstraktion). Die reflektierende Abstraktion ist konstruktiv. Sie führt nicht zu einer einfachen Verallgemeinerung (z.B. die weiße Farbe verschiedener Objekte), sondern ist mit der Erarbeitung einer neuen Handlung verbunden, die von übergeordnetem Typus gegenüber denjenigen ist, von denen die betrachtete Eigenschaft abstrahiert wurde. Sie ist im wesentlichen eine **Differenzierung** und führt zu einer Verallgemeinerung, einer neuen operativen oder präoperativen Komposition, und zu einem mobileren, reversiblen und dadurch stärker „äquilibrierten" Schema von Elementen, die den vorhergehenden Schemata durch Differenzierung entliehen wurden.[447]

Piaget untersucht auf dieser Grundlage den Übergang von der Handlung zu den arithmetischen Operationen, von den Gruppierungen der elementaren Operationen über die Logik der Klassen und Relationen, die negative Zahl und die Null bis zum Problem des Unendlichen. Für die Zwecke der vorliegenden Untersuchung ist dies nicht im einzelnen wesentlich. Es genügt, die erkenntnistheoretischen Schlußfolgerungen Piagets am Ende seiner Analyse wiederzugeben:[448]

> Die Handlung des Zählens wird nicht durch die Objekte allein bestimmt, da sie sich nach einem operativen Schema strukturiert, das die Dinge an die doppelte Handlung des Vereinigens (kardinaler Aspekt)

---

[445] A.a.O., S. 73.
[446] A.a.O., S. 130 f.
[447] A.a.O., S. 75 f.
[448] A.a.O., S. 129 ff..

und des Ordnens (ordinaler Aspekt) assimiliert. Damit fügt sie den Objekten Eigenschaften hinzu, die vor der Handlung des Subjekts in diesen nicht enthalten waren.

Die Erfahrung ist zwar für das Kind unerläßlich, um die elementaren arithmetischen Beziehungen zu entdecken. Das beweist aber nicht, daß der Zahlbegriff von den Objekten abstrahiert wird. Ein empirisch handelndes Subjekt kann vielmehr in einer Phase tastender Versuche die Objekte zur einfachen Unterstützung der Handlung verwenden, aber in Wirklichkeit „über sich selbst experimentieren", d.h. über die Koordinationen seiner eigenen Handlungen, mehr als über die Objekte, auf die sich seine Handlungen stützen.

Da die Zahl ausschließlich aus einem System von Handlungen oder Operationen besteht, die auf die Objekte ausgeübt werden, aber von den speziellen Eigenschaften dieser Objekte nicht abhängt, kann sie auf unbegrenzte Weise und über die Bereiche der Wahrnehmung und jeder bildhaften Vorstellung der Objektmengen hinaus gebildet werden, zum Beispiel in der Verwendung von verschiedenen Formen des Unendlichen in Zahlentheorie, Geometrie oder Analyse, und liegt somit jenseits der Grenzen des Objekts.

Die verschiedenen Zahlbegriffe sind als Ergebnis einer fortschreitenden Koordination zu verstehen, ohne daß die Zahl im vorhinein als im Geist oder in den Dingen liegend aufgefaßt werden muß. Sie stellen die Endzustände der Koordination dar, die notwendigerweise Gleichgewichtszustände sind, deren Aufbau schon in der Organisation der sensomotorischen und perzeptiven Schemata beginnt und darüber hinaus bis auf die elementaren biologischen Koordinationen zurückgeht.

Die Übereinstimmung der logisch-arithmetischen Operationen und der Dinge ist somit nur durch den Einbezug des Organismus und seiner inneren Mechanismen zu verstehen und nicht als direkte Einwirkung der Umgebung.

Diese Schlußfolgerungen machen deutlich, daß Piagets erkenntnistheoretisches Grundkonzept den vom radikalen Konstruktivismus betonten Aspekt der Abhängigkeit der kognitiven Konstruktionen von den internen Strukturen des Systems und deren Geschichte berücksichtigt und damit auch den Ergebnissen der neueren Gehirnforschung gerecht wird. Der Unterschied zum radikalen Konstruktivismus liegt aber darin, daß Piaget die Rolle der objektiven Realität für die Entwicklung der kognitiven Konstruktionen selbst im Fall des Zahlbegriffs, bei dem im Ergebnis der Entwicklung eine vollständige Abstraktion von den speziellen Eigenschaften der Objekte und sogar von den speziellen Handlungen vorliegt, überzeugender und präziser erfaßt, weil er die Handlungen und deren zunehmende Koordination und Integration durch das Subjekt zum Zentrum seiner empirischen Forschung und seiner theoretischen Begriffsbildung macht. Die Bewährung der kognitiven Konstruktionen hängt auch davon ab, daß es dem Kind gelingt, mit ihrer Hilfe erfolgreich mit den Dingen in der Umwelt zu operieren. Dazu muß es sich sowohl von den Dingen als auch von den eigenen Handlungen distanzieren und fortschreitend komplexere, differenziertere und beweglichere Konstruktionen seines Verhältnisses als handelndes Subjekt zu seiner Umwelt entwickeln. Das setzt voraus, wie Meinefeld überzeugend dargelegt hat, daß Piaget nicht wie der radikale Konstruktivismus auf das Konzept eines vom biologischen Organismus und seinem Gehirn unterschiedenen Subjekts verzichtet, sondern es als das Zentrum, in dem sich die Geschichte der kognitiven - man muß hinzufügen: auch der kommunikativen - Handlungen des Individuums, also seiner Interaktionen mit den Dingen und den anderen menschlichen Individuen, bündelt.[449] Piaget hat empirisch nachgewiesen, daß auch der Subjektbegriff des Kindes - ebenso wie die Objektkonstanz und in Wechselwirkung mit dieser - sich erst entwickelt. Aber er ist im Folgenden die Voraussetzung für Erkenntnis, mit der sich das Subjekt sowohl von den Dingen als auch von seinem eigenen biologischen Organismus einschließlich seines Gehirns distanzieren kann. Damit bietet die Erkenntnistheorie Piagets ein schlüssiges Konzept für eine Erklärung der Entwicklung der Erkenntnis. Es bezieht die Geschichte der Handlungen des Subjekt in die Erklärung der Evolution des Erkennens ein. Aufschlußreich ist Piagets Antwort auf die Frage, wie denn die schöpferische, die empirische Entdeckung von inneren Strukturen der Dinge oftmals vorwegnehmende Fruchtbarkeit des Zahlbegriffs, zum Beispiel bei der ihrer empirischen Bestätigung jeweils vorausgehenden, im wesentlichen auf mathematischen Überlegungen beruhenden Relativitätstheorie, und die zu beobachtende Übereinstimmung der logisch-arithmetischen Operationen und der Dinge erklärt werden kann. Diese Frage ist für jede konstruktivistische Erkenntnistheorie, auch für die Piagets, eine zentrale Herausforderung. Piaget beantwortet sie folgendermaßen:

> „Bei der wachsenden Fruchtbarkeit des Zahlbegriffs trotz der Elementarität seines Ursprungs besteht die frappierende Eigenschaft dieser Entwicklung darin, daß sich die Zahl, von den direkt auf die Objekte ausgeübten Handlungen des Vereinens und des simultanen Ordnens ausgehend, gleichzeitig in zwei divergierenden und komplementären Richtungen entwickelt: Einerseits entfernt sie sich immer mehr von

---

[449] Werner Meinefeld, Konstruktion und Realität, S. 130 ff.

der experimentellen Handlung des Subjekts, um sich in operative Kompositionen ohne Zusammenhang mit der unmittelbaren Handlung zu engagieren (das Unendliche, das Imaginäre usw.), andererseits aber entfernt sie sich von der empirischen Erscheinung der Objekte nur, um letzten Endes den Mechanismus ihrer inneren Umformungen noch besser zu erreichen (z.B. die Anwendungen des Unendlichen auf die Variationsrechnung oder des Imaginären auf die Vektorrechnung). ....Wenn die Bildung der Zahl eine doppelte Befreiung von den direkten Handlungen des Subjekts und den unmittelbaren Strukturen des Objekts darstellt und eine doppelte Entwicklung in Richtung auf die interne Koordination der Handlungen und die innerste Umwandlung der Strukturen, so erweist sich diese **doppelte Evolution** sowohl als tastend im Fall der Handlungen als auch als vorwegnehmend im Fall der Strukturen, d.h. in beiden Fällen wird sich das Subjekt nach und nach eines Elements bewußt, entweder seiner eigenen Koordinationen oder der Konvergenz mit der Wirklichkeit, die über seine augenblickliche konstruktive Aktivität hinausgehen."[450]

Das Geheimnis der Zahl, das das außerordentliche Interesse der Erkenntnistheorie hervorruft, besteht für Piaget darin, daß sie sich trotz der Entfernung von den elementaren Handlungen nicht „in die Welt der Chimären verirrt", wie dies bei physikalischen Begriffen der Fall wäre, wenn sie aus den Randbedingungen des Experiments herausgelöst und ohne Einschränkung verallgemeinert würden.[451] Der Schlüssel dieses Geheimnisses liegt für Piaget in erster Linie darin, daß die Zahl nicht aus speziellen Handlungen wie Wägen, Stoßen oder Aufheben, sondern aus der Koordination aller anderen Handlungen hervorgeht. Damit ist zugleich klargestellt, daß der Zahl eine Sonderstellung innerhalb der kognitiven Konstruktionen zukommt. Speziellere Handlungen müssen auch in ihrer entwickelten Form in höherem Maß als die arithmetischen Operationen an die besonderen Bedingungen ihres Gegenstands angepaßt sein. Aber gerade das besondere erkenntnistheoretische Problem der Zahl läßt den spezifischen Ansatz Piagets deutlich hervortreten.

Es soll nun gezeigt werden, wie Piaget diesen Ansatz zu einem begrifflich strukturierten theoretischen Modell der kognitiven Entwicklung ausgearbeitet hat.

---

[450] A.a.O., S. 136 f.; Hervorhebung vom Verfasser.
[451] A.a.O., S. 137.

3.3. Die Äquilibration der kognitiven Strukturen

Piaget steht gewissermaßen auf den Schultern Kants.[452] Wie Kant sucht auch Piaget den Zugang zur Erkenntnis über eine sorgfältige Analyse der Erkenntniswerkzeuge. Piagets Analyse setzt aber anders als Kants Kritik der Urteilskraft nicht an den entwickelten Strukturen des Denkens beim Erwachsenen an, sondern an einer sorgfältigen empirischen Untersuchung der Entstehung kognitiver Strukturen in der geistigen Entwicklung des Kindes. Piaget gelangt auf diese Weise zu der Entdeckung, daß auch die Grundkategorien menschlicher Erkenntnis wie Raum und Zeit, Substanz, Kausalität, Zufall, Objekt, Quantität und eben auch Zahl nicht, wie Kant für die „reinen Anschauungsformen" und die „reinen Verstandesbegriffe" angenommen hatte, dem menschlichen Erkenntnisvermögen a priori - jeder Erfahrung vorausliegend - gegeben sind, sondern das Ergebnis einer fortschreitenden Koordination von Handlungen sind, das weder im Subjekt noch in den Objekten schon vorher enthalten ist. Die Realität ist der Erkenntnis für Piaget - wie für Kant und insofern in Übereinstimmung mit dem Radikalen Konstruktivismus - nicht unmittelbar zugänglich. Aber sie steht den Handlungsversuchen des Subjekts widerständig gegenüber und trägt so zur Selbstorganisation (Äquilibration) der kognitiven Strukturen bei. Der Ausgangspunkt, hinter den Piaget im Hinblick auf die Begrenzung seines Untersuchungsgegenstands auch nicht zurückgeht, sind die angeborenen Reflexe (Saugreflex, Greifreflex) und instinktiven Koordinationen, über die das Kind bei der Geburt verfügt, und die auf der genetischen Ausstattung und vorgeburtlichen Entwicklung des Menschen beruhen. Aus diesen angeborenen Koordinationen entwickeln sich die kognitiven Strukturen über die Phase der sensomotorischen Intelligenz (0 - ca. 2 Jahre) und des voroperationalen Denkens (ca. 2 - 7 Jahre), die Phase der konkreten Operationen (ca. 7 - 11 Jahre) bis zu den formalen Operationen des abstrakten, hypothetischen Denkens (ab ca. 11 Jahre).[453] Am Ausgangspunkt dieser Entwicklung gelangt der Säugling bei seinen Instinkthandlungen zunächst zufällig zu neuen, günstigen Ergebnissen, die er dann zu wiederholen und zu stabilisieren versucht. Daraus entwickeln sich erste Koordinationen zwischen unterschiedlichen Aktivitäten. Ein anschauliches und für die geistige Entwicklung bedeutsames Beispiel ist die Koordination zwischen Sehen und Greifen: das Kind erlangt die Fähigkeit, das, was es sieht, auch zu er-

---

[452] Vgl. Franz Buggle, Die Entwicklungspsychologie Jean Piagets, 2. Aufl., Stuttgart 1993, S. 14 ff.

[453] Vgl. dazu Franz Buggle, Die Entwicklungspsychologie Jean Piagets, 2. Aufl., Stuttgart 1993, S. 49 ff.; Herbert Ginsburg und Sylvia Opper, Piagets Theorie der geistigen Entwicklung, 7. Aufl., Stuttgart 1993, S. 43 ff.

3. Die genetische Epistemologie Jean Piagets

greifen und an sich zu ziehen und einen Gegenstand, den es zufällig ergriffen hat, zu betrachten. Daß dies eine grundlegende Voraussetzung für die weitere Entwicklung der Intelligenz ist, bringen im Deutschen auch die Worte „Begreifen" und „Begriff" zum Ausdruck.

Auf die von Piaget und seinen Mitarbeitern aufgrund umfangreicher empirischer Studien mit Kindern beschriebenen einzelnen Phasen dieser Entwicklung kann hier nicht näher eingegangen werden.[454] Wir wenden uns jetzt unmittelbar den Begriffen zu, mit denen Piaget die Ergebnisse seiner empirischen Studien ordnet und systematisiert.

Piaget geht von einem Entwicklungskontinuum aus, das von den angeborenen elementaren Koordinationen bis zu den entwickelten Strukturen des Denkens reicht.[455] Das Entwicklungskontinuum wird durch funktionale Invarianten bei veränderlichen Strukturen und Inhalten geprägt. Noch die höchstentwickelten formalen Operationen des abstrakten und hypothetischen Denkens sind an die Grundfunktion gebunden, die schon die elementaren Handlungen des Säuglings für dessen Organismus haben: sie dienen letztlich der Anpassung (Adaptation) des Organismus an seine Umwelt zum Zweck der Aufrechterhaltung eines inneren Gleichgewichtszustandes des Organismus innerhalb der Schwankungsbreite bestimmter Toleranzgrenzen. Adaptation (Äußerer Aspekt) und Organisation (innerer Aspekt) sind also die funktionalen Invarianzen des Entwicklungskontinuums, die über ständige Veränderungen der Strukturen und Inhalte der Erkenntnis, die Entwicklungssprünge und das Auftreten emergenter Qualitäten einschließen, stets erhalten bleiben.

Adaptation, also die Anpassung der kognitiven Strukturen an die Umwelt, analysiert Piaget mit Hilfe des Begriffspaars Assimilation/Akkomodation.[456] Assimilation (von lat. assimilare = angleichen) bezeichnet den Aspekt, daß die Erfahrungen, die das Subjekt mit den Objekten macht, den intern verfügbaren Strukturen (kognitiven Schemata) unterworfen, einverleibt, „angeglichen" werden. Akkomodation bezeichnet den Aspekt, daß die internen Strukturen (kognitiven Schemata) sich verändern, um besser mit den im Umgang mit den Objekten gemachten Erfahrungen übereinzustimmen. Beide Aspekte wirken stets, wenn auch mit unterschiedlichem Gewicht, zusammen. Adaptation durch Assimilation und Akkomodation setzt voraus, daß die kognitiven Schemata flexibel und beweglich sind, so

---

[454] Zu einer kritischen Würdigung insbesondere des Stadienbegriffs Patricia Miller, Theorien der Entwicklungspsychologie, Heidelberg, Berlin, Oxford 1993, S. 45 ff. (94 ff.)
[455] Zum Folgenden Franz Buggle, Die Entwicklungspsychologie Piagets, 2. Aufl., Stuttgart 1993, S. 24 ff.
[456] Franz Buggle, a.a.O., S. 24 ff.; Patricia Miller, a.a.O., S. 78 ff.

daß sie unterschiedliche Erfahrungen aufnehmen, sich ihnen aber auch anpassen können. Schon die angeborenen Koordinationen weisen diese Eigenschaften in einem allerdings noch sehr eingeschränkten Sinne auf, jedenfalls aber in ausreichendem Maße, um Ausgangspunkt für die ersten Koordinationen der elementaren Handlungen (Sehen und Hören, Sehen und Greifen etc.) zu sein.

Die Begriffe Assimilation und Akkomodation lassen sich am Beispiel der Rechtsanwendung plausibel machen. Subsumtion eines konkreten Sachverhaltes unter die tatbestandlichen Begriffe einer Norm ist nichts anderes als Assimilation im Sinne Piagets. Sie ist möglich, weil die Tatbestände von Gesetzen typischerweise weit genug gefaßt sind, um zukünftige Sachverhalte zu erfassen, obwohl es sich um im Detail ganz unterschiedliche, historisch einmalige Vorgänge handelt. Für den methodisch aufgeklärten Juristen ist es im übrigen nichts grundsätzlich Neues, daß die Subsumtion eines Sachverhaltes unter die Tatbestände des Gesetzes ein konstruktiver Vorgang ist, bei dem die erfahrene Wirklichkeit so bearbeitet wird, daß sie unter die Norm paßt. Gemeint ist keineswegs die „Sachverhaltsquetsche", die Jurastudenten und Rechtsreferendaren als grober Fehler angekreidet wird. Es geht um die kunstgerechte Rechtsanwendung, die voraussetzt, daß die Realität in bestimmter Weise gedeutet wird, zum Beispiel wenn eine Norm für das Entstehen eines Schadensersatzanspruchs voraussetzt, daß ein Verhalten als adäquat kausal für den eingetretenen Schaden gewertet wird. Das kann der Richter der Wirklichkeit nicht einfach ablesen. Er wird die Wirklichkeit anhand von Modellvorstellungen deuten, die sozial und individuell geprägt sind. Aber auch die Norm kann bei der kunstgerechten Rechtsanwendung einer Veränderung unterliegen. Wenn tatbestandliche Begriffe einer Norm unter Berufung auf Systematik, Normzweck und Entstehungsgeschichte über die in der Rechtsprechung anerkannte Bedeutung hinaus mit einer weiteren oder engeren Bedeutung versehen werden, wenn Gesetze gegen den Wortlaut ausgelegt oder analog angewendet werden, stellt dies nichts anderes als Akkomodation im Sinne Piagets dar.

Organisation, der invariante innere Aspekt des Entwicklungskontinuums, ist die Tendenz des Organismus, die im Laufe der Entwicklung zunehmende Differenzierung in Teilstrukturen durch Zentralisierung und Bildung von hierarchischen Ebenen zu koordinieren und zu integrieren.[457] Auch diese Tendenz zieht sich durch die gesamte Entwicklung. Piagets Begriff der Organisation entspricht in der Sache dem systemtheoretischen Begriff der Selbstorganisation lebender Systeme. Allerdings hat Piaget ein

---

[457] Franz Buggle, a.a.O., S. 26; Patricia Miller, a.a.O., S. 77.

3. Die genetische Epistemologie Jean Piagets

eigenständiges Konzept entwickelt, die Äquilibrationstheorie.[458] Die Äquilibrationstheorie stellt den Versuch dar, die Ablaufmuster der kognitiven Entwicklung unter den invarianten funktionalen Aspekten der Assimilation und der Akkomodation sowie der Organisation in einem formalisierten Modell zu beschreiben.[459]

Piaget hat mit der Äquilibrationstheorie, um seine Terminologie zu benutzen, den Versuch einer reflektierenden Abstraktion von seinen eigenen Handlungen bei der empirischen Erforschung und theoretischen Modellbildung im Bereich der Entwicklung der Erkenntnis unternommen. Das Ergebnis ist der Entwurf eines allgemeinen Strukturmodells der Verlaufsmuster in der kognitiven Entwicklung. Es wird zu zeigen sein, daß dieses Modell auch für die Analyse der Evolution sozialer Systeme wichtige Anregungen geben kann.

Äquilibration bedeutet Aufrechterhaltung eines Gleichgewichts.[460] Die kognitiven Gleichgewichte unterscheiden sich sowohl von den mechanischen Gleichgewichten als auch von dem thermodynamischen Gleichgewicht, das ein Ruhezustand nach Zerstörung der Strukturen ist. Verwandt sind sie mit den stationären, aber dynamischen Zuständen im Sinne Prigogines, vor allem aber mit den Formen des biologischen Gleichgewichts. Denn die kognitiven Systeme sind wie die Organismen in einer Richtung offen (Austauschvorgänge mit der Umwelt), in einer anderen Richtung aber durch die zyklische Struktur des Systems und seiner hierarchischen Untersysteme geschlossen.

Piaget unterscheidet drei Formen der Äquilibration:[461]

(1) die Äquilibration zwischen der Assimilation der Gegenstände an Aktionsschemata und der Akkomodation dieser Aktionsschemata an die Gegenstände;

(2) die Äquilibration zwischen ausdifferenzierten Teilstrukturen des Gesamtsystems durch reziproke Assimilation und Akkomodation der Untersysteme;

---

[458] Jean Piaget, Die Äquilibration der kognitiven Strukturen, 1. Aufl., Stuttgart 1976 (Französische Originalausgabe: L équilibration des structures cognitives. Problème central du développement, Paris 1975), im Folgenden: Äquilibration.
[459] Zur Äquilibrationstheorie Jean Piagets Bernd Nicolaisen, Die Konstruktion der sozialen Welt. Piagets Interaktionsmodell und die Entwicklung kognitiver und sozialer Strukturen, Opladen 1994, S. 71 ff.
[460] Zum Folgenden Jean Piaget, Äquilibration, S. 11 ff.
[461] Jean Piaget, Äquilibration, S. 16 ff.

(3) die Äquilibration zwischen der Differenzierung in Untersysteme und der Integration der Untersysteme in das Gesamtsystem (hierarchische Dimension).

Auf jeder dieser Ebenen geht es um die Erarbeitung eines fortschreitenden Gleichgewichts zwischen Assimilation und Akkomodation.

Eine Schlüsselstellung für das Verständnis der Äquilibrationstheorie kommt der Hypothese zu, daß am Beginn der kognitiven Entwicklung Ungleichgewichte vorherrschen, die das Subjekt zwingen, seinen gegenwärtigen Zustand zu überwinden und irgend etwas in neuen Richtungen zu suchen.[462] Ungleichgewichte sind also motivierende Faktoren für die geistige Entwicklung. Die Ungleichgewichte sind in den Anfangsstadien der geistigen Entwicklung viel häufiger, weil sich das spontane Vorgehen des Geistes zunächst auf die Affirmationen und die positiven Eigenschaften der Gegenstände, der Aktionen und der Operationen konzentriert, während die Negationen vernachlässigt und erst sekundär und mit Mühe konstruiert werden. Um ein stabiles Gleichgewicht zwischen einem Schema und einer durch das Schema abgegrenzten Klasse von Gegenständen zu erreichen, muß anhand des Schemas auch die Unterscheidung von der Klasse der Gegenstände, die ihm nicht angehören, getroffen werden. Jeder Begriff steht in seiner Ausdehnung wie in seinem Fassungsvermögen den Begriffen gegenüber, die sich von ihm unterscheiden, so daß es ebenso viele Negationen wie Affirmationen gibt. Die selbe Notwendigkeit der Negation ergibt sich für die Äquilibration zwischen Untersystemen und im Verhältnis von Differenzierung und Integration des Gesamtsystems. Die Negation benötigt aber mehr Zeit und ist schwieriger als die Komposition der positiven Eigenschaften. In der Wahrnehmung nimmt man nur positive beobachtbare Dinge auf. Daß man das Fehlen eines Gegenstandes wahrnimmt, tritt erst sekundär auf, und zwar aufgrund von Erwartungen oder Voraussagen, die mit der gesamten Aktion zusammenhängen und über die Wahrnehmung hinausgehen. Während der elementaren Stadien trägt alles zum Primat des Positiven bei, weil dieses, auf der Ebene des Erlebten, den „unmittelbaren Tatsachen" entspricht, während die Negation von abgeleiteten Feststellungen oder mühsameren Konstruktionen abhängig ist. Daraus resultieren die Irrtümer der kleineren Kinder in den von Piaget durchgeführten Experimenten, etwa wenn sie beim Umfüllen einer Flüssigkeit aus einem Glas in ein schmaleres Glas aus der größeren Höhe des Flüssigkeitsstandes folgern, daß jetzt mehr Flüssigkeit im Glas sei. Die positive Eigenschaft der Höhe dominiert die kognitive Konstruktion. Diese anfängliche Asymmetrie zwi-

---

[462] Jean Piaget, Äquilibration, S. 19 ff.

3. Die genetische Epistemologie Jean Piagets

schen Affirmationen und Negationen ist also die systematische Ursache für das Ungleichgewicht, das die Suche nach einem besseren Gleichgewicht auslöst.

Wie erfolgt nun die Überwindung eines solchen Ungleichgewichts? Piaget verwendet dafür den Begriff der Regulierungen.[463] Darunter ist ganz allgemein der Fall zu verstehen, daß das Ergebnis einer Aktion Rückwirkung auf die Aktion hat, d.h. den neuerlichen Ablauf der Aktion verändert. Regulierungen sind Reaktionen auf Störungen, die zu negativen oder positiven Feedbacks führen. Wer oder was programmiert aber diese Regulierungen? Piaget nimmt an, daß der „Regulator" nur die Erhaltung der Ganzheit des Systems sein könne.[464] Piaget bemerkt, daß dies eine beunruhigende Ähnlichkeit mit einem Zirkelschluß habe. Er hält dem aber entgegen, daß in jedem biologischen und kognitiven System das Ganze ursprünglich sei und nicht aus einer Verbindung der Teile hervorgehe, sondern die Teile durch Differenzierung hervorbringe. Piaget folgert: „ Das Ganze weist deshalb eine Kohäsionskraft, also die Eigenschaft Selbsterhaltung auf, durch die es sich von den nicht-organischen physikochemischen Ganzheiten unterscheidet. (...) In einem beliebigen kognitiven System sind die Ganzheitsgesetze stärker als die wechselnden Eigenschaften der Komponenten. (...) Es ist somit kein Zirkelschluß (genauer: es ist zwar ein Zirkel, aber kein circulus vitiosus), wenn man annimmt, die Ganzheit eines Systems spiele den Teilregulierungen gegenüber die Rolle des Regulators, denn sie auferlegt diesen ein äußerst zwingende Norm: sich der Erhaltung des Ganzen unterzuordnen, sich also in den geschlossenen Zyklus der Interaktionen einzuordnen, oder von einer mit dem Tod eines Organismus vergleichbaren allgemeinen Zersetzung fortgerissen zu werden."[465]

Die Regulierungen führen zu Kompensationen der Störungen.[466] Jede Kompensation ist invers oder reziprok zur Störung, d.h. sie führt dazu, daß die Störung aufgehoben (Inversion) oder neutralisiert wird. Ihr Erfolg oder ihr Ungenügen wird am Ende bewertet.

In der kognitiven Entwicklung erreicht die Äquilibration nie einen Schlußpunkt, ein endgültiges stabiles Gleichgewicht. Denn die gewisse stabilisierende Erhaltung des kognitiven Gleichgewichts kann nur durch fortwährende Transformationen gewährleistet werden, und das führt zur inneren Notwendigkeit von neuen Konstruktionen, zur Forderung nach Diffe-

---

[463] Jean Piaget, Äquilibration, S. 25 ff.
[464] Jean Piaget, Äquilibration, S. 29 ff.
[465] Jean Piaget, Äquilibration, S. 30 f.
[466] Jean Piaget, Äquilibration, S. 32 ff.

renzierung in neue Unterstrukturen oder Integrierung in umfassendere Strukturen. Piaget spricht deshalb von „majorierender Äquilibration": sie ist immer auch eine auf ein besseres Gleichgewicht hin ausgerichtete Strukturierung.[467]

Besonderes Augenmerk soll nun auf den Aspekt der Äquilibration im Verhältnis zwischen Subjekt und Objekten gerichtet werden. Piaget unterscheidet zunächst zwischen den beobachtbaren Tatsachen und den Koordinationen.[468] Er definiert zunächst, beobachtbare Tatsachen seien das, was im Experiment durch ein unmittelbares Ablesen der gegebenen Fakten selbst festgestellt werden kann, während eine Koordination notwendig Folgerungen enthält und dadurch über die Grenzen der beobachtbaren Tatsachen hinausgeht. Er fügt aber sogleich hinzu, daß die Feststellung einer Tatsache nie von den Aufnahmewerkzeuge unabhängig ist, über die das Subjekt verfügt. Sie hängt also von den auf einer früheren Stufe erreichten Koordinationen und beobachteten Tatsachen ab. Weiter unterscheidet Piaget zwischen den beobachtbaren Tatsachen, die das Subjekt an seinen eigenen Aktionen feststellt, und denen, die am Objekt aufgenommen werden. Koordinationen nennt Piaget nicht einfache induktive Verallgemeinerungen, sondern Konstruktionen neuer Relationen, die über die Grenze des Beobachtbaren hinausgehen. Die Vorhersage, daß das Aufprallen der einen Kugel auf eine andere Kugel immer eine Bewegung der zweiten Kugel auslöst, ist keine Koordination. Eine Koordination im Sinne Piagets wäre aber die Hypothese, daß der „Schwung" von der ersten auf die zweite Kugel übergegangen sei; denn eine Bewegungsübertragung ist nie als solche beobachtbar.[469] Schließlich unterscheidet Piaget auch Koordinationen zwischen den Aktionen oder Operationen des Subjekts von Koordinationen zwischen den Objekten (sofern von ihnen angenommen wird, daß sie aufeinander einwirken). Auf dieser Grundlage beschreibt Piaget nun verschiedene Typen der Interaktion zwischen Subjekt und Objekten. Er beginnt mit der Frage, wie die beobachtbaren Tatsachen der Aktion und des Objekts, auf die sich die Aktion bezieht, zueinander in Bezug gesetzt werden, und analysiert die einfache Situation, in der ein Kind einen Gegenstand stößt. Es ergibt sich das folgende Schema:[470]

---

[467] Jean Piaget, Äquilibration, S. 37
[468] Jean Piaget, Äquilibration, S. 49 ff.
[469] Jean Piaget, Äquilibration, S. 50.
[470] Jean Piaget, Äquilibration, S. 53.

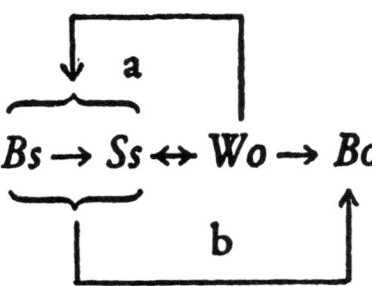

Dabei steht Bs für die Bewegung des Subjekts in Richtung des Gegenstandes, Ss für den vom Subjekt dem Gegenstand mitgeteilten Stoß. Das sind die beobachtbaren Tatsachen, die mit dem Subjekt zusammenhängen. Auf der Seite des Objekts steht Wo für den Widerstand des Objekts, Bo für seine Bewegung. Piaget analysiert die beobachtbaren Kovariationen, noch ohne jede kausale Folgerung oder Koordination, und kommt zu den beiden folgenden Funktionen:

a) der Komplex (Bs→Ss) hängt vom Widerstand Wo des Gegenstandes ab, denn die Anstrengung des Subjekts wird entsprechend diesem wahrgenommenen Widerstand Wo dosiert.

b) Umgekehrt ist die Bewegung des Gegenstandes Bo eine Funktion des Komplexes (Bs→Ss), denn diese Bewegung Bo variiert, wie festgestellt wird, je nach der Aktion des Subjekts.[471]

Wenn gleichzeitig beobachtbare Tatsachen und folgernde Koordinationen mitwirken, ergibt sich das folgende Schema der Interaktion, wobei nur ein einziger Zustand und noch nicht eine Folge von Stadien mit wachsender Äquilibration betrachtet wird:[472]

---

[471] Als weiteren Typ der elementaren Interaktion analysiert Piaget die Aktionen logisch-mathematischer Form, Äquilibration, S. 55.
[472] Jean Piaget, Äquilibration, S. 57.

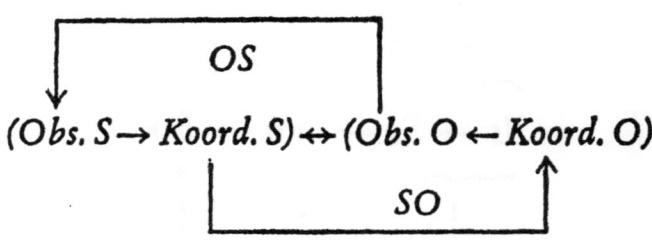

Dabei steht Obs.S für die „auf die Aktion des Subjekts bezogene Observable" (in der die beobachtbaren Tatsachen (Bs und Ss) aus dem oben dargestellten Schema zusammengefaßt sind) und Obs.O für die „auf die Objekte bezogene Observable" (Wo und Bo). Koord.S sind die „folgernden Koordinationen der Aktionen (oder Operationen) des Subjekts" und Koord.O die „folgernden Koordinationen zwischen Objekten" kausaler Natur. Das Zeichen ← → bezeichnet ein globales, dauerhaftes oder momentanes Gleichgewicht. Diese zyklische Form der Interaktion beschreibt Piaget folgendermaßen: Einerseits gelangt das Subjekt zu einer klaren Erkenntnis seiner eigenen Aktionen nur über ihre Ergebnisse an den Objekten; andererseits kann es aber diese Objekte nur durch mit den Koordinationen dieser selben Aktionen verbundene Folgerungen begreifen. Die Bedeutung des Prozesses OS hängt mit der Bewußtwerdung der eigenen Aktion zusammen. Sie besteht in ihrer Verinnerlichung in Form von Vorstellungen. Diese Vorstellungen ihrerseits sind nicht einfach mit inneren Bildern identisch, die die motorischen Handlungen kopieren, sondern sie sind mit einer Verbegrifflichung verbunden, die auf die Notwendigkeit zurückzuführen ist, auf der Stufe des Bewußtseins das zu rekonstruieren, was bis dahin nur auf motorischem oder praktischem Wege erreicht wurde. Das Handlungssubjekt wird sich also seiner Handlungen bewußt (Bewußtwerdungsprozeß „OS").

Der Prozeß SO bringt zum Ausdruck, daß das Subjekt nur durch die Vermittlung seiner eigenen Operationen die kausalen Relationen zwischen den Objekten begreifen und sogar entdecken kann. Denn weil die kausalen Relationen über die Grenzen des Beobachtbaren hinausgehen, setzt jede dynamische Koordination zwischen den Objekten den Gebrauch notwen-

3. Die genetische Epistemologie Jean Piagets

diger Folgerungen voraus. Diese Folgerungen können aber, wenn sie notwendig sind, nur operativ oder präoperativ sein, das heißt auf den allgemeinen Koordinationen der Aktion (Reihenfolge, Einschachtelungen, Zuordnungen, Transitivität usw.) beruhen. Piaget nimmt hier Bezug auf die empirischen Untersuchungen über die Kausalität, deren Ergebnisse bestätigen, daß das Subjekt unvermeidlich auf seine eigenen operativen Kompositionen zurückgreifen muß, um zu den Koordinationen zwischen den Objekten vorzustoßen, eben weil diese die Grenzen der beobachtbaren Tatsachen überschreiten. Den Objekten werden also folgende Koordinationen zugeschrieben (Attributionsprozeß „SO").

Bewußtwerdungsprozeß und Attributionsprozeß lassen sich an folgendem Beispiel verdeutlichen:[473]

Wenn ein Kind eine Kugel anstößt, um sie in eine entfernte Vertiefung rollen zu lassen, führt es als Subjekt eine Aktion in Bezug auf ein Objekt aus. Dabei kann es zunächst Tatsachen beobachten, und zwar sowohl in Bezug auf seine eigene Aktivität (Obs. S) als auch in Bezug auf die Kugel (Obs. O). Bei der Aktion geschieht nun folgendes: Die Bewegung des Kindes (Bs) teilt der Kugel einen Stoß mit (Ss). Dieser Aktion Bs-Ss wirkt das Beharrungsvermögen der Kugel als Widerstand des Objekts (Wo) entgegen. Die Bewegung der Kugel hängt von der Stärke des Stoßes und dem Beharrungsvermögen der Kugel ab. Das Kind wird die Stärke seines Stoßes verändern (regulieren), wenn es bei den ersten Versuchen die Erfahrung gemacht hat, daß die Kugel nicht weit genug rollt. Die Aktion (Bs - Ss) wird also durch den Widerstand des Objekts (Wo) reguliert. Andererseits erfährt das Kind, wie es durch die Veränderung seiner Aktion die Bewegung der Kugel beeinflussen kann. Das Kind wird sich in diesem Prozeß also seiner Aktion bewußt (Bewußtwerdungsprozeß OS). Diese Bewußtwerdung der eigenen Aktion ist nun die Grundlage für folgende Koordinationen, das heißt für kognitive Konstruktionen, die über die beobachtbaren Tatsachen hinausgehen. In Bezug auf seine eigene Aktion wird das Kind zum Beispiel folgern (Koord. S), daß es seine eigene Kraft auf die Kugel übertragen habe. Wenn das Kind nun beobachtet, wie eine Kugel gegen eine andere Kugel rollt und diese anstößt, wird es die auf seine eigenen Aktionen bezogenen folgernden Koordinationen auch anwenden, um das Geschehen zwischen diesen beiden Kugeln erklärend zu deuten. Es wird also in Bezug auf die Objekte folgern (Koord. O), daß die eine Kugel ihre Kraft auf die andere Kugel übertragen habe. Das Kind schreibt also in diesem Prozeß den Ob-

---

[473] Vgl. Jean Piaget, Äquilibration, S. 53 f.; Bernd Nicolaisen, Die Konstruktion der sozialen Welt, S. 74.

jekten folgernde Koordinationen nach dem Muster der in bezug auf seine eigene Aktion erarbeiteten folgernden Koordinationen zu (Attributionsprozeß SO).

Das bis dahin für einen Zustand dargestellte Modell der Äquilibration erstreckt sich nun aber über eine Folge von Zuständen. Denn einerseits ist eine beobachtbare Tatsache von früheren Koordinationen mit ihren gelungenen und ihren unzureichenden Lösungen abhängig. Der im zweiten Schema beschriebene Zustand ist somit selbst offensichtlich von früheren Zuständen abhängig. Auf der anderen Seite lösen die im Zustandsschema beschriebenen Koordinationen früher oder später selbstverständlich die Entdeckung neuer Tatsachen aus, weil die Feststellung besser geworden ist oder Ansätze zum Versuch einer Verifizierung ausgebildet werden. Als Beispiel führt Piaget die Experimente an, bei denen eine Kugel seitlich und nicht voll auf eine andere Kugel auftrifft. Sobald das Kind zu begreifen beginnt, weshalb die getroffene Kugel nicht in derselben Richtung wie die auftreffende Kugel weiterrollt, beobachtet es die Richtungen und die Aufprallstelle genauer. Bis zur Entwicklung ausreichend genauer Modelle folgen Zustände aufeinander, die jeweils von einer fortschreitenden Äquilibration zeugen, aber die frühen Zustände erreichen wegen Lücken, Störungen und vor allem aktuellen oder virtuellen Widersprüchen nur unstabile Gleichgewichtsformen.

Das führt zu dem allgemeinen Modell der Äquilibration[474]:

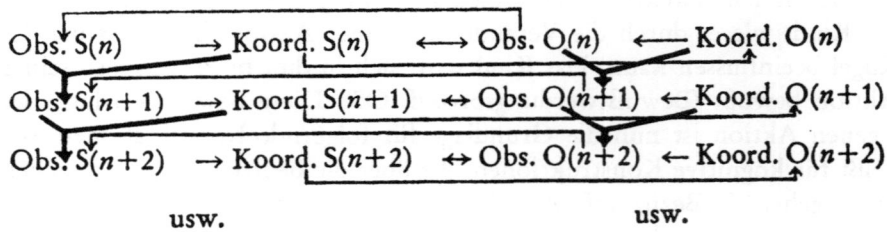

Jede auf die Aktion des Subjekts bezogene beobachtbare Tatsache (Obs.S) einer gegebenen Stufe ist danach eine Funktion (bezeichnet durch die dicken und schrägen Striche) der auf die Aktion des Subjekts bezogenen beobachtbaren Tatsachen (Obs.S) und der folgernden Koordinationen der

---

[474] Jean Piaget, Äquilibration, S. 61.

Aktionen des Subjekts (Koord.S) der vorhergehenden Stufe, und dasselbe gilt für die Obs.O in Bezug auf die Obs.O und Koord.O der früheren Stufe.

Zu diesem Modell bemerkt Piaget:

„Erstens läßt sich dieses Modell auf die Kausalität wie auf die Operationen des Subjekts anwenden. Zweitens erfaßt es eine beliebige Anzahl beobachtbarer Tatsachen und Koordinationen. Drittens enthält jeder Zustand seine eigene, stabile oder instabile, Gleichgewichtsform, die einerseits durch die Interaktionen zwischen dem Subjekt der betrachteten Stufe und den Objekten, von denen ihm gewisse Eigenschaften zugänglich sind, und anderseits durch die Relationen zwischen den beobachtbaren Tatsachen und den Koordinationen charakterisiert ist. Viertens bewirkt die Natur dieser Relationen oder Interaktionen in einem bestimmten Zustand je nach Fall entweder eine Kohärenz, die ausreicht, um das Gleichgewicht zu stabilisieren, oder durch Irrtümer, Lücken oder Mangel an innerer Notwendigkeit Ungleichgewichte, die ein Suchen nach einem besseren Gleichgewicht auslösen. Darüber hinaus erkennt man ohne weiteres die mögliche Rolle der Widersprüche zwischen den beobachtbaren Tatsachen selbst, falls sie unzureichend verbegrifflicht sind, oder zwischen diesen beobachtbaren Tatsachen und den Koordinationen, die dazu bestimmt sind, sie durch in Richtung Notwendigkeit orientierte Folgerungen miteinander zu verbinden."[475]

Auf dieser Grundlage beschreibt Piaget eine Typologie der Kompensationen von Störungen des Gleichgewichts:[476] Erweist sich eine neue Erfahrung als Störung - zum Beispiel wenn im Experiment eine Eigenschaft sichtbar wird, die der früheren Beschreibung widerspricht, wenn ein unerwarteter Gegenstand auftaucht, der sich nicht in einer verfügbaren Klassifizierung unterbringen läßt, oder wenn eine Relation nicht in das bis dahin brauchbare Seriationsmodell integriert werden kann - , kann das gestörte Gleichgewicht durch verschiedene Verhaltensweisen wiederhergestellt werden.

Der erste Typ von Verhaltensweisen (α) besteht darin, die Störung zu vernachlässigen, obwohl sie wahrgenommen wurde, und entweder die Situation zu vermeiden, in der die Störung auftritt, oder die Wahrnehmung so „zurechtzubiegen", daß sie dem vertrauten Schema entspricht, die Störung also zu ignorieren und zu verdrängen. Diese Reaktion ist nur teilweise kompensatorisch und führt nur zu einem labilen Gleichgewicht.[477]

---

[475] Jean Piaget, Äquilibration, S. 61.
[476] Jean Piaget, Äquilibration, S. 67 ff.
[477] Jean Piaget, Äquilibration, S. 70.

Der zweite Typ (β) besteht darin, daß das von außen kommende störende Element in das System integriert wird: Die Beschreibung wird verbessert, die Klassifizierung umgemodelt, die Seriation ausgeweitet oder eine kausale Erklärung, die zu einer unvorhergesehenen Tatsache in Widerspruch steht, wird durch eine andere ergänzt oder ersetzt, die den neuen Faktor berücksichtigt. Diese Verhaltensweisen integrieren oder verinnerlichen also die Störungen in das kognitive System und verwandeln sie in innere Variationen. Piaget bezeichnet diese Verhaltensweisen als „Gleichgewichtsverschiebung". Sie verändern das Assimilationsschema, um es an das störende Objekt zu akkomodieren. Sie führen zu Kompensationen, die zwar noch partiell, aber dem Typ α überlegen sind.[478]

Schließlich beschreibt Piaget eine weitere, höhere Form der Kompensation (γ), die sich dadurch auszeichnet, daß sie nicht mehr unmittelbar auf eine konkrete Störung reagiert, sondern die mit der Organisation des kognitiven Systems zusammenhängende Symmetrie verbessert, indem sie mögliche Variationen antizipiert und virtuelle Transformationen in das System einfügt. Als Beispiel führt Piaget an, daß für Kinder, die die Perspektive-Strukturen erworben haben, die Projektion eines Schattens oder eines Lichtkegels keine Störung mehr darstellt, weil sie zu den Transformationen gehört, die durch Folgerung abgeleitet werden können.[479]

Vom ersten zum dritten Typ von Verhaltensweisen läßt sich ein systematischer Fortschritt darstellen, der den Ablauf der Äquilibration der kognitiven Systeme charakterisiert:

> „Sie [sc.: die Äquilibration] beruht in allen Stadien auf Kompensationen, deren Bedeutung aber jeweils grundlegend verändert wird und die folglich ganz verschiedene Gleichgewichtsgrade charakterisieren: ein labiles Gleichgewicht mit sehr beschränktem Anwendungsbereich bei der ersten der drei Reaktionen; Gleichgewichtsverschiebungen in mannigfaltiger Form bei der zweiten Reaktion (...) und ein bewegliches, aber stabiles Gleichgewicht beim dritten Reaktionstyp."[480]

In seinen Schlußfolgerungen[481] faßt Piaget zusammen: Ausgangsidee ist das Bedürfnis des Subjekts, Inkohärenzen zu vermeiden. Zentrale Idee ist eine Verbesserung der Gleichgewichtsformen (majorierende Äquilibration). Der Mechanismus dieser Verbesserung der Gleichgewichtsformen besteht in der

---

[478] Jean Piaget, Äquilibration, S. 70 f.
[479] Jean Piaget, Äquilibration, S. 71.
[480] Jean Piaget, Äquilibration, S. 72.
[481] Jean Piaget, Äquilibration, S. 165 ff.

Elaboration von Operationen, die sich auf die früheren stützen, von Relationen von Relationen, von Regulierungen von Regulierungen, d.h. von neuen Formen, die sich auf die früheren Formen stützen und diese als Inhalte umfassen. Diese Elaboration ist grundsätzlich endogen, auch wenn ein Gleichgewicht zwischen dem Subjekt und den Objekten fortwährend nötig ist. Die Verbesserung der Äquilibration ergibt sich daraus, daß das höhere System der „Sitz neuer Regulierungen" ist, denn seine Konstruktion setzt ein komplexeres Spiel von Assimilationen und Akkomodationen voraus. Daraus ergibt sich eine hierarchische Ordnung von Regulierungen, die durch Ausweitung der ursprünglichen Zyklen und Vervielfachung der differenzierten Koordinationen, die eine Integration höheren Ranges erfordern, zur Selbstregulierung und Selbstorganisation führt.

3.4. Zur evolutionstheoretischen Interpretation der genetischen Epistemologie Piagets

Wir können an dieser Stelle zu den an eine Theorie der Evolution sozialer Systeme gestellten Fragen zurückkehren und prüfen, ob und auf welche Weise die Erkenntnistheorie Piagets, die individuelle Erkenntnis ebenfalls als selbstorganisierendes System begreift und sich als genetische Theorie versteht, den Anforderungen an ein schlüssiges Konzept der Erklärung von Evolution entspricht.

Im Gegensatz zur Erkenntnistheorie des Radikalen Konstruktivismus, der nicht überzeugend erklären kann, wie das in sich geschlossen operierende neuronale System zu hinreichend brauchbaren, sachhaltigen Konstruktionen gelangt, die es dem Menschen ermöglichen, sich seinen praktischen Bedürfnissen entsprechend an objektiven Strukturen der Realität zu orientieren, entwirft Piaget ein genetisches Prozeß-Struktur-Modell, in dem die Handlungen des Subjekts den systematischen Ort darstellen, an dem Störungen des kognitiven Gleichgewichts ausgelöst und kompensierende neue Regulierungen im System angestoßen werden. Der Widerstand der Objekte gegen seine Handlungsversuche wird für das Subjekt als ein Faktor für Erfolg oder Mißerfolg seiner Handlungen erfahrbar. Vorausgesetzt wird dabei, daß kognitive Konstruktionen an die Befriedigung von Bedürfnissen des Organismus zurückgebunden sind. Komplexe Konstruktionen des abstrakten und hypothetischen Denkens setzen zwar ein hohes Maß an Autonomie und Distanz gegenüber einer unmittelbaren und reflexhaften Reaktion auf die Umwelt voraus. Piagets genetische Untersuchungen zeigen aber, daß diese Freiheit sich erst allmählich aus anfänglichen Reflex- und Instinktreaktionen heraus entwickelt. Der am Beginn der kognitiven Entwicklung des Säuglings überdeutliche Aspekt des unmittelbaren Beitrags des Saugreflexes zur Befriedigung des elementaren Bedürfnisses der Nahrung lockert sich; zu den unmittelbaren physiologischen Bedürfnissen treten verselbständigte Bedürfnisse nach Aufrechterhaltung des seelischen und kognitiven Gleichgewichts hinzu, und die Beziehung zwischen komplexen Operationen und den letztlich existentiellen Bedürfnissen wird über zunehmend komplexe und vielfältige Ebenen und zeitliche Distanzen vermittelt. Das ändert aber nichts daran, daß Triebkraft für die kognitive Entwicklung die kontinuierliche funktionale Beziehung der kognitiven Konstruktionen auf die Aufrechterhaltung eines hinreichenden inneren Gleichgewichts des Organismus als Bedingung seiner Selbsterhaltung ist.

In der Handlung des Subjekts müssen sich die kognitiven Konstruktionen an den Anforderungen der Umwelt bewähren. Die Bewertung des Erfolgs oder Mißerfolgs der Handlung am Maßstab kritischer Schwellenwerte des internen Gleichgewichts des Organismus und - lange vor einer Störung des Gleichgewichts des Gesamtorganismus - seiner Teilsysteme bewirkt eine Modulation der aufeinanderfolgenden, sich wiederholenden und auseinander entwickelnden kognitiven Konstruktionen. Auf diese Weise läßt sich erklären, wie Umwelt als Widerstand gegen die Handlungsversuche des Subjekts kausal auf die internen Prozesse des kognitiven Systems einwirkt, ohne Bestandteil oder Element dieser Prozesse zu werden oder sie unmittelbar zu steuern oder zu programmieren. Das Gehirn ist wie das genetische Programm „plastisch". Wie die im genetischen System vorhandene Information müssen auch die in kognitiven Systemen verfügbaren Schemata vom Beginn der Entwicklung an hinreichend flexibel sein, um Kompensationen unerwarteter Ereignisse in der Umwelt zu ermöglichen und so das Feld der möglichen Ereignisse, die vom System integriert und bewältigt werden können, sukzessiv zu erweitern. Aus der Sicht des Systems sind es zunächst immer zufällige Ereignisse in seiner Umwelt, die die Suche nach Kompensationen der Störung des internen Gleichgewichts anregen und so Entwicklungen anstoßen, an deren Ende die gleichen Ereignisse aufgrund intern verfügbarer Schemata als notwendig erscheinen.

Ähnlich wie in der Theorie der biologischen Evolution die jeweilige Umwelt als widerständige Bedingung für die Lebens- und Fortpflanzungspraxis der Individuen erfaßt wird, die auf diese Weise die Chancen des individuellen Genoms ihres jeweiligen Trägers, in den Genpool künftiger Generationen einzugehen, mitbeeinflußt und so die Variation des Genpools moduliert, wirkt die Umwelt (im Sinne der objektiven, von den Konstruktionen der Erkenntnis unabhängig strukturierten Realität) modulierend auf das kognitive System ein, indem sie den Erfolg von Handlungsversuchen

3. Die genetische Epistemologie Jean Piagets

des Subjekts mitbeeinflußt und dadurch dem Spiel der internen Selbstregulation des kognitiven Systems Anstoß und Richtung für neue Regulierungen zur Kompensation von Störungen des internen Gleichgewichts gibt. Einfach ausgedrückt: Ein Gedanke, der immer wieder zu erfolglosen Handlungen führt, setzt sich auf die Dauer - außer im pathologischen Fall - in der Selbstorganisation des kognitiven Systems nicht durch.

Piagets Erkenntnistheorie ist konstruktivistisch. Erkenntnis ist für Piaget notwendig aktive Konstruktion. Eine bloß passive Aufnahme von fertigen Informationen aus der Umwelt, eine schlichte Abbildung einer äußeren Wirklichkeit kann es nicht geben. Piaget ist kein „naiver Realist". Aber Piagets Modell beschreibt Erkenntnis andererseits auch nicht als „autopoietisches System" im Sinne von Luhmann. Zwar sind die Operationen der Erkenntnis auch bei Piaget rekursiv und durch das neuronale System begrenzt. Aber in der Handlung des Subjekts findet eine Rückkopplung statt. Einerseits werden - durch Motoneuronen - die kognitiven Muster in konkrete physische Handlungen umgesetzt. Andererseits nehmen sensorische Neuronen Auswirkungen dieser Handlungen sowohl in der Umwelt als auch im Inneren des Organismus auf. Das kognitive System bezieht beides aufeinander und bewertet den Erfolg der Handlung. Es soll hier nur angedeutet werden, daß dabei auch das affektive System eine wichtige Rolle spielen dürfte, der Piaget in seinem Werk vielleicht nicht hinreichend Rechnung getragen hat.[482] So registriert das Gehirn des Säuglings, ob die Saugbewegungen den erwarteten Erfolg hatten; es wird, sofern das Kind die Saugbewegung nicht um seiner selbst willen gemacht hat - was der Perfektionierung der Koordination dienen und auch insofern ein Bedürfnis befriedigen könnte - , sondern trinken wollte, im Falle eines Mißerfolgs Veränderungen der Saugbewegung einleiten.

Welchen Gewinn können wir nun aus Piagets Theorie der Äquilibration der kognitiven Strukturen für die hier verfolgte Fragestellung nach der evolutionären Entstehung von Information in sozialen Systemen ziehen? Übertragbar ist ein methodischer Aspekt und ein damit verbundener grundlegender evolutionstheoretischer Gedanke der genetischen Epistemologie Pia-

---

[482] Ein auf Piaget zurückgreifendes, aber über ihn hinausgehendes genetisches Konzept, das kognitive und affektive Entwicklung verbindet, hat Luc Ciompi vorgestellt: Luc Ciompi, Affektlogik. Über die Struktur der Psyche und ihre Entwicklung, Stuttgart 1982; ders., Zur Integration von Fühlen und Denken im Licht der „Affektlogik". Die Psyche als Teil eines autopoietischen Systems, in: Karl P. Kisker (Hrsg.), Neurosen, Psychosomatische Erkrankungen, Psychotherapie, 3. Aufl., Berlin 1986, S. 373 ff.; vgl. auch Piagets Verteidigungsschrift über die affektive Entwicklung des Kindes: Intelligenz und Affektivität in der Entwicklung des Kindes, Frankfurt am Main 1995.

gets: Piaget untersucht nicht fertige, entwickelte kognitive Strukturen auf ihre Übereinstimmung mit der Realität, sondern er untersucht die Entwicklungsgeschichte von den elementaren Handlungen bis zu den reflektierenden Abstraktionen von Handlungen. Mit dieser genetischen Methode und der begrifflichen Ordnung der zirkulären Prozesse mithilfe des Begriffspaars Assimilation/Akkomodation und des Strukturmodells der majorisierenden Äquilibration gelingt es ihm, ein analytisches Instrumentarium zu entwickeln, das darstellen kann, „wie Kausalität auf System und Umwelt verteilt wird" (Luhmann). Anders als in Luhmanns Theorie sozialer Systeme, die zwar die kausale Offenheit des sozialen Systems voraussetzt, aber aus der operationalen und informationellen Geschlossenheit der rekursiven Prozesse im System keinen Zugang zu einer Analyse der Formen findet, in denen systeminterne Operationen und systemexterne Kausalität zusammenwirken, und anders auch als die Erkenntnistheorie des Radikalen Konstruktivismus gelingt Piaget ein solcher Zugang, weil er Handlung nicht mit den internen Operationen des kognitiven Systems identifiziert, sondern die Entwicklung der Handlungen im Spannungsfeld von kognitivem System und Umwelt analysiert. Die Operationen des kognitiven Systems bleiben auch bei Piaget rekursiv, das System ist insofern geschlossen. Aber sie durchlaufen mit der Handlung gewissermaßen ein Stadium, in dem sie moduliert werden, vielleicht ähnlich wie der Fluß des Stroms in einem geschlossenen Stromkreislauf beeinflußt wird, wenn er durch ein Magnetfeld geleitet wird oder wie sich der Zustand von Wasser (Eis, Dampf) in Abhängigkeit von der Umgebungstemperatur ändert. Entscheidend ist, daß Piaget die Wechselwirkungen genau untersucht und dafür ein begriffliches Instrumentarium und ein Prozeßmodell zur Verfügung stellt.

Für die Untersuchung des Verhältnisses von sozialen Systemen und ihrer Umwelt läßt sich die genetische Methode Piagets fruchtbar machen. Aber auch die systematische Unterscheidung zwischen den internen Operationen des kognitiven Systems und den effektiven Handlungen in Bezug auf äußere Objekte, die Grundlage der genetischen Epistemologie Piagets ist, kann eine entsprechende Differenzierung auch in der Theorie sozialer Systeme anregen: Von den internen Operationen des sozialen Systems müssen offenbar solche Elemente des Gesamtprozesses unterschieden werden, die über das soziale System hinausweisen, die flexibel genug sind, um sich einer von ihr unabhängig operierenden Umwelt auszusetzen und auf diese Weise die Modulation der internen Prozesse zu ermöglichen.

3. Die genetische Epistemologie Jean Piagets

Piagets genetische Epistemologie verfügt mit dem Begriff der Handlung des Subjekts über eine „Einheit der externen Selektion": Der Begriff der Handlung ist bei ihm nicht mit dem Begriff des kognitiven Schemas, das die Handlung instruiert, identisch, weil das kognitive Schema die Handlung nicht vollständig determiniert, sondern für die kausale Einwirkung der Umwelt offenhält. Die funktionalen Entsprechungen zwischen der Handlung als dem von Umwelteinflüssen abhängigen Bewährungsfeld der Kognition und dem biologischen Individuum und dessen Lebenspraxis als dem von der Umwelt abhängigen Bewährungsfeld der individuellen genetischen Ausstattung des Individuums liegen auf der Hand. In beiden Fällen muß vorausgesetzt werden, daß die im System verfügbare Information die jeweilige „Einheit der Selektion" nicht mit starren Vorgaben fest programmiert, sondern ihr Spielräume für die Anpassung an ihre Umwelt läßt.

Piagets Erkenntnistheorie läßt sich also - in Übereinstimmung mit seinen eigenen Intentionen und den von ihm aufgezeigten Parallelen zwischen Biologie und Erkenntnis - als Theorie der Evolution des Erkennens im Sinne des Grundkonzepts einer evolutionären Erklärung, das wir am klassischen Beispiel der Synthetischen Theorie der biologischen Evolution studiert haben, deuten.[483] Sie schließt externe Selektion ein. Einheit der exter-

---

[483] Allerdings sind auch Differenzen zwischen der Äquilibrationstheorie Piagets und der klassischen Synthetischen Theorie der biologischen Evolution nicht zu übersehen: Sie betreffen die Frage, ob die systeminternen Veränderungen ausschließlich auf Zufall beruhen. Das klassische Modell der biologischen Evolution postuliert auf der Grundlage der Weismannschen Sperre zwischen Soma und Genom, daß es keinerlei Rückwirkung von den Lebenserfahrungen des Individuums auf das Genom des einzelnen Individuums gibt. Piaget hat dagegen, ausgehend von seiner am Modell der kognitiven Entwicklung erarbeiteten Äquilibrationstheorie, auch für die biologische Evolution postuliert, daß der Anpassungsdruck der Umwelt sich auf das interne Gleichgewicht der genetischen Strukturen auswirken müsse und so zu einer Suche nach Kompensationen und internen Regulierungen im genetischen System führe. Piaget hat das am Beispiel der „Phänokopien" ausgeführt, Variationen einer Art, die in ihrem Phänotyp eine genetisch veränderte Art nachahmen, dies aber ausschließlich durch individuelle Anpassung an die bestimmte Umwelt, in der die genetisch veränderte Art bevorzugt ihren Lebensraum hat, erreichen (Jean Piaget, Biologische Anpassung und Psychologie der Intelligenz, Stuttgart 1975, S. 15 ff.).. Piagets Vorschlag ist in der Biologie bisher kaum rezipiert worden. Die Widerstände gegen eine Preisgabe des strikten Postulats der Zufälligkeit von Mutationen sind offenbar groß. Es ist aber auch nicht zu übersehen, daß Piagets Überlegungen mit neueren Hypothesen zur systembedingten Selbstregulation der Evolution korrespondieren, die sich auch auf Forschungsergebnisse und theoretische Konzepte der Molekularbiologie (Eigen und Schuster) stützen (vgl. dazu Heinrich K. Erben, Evolution, Stuttgart 1990, S. 130 ff.). Diesen neueren Überlegungen zur Evolutionstheorie ist gemeinsam, daß sie im Rahmen systemtheoretischer Konzepte ebenfalls postulieren, daß Mutationen nicht rein zufällig entstehen, sondern daß ihre Wahrscheinlichkeit und damit auch ihre mögliche Richtung durch den zurückgelegten Entwicklungspfad und durch die epigenetische Vernetzung der Erbinformation, die einen Gleichgewichtszustand mit hierarchisch angeordneten Regulierungsebenen bildet, eingeschränkt sei.

nen Selektion ist hier die Handlung. Die Handlung wird durch das kognitive System gesteuert, sie folgt Informationen, die im Gehirn erzeugt und verfügbar gehalten werden. Die Handlung ist insofern Ausdruck der komplexen Wechselwirkungen der Elemente des kognitiven Systems. Andererseits ist der Erfolg der Handlungen im Sinne ihres Beitrags zum Überleben und zur Bedürfnisbefriedigung des Individuums und damit zur Aufrechterhaltung eines hinreichenden internen Gleichgewichts des Organismus von Bedingungen abhängig, über die das kognitive System nicht verfügt, sondern die sich als objektive Strukturen der Realität darstellen. Das sich selbst konstruierende kognitive System spielt also eine entscheidende Rolle beim Aufbau einzelner Handlungen und in der Geschichte der Handlungen und damit letztlich des Handlungssubjekts als einer unverwechselbaren historischen Identität. Aber der Verlauf dieser Geschichte hängt nicht ganz unwesentlich von den jeweiligen und unter Umständen wechselnden Strukturen der Umwelt ab, in denen das Subjekt handelt und handelnd die Befriedigung seiner Bedürfnisse und die Erhaltung seiner Existenz gewährleisten muß. Auf diese Weise kann durch differentielle Selektion eine Tendenz zur Durchsetzung von Eigenschaften des kognitiven Systems entstehen, die es besser als andere ermöglichen, den für praktische Zwecke der Existenzbewältigung wichtigen Strukturen der objektiven Realität im Handeln Rechnung zu tragen. Das hat nichts mit einer schlichten Vorstellung von Abbildung der Realität in der Erkenntnis zu tun. So macht Piaget am Zahlbegriff klar, daß es sich nicht um eine schlichte Abstraktion von äußeren oder inneren Wahrnehmungen handelt. Aber Handlungen setzen sowohl interne Koordinierung von Operationen als auch Wahrnehmung des äußeren Kontextes der Handlung voraus.

Die von den Strukturen der Erkenntnis unabhängigen, objektiven Strukturen der Umwelt haben also einen mitbestimmenden Einfluß auf die Entscheidung über Erfolg oder Mißerfolg von Handlungen. Auf dauerhaften Mißerfolg reagiert das kognitive System mit Regulierungen. Dazu ist es dank seiner Plastizität fähig. Die Umwelt kann auf diesem Wege die Wahrscheinlichkeit modifizieren, mit der einzelne Varianten der vom kognitiven System erzeugten Strukturen sich in der weiteren Geschichte des Systems erhalten. Es gibt damit eine externe Wertebene für die differentielle Reproduktion der Elemente des kognitiven Systems. Zugleich läßt sich mit der Einbeziehung der Handlung und ihrer Bedeutung für die Bedürfnisbefriedigung des Individuums die pragmatische Dimension der kognitiven Information erklären. Abweichende kognitive Strukturen werden trotz eines hohen Anteils an Erstmaligkeit und eines entsprechend geringen Anteils an Bestätigung nach Maßgabe des semantischen

Bezugssystems positiv selegiert und als neue Information akzeptiert, wenn sie das Handlungssubjekt im Hinblick auf dessen Bedürfnisstruktur und sein internes Gleichgewicht zu einer Änderung seines Zustands veranlassen.

Die evolutionstheoretische Interpretation der Erkenntnistheorie Piagets vor dem Hintergrund des Grundkonzepts, das auch der Synthetischen Theorie der biologischen Evolution zugrunde liegt, ist in dem folgenden Schema dargestellt:

Synopse des grundlegenden Modells der Erklärung von Evolution in der Synthetischen Theorie der biologischen Evolution und des Modells der Entwicklung der kognitiven Strukturen in der genetischen Erkenntnistheorie nach Jean Piaget

	Synthetische Theorie der biologischen Evolution	Theorie der Entwicklung der kognitiven Strukturen nach Piaget
Erklärungslast	Einheit	Einheit
Variation	Gen (Genotyp) – Übertragung der Erbinformation – Mikroskopische Innovation (Mutation)	Kognitives Schema – Reproduktion der kognitiven Information (Gedächtnis) – Innovation (Regulierungen)
Selektion	Individuum (Phänotyp) – Ausdruck der komplexen Wechselwirkungen seiner Erbmasse – Modulation der Wahrscheinlichkeit der Verbreitung seiner Erbmasse in künftigen Generationen durch die Umwelt	Handlung – Ausdruck der komplexen Wechselwirkungen der kognitiven Strukturen – Modulation der Wahrscheinlichkeit der Erhaltung der kognitiven Schemata durch die Umwelt (Störungen)
Evolution	Population (Genpool) – Bildung eines spezifischen Komplexes individueller Genome – Stabilisierung durch dauernde sexuelle Rekombination der individuellen Genome	Kognitives System – Bildung eines spezifischen Komplexes kognitiver Strukturen – Äquilibration durch Differenzierung und Integration der kognitiven Strukturen

Auf einer konkreteren Ebene könnte ein weiterer Gewinn darin liegen, daß die Beziehungen zwischen sozialen Systemen und individuellem Bewußtsein, zwischen Kommunikation und Handlung, von der Seite des Individuums her aufgeklärt werden könnten, indem mithilfe der genetischen Epistemologie Piagets der Zugang des Subjekts zu anderen Subjekten und damit zur Kommunikation theoretisch überzeugend dargestellt werden kann. Diese Erwartung liegt deshalb nahe, weil zu den Objekten der Umwelt, mit denen sich das individuelle Subjekt handelnd auseinandersetzt, und an denen es sein Denken und sein Weltbild entwickelt, auch „soziale Objekte" einschließlich sozialer Systeme gehören, zum Beispiel die Erwartungen anderer Menschen oder die Anforderungen von Institutionen an das eigene Verhalten. Es zeigt sich allerdings, daß die Theorie Piagets in dieser Richtung der Ergänzung und Erweiterung bedarf. Piaget wollte voreilige Schlußfolgerungen von sozialen Bedingungen auf Inhalte und Strukturen individueller Erkenntnis, wie sie zum Beispiel bei der Erklärung des Zahlbegriffs als soziale Konvention stattfinden, vermeiden und hat seine Forschung darauf konzentriert, die Strukturen der Produktion von Erkenntnis durch das aktive Individuum zu untersuchen.

Piaget hat die Begrenzung seiner Fragestellung schon in der frühen Schrift über die Entwicklung des moralischen Urteils sehr deutlich formuliert:

> „Die hier beschriebenen Regeln [sc.: die Regeln des Murmelspiels in Genf und Neuchâtel] bilden eine ausgesprochene soziale Erscheinung, d.h. eine - im Sinne Durkheims - ‚von den Individuen unabhängige' Gegebenheit, die wie die Sprache von Geschlecht zu Geschlecht übertragen wird. Es ist klar, daß diese Gebräuche mehr oder weniger elastisch sind. Nur setzen sich genau so wie bei der Sprache individuelle Neuerungen nur dann durch, wenn sie von der Gemeinschaft bestätigt werden, weil sie als dem ‚Geist des Spiels' entsprechend betrachtet werden. Bei aller Anerkennung des Interesses, das diese soziologische Seite des Problems beansprucht, haben wir uns jedoch die Fragen, mit denen wir uns jetzt zu befassen haben, nicht in diesem Sinne gestellt. Wir haben uns einfach gefragt: 1. Wie die Individuen sich allmählich diesen Regeln anpassen, wie sie also diese Regeln je nach ihrem Alter und ihrer geistigen Entwicklung beachten, 2. Wie sie sich der Regel bewußt werden, mit anderen Worten, welche Arten von Verpflichtungen ihnen je nach Alter aus dem fortschreitenden Bewußtwerden der Regel erwachsen."[484]

Piaget beschäftigt sich in diesem Werk - wie auch in „Der Aufbau der Wirklichkeit beim Kinde" zwar mit der Erkenntnis grundlegender sozialer Tatbestände. Man wird aber feststellen müssen, daß Piaget sich bei der Ent-

---

[484] Jean Piaget, Das moralische Urteil beim Kinde (Le jugement moral chez l'enfant, Paris 1932), Taschenbuchausgabe, 2. Aufl., München 1990, S. 35.

wicklung der Äquilibrationstheorie zunehmend auf Analysen des Verhältnisses des erkennenden Individuums zur natürlichen Umwelt beschränkt hat, vielleicht weil es bei mathematischen und naturwissenschaftlichen Objekten der Erkenntnis einfacher ist, den Gegenstand der Untersuchung, den Piaget vor Augen hatte, für Zwecke der Analyse zu isolieren.

Das kann indessen nicht daran hindern, mit Piaget über Piaget hinauszugehen und seine Äquilibrationstheorie auch auf die Entwicklung der Erkenntnis der sozialen Realität anzuwenden. Den „beobachtbaren Tatsachen" bei Objekten wie rollenden und sich stoßenden Kugeln entsprechen beobachtbare Tatsachen bei Objekten wie dem Verhalten anderer Menschen, zum Beispiel von Müttern, Vätern, Geschwistern, Freunden oder Lehrern, und den der Beobachtung nicht unmittelbar zugänglichen „folgernden Koordinationen" über kausale Zusammenhänge entsprechen folgernde Koordinationen über Erwartungen anderer Menschen. Es gibt also innerhalb der Theorie Piagets kein Argument, das der Anwendung der Äquilibrationstheorie auf soziale Objekte widersprechen würde.

4. Zur Frage der sozialen Konstitution der Erkenntnis

Die Tragfähigkeit der genetischen Epistemologie Piagets müßte sich auch auf dem Feld bewähren, das im Hinblick auf den Gegenstand der vorliegenden Untersuchung, die Theorie sozialer Systeme in der Konzeption von Niklas Luhmann, besonderes Interesse beansprucht, auf dem Feld der sozialen Objekte der Erkenntnis und bei der Frage nach den Beziehungen zwischen individueller Entwicklung der Erkenntnis und sozialen Systemen oder Strukturen.

Piaget hat in frühen Schriften[485] eingehende Studien über die Entwicklung des Erkennens in Bezug auf solche Erkenntnisobjekte vorgelegt, die typische soziale Erscheinungen darstellen. Darunter versteht Piaget selbst mit Bezugnahme auf Emile Durkheim eine von den Individuen unabhängige Gegebenheit, die - wie die Sprache - von Geschlecht zu Geschlecht übertragen wird.[486] Von spezifischen sozialen Objekten der Erkenntnis wird man aber mit George Herbert Mead auch sprechen können, wenn es um eine von mindestens zwei Akteuren gemeinsam zu bewältigende

---

[485] Insbesondere Jean Piaget, Das moralische Urteil beim Kinde, 2. Aufl., München 1990 (zuerst erschienen Paris 1932); ders., Das Erwachen der Intelligenz beim Kinde, 3. Aufl., Gesammelte Werke, Studienausgabe Band 1, Stuttgart 1991 (zuerst erschienen Paris 1936); ders., Der Aufbau der Wirklichkeit beim Kinde, Gesammelte Werke, Studienausgabe Band 2, Stuttgart 1975 (zuerst erschienen 1937).
[486] Jean Piaget, Das moralische Urteil beim Kinde, S. 35.

Aufgabe geht.[487] Man sieht dann, daß in der Entwicklung des Kindes, wie sie gerade auch von Piaget beschrieben wurde, die ersten Erfahrungen, die die Aufmerksamkeit des Kindes in Anspruch nehmen, soziale Objekte sind, an denen mindestens ein weiterer Akteur beteiligt ist, etwa das Stillen, das Füttern oder das Wechseln der Windeln. Günter Dux hat in expliziter Anknüpfung an Piaget hervorgehoben, daß das erste und wichtigste Objekt, mit dem der Säugling konfrontiert ist, die „sorgende Bezugsperson" ist, also ein mit Intentionen ausgestattetes und handelndes anderes Subjekt, und daß dieses erste, in sozialen Bezügen erfahrene Objekt der genetische Ausgangspunkt für die Ausbildung grundlegender Erkenntniskategorien, insbesondere für die eigene Subjekterfahrung und die Permanenz von Objekten ist.[488] Piagets Beobachtungen zum kindlichen Animismus sind ein Beleg dafür, daß Kinder ihre Vorstellungen auch von unbelebten Objekten anfänglich nach dem Vorbild ihrer primären Objekterfahrungen mit lebendigen, mit eigenen Intentionen ausgestatteten und als Subjekte handelnden Wesen gestalten. Und die Berichte von den sogenannten Wolfskindern sprechen dafür, daß grundlegende Strukturen der Erkenntnis sich ohne Einbettung des Kindes in die sozialen Beziehungen mit seinen ersten Bezugspersonen, ohne frühe Konfrontation mit sozialen Objekten also, nicht oder jedenfalls nicht annähernd vergleichbar entwickeln können.

An das Werk Piagets hat daher auch eine große Zahl von Arbeiten angeknüpft, die das Modell der kognitiven Entwicklung für soziologische Fragestellungen fruchtbar gemacht und mit interaktionstheoretischen, sprachtheoretischen und evolutionstheoretischen Ansätzen verbunden haben. Zu nennen sind hier insbesondere Lawrence Kohlberg,[489] R. L. Selman,[490] Klaus

---

[487] George Herbert Mead, Gesammelte Aufsätze, hrsg. von Hans Joas, Band 1, Frankfurt am Main 1980, S. 313 ff.

[488] Günter Dux, Die Logik der Weltbilder. Sinnstrukturen im Wandel der Geschichte, Frankfurt am Main 1982, S. 95 ff.; ders., Die Zeit in der Geschichte. Ihre Entwicklungslogik vom Mythos zur Weltzeit, Frankfurt am Main 1989, S. 23 ff.

[489] Lawrence Kohlberg, Stage and sequence: The cognitive-developmental approach to socialisation, in: D. A. Goslin (Ed.), Handbook of sozialisation theory and research, Chicago 1969, S. 347 ff.; ders., Moral stages and moralization: The cognitive-developmental approach, in: T. Lickona (Ed.), Moral development and behavior, New York 1975, S. 31 ff.; ders. und Elliot Turiel, Moralische Entwicklung und Moralerziehung, in: Gerhard Portele (Hrsg.), Sozialisation und Moral. Neuere Ansätze zur moralischen Entwicklung und Erziehung, Weinheim 1976, S. 13 ff.; ders., The philosophy of moral development, San Francisco 1981.

[490] R. L. Selman, Social-cognitive understanding: a guide to educational and clinical practice, in: T. Lickona (Ed.), Moral development and behavior, New York 1975, S. 299 ff.; ders., The growth of interpersonal understanding, New York 1980.

Eder,[491] Wolfgang Schluchter,[492] Jürgen Habermas,[493] Günter Dux,[494] Max Miller,[495] Ulrich Oevermann,[496] Bernd Nicolaisen[497] und Werner Meinefeld.[498]

Max Miller hat indessen dem „späten Piaget" vorgeworfen, daß er die sozialen Konstitutionsbedingungen der Erkenntnis, deren er sich in seinem Frühwerk bewußt gewesen sei und die er auch programmatisch formuliert habe, verdrängt habe. Piaget habe sich zunehmend und einseitig auf die Erforschung des mathematisch-konstruierenden, naturwissenschaftlichen Denkens beschränkt. Millers Kritik an der Äquilibrationstheorie läuft darauf hinaus, daß der Äquilibrationsfaktor die empirische Entwicklung des Erkennens, insbesondere die Entstehung des Neuen in der Erkenntnis, nicht angemessen erklären könne. Millers eigene These lautet, daß erst die soziale Kooperation der Individuen und insbesondere ihre diskursive Verständigung durch Argumentationen die Grundlage für die Erklärung des Neuen in der individuellen geistigen Entwicklung biete.

Die Feststellung Millers, daß Piaget sich in seinen späten Schriften auf die Entwicklung des naturwissenschaftlichen und insbesondere des mathematisch-konstruierenden Denkens konzentriert hat, trifft sicher zu. Es könnte deshalb der Eindruck entstehen, die Äquilibrationstheorie sei ausschließlich auf das realitätsferne Modell eines sozial isolierten Individuums zugeschnitten, das nur über Erfahrungen mit unbelebten Objekten verfügt und über die Kausalbeziehungen zwischen diesen Objekten nachdenkt oder sein eigenes Denken über diese Objekte reflektiert. Aus der thematischen

---

[491] Klaus Eder, Seminar: Die Entstehung von Klassengesellschaften, Frankfurt am Main 1973; ders., Die Entstehung staatlich organisierter Gesellschaften, Frankfurt am Main 1976; ders., Geschichte als Lernprozeß?, Frankfurt am Main 1991.
[492] Wolfgang Schluchter, Die Entwicklung des okzidentalen Rationalismus. Eine Analyse von Max Webers Gesellschaftsgeschichte, Tübingen 1979.
[493] Jürgen Habermas, Theorie kommunikativen Handelns, 2 Bände, Frankfurt am Main 1981; ders., Moralbewußtsein und kommunikatives Handeln, Frankfurt am Main 1983.
[494] Günther Dux, Die Logik der Weltbilder, Frankfurt am Main 1982; ders., Die Zeit in der Geschichte. Ihre Entwicklungslogik vom Mythos zur Weltzeit, Frankfurt am Main 1989.
[495] Max Miller, Kollektive Lernprozesse und Moral, in: ders., Kollektive Lernprozesse, Studien zur Grundlegung einer soziologischen Lerntheorie, Frankfurt am Main 1986, S. 207 ff.; ders. und J. Weissborn, Sprachliche Sozialisation, in: Klaus Hurrelmann und Dieter Ulich (Hrsg.), Neues Handbuch der Sozialisationsforschung, 4. Aufl., Weinheim 1991, S. 531 ff.
[496] Ulrich Oevermann, Genetischer Strukturalismus und das sozialwissenschaftliche Problem der Erklärung der Entstehung des Neuen, in: Stefan Müller-Doohm (Hrsg.), Jenseits der Utopie, Frankfurt am Main 1991.
[497] Bernd Nicolaisen, Die Konstruktion der sozialen Welt. Piagets Interaktionsmodell und die Entwicklung kognitiver und sozialer Strukturen, Opladen 1994.
[498] Werner Meinefeld, Realität und Konstruktion. Erkenntnistheoretische Grundlagen einer Methodologie der empirischen Sozialforschung, Opladen 1995.

Beschränkung des Spätwerkes von Piaget kann zwar nicht geschlossen werden, daß Piaget den sozialen Bedingungen jeglichen Einfluß auf die geistige Entwicklung habe absprechen wollen, aber man wird zugestehen müssen, daß die Erkenntnistheorie Piagets den sozialen Bedingungen des Erkennens zwar beschleunigende oder hemmende Effekte, aber keine konstitutive Funktion für die Entwicklung des Denkens zuspricht. Der Status von sozialen Objekten ist jedenfalls in der Äquilibrationstheorie Piagets kein grundsätzlich anderer als der von unbelebten natürlichen Objekten: Ihre jeweiligen eigenen, von den kognitiven Konstruktionen unabhängig gegebenen Strukturen setzen den Handlungsversuchen des Subjekts Widerstand entgegen und wirken so modulierend auf die Äquilibration des kognitiven Systems ein. Soziale Objekte wirken so auf dem Weg über die Handlungserfahrungen des Subjekts mit ihnen auf die spezifischen sozialen **Inhalte** des Erkennens ein. Piaget ging es aber um die Entwicklung der grundlegenden operativen Strukturen der Erkenntnis, nicht primär um die konkreten Inhalte.

Man wird Piaget auch nicht Unrecht tun, wenn man feststellt, daß er die in seinen späten Schriften ausgearbeitete Äquilibrationstheorie selbst nicht an empirischen Beispielen aus dem Bereich sozialer Objekte überprüft und demonstriert hat. Das schließt nicht aus, daß die Äquilibrationstheorie sich auch auf dem Feld sozialer Objekte bewähren könnte. Aber das wäre erst noch zu belegen.

Piaget hatte im Rahmen seines eigenen Forschungsprogramms gewichtige Gründe dafür, die unbestreitbar gegebenen sozialen Einflüsse auf den Erkenntnisprozeß systematisch abzublenden. Denn es ging ihm unter anderem gerade darum, gängigen empiristischen Erklärungen, die Erkenntnis kurzschlüssig als fortschreitende Anpassung an bestehende soziale Konventionen erklären zu können glaubten, entgegenzutreten und zu dem autonomen, aktiv konstruierenden Charakter der Erkenntnis vorzustoßen. Deutlich wird das etwa an der oben bereits dargestellten Kritik Piagets an der Erklärung des Zahlbegriffs aus der sozialen Konvention über die Reihenfolge der Ordinalzahlen. Piaget kritisiert diese Vorstellung als oberflächlich . Er hebt hervor, daß die Entwicklung eines wirklichen, sich in der Lösung von Aufgaben bewährenden Verständnisses der Zahl erst auf der Grundlage der Fähigkeit zur reversiblen Koordination der Operationen der Teilmengenbildung und der Reihenbildung möglich wird.[499] Piaget faßt also von vornherein die pragmatische Dimension von Erkenntnis ins Auge. Wie wichtig es ist, Erkenntnis nicht auf die passive Übernahme von sozialen

---

[499] Siehe oben unter 3.2., S. 185 ff.

4. Zur Frage der sozialen Konstitution der Erkenntnis

Konventionen zu reduzieren, zeigt auch ein Beispiel aus neuerer Zeit. Für Barry S. Barnes erfolgt Lernen immer in einem sozialen Kontext, in dem ein „kompetentes Mitglied der Kultur" in Gegenwart des Lernenden auf Objekte zeigt und diese mit einem Begriff bezeichnet.[500] Das kann aber nur plausibel scheinen, solange man Erkenntnis auf eine bloße begriffliche Dimension verkürzt. Erkenntnis im Sinne von Piagets Konzept erschöpft sich aber nicht in der Bezeichnung und begrifflichen Generalisierung von Objekten. Erkenntnis hat bei Piaget eine pragmatische Dimension, sie beruht auf Handlungserfahrung und erfordert aktive kognitive Konstruktionen, die Handlungen steuern können. Kognitive Entwicklung ist daher untrennbar mit der Entwicklung von Handlungskompetenz verbunden. Piagets empirische und theoretische Bemühungen gelten der Aufklärung dieses Zusammenhangs von Erkenntnis und praktischem Handeln. Sie führen deshalb auch und vor allem zu der Einsicht, daß gerade die geglückte Entwicklung des Denkens bei Kindern keine passive Übernahme sozial vorgefertigten Wissens, sondern aktiver Aufbau einer eigenen geistigen Welt in Auseinandersetzung mit der Realität ist. Nicolaisen weist – neben dem auch von ihm angesprochenen zentralen Stellenwert der kognitiven Aktivität des Kindes – auf weitere Gründe hin, die Piaget veranlaßt haben könnten, soziale Konstitutionsbedingungen von Erkenntnis zu ignorieren oder zumindest herunterzuspielen: Die Universalität der kognitiven Strukturen und ihrer Entwicklung, die Abstraktheit des wichtigsten Entwicklungsfaktors, der majorierenden Äquilibration, das biologische Fundament der Kognition und die Eigenständigkeit der genetischen Epistemologie als wissenschaftlicher Disziplin.[501] Es war das wesentliche Anliegen Piagets, gegenüber den bis dahin diskutierten klassischen Entwicklungsfaktoren der biologischen Reifung, der Objekterfahrung und der sozialen Umwelt den Faktor der Äquilibration einzuführen, und zwar nicht nur als einen weiteren Faktor neben den genannten anderen Faktoren, sondern als den die Eigengesetzlichkeit der Entwicklung dominierenden Faktor.[502] Der Faktor Äquilibration erklärt, daß die Entwicklung der kognitiven Strukturen eine notwendige Abfolge von Entwicklungsstadien durchläuft, die durch äußere Fakto-

---

[500] Barry S. Barnes, Über den konventionellen Charakter von Wissen und Erkenntnis, in: Nico Stehr und Volker Meja (Hrsg.), Wissenssoziologie, Opladen 1991, S. 163 ff., 165 f.; zur Kritik Werner Meinefeld, a.a.O., S. 238.
[501] Bernd Nicolaisen, Die Konstruktion der sozialen Welt, Piagets Interaktionsmodell und die Entwicklung kognitiver und sozialer Strukturen, Opladen 1994, S. 125.
[502] Bernd Nicolaisen, a.a.O., S. 126 f.

ren wie Reifung, Lernen und soziale Einflüsse nicht verändert werden kann.[503]

Wenn man dem Werk Piagets gerecht werden will, muß man beachten, daß Piaget die Fragestellung seiner empirischen Forschung und seiner theoretischen Bemühungen bewußt beschränkt, und daß gerade dies ein großer methodischer Vorzug seines Schaffens ist. Weil Piaget sich auf die Veränderungen des Denkens konzentriert und Explanandum und Randbedingungen deutlich voneinander trennt, kann er zur Erforschung der Eigenständigkeit der kognitiven Entwicklung vordringen.

Wenn Miller meint, der für die Soziologie innovative Impuls im Frühwerk Piagets bestehe darin, daß Piaget das „genuin soziologische Konzept eines kollektiven Lernprozesses" - das Miller mit sprachtheoretischen und diskursethischen Bezügen weiterführen will - vorgeschlagen habe, ist das zumindest insofern fragwürdig, als es jedenfalls dem eigenen Forschungsprogramm Piagets und seiner Fragestellung nicht entspricht.

Für Piaget ist es sinnlos zu fragen, ob Erkenntnis ihrem Wesen nach individuell oder sozial ist, da die Grundlage der allgemeinen Koordination von Handlungen ebenso inter- wie intraindividuell ist und da Handlungen, auch wenn sie kollektiv sind, immer von Individuen ausgeführt werden.[504] Piaget steht in dieser Hinsicht dem Grundkonzept der strikten Beachtung der Systemgrenzen zwischen sozialem System und individuellem Bewußtsein bei Luhmann näher als allen Ansätzen, die Erkenntnis in der einen oder anderen Weise aus sozialen Ursachen zu erklären versuchen. Auch wenn Piaget die Terminologie der neueren Systemtheorie nicht verwendet, ist doch seine ganze empirische und theoretische Anstrengung darauf gerichtet, Erkenntnis als selbstorganisierendes System darzustellen, das von außen nicht einfach gesteuert werden kann, sondern nur durch eigene Aktivität - insofern „autopoietisch" - sich entwickeln kann. Der Unterschied zur Konzeption des radikalen Konstruktivismus und auch zu der Luhmanns besteht ausschließlich darin, daß Piaget die „Schnittstelle" zwischen System und Umwelt - im Falle des kognitiven Systems die Handlung des Subjekts - zum zentralen Gegenstand seiner Untersuchung und Theoriebildung macht und dadurch einen strategischen Zugang zum Verständnis des genetischen Aufbaus der kognitiven Schemata erhält, der dem radikalen Konstruktivismus und insbesondere der Autopoiese-Konzeption aufgrund

---

[503] Tilmann Sutter, Konstruktivismus und Interaktionismus. Zum Problem der Subjekt-Objekt-Differenzierung im genetischen Strukturalismus, Kölner Zeitschrift für Soziologie und Sozialpsychologie 44 (1992), S. 419 ff. (425).
[504] Jean Piaget, Biologie und Erkenntnis. Über die Beziehungen zwischen organischen Regulationen und kognitiven Prozessen, Frankfurt am Main 1974, S. 369 f.

ihrer Beschränkung auf die internen Konstruktionsprozesse des neuronalen Systems und der Übersteigerung des Schließungsaspekts verschlossen bleiben muß. Aber daß soziale Systeme - wie auch andere Objekte und Ereignisse der sozialen Welt - zur Umwelt des kognitiven Systems gehören, dürfte für Piagets Äquilibrationstheorie als ebenso grundlegend gelten, wie es für Luhmann ein Essential seiner Konzeption ist, daß individuelle Bewußtseinssysteme zur Umwelt sozialer Systeme gehören.

Das schließt allerdings nicht aus, daß die Kritik Millers, die Äquilibrationstheorie könne die Entstehung des Neuen in der Erkenntnis nicht angemessen erklären, ernst zu nehmen ist. Das zentrale Argument Millers lautet, Erkenntnis setze die Verfügbarkeit eines entsprechenden kognitiven Schemas voraus. Etwas wirklich Neues könne das erkennende Subjekt deshalb nur erkennen, weil es über ein dafür geeignetes Auffassungsschema verfüge. Zu erklären ist also, wie ein neues kognitives Schema entsteht. Piagets Versuch, Äquilibration, also die interne Selbstorganisation des kognitiven Systems, als den maßgeblichen Faktor für die Erklärung der Entwicklungsdynamik zu präsentieren, sei nicht überzeugend. Aus Altem könne auch durch interne Differenzierung und Integration nur eine letztlich tautologische Entfaltung des Alten, aber nichts wirklich Neues entstehen.

Diese Kritik wird jedoch dem Ansatz Piagets aus zwei Gründen nicht gerecht. Sie unterstellt der Äquilibrationstheorie Piagets erstens eine Beschränkung des Blickwinkels auf systeminterne Strukturen und Prozesse, die sie - im Gegensatz zum radikalen Konstruktivismus - gerade nicht aufweist. Es ist geradezu ein Merkmal der genetischen Epistemologie Piagets, das sich bis zur Ausarbeitung der Äquilibrationstheorie im Spätwerk nachweisen läßt, daß Erkenntnis weder nur aus dem Subjekt noch nur aus den Objekten der Erkenntnis, sondern aus der Interaktion des handelnden Subjekts und der Objekte des Handelns und Erkennens erklärt wird. Die Erklärungslast für die Entwicklungsdynamik der Erkenntnis liegt auf dem historischen Prozeß der Wechselwirkung von Selbstorganisation des kognitiven Systems und Objekterfahrung durch Handlung.

Die Kritik Millers verkennt zweitens die Bedeutung der Flexibilität und Anpassungsfähigkeit, die Piaget schon den zur genetischen Ausstattung des Menschen gehörenden Instinkt- und Reaktionsschemata, erst recht aber den sich daraus entwickelnden eigentlichen kognitiven Schemata zumißt. Auch wenn die Tätigkeit des Säuglings noch auf angeborene Reflexe zurückgeht, beobachtet Piaget doch, daß diese Tätigkeit nicht nur ein isolierter Automatismus ist, der wie ein Motor in Betrieb gesetzt und wieder abgeschaltet wird, sondern ein historischer Ablauf, bei dem jede Episode von den vorausgehenden abhängt und die folgenden mitbedingt.[505] Eindrucksvolle Belege dafür sind die Beobachtungen, die Piaget über die Betätigung der Saugreflexe im ersten Lebensmonat bei seinen eigenen Kindern gemacht hat. Einige von Piagets Beobachtungen sollen hier wegen ihrer Anschaulichkeit und weil sie, wie Piaget bemerkt, ebenso banal wie theoretisch wichtig sind, wörtlich wiedergegeben werden:[506]

> „Bb.1 - Von der Geburt an beobachtet man Saugversuche: Impulsive Bewegungen der Lippen, die vorgestreckt werden, verbunden mit Verschiebungen der Zunge, während zu gleicher Zeit die Arme ungeordnete, aber mehr oder weniger rhythmische Gesten ausführen und der Kopf sich seitlich hin und her bewegt usw. Wenn die Hände zufällig die Lippen berühren, wird sofort der Saugreflex ausgelöst. Das Kind saugt z.B. einen Augenblick lang an seinen Fingern, aber vermag sie natürlich nicht in seinem Mund zu halten noch ihnen mit den Lippen nachzufolgen. So saugten Lucienne eine viertel Stunde und Laurent eine halbe Stunde nach ihrer Geburt an ihren Händchen. Bei Lucienne dauerte dieses Saugen an den Fingern mehr als 10 Minuten, weil die Hand dank ihrer besonderen Lage unbeweglich blieb. Einige Stunden nach der Geburt erstes Saugen des Kolostrums. Es ist bekannt, wie verschieden sich die Kinder bei dieser ersten Mahlzeit anstellen. Bei den einen, zu denen Lucienne und Laurent gehören, genügt der Kontakt der Lippen und ohne Zweifel auch der Zunge mit der Brustwarze, und schon stellen sich Saug- und Schluckreaktionen ein. Bei anderen, wie z.B. bei Jacqueline, braucht es mehr Zeit, bis die Koordination gelingt: Das Kind läßt die Brust jeden Augenblick wieder los und sucht sie auch nicht wieder aus eigenem Antrieb, noch bemüht es sich mit derselben Kraftanstrengung wie vorher darum, wenn man ihm die Brustwarze wieder in den Mund bringt. Schließlich gibt es noch Kinder, auf die man einen richtigen Druck und Zwang ausüben muß: Den Kopf halten, die Brustwarze zwischen die Lippen zwängen und in Kontakt mit der Zunge bringen usw.
>
> Bb. 2. - Am ersten Tag nach der Geburt ergreift Laurent mit seinen Lippen die Brustwarze, ohne daß man sie ihm in den Mund

---

[505] Jean Piaget, Das Erwachen der Intelligenz beim Kinde, 3. Aufl., Gesammelte Werke, Studienausgabe Band 1, Stuttgart 1991, S. 34 f.
[506] Jean Piaget, a.a.O., S. 35 ff. Im folgenden Text bedeutet die Abkürzung Bb. Beobachtung. Das Alter des Kindes bei der Beobachtung wird mit Jahr, Monat und Tag angegeben, zum Beispiel 0;0 (9) bedeutet, daß die Beobachtung am 9. Lebenstag gemacht wurde.

4. Zur Frage der sozialen Konstitution der Erkenntnis 225

halten muß. Er sucht sofort wieder nach ihr, sobald ihm infolge irgendeiner Bewegung die Brust entweicht. Am zweiten Tag beginnt Laurent zwischen den Mahlzeiten im Leeren zu saugen, indem er die spontanen Bewegungen des ersten Tages wiederholt: Die Lippen öffnen und schließen wie beim richtigen Saugen, aber ohne Gegenstand. Dieses Verhalten ist bei ihm in der Folge immer häufiger geworden, und wir werden es nicht mehr hervorheben. Am selben Tag beobachtet man bei Laurent den Beginn eines reflexartigen Suchens, das sich in den folgenden Tagen entwickeln wird und ohne Zweifel den charakteristischen Suchhandlungen der späteren Entwicklungsstadien (Erwerb von Gewohnheiten und empirische Intelligenz) funktionell äquivalent ist. Auf dem Rücken liegend, hat Laurent den Mund offen und bewegt leicht Lippen und Zunge, indem er Saugreaktionen andeutet und den Kopf von links nach rechts bewegt, wie wenn er einen Gegenstand suchen würde. Diese Gesten verlaufen zum Teil unter Schweigen, zum Teil werden sie von einem Brummen, das mit einer Mimik von Ungeduld und Hunger verbunden ist, unterbrochen.

Bb. 3. – Am dritten Tag macht Laurent neue Fortschritte in seinem Anpassungsverhalten an die Brust: Es genügt, daß er mit den Lippen die Brustwarze oder die umgebenden Gewebe streift, und schon beginnt er mit offenem Mund zu suchen, bis er Erfolg hat. Aber er sucht sowohl auf der falschen wie auf der richtigen Seite, d.h. auf der Seite, auf der der Kontakt hergestellt wurde.

Bb. 4. – Mit 0;0 (9) liegt Laurent auf einem Bett und versucht zu saugen, indem er den Kopf von links nach rechts hin und her bewegt. Er streift dabei mehrere Male zufällig seine Lippen mit der Hand und saugt sofort an ihr. Im Verlauf seines Suchens stößt er auch auf eine Federdecke, dann auf eine Wolldecke, und jedesmal beginnt er sogleich, am Gegenstand zu saugen, um ihn nach einem Augenblick wieder loszulassen, worauf er jedesmal zu weinen beginnt. Wenn er an seiner Hand saugt, wendet er sich nicht von ihr ab, wie er es bei den Decken tut, aber die Hand entweicht ihm von selbst infolge der mangelnden Koordination der Bewegungen. Er beginnt auch sogleich, sie wieder zu suchen.

Bb. 5. – Sobald Laurents Wange mit der Brust in Berührung kommt, beginnt er mit 0;0 (12) zu suchen, bis er zu trinken findet. Seine Bemühungen richten sich jetzt jedesmal nach der richtigen Seite, d.h. nach der Seite, auf der er die Berührung gespürt hat.

Mit 0;0 (20) beißt er in die Brust, die man ihm fünf Zentimeter neben der Brustwarze dargeboten hat. Er saugt einen Augenblick lang an der Haut, läßt sie dann los, verschiebt seinen Mund um zwei Zentimeter und beginnt wiederum zu saugen, um sofort damit aufzuhören. Bei einem dieser Versuche berührt er zufälligerweise die Brustwarze mit der Außenseite seiner Lippen und erkennt sie nicht. Beim weiteren Suchen berührt er sie aber durch Zufall mit der Schleimhaut der Unterlippe (sein Mund steht weit offen). Da bringt er seine Lippen sogleich in die richtige Stellung und beginnt zu saugen.

Am selben Tage Wiederholung dieses Versuches: Nachdem er einige Sekunden an der Brust gesaugt hat, verzichtet er darauf weiterzufahren und beginnt zu weinen. Dann fängt er von neuem an, hört wiederum auf, aber ohne zu weinen, und saugt einen Zentimeter daneben; so fährt er fort, bis er die Brustwarze findet."[507]

Die spontane Tätigkeit des Organismus, die auf genetisch bedingten, angeborenen Reflexen beruht, erweist sich von der Geburt an als flexibel genug, um durch Übung ihre interne Koordination zu verbessern und Erfahrungen einzubauen. Bereits diese Übung und Anpassung der Reflexe stellt eine eigentümliche Art von Assimilation dar: Piaget faßt sie als ein „organisiertes und geordnetes Geschehen" auf, dessen Eigentümlichkeit darin besteht, sich durch Betätigung zu erhalten und folglich früher oder später für sich allein zu funktionieren (Wiederholung), sich die Gegenstände einzuverleiben, die dieser Funktion angemessen sind (generalisierende Assimilation) und die Situation zu diskriminieren, die bestimmten spezifischen Weisen seiner Tätigkeit entsprechen (motorisches Wiedererkennen).[508]

Bereits die Reflextätigkeit ist also offen für die Adaptationsfunktion. Diese Offenheit wird allmählich noch erweitert. Die Verbesserung der internen Organisation von der Übung der Reflexe über die Ausbildung von Gewohnheiten bis zur gegenseitigen Koordination von Saugen und Greifen und von Greifen und Sehen führt zu einer erheblichen Ausweitung des Bereichs von Ereignissen in der Umwelt des Kindes, auf die das Kind reagiert und denen es sich gezielt anpassen kann.

Die zentralen Prozesse in der Entwicklung des Erkennens nach Piaget, die sich wechselseitig bedingenden und erhaltenden Prozesse der Assimila-

---

[507] Jean Piaget, Das Erwachen der Intelligenz beim Kinde, S. 35 ff.
[508] Ebenda S. 48.

4. Zur Frage der sozialen Konstitution der Erkenntnis

tion und Akkomodation wären gar nicht vorstellbar, wenn die kognitiven Schemata starre Vorgaben enthalten würden, die nach Art von herkömmlichen Computerprogrammen nur unverändert abgearbeitet werden könnten.

Die neurologischen Grundlagen für die von Piaget am Verhalten beobachtete Flexibilität der kognitiven Strukturen ist von der modernen Gehirnforschung bereits in Ansätzen aufgeklärt worden. Sie bezeichnet „Plastizität" als ein wesentliches Kennzeichen der neuronalen Strukturen.[509] Die aktivitätsabhängige Verstärkung der synaptischen Verbindungen zwischen den Neuronen ist bereits 1949 von Donald O. Hebb theoretisch als mögliche Grundlage des Lernens und des Gedächtnisses postuliert worden. Sie gilt heute als ein wichtiger empirisch nachgewiesener Mechanismus des Lern- und Erinnerungsvermögens des menschlichen Gehirns.[510] Bekannt ist insbesondere, daß aus der Vielzahl der neuronalen Verbindungen im Zeitpunkt der Geburt in den folgenden ersten Lebensjahren nur diejenigen Verbindungen erhalten und verstärkt werden, die betätigt werden, während nicht oder nur schwach genutzte Verbindungen absterben. Zugleich erfolgt weitgehend erst jetzt die „Feinverdrahtung", die für die genaue Koordination erforderlich ist.[511] Das genetische System wäre mit einer solchen Feinsteuerung überfordert. Es stellt gewissermaßen nur die Grobstruktur und die Anlage zu einer den Anforderungen der jeweiligen konkreten Lebensumwelt entsprechenden Feinkoordination der neuronalen Vernetzung zur Verfügung. Diese Erkenntnisse hat man sich bereits zunutze gemacht und erfolgreich neuronale Netze entwickelt, die - trotz einer im Vergleich zum menschlichen Gehirn geradezu lächerlich geringen Dimension von Knoten und Verbindungen - lernen können. Künstliche neuronale Netze werden aus mindestens drei hintereinanderliegenden Schichten von Knoten gebaut. Die Knoten sind sowohl innerhalb der Schichten als auch von Schicht zu Schicht miteinander verbunden. Die Stärke der Verbindungen zwischen den Knoten verändert sich je nach Stärke und Häufigkeit der Impulse. Nur bei Überschreiten einer bestimmten Schwelle der Eingangsimpulse „feuert" der Knoten seinerseits. Wenn das neuronale Netz etwa die Aufgabe hat, handgeschriebene Zahlen zu erkennen, probiert das Netz anfangs ohne mehr als zufälligen Erfolg. Erfolgreiche Versuche führen dann aber über einen vom Instrukteur betätigten Rückkopplungsmechanismus dazu, daß

---

[509] Vgl. Gerald D. Fischbach, Gehirn und Geist, Spektrum der Wissenschaft 1992, S. 30 (36).
[510] Vgl. Peter M. Milner, Donald O. Hebb und der menschliche Geist, Spektrum der Wissenschaft 1993, S. 54 ff.
[511] Carla J. Shatz, Das sich entwickelnde Gehirn, Spektrum der Wissenschaft 1992, S. 44 ff.

die Verbindungen, die zum Erfolg geführt haben, etwas verstärkt werden. Auf diese Weise lernt ein solches vergleichsweise einfach gebautes neuronales System nach vorliegenden Berichten das Erkennen handgeschriebener Zahlen so gut, daß seine Leistung den Leistungen herkömmlicher, aber mit erheblich größerer Kapazität ausgestatteter Computer nicht nachsteht.[512]

Die künstlichen neuronalen Netze machen trotz ihrer vergleichsweise einfachen Bauweise das Prinzip eines plastischen Systems deutlich, das seine internen Relationen in Abhängigkeit von Erfolg oder Mißerfolg seiner Lösungsversuche verändert. Äußerer Aspekt (Erfolg oder Mißerfolg) und interner Aspekt (Bewertung der Ergebnisse und Auswahl der effizientesten internen Relation) spielen ineinander - wie Adaptation und Organisation in Piagets Modell der Äquilibration der kognitiven Strukturen.

Die Kreativität dieses Prinzips scheint auch die Grundlage der biologischen Evolution zu sein.[513] Gregory Bateson hat die Plastizität des Genpools hervorgehoben und festgestellt, daß sie Grundlage der beobachteten Anpassung der biologischen Gattung an ihre Umwelt sei. Plastizität weist auch das individuelle epigenetische System auf. Es stellt individuell unterschiedliche Toleranzbreiten für die Anpassung an die jeweilige Umwelt bereit. Das ist im übrigen auch Voraussetzung dafür, daß aus der genetischen Rekombination lebensfähige neue Genome entstehen können.

Der Einwand, Äquilibration könne die Entstehung des Neuen in der Entwicklung der Erkenntnis nicht erklären, ist deshalb nicht stichhaltig. Die Plastizität des kognitiven Systems und sein Zusammenspiel mit der Selektionswirkung der Objekte des Handelns und Erkennens sind prinzipiell geeignet, die Entstehung von zugleich neuer und sachhaltiger Erkenntnis zu erklären.

Danach bleibt aber weiter die Frage offen, ob Piagets Modell der Äquilibration auch geeignet und hinreichend ist, um die Beziehung zwischen kognitiver Entwicklung und sozialen Objekten des Erkennens angemessen zu beschreiben und zu erklären. Diese Frage stellt, wie wir sehen werden, Tragfähigkeit und Tragweite des Piagetschen Konzepts ernsthaft auf die Probe. Denn soziale Objekte unterscheiden sich zumindest in zwei eng miteinander zusammenhängenden Punkten von anderen Objekten der Erkenntnis: Sie sind selbst Subjekte menschlicher Erkenntnis und menschli-

---

[512] Geoffrey E. Hinton, Wie neuronale Netze aus Erfahrung lernen, Spektrum der Wissenschaft 1992, S. 134 ff.
[513] Gregory Bateson, Geist und Natur, S. 181 ff.; ders., Ökologie des Geistes, S. 445 ff.

chen Handelns oder schließen die Aktivität anderer Subjekte ein, und sie werden durch die Aktivität von Subjekten, die zugleich Grundlage ihrer Erkenntnis ist, erst möglich.

George Herbert Mead hat die Rolle sozialer Beziehungen für den Aufbau der Bedeutung, die die Handlungen und die Objekte, einschließlich der eigenen Person, für den Handelnden gewinnen, grundlegend untersucht.[514] Meads Grundkategorie ist der Begriff der „Geste" oder „Gebärde". Die körperlichen Äußerungen eines Kindes, etwa das Schreien, die „Lautgebärde", beruhen noch nicht auf bewußten Intentionen, einigen dieser Äußerungen wird aber von den erwachsenen Betreuungspersonen Bedeutung zugeschrieben: Sie fassen bestimmte Äußerungen als Geste auf, die eine bestimmte Intention des Kindes zum Ausdruck bringt. Durch ihre Reaktion heben sie diese spezifischen Gesten aus der Gesamtheit der Äußerungen des Kindes hervor. Dies wird anhand der Reaktion des Erwachsenen bald auch für das Kind wahrnehmbar. Es entdeckt die Bedeutung seiner eigenen Gesten aufgrund der Reaktionen der Erwachsenen, die ihnen Bedeutung zuschreiben. Diese Zuschreibungen von Bedeutung erfolgen nicht in subjektiver Beliebigkeit, sondern sind an kulturellen Deutungsmustern orientiert, die sich in der Organisation erfolgreichen Handelns in der jeweiligen Kultur bewährt haben. In dem Maße, in dem das Kind sich aufgrund der Reaktion der anderen seiner Gesten und ihrer Bedeutung als Beginn bestimmter gemeinsamer Handlungsfolgen bewußt wird, werden die Gesten zu „signifikanten Symbolen", die von beiden Interaktionspartnern geteilt werden. Dieses sozial geteilte Wissen ist wiederum die Grundlage für die Fähigkeit, die Reaktion des anderen zu antizipieren, also die Fähigkeit zu jener „identifikatorischen Rollenübernahme", die seit Mead als Grundvoraussetzung von Interaktion als eines wechselseitig bezogenen intentionalen Handelns angesehen wird.

Sinn und Bedeutung werden also in dieser Beziehung zwischen Kind und Erwachsenem erst in der Interaktion der Beteiligten aufgebaut, und erst in der Interaktion wird praktisch über die potentiell dauerhafte intersubjektive Geltung von Bedeutungszuschreibungen entschieden.

Für die Frage nach der Tragfähigkeit und Tragweite der Erkenntnistheorie Piagets ist nun wichtig, daß dieser von Mead analysierte Zusammenhang von Interaktion und Entstehung von Bedeutung nicht nur für die soziale

---

[514] George Herbert Mead, Geist, Identität und Gesellschaft aus der Sicht des Sozialbehaviorismus, Frankfurt am Main 1968; ders., Gesammelte Aufsätze, hrsg. von Hans Joas, 2 Bände, Frankfurt am Main 1980; zum Folgenden Werner Meinefeld, Realität und Konstruktion, Opladen 1995, S. 152 ff.; vgl. auch Hans Joas, Praktische Intersubjektivität. Die Entwicklung des Werks von G. H. Mead, Frankfurt am Main 1989.

Bedeutung von Handlungen - und damit für spezifische soziale Inhalte der Erkenntnis - gilt, sondern auch für die Konstitution von Objekten in der Entwicklung des Erkennens, und das heißt: für grundlegende Kategorien der Erkenntnis, die auch Piaget zum Gegenstand seiner Untersuchungen gemacht hat.[515] Objekte werden nach der Auffassung Meads deshalb als „permanent" erfahren, weil wir den im aktiven Umgang mit ihnen erfahrenen Widerstand in den Objekten selbst lokalisieren. Diese Unterstellung eines substanziellen Objekt-Inneren beruht auf der „Selbsterfahrung der Körperteile". Objekterfahrung ist „Kontakterfahrung", Erfahrung von Widerstand. Solchen Widerstand erfährt das Kind schon im Spiel mit seinen eigenen Händen, in dem es den Widerstand durch seinen eigenen inneren Kraftaufwand erzeugt. Nach Mead befindet sich daher bereits der Säugling, auch wenn er allein in seinem Bettchen liegt, in einer sozialen Situation. Im Spiel mit seinem Körper führt er eine Art handlungspraktischen Dialog mit sich selbst, er verfügt über eine Form von „praktischer Intersubjektivität", die sowohl dem Selbstbewußtsein als auch dem Dingbewußtsein vorausgeht. Im sozialen Umgang mit sich selbst und seinen Betreuungspersonen entwickelt das Kind eine basale Fähigkeit zur „identifikatorischen Rollenübernahme", die noch nicht auf einer Unterscheidung von Innen und Außen beruht. In das Spiel des Kindes mit sich selbst werden nach und nach Objekte einbezogen, die nicht Teil seines eigenen Körpers sind. Das Kind überträgt die im Spiel mit sich selbst gemachten Erfahrungen auch auf diese entfernten Objekte. Es unterstellt nun auch anderen, entfernten Objekten ein Inneres, das seinen Händen durch eigene Kraftanstrengung Widerstand entgegensetzt. Es lernt allmählich, andere Objekte von Objekten, die Teil des eigenen Körpers sind, und unbelebte von belebten Objekten aufgrund deren unterschiedlicher Widerständigkeit zu unterscheiden. Mit diesem „Desozialisierungsprozeß" bildet sich auch die Unterscheidung von eigenem Körper und eigenem Geist aus. Das Bewußtsein des eigenen Körpers bildet sich also erst heraus, nachdem das Kind den Dingen in seiner Umgebung ein eigenes Inneres zugeschrieben hat und sich selbst aus der Perspektive dieser Objekte sehen und ein eigenes Inneres zuschreiben und damit als Objekt unter anderen Objekten konstituieren kann. Die Selbst-Identifikation des eigenen Geistes wird dann

---

[515] Zum Folgenden vgl. Hans Joas, Praktische Intersubjektivität. Die Entwicklung des Werkes von G. H. Mead, Frankfurt am Main 1989, S. 151 ff.; Bernd Nicolaisen, Die Konstruktion der sozialen Welt. Piagets Interaktionsmodell und die Entwicklung kognitiver und sozialer Strukturen, Opladen 1994, S. 140 ff.; Werner Meinefeld, Realität und Konstruktion. Erkenntnistheoretische Grundlagen einer Methodologie der empirischen Sozialforschung, Opladen 1995, S. 156 ff.

4. Zur Frage der sozialen Konstitution der Erkenntnis

erworben, wenn das Kind fähig ist, die Haltung anderer Personen einzunehmen und sich aus dieser Perspektive zu betrachten.

Objekt- wie Subjektkonstitution beruhen also nach Mead auf dem Vorgang der Rollenübernahme. Der soziale Prozeß besteht demnach „zeitlich und logisch vor dem bewußten Individuum ..., das sich in ihm entwickelt".[516] In der weiteren Entwicklung wird der Kreis der „anderen" allmählich über die unmittelbaren Bezugspersonen hinaus erweitert zu einer anonymen Bezugsinstanz, dem „generalisierten Anderen": Das Kind weiß, was „man" von ihm und von anderen in bestimmten Situationen erwartet, es hat eine soziale Identität aufgebaut – das „Me", das Mead von dem in der körperlichen Individualität wurzelnden „I" unterscheidet, dessen spontane und überraschende Reaktion nicht auf das im „Me" Erwartete festgelegt ist.[517] Diese soziale Identität befähigt es zur erfolgreichen Abstimmung seiner eigenen Handlungsintentionen mit den seinen Interaktionspartnern unterstellten Erwartungen und Absichten.[518]

Die sozialen Objekte, an denen das Kind seine soziale Handlungskompetenz erwirbt, stellen eine eigene, von den Intentionen der beteiligten Individuen unabhängige, objektive Realität dar. Das ist ein weiterer grundlegender Aspekt der Konzeption George Herbert Meads. Unter „sozialen Objekten" versteht Mead eine von mindestens zwei Akteuren gemeinsam zu bewältigende Aufgabe. Entscheidend ist dabei, daß nach Mead der Sinn des Handelns der Akteure in dem Geschehen selbst liegt. Dieser objektive Sinn muß also von dem Sinn, den die Akteure ihrem Handeln und dem sozialen Geschehen als Ganzem zuschreiben, unterschieden werden.[519] Ein prototypisches Beispiel eines sozialen Objektes im Sinne von Mead sind die kooperativ zu lösenden Aufgaben von Kleinkind und Betreuungsperson bei alltäglichen Verrichtungen der Ernährung oder der Körperpflege, aber auch bei gemeinsamen Aktivitäten wie Spaßhaben und Spielen.[520] An der Bewältigung dieser Aufgaben ist das Kind insofern aktiv beteiligt, als es zu bestimmten Aktionen ansetzt – Mead spricht von „Rumpfhandlungen" –, die dann von der Betreuungsperson weitergeführt oder abgebrochen werden

---

[516] George Herbert Mead, Geist, Identität und Gesellschaft, S. 230, 280.
[517] George Herbert Mead, a.a.O., S. 216 ff.
[518] George Herbert Mead, a.a.O., S. 187 ff.; vgl. auch Werner Meinefeld, a.a.O., S. 158.
[519] George Herbert Mead, Gesammelte Aufsätze, 1980, Band I, S. 313 ff.
[520] Daniel N. Stern hält letzteres sogar für den wichtigsten Bereich der Gemeinschaft von Kind und Betreuungsperson, vgl. Daniel N. Stern, Mother and Infant at Play: The Dyadic Interaction Involving Facial, Vocal and Gaze Behaviors, in: M. Lewis, L. A. Rosenblum (Hrsg.), The effect of the infant on ist caregiver, New York 1974, S. 187 ff., 189 f.

("gehemmte Handlungen").[521] Indem die Betreuungsperson die Handlungsansätze des Kindes aufgreift, führt sie das Kind - wie Nicolaisen in Anknüpfung an Bruners Begriff des „scaffolding" beschreibt[522] - wie auf einem Baugerüst, sie läßt sich auf das Aktivitätsniveau des Kindes ein, übt dieses mit ihm, weitet es Schritt für Schritt aus und folgt dem Kind, sobald es eine Leiter höher geklettert ist. In der gemeinsamen Bewältigung einer Aufgabe fügen sich die einzelnen Handlungen der kooperierenden Individuen - hier von Kind und Betreuungsperson - zu einer „Gesamthandlung" zusammen.

Die Handlungsbeiträge der Individuen haben eine objektive Bedeutung, die auf ihrer Funktion im Kontext der Gesamthandlung beruht. Diese objektive Bedeutung schafft aber noch kein Bewußtsein von Bedeutung, im Gegenteil, gerade dort, wo objektiv Bedeutung existiert, bringt nach Mead nichts ein Bewußtsein dieser Bedeutung hervor. Aus Gründen der Verhaltensökonomie muß vielmehr das Handeln in der Routine der Praxisbewältigung weitgehend habitualisiert ablaufen.[523] Die in der Kooperation der Individuen objektiv gegebene Bedeutung - mit anderen Worten: der vor und unabhängig von dem selbstreflexiven Bewußtsein der beteiligten Akteure bestehende sinnstiftende Kontext des individuellen Verhaltens in der kooperativen Praxis, der sich einem Beobachter erschließt - ist für Mead die Bezugsgrundlage für die Kontrolle und Organisation der individuellen Handlungsbeiträge.[524] Weil die Erwachsenen ihre Kooperation mit dem Kind auf eine Art und Weise gestalten, der ein evolutionär bewährtes Regelwissen über die erfolgreiche Bewältigung der sozialen Aufgaben zugrunde liegt, ist das Kind in Kooperationsstrukturen eingebunden, die ein bestimmtes, in der sozio-kulturellen Evolution erworbenes Kooperationsniveau aufweisen, auch wenn das Kind erst allmählich, geleitet durch das Zuhandeln der Betreuungsperson, mit schrittweise wachsender eigener Aktivität in diese Kooperationsstrukturen einbezogen wird.

Der in der Kooperation von mindestens zwei Individuen gegebene soziale Kontext ist also die Basis, von der aus Mead erklären will, wie das Kind ein „Bewußtsein von Bedeutung" entwickelt. Wir hatten bereits gesehen, daß sowohl Selbstbewußtsein wie gegenstandsbezogenes Objektbewußtsein nach Mead durch die Entwicklung der Fähigkeit zur „identifikatorischen Rollenübernahme" entstehen. Sie ermöglicht die Überwindung

---

[521] George Herbert Mead, Gesammelte Aufsätze, 1980, Band I, S. 227 f.
[522] Bernd Nicolaisen, a.a.O., S. 168, 209.
[523] Vgl. Hans Joas, Praktische Intersubjektivität. Die Entwicklung des Werkes von G. H. Mead, Frankfurt am Main 1989, S. 103; Bernd Nicolaisen, a.a.O., S. 191.
[524] George Herbert Mead, Gesammelte Aufsätze, hrsg. von Hans Joas, Frankfurt am Main 1980, Band I, S. 313 ff.; Bernd Nicolaisen, a.a.O., S. 198.

4. Zur Frage der sozialen Konstitution der Erkenntnis

der leibzentrierten Perspektive und befähigt das Kind zur geistigen Konstitution von Dingen, denen ein eigenes substanzielles Inneres zugeschrieben wird. Die gemeinsame Bewältigung sozialer Aufgaben, in die das Kind von Beginn an mit seinen „Rumpfhandlungen" aktiv einbezogen ist, ist für Mead die Grundlage, die diese Dezentrierung ermöglicht. Das Kind verfügt wie jeder Organismus über ein „Bewußt-Sein" seiner eigenen Praxis. Unter Bewußtsein versteht Mead dabei eine Selektionsleistung des Organismus, die Produkt seiner Lebensgeschichte ist und sein künftiges Verhalten bestimmt. Bewußtsein bedeutet also noch nicht reflexives Selbstbewußtsein oder Ding-Bewußtsein, sondern bewußtes Sein im Sinne von unmittelbarem sinnlichem Erleben und Empfinden der eigenen naturalen Praxisbewältigung. In diesem Sinne erlebt das Kind seine „Rumpfhandlungen" in der sozialen Kooperation bewußt. Dieses Bewußtsein kann aber noch kein Bewußtsein einer sozialen Bedeutung seines Handelns sein. Erst die Reaktion der erwachsenen Betreuungsperson lenkt die Aufmerksamkeit des Kindes auf sein eigenes Verhalten als Beginn einer Handlungsfolge. Dabei liest das Kind keineswegs einfach die Bedeutung seiner eigenen Handlung an den Reaktionen der Erwachsenen ab. Diese Reaktion kann die Handlungsansätze des Kindes auch abbrechen. Gerade diese eigenartige Widerständigkeit des Sozialen lenkt die Aufmerksamkeit des Kindes auf sein eigenes Handeln. Das Kind wird sich so seiner eigenen Haltungen bewußt. Dieses Bewußtsein eigener Haltungen kann das Kind dann auch anderen zuschreiben. So wie das Kind die Erfahrung der eigenen Kraftanstrengung im Spiel mit seinen Händen auf entfernte Objekte überträgt und ihnen ein eigenes substanzielles Inneres zuschreibt, so befähigt die spezifische Widerständigkeit des Sozialen das Kind, das Bewußtsein der eigenen Haltungen auch anderen zuzuschreiben. Mit dieser Fähigkeit zur identifikatorischen Rollenübernahme ist wiederum die Grundlage dafür geschaffen, daß das Kind die Erwartungen anderer an das eigene Verhalten in Rechnung stellen und sich seiner Selbst als Position in einem Geflecht von Verhaltenserwartungen - zunächst des signifikanten und später des generalisierten Anderen, also als „Me" im Unterschied zum „I" - bewußt werden kann. Erfolgreiches Sozialverhalten wird ermöglicht, indem das Bewußtsein eigener Haltungen zur Kontrolle des Verhaltens anderer verhilft,[525] weil es ermöglicht, die Reaktionen anderer vorherzusehen und bei eigenen Entscheidungen zu berücksichtigen.

Wie verhält sich nun diese von Mead herausgestellte Rolle sozialer Objekte für die Entstehung von Bedeutung, für die Konstitution permanenter Objekte und für die Entstehung eines Selbst-Bewußtseins und einer sozialen

---

[525] George Herbert Mead, a.a.O., S. 219.

Identität zu dem dominanten Selbstorganisationsaspekt in Piagets Äquilibrationstheorie? Mead geht zweifellos über die Grenzen der von Piaget und seinen Mitarbeitern der Genfer Schule ausgearbeiteten Erkenntnistheorie hinaus, indem er den in Piagets frühen Schriften nur in Ansätzen berücksichtigten sozialen Kontext der Handlungen des Kindes systematisch analysiert. Wenn man Meads Konzept folgt und seine Ergebnisse zur Erkenntnistheorie Piagets und insbesondere zur Äquilibrationstheorie in Beziehung setzt, ergibt sich ein komplexeres Bild des pragmatischen Kontextes der Handlungen: Handlung ist nicht nur und nicht einmal in erster Linie die Manipulation von physischen Objekten, sondern Handlungen entwickeln sich in Interaktionsbeziehungen, in denen das Kind seine eigenen Handlungsversuche mit den intentionalen Handlungen anderer Akteure zu koordinieren beginnt. Dieser soziale Prozeß - einschließlich seiner Wurzeln in der körperlichen Selbsterfahrung - liegt, wie Mead betont, zeitlich und logisch der Permanenz von Objekten und der Erfahrung des körperlichen und geistigen Selbst voraus. Es läßt sich nicht bestreiten, daß auf diese Weise das erkenntnistheoretische Konzept Piagets in wesentlicher Beziehung erweitert und modifiziert wird. Im Kern stimmen die Konzepte von Piaget und Mead aber überein, sie ergänzen sich wechselseitig:[526]

Piagets Äquilibrationstheorie beruht wesentlich auf der Annahme, daß die Handlung und der in ihr auch über die Wahrnehmung körperlicher Reaktionen erfahrene Widerstand der Objekte Ausgangspunkt für die Prozesse ist, die den Selbstorganisationsprozeß der Erkenntnis immer wieder antreiben und fordern. Auf diese Weise vermag Piaget wesentlich überzeugender als der radikale Konstruktivismus zu erklären, wie Erkenntnis Zugang zur objektiven Realität gewinnt. Meads Untersuchungen erlauben es nun darüber hinaus zu verstehen, wie Erkenntnis über die Handlungen des Subjekts im sozialen Kontext Zugang zu Kommunikation und zur soziokulturellen Umwelt gewinnt. Erinnern wir uns an die insbesondere von Meinefeld diagnostizierten Defizite des radikalen Konstruktivismus in diesem Punkt: Weil der radikale Konstruktivismus sich jeglicher Art des Zugangs der internen konstruierenden Aktivität des kognitiven Systems zu den außerhalb seiner Grenzen liegenden Strukturen verschließt, vermag er auch nicht zu erklären, warum individuelle Erkenntnis innerhalb einer abgegrenzten Kultur so signifikante Übereinstimmungen und im interkulturellen Vergleich so signifikante Unterschiede aufweist. In dieser Hinsicht erlangt das erkenntnistheoretische Konzept der Handlung bei Piaget erst durch die Einbeziehung ihres sozialen Kontextes bei Mead die notwendige Tragfähigkeit.

---

[526] Vgl. dazu Bernd Nicolaisen, a.a.O., S. 133 ff., 140 ff.; Werner Meinefeld, a.a.O., S. 156 ff.

4. Zur Frage der sozialen Konstitution der Erkenntnis

Andererseits ergibt sich aus Meads Analysen nicht, daß die von Piaget hervorgehobene Rolle der Selbstorganisation für die Entwicklung der Erkenntnis in Frage gestellt wäre. Um das zu erkennen, muß man allerdings die Formel von der „sozialen Konstitution" der Erkenntnis genauer unter die Lupe nehmen. Sie kann - auch im Zusammenhang der Rezeption Meads - die Vorstellung suggerieren, daß unter „Konstitution" eine Art von einseitiger Determination der kognitiven Entwicklungen durch soziale Ursachen gegeben sei, und das wäre in der Tat mit dem Kern der Erkenntnistheorie Piagets unvereinbar. Wenn man Piagets Theorie auf die Formel bringt, daß Erkenntnis nicht durch die Objekte konstituiert wird, sondern sich selbst am praktischen Umgang mit den Objekten konstituiert, so gilt dies auch für soziale Objekte im Sinne Meads, und Meads Konzept läßt sich damit in Übereinstimmung bringen. Und wenn Handlung im Kontext der Umwelt in der hier vorgeschlagenen evolutionstheoretischen Sicht der Erkenntnistheorie Piagets die „Einheit der Selektion" ist, so gilt das für Handlung im Umgang mit natürlichen Objekten ebenso wie für Handlung im kulturell geprägten sozialen Kontext.

Meads Analysen lassen sich deshalb als wichtige Ergänzung der Äquilibrationstheorie Piagets auffassen und mit ihr verbinden.[527]

Kann auf der Grundlage der Verbindung der Erkenntnistheorie Piagets mit dem symbolischen Interaktionismus Meads soziale Ordnung als Netzwerk oder System von Interaktionen beschrieben werden? Wird also mit einer Piaget-Mead-Synthese schon die emergente Ebene der Gesellschaft erreicht? Macht sie Systemtheorie überflüssig? Bernd Nicolaisen hat den Versuch unternommen, auf der Grundlage einer Piaget-Mead-Synthese das Interaktionsmodell in Piagets Äquilibrationstheorie „soziologisch zu transformieren" und zur Grundlage einer handlungstheoretisch fundierten Erklärung der Produktion von sozialem Wissen in Form von Regelsystemen und Organisationsstrukturen zu machen.[528] Es ist hier nicht möglich, im einzelnen auf diesen Konstruktionsversuch einzugehen. Aber Zweifel sind anzumelden. Wenn man die Perspektive der „Konstruktion der sozialen Welt" durch Interaktionen weiterdenkt, stößt man auf das Problem, wie zu erklären ist, daß aus der Vielfalt des intersubjektiv geteilten Wissens, das als Produkt von Interaktionssequenzen zwischen verschiedenen Interaktionspartnern entsteht, die für die moderne Gesellschaft kennzeichnenden abstrakten Funktionssysteme entstehen, deren Reichweite weit über den durch Interaktion unter Anwesenden herstellbaren sozialen Zusammen-

---

[527] Vgl. dazu Bernd Nicolaisen, a.a.O., S. 140 ff.; Werner Meinefeld, a.a.O., S. 156 ff.
[528] Bernd Nicolaisen, a.a.O., S. 149 ff.

hang hinausgeht. Spätestens an diesem Punkt stößt jeder Versuch, die moderne Gesellschaft interaktionstheoretisch zu erklären, wiederum auf das Problem der Emergenz.

Aber die Erkenntnistheorie Piagets könnte uns als Muster eines schlüssigen Konzepts einer evolutionstheoretischen Erklärung dienen. Das Grundkonzept der Erklärung von Erkenntnis bei Piaget läßt sich gut als Theorie der Evolution des individuellen kognitiven Systems interpretieren. Es verteilt die grundlegenden Evolutionsfunktionen auf die kognitiven Schemata als Einheit der Reproduktion und Innovation gedanklicher Information, die Handlung als Einheit der Selektion gedanklicher Information und das kognitive System als Einheit der Evolution der Erkenntnis. Die Handlung ermöglicht externe Selektion. Die Strukturen der natürlichen und der sozialen Umwelt wirken sich als Widerstand und Bedingungskomplex für erfolgreiches Handeln modulierend auf die Wahrscheinlichkeit aus, mit der kognitive Schemata erinnert, wiederholt und in das kognitive System integriert werden.

4. Kapitel
Kommunikationssysteme als Lösungen für Probleme der sozialen Koordination von Handlungen

1. Fragestellung und These

Die Zielsetzung der beiden folgenden Kapitel ist es, ein Konzept der Erklärung kultureller und sozialer Evolution zur Diskussion zu stellen, das externe Selektion einschließt und die diagnostizierten Schwächen des auf ausschließlich interner „Strukturselektion" aufbauenden Evolutionskonzepts in Luhmanns Theorie sozialer Systeme vermeidet. Zugleich soll erkundet werden, ob die Theorie sozialer Systeme im Rahmen eines solchen Konzepts der Evolution von Kultur und Gesellschaft mit den Fragestellungen und Forschungsprogrammen der handlungstheoretisch ausgerichteten Soziologie verbunden und so auf ein mikrosoziologisches Fundament gestellt werden kann.

Ein schlüssiges Konzept für die Erklärung der Evolution von Kultur und Gesellschaft setzt nach den bisherigen Überlegungen voraus, daß nicht nur die Sinndimension von Kommunikation, sondern auch die Funktion, die Kommunikation für das reale Handeln von Menschen hat, in das Erklärungskonzept einbezogen wird. Die auf dem Begriff der Kommunikation aufbauende Theorie sozialer Systeme kann sich einerseits als ein anregendes und fruchtbares Programm zur Erforschung einer Teilfunktion der kulturellen und sozialen Evolution erweisen: der Funktion von Kommunikation als Einheit der Reproduktion und Innovation kultureller und sozialer Information. Andererseits kann das Potential der Theorie sozialer Systeme nicht für eine schlüssige Erklärung kultureller und sozialer Evolution erschlossen werden, solange sie als allgemeine und abschließende Theorie der Gesellschaft auftritt und den Teilaspekt der Sinndimension gesellschaftlicher Kommunikation, den sie beobachtet, für das Ganze der Gesellschaft ausgibt, das einer wissenschaftlichen Beobachtung zugänglich ist. Die Zuspitzung der Idee der informationellen Geschlossenheit im Begriff der Autopoiesis läßt eine schlüssige Erklärung kultureller und sozialer Evolution nicht zu. Die von Niklas Luhmann auf dieser axiomatischen Grundlage konsequent konstruierte Theorie sozialer Systeme kann das Problem, wie auf der Basis autopoietischer Operationsweisen „strukturelle Kopplung" zwischen Kommunikationssystemen und zwischen Kommunikation und Bewußtsein entsteht, ein Problem, das sie selbst erst in neuer Schärfe und Klarheit formuliert, nicht mit den Mitteln einer evolutionstheoretischen Erklärung lösen. Sie verfügt aber auch nicht über eine andere schlüssige Antwort. Damit kann sie aber eine Grundfrage der Gesellschaftstheorie nicht überzeugend beantworten, die Frage, wie erklärt werden kann, daß die Strukturen von Bewußtsein und Gesellschaft und von funktional ausdifferenzierten Teilsystemen der Gesellschaft so aufeinander abgestimmt sind, daß Existenz und Integration der Gesellschaft hinreichend wahrscheinlich sind.

Die folgenden Überlegungen gelten also der Idee, den Gedanken der externen Selektion in die Theorie sozialer Systeme wiedereinzuführen, ohne grundlegende Einsichten und Gewinne an analytischen Möglichkeiten, die der systemtheoretische Ansatz eröffnet, preiszugeben. Dazu sind in den vorangegangenen Kapiteln einige Vorarbeiten geleistet worden. Deren wesentliche Ergebnisse sollen daher zunächst zusammengefaßt werden.

Das grundlegende Defizit des Evolutionskonzepts in Niklas Luhmanns Theorie sozialer Systeme beruht nach der hier vorgetragenen Argumentation entscheidend darauf, daß externe Selektion prinzipiell ausgeschlossen wird. Dahinter steht offenbar das Bemühen, den Begriff der Autopoiesis als strikte **operationale und informationelle Geschlossenheit** unbedingt zu verteidigen. Daran wäre auch nach den informationstheoretischen Überlegungen im 2. Kapitel nichts auszusetzen, solange informationelle Geschlossenheit nur bedeutet, daß Informationen erst innerhalb eines sinnverarbeitenden Systems nach dessen Erzeugungsregeln gebildet werden und in dieser Form auch nur für weitere Operationen im System zur Verfügung stehen. Problematisch wird es aber, wenn daraus geschlossen wird, daß objektive Strukturen der Umwelt keine theoretisch faßbare Bedeutung für die systeminterne Erzeugung von Information hätten. Solche Annahmen liegen indessen sowohl der Erkenntnistheorie des radikalen Konstruktivismus als auch Luhmanns Theorie sozialer Systeme zugrunde. Die Strukturen von Ereignissen in der Umwelt des Systems sind aus der Sicht des Systems Zufall. Sie wirken zwar in einem kausalen Sinn über die Grenzen von Systemen hinweg auf dessen Operationen ein und können sie „stören". Aber ob es sich um Ereignisse handelt, die bedeutungslos bleiben („Rauschen"), oder ob ihnen Bedeutung als Nachricht und Information für das System zukommt, hängt ausschließlich von den Strukturen des Systems ab. Obwohl Luhmann wie kaum ein anderer auf den Aspekt der doppelten Kontingenz und auf die Dynamik und Flüchtigkeit der Kommunikation hinweist, werden die Beobachtungsschemata autopoietischer Systeme in

1. Fragestellung und These

diesem Zusammenhang nicht als plastische Struktur berücksichtigt, sondern wie starre Schemata behandelt. Der Gedanke, daß es graduelle Unterschiede in der Art und Weise gibt, in der informationsverarbeitende und sinnerzeugende Systeme auf Ereignisse in ihrer Umwelt reagieren, von unsicheren Hypothesen, die tastend erprobt werden, bis zu sicheren, routinemäßig verfügbaren Urteilen, eröffnet dagegen die Überlegung, daß die „Empfindlichkeit" des Systems für Umwelteinflüsse sich durch eben diese Umwelteinflüsse verändern könnte. Die Gehirnforschung der letzten Jahrzehnte hat die Plastizität der neurologischen Strukturen als elementare Voraussetzung für erfahrungsabhängiges Lernen erkannt. Auf der Grundlage solcher Überlegungen kann erklärt werden, daß das für die pragmatische Dimension von Information grundlegende Verhältnis von Erstmaligkeit und Bestätigung sich allmählich verschieben kann, so daß aus anfänglich unsicheren Hypothesen allmählich zuverlässige Information wird. Die Erzeugung sinnvoller Information aus einer anfangs zufälligen Abfolge von Zeichen kann prinzipiell als Resultat differentieller Selektion nach einer extern gesetzten Vorgabe erklärt werden kann. Eine ganz andere Frage ist die nach den möglichen Mechanismen einer solchen externen Selektion im Falle des individuellen menschlichen Bewußtseins und der sozialen Kommunikation in menschlichen Gesellschaften. Das Beispiel des Grundkonzepts der Erklärung der kognitiven Entwicklung in der genetischen Epistemologie Piagets zeigt, daß das Konzept eines zirkulär geschlossen operierenden, sich selbst reproduzierenden Systems durchaus mit der Annahme einer **auf externer Selektion beruhenden Informationsentstehung** und einer entsprechenden **pragmatischen Korrespondenz** zwischen den internen Strukturen des Systems und den Strukturen seiner Umwelt vereinbar ist. Wir können danach annehmen, daß die Sachangemessenheit kognitiver Strukturen Resultat externer Selektion ist. Einheit dieser externen Selektion ist die Handlung. Sie ist einerseits in die zirkuläre Operationsform des kognitiven (und affektiven) Systems des menschlichen Bewußtseins eingebunden, ist aber andererseits den Einwirkungen der natürlichen und sozialen Umwelt ausgesetzt. Auf diese Weise kann die Umwelt sich modulierend auf die Wahrscheinlichkeit auswirken, mit der die variierenden kognitiven Schemata im kognitiven System repräsentiert sind.

Die Evolutionsfunktion der externen Selektion kann in das Evolutionskonzept der Theorie sozialer Systeme nur wiedereingeführt werden, wenn es gelingt, eine Einheit zu beschreiben, der diese Evolutionsfunktion zugeordnet werden kann. Um den Ansprüchen an ein schlüssiges evolutionstheoretisches Erklärungskonzept zu entsprechen, muß die gesuchte Einheit der externen Selektion den folgenden Bedingungen genügen:

Erstens muß sie sich als signifikanter Ausdruck von Kommunikation darstellen. Das heißt: Aufbau und Ordnung der gesuchten Einheit müssen in signifikanter Weise von Kommunikation abhängen.

Zweitens muß die gesuchte Einheit dem Einfluß der Umwelt des Kommunikationssystems in einer solchen Weise ausgesetzt sein, daß umweltabhängige, externe Faktoren zu einer differentiellen Selektion führen, die die Wahrscheinlichkeit des Auftretens von bestimmten Kommunikationsmustern im Variationsspektrum des Kommunikationssystem moduliert.

Die gesuchte Einheit der externen Selektion muß sich dazu von Kommunikation unterscheiden lassen, zugleich aber Folge von Kommunikation sein. Kommunikationssysteme sind informationsverarbeitende und sinnerzeugende Systeme. Gesucht wird also eine Einheit, für die der spezifische kulturelle und soziale Sinn, der in sozialer Kommunikation erzeugt wird, eine konstituierende Bedeutung hat.

Die folgende **These** soll den Begriff der Einheit der externen Selektion, der im Folgenden zur Diskussion gestellt wird, skizzieren:

Die Einheit der externen Selektion in der Evolution von Kultur und Gesellschaft ist die Koordination. Der abstrakte Begriff der Koordination bezeichnet in diesem Kontext unterschiedliche Formen der Lösung von Problemen der sozialen Abstimmung individueller Handlungen. Koordinationen sind Handlungskomplexe, spezifische soziale Synthesen individueller Handlungen. Der Begriff der Koordination umfaßt unterschiedliche konkrete Erscheinungsformen: von Umgangsformen im Alltag über komplexere Interaktionsstrukturen in Familien oder sozialen Gruppen, Märkte, Unternehmen und anderen Organisationen bis zu sozialen und politischen Institutionen. Die sinnvolle Ordnung dieser Einheiten wird dadurch ermöglicht, daß die individuellen Akteure sich bei ihren Handlungsentscheidungen jedenfalls in ausschlaggebendem Maß auch an Kommunikationssystemen orientieren. Das erlaubt es den Akteuren, unabhängig voneinander Handlungen auszuwählen, die sich dennoch wechselseitig ergänzen und zu einem sozialen Handlungsprodukt führen, das Handlungsziele und -bedürfnisse der Akteure hinreichend befriedigt.

Um diese These plausibel zu machen und zu verteidigen, bietet es sich an, zunächst das soziale Problem zu beschreiben, zu dessen Lösung Kommunikation beitragen soll und das deshalb als das Feld betrachtet werden kann, auf dem über die Bewährung von Kommunikation und damit über

1. Fragestellung und These

deren Selektionsvorteil entschieden wird. Gegenstand dieses Kapitels sind deshalb typische Koordinationsprobleme sozialer Akteure.

2. Die soziale Koordination von Handlungen als Informationsproblem

Welches Problem wird durch Kommunikation gelöst? Wenn man eine solche Frage stellt, verläßt man damit natürlich bereits den Boden einer ausschließlich systemfunktionalistischen Analyse, die nur nach der Selbsterhaltung von Systemen fragt. Die Suche nach einer Einheit der externen Evolution ist nur sinnvoll, wenn man von der Hypothese ausgeht, daß Kommunikationssysteme eine Funktion erfüllen, die über ihre Grenzen hinaus weist. Denn anderenfalls wäre es nicht vorstellbar, daß Kommunikation in irgendeiner Weise einer differentiellen Selektion nach externen Bewährungskriterien unterliegt. Das bedeutet nicht etwa eine Rückkehr zu einer Soziologie, die sich nur für „Input" und „Output" sozialer Systeme interessiert und die internen Selbstorganisationsprozesse vernachlässigt. Es kommt aber darauf an, beides zu verbinden und zu erklären, wie soziale Systeme auf der Grundlage von Autonomie und Selbstorganisation Funktionen für das soziale Zusammenleben von Menschen erfüllen.

Wozu dient die spezifische Information, die in der Kommunikation entsteht? Es geht im Kontext einer soziologischen Erklärung nicht um die Frage, welche individuellen Bedürfnisse durch Kommunikation befriedigt werden, sondern um die Frage, welche sozialen Probleme durch Kommunikation gelöst werden. Es geht also darum, welchen Beitrag Kommunikation zur Entstehung, Erhaltung und Veränderung typischer sozialer Strukturen leistet, die sich im gesellschaftlichen Zusammenleben beobachten lassen. Hier bietet es sich sich an, an den neueren, handlungstheoretisch fundierten Überlegungen zur strukturellen Selektion von Handlungen durch Regeln, Regelsysteme und Institutionen bei Michael Schmid[529] und bei Tom R. Burns und Thomas Dietz[530] anzuknüpfen. Kommunikation könnte eine Lösung für Probleme der Koordination von individuellen Handlungen in sozialen Situationen sein, die zu ihrer Bewältigung eine Abstimmung des Handelns zwischen Akteuren erfordern und in denen andere Möglichkeiten zur Lösung dieser Probleme nicht in ausreichendem Maß zur Verfügung

---

[529] Michael Schmid, Soziales Handeln und strukturelle Selektion. Beiträge zur Theorie sozialer Systeme, Opladen 1998, insbesondere S. 159 ff. und S. 263 ff.
[530] Tom R. Burns und Thomas Dietz, Kulturelle Evolution: Institutionen, Selektion und menschliches Handeln, in: Hans-Peter Müller und Michael Schmid (Hrsg.), Sozialer Wandel. Modellbildung und theoretische Ansätze, Frankfurt am Main 1995, S. 340 ff.

stehen. Dabei können wir annehmen, daß Kommunikation in der modernen Gesellschaft nicht nur eine direkte Abstimmung der Handlungen in Situationen, in denen die Akteure anwesend sind und ihr wechselseitiges Handeln unmittelbar wahrnehmen und beeinflussen können, sondern darüber hinaus auch eine indirekte Abstimmung von Handlungen zwischen räumlich und zeitlich distanzierten und mehr oder weniger anonymen Akteuren ermöglicht.[531]

2.1. Probleme der sozialen Abstimmung individueller Handlungen

Es gibt drei typische Arten von Abstimmungsproblemen, die in jeder Gesellschaft gelöst werden müssen: das Kooperationsproblem, das Koordinationsproblem und das Verteilungsproblem.[532]

a) Das Verteilungsproblem

Beginnen wir mit dem Verteilungsproblem. Die Handlungskonflikte, die aus einer ungleichen Distribution von Gütern und Handlungsgewinnen entstehen, und die möglichen Lösungen dieser Konflikte haben seit jeher das besondere Interesse nicht nur der Soziologen, sondern auch der Juristen[533] und zunehmend auch der Ökonomen[534] gefunden. Die Logik der Situation ist beim Verteilungsproblem dadurch gekennzeichnet, daß die Interessen der Akteure im Ausgangspunkt strikt entgegengesetzt sind. Ist eine ungleiche Verteilung von Gewinnen und Gütern einmal entstanden - und das scheint früher oder später unvermeidlich zu sein -, so kann nicht damit gerechnet werden, daß die Benachteiligten diese Situation fraglos akzeptieren. Forderungen nach einer Veränderung der Verteilungslage führen

---

[531] Diese Interdependenzen sind Gegenstand von Theorien kollektiven Handelns (vgl. dazu Todd Sandler, Collective Action. Theorie and Applications, Ann Arbor 1992) im Unterschied zu Interaktionstheorien (vgl. dazu Johann A. Schülein, Mikrosoziologie. Ein interaktionsanalytischer Zugang, Opladen 1983).

[532] Zu dieser Typologie Michael Schmid, Soziales Handeln und strukturelle Selektion. Beiträge zur Theorie sozialer Systeme, Opladen 1998, S. 269, unter Bezugnahme auf eine ähnliche Systematik bei Edna Ullmann-Margalit, The Emergence of Norms, Oxford 1977 und Geoffrey Brennan und James M. Buchanan, Die Begründung von Regeln. Konstitutionelle Politische Ökonomie, Tübingen 1993.

[533] Hier kann auf die lange Tradition des staats- und verfassungsrechtlichen Diskurses über die wohlerworbenen Rechte und das Eigentum verwiesen werden. Vgl. dazu nur Helmut Rittstieg, Eigentum als Verfassungsproblem, Darmstadt 1975.

[534] Vgl. Terry L. Anderson und Peter J. Hill, The Evolution of Property Rights: A study of the American West, Journal of Law and Economics 18, S. 163 ff.; Yoram Barzel, Economic Analysis of Property Rights, Cambridge 1989; Gary D. Libcap, Contracting for Property Rights, Cambridge 1989.

2. Die soziale Koordination von Handlungen als Informationsproblem

aber zum Konflikt. Denn es kann auch nicht davon ausgegangen werden kann, daß die Begünstigten einer Umverteilung ohne weiteres zustimmen oder sie dulden werden. Wenn die Benachteiligten dann nicht von ihren Ausgleichsforderungen ablassen, ihre Proteste nichts fruchten und einvernehmliche Vertragslösungen nicht zustande kommen, kommt es zu gewaltsamen Konflikten.

Unter dem Aspekt stabiler Lösungen des Verteilungsproblems werden ganz unterschiedliche Vorschläge diskutiert.[535] Alle Lösungsversuche gehen aber davon aus, daß eine Gleichverteilung sehr unwahrscheinlich ist, jedenfalls aber schnell wieder zerfallen und einer Tendenz zur wachsenden Ungleichheit der Verteilung Platz machen würde.[536] Auch eine andere Verteilungslage, die per se als stabile und natürliche Lösung des Verteilungsproblems gelten könnte, gibt es nicht. Es scheint daher sinnvoller zu sein, eine Lösung darin zu sehen, daß es zwar ungleiche, aber stabile Verteilungslagen geben kann, und die Bedingungen dafür zu untersuchen. Sowohl die Verteidigung einer ungleichen Verteilung als auch die Durchsetzung von Umverteilungsforderungen sind mit Kosten verbunden. Endlose Verteilungskämpfe würden die Ressourcen erschöpfen und den Reichtum verbrauchen, um dessen Verteilung gestritten wird. Daran kann niemand ein Interesse haben. Lösungen des Problems im Sinne eines von allen Beteiligten im wesentlichen akzeptierten Verteilungsfriedens können daher zum Beispiel zustande kommen, wenn eine Verteilung repressiv durchgesetzt wird, Aufstände aber keinen Erfolg versprechen, oder wenn Transfers zustande kommen, die zu einer Befriedung führen, oder wenn schließlich die Verteilungslage durch eine Eigentumsordnung, die zugleich Chancen zum Eigentumserwerb auf friedlichem Weg eröffnet, gesichert und legitimiert wird.

b) Das Kooperationsdilemma

Während die Rolle von Verteilungskonflikten für die Stabilität der Gesellschaft auf der Hand liegt, ist die enorme Bedeutung des Kooperationsdilemmas (Gefangenendilemma, soziales Dilemma, Allmende-Dilemma u.s.w.) erst in vollem Umfang erfaßt worden, seitdem die analytischen

---

[535] Siehe dazu Edna Ullmann-Margalit, The Emergence of Norms, Oxford 1977; S. 134 ff.; Robert Sugden, The Economics of Rights, Co-operation and Welfare, Oxford 1986, S. 58 ff.; Josef Wieland, Ökonomische Organisation, Allokation und sozialer Status, Tübingen 1996, S. 230 ff.
[536] Robert K. Merton, Social Structure and Anomie, in: ders., Social Theory and Social Structure, 2. Aufl., London 1964, S. 131 ff.

Möglichkeiten der mathematischen Spieltheorie[537] zur Verfügung stehen.[538] In den letzten Jahrzehnten ist eine kaum noch überschaubare Fülle von Analysen und Lösungsvorschlägen für das Kooperationsdilemma auf spieltheoretischen Grundlagen vorgelegt worden.[539] Bei dem Kooperationsproblem geht es vor allem um die Bedingungen für die Erhaltung und das Wachstum von Gemeinschaftsgütern (common goods).[540] Dabei kann es sich um natürliche Ressourcen handeln, zum Beispiel um saubere Luft, sauberes Trinkwasser oder die Stabilität des Erdklimas. Es kann sich aber auch um soziale Zustände wie inneren und äußeren Frieden oder Rechtssicherheit handeln. Wesentlich ist, daß es sich um Güter handelt, auf die alle oder fast alle angewiesen sind und von denen grundsätzlich niemand ausgeschlossen werden kann, so daß sie sich nicht beliebig teilen und zum Gegenstand privater Rechte machen lassen. Das strategische Problem, vor das sich individuelle Akteure angesichts solcher Gemeinschaftsgüter im Hinblick auf ihre individuellen Interessen gestellt sehen und dessen klassisches Modell das „Gefangenendilemma" ist, besteht im Kern[541] in der folgenden Zwickmühle: Die Akteure würden gemeinsam den größten Nutzen erreichen, wenn sie zusammenarbeiten. Ein Beispiel:

---

[537] Die Spieltheorie ist 1944 von dem Mathematiker John von Neumann und dem Ökonomen Oskar von Morgenstern als Instrument einer formalisierten Analyse von strategischen Entscheidungen im Verhalten wirtschaftlicher Akteure eingeführt worden. Sie beruht auf der Annahme, daß Menschen sich bei wirtschaftlichen Entscheidungen zielorientiert und konsistent verhalten und versuchen, ihren Nutzen durch strategisches Handeln zu maximieren. Stark vereinfachte Modelle der Entscheidungssituation und der Bestimmungsgründe des Handelns der Akteure werden als „Spiele" mathematisch formalisiert. Auf diese Weise lassen sich die Folgen bestimmter Spielstrategien berechnen und rationale Lösungen finden. Die Spieltheorie hat vor allem in den Wirtschaftswissenschaften, aber auch in Soziologie und Sozialpsychologie in neuerer Zeit erhebliche Bedeutung erlangt. Sie wird in anspruchsvollen Versionen auch zur Analyse komplexerer Situationen mit mehreren Spielern und zur Analyse nichtstrategischer Entscheidungen unter Sicherheit, Risiko und Unsicherheit eingesetzt. Zur Einführung in die Spieltheorie Morton D. Davis, Spieltheorie für Nichtmathematiker, 2. Aufl. München 1993; vgl. auch Ulrich Müller (Hrsg.), Evolution und Spieltheorie, München 1990.

[538] Talcott Parsons, The Structure of Social Action, Band 1, 2. Aufl., New York, London 1968, S. 89 ff.

[539] Vgl. Mancur Olson, Die Logik des kollektiven Handelns. Kollektivgüter und die Theorie der Gruppe, Tübingen 1968; Edna Ullmann-Margalit, The Emergence of Norms, Oxford 1977; Robert Axelrod, Die Evolution der Kooperation, 4. Aufl., München und Wien 1997; Hartmut Kliemt, Antagonistische Kooperation. Elementare spieltheoretische Modelle spontaner Ordnungsentstehung, Freiburg und München 1986; Robert Sugden, The Economics of Rights, Co-operation and Welfare, Oxford 1986; Elinor Ostrom, Governing the Commons. The Evolution of Institutions for Collective Action, Cambridge 1990.

[540] Vgl. dazu auch den Bericht von Josef Drexl, Von der Ökonomischen Analyse des Rechts zu einer interdisziplinären Wissenschaft der Gemeinschaftsgüter, Die Verwaltung 2000, S. 285 ff.

[541] Eine genauere Analyse des sozialen Dilemmas folgt weiter unten.

2. Die soziale Koordination von Handlungen als Informationsproblem

eine Beschränkung ihrer jährlichen Fangquoten oder durch andere Schon- und Pflegemaßnahmen an der Regeneration und nachhaltigen Bewirtschaftung des Fischbestandes im Meer mitwirken, können sie auf die Dauer die Erhaltung eines regenerationsfähigen Fischbestands und damit gute Fangquoten auch in den Folgejahren sicherstellen. Wenn die Situation jedoch nicht überschaubar und nicht kontrollierbar ist, besteht die Versuchung, die Fangquote auf Kosten des gemeinsamen Interesses an der Erhaltung eines regenerationsfähigen Fischbestands zu erhöhen. Das erscheint auf den ersten Blick ganz und gar unvernünftig. Und das ist es im langfristigen Ergebnis auch. Die spieltheoretische Analyse hat jedoch gezeigt, daß ein solches Verhalten unter bestimmten Umständen mit Rücksicht auf den individuellen Nutzen der Akteure rational sein kann: Wenn die Akteure nicht wissen, ob die anderen Akteure, die Zugang zur gemeinschaftlichen Nutzung des Gutes haben, sich ebenfalls kooperativ verhalten werden, müssen sie befürchten, am Ende allein als der Dumme dazustehen, der sich für das Gemeinwohl opfert, während die anderen nur auf ihre egoistischen Interessen bedacht sind. Um so stärker ist die Versuchung, selbst als nicht zahlender Trittbrettfahrer (free rider) oder Schmarotzer einen Vorteil auf Kosten der Gemeinschaft zu erlangen, sei es weil man meint, daß alle anderen dies auch tun und die eigene moralische Heldentat nichts ändern würde, sei es weil die Versuchung stärker wirkt als die moralischen Skrupel. Natürlich kann man gegen ein solches Verhalten moralisch argumentieren. Aber ob Altruismus, Moral oder andere Vorkehrungen Lösungen darstellen, kann erst untersucht werden, wenn das Problem, das sich aus der Analyse des Interessenkonflikts ergibt, erkannt ist. Das soziale Dilemma ist deshalb - trotz des Modelldenkens der spieltheoretischen Analyse - keineswegs eine rein theoretische Konstellation. Die Grundstruktur dieses Dilemmas läßt sich in einer Fülle realer Situationen nachweisen, vom Versicherungsbetrug über die Steuerehrlichkeit bis zum Umweltverhalten. Die Gemeinschaftsgüter einer Gesellschaft sind deshalb in der Tendenz gefährdet und bedürfen des Schutzes. Von einer Lösung dieses Problems hängt es zu einem guten Teil ab, ob eine Gesellschaft dauerhaften Wohlstand erreicht.

c) Einfachere Koordinationsprobleme

Die Problematik des Kooperationsdilemmas beruht entscheidend darauf, daß die Interessen der Akteure teilweise, hinsichtlich der langfristigen Erhaltung eines Gemeinguts, übereinstimmen, teilweise aber, im unmittelbaren Vergleich mit der Ertragslage der anderen Akteure, divergieren. Geringere Probleme entstehen dann, wenn die Akteure übereinstimmende Ziele haben, die sie durch eine sinnvolle Abstimmung ihrer Handlungen erreichen können. Aber auch dann können Koordinationsprobleme entstehen, wenn keiner der Akteure weiß, was die anderen tun werden, und wenn es mehrere gleichwertige Möglichkeiten gibt, wie eine Ordnung unter den individuellen Handlungsbeiträgen hergestellt werden kann. Betrachten wir ein alltägliches Beispiel:

Zwei Autos fahren gleichzeitig und zügig auf eine Kreuzung zu, so daß sie bei unverändertem Tempo in der Mitte der Kreuzung zusammenstoßen würden. Wenn nun jeder der beiden Fahrer, aus welchen Gründen auch immer, annehmen würde, daß der andere bremsen und ihm Vorfahrt gewähren werde, würde es zum Unfall kommen. Bekanntlich kann man diese Gefahr zwar nicht gänzlich ausschließen, aber doch stark reduzieren, indem Verkehrsregeln gelten, Verkehrsschilder oder Ampeln aufgestellt werden, die die Vorfahrt regeln. Das Verkehrsschild fungiert als Symbol. Der Fahrzeugführer, der nach Absolvierung der Fahrschule zuverlässig über das semantische Bezugssystem für die Deutung eines solchen Verkehrsschildes verfügt, kann dem Verkehrsschild eine Information abgewinnen, die es ihm erlaubt, sein Verhalten an der Kreuzung dem zu erwartenden, weil gebotenen Verhalten des anderen Verkehrsteilnehmers anzupassen. Er weiß zum Beispiel, daß er Vorfahrt hat und zügig durchfahren darf, und er tut dies auch, weil er darauf vertraut, der andere werde vorschriftsgemäß anhalten und ihm Vorfahrt gewähren. Bei allen Zweifeln an der Wirksamkeit von Normen sollte man nicht übersehen, daß die Regelung des Verkehrs durch Regeln und Verkehrszeichen, die Regeln symbolisieren, Tag für Tag massenhaft und meist reibungslos funktioniert. Ob der entscheidende Vorzug dieser Art von Orientierung an einem System von Regeln, das allgemeine Geltung hat, darin gesehen werden kann, daß Unfälle vermieden werden, mag offenbleiben. Denn Unfälle infolge von menschlichem Fehlverhalten gibt es auch bei Verkehrsschildern und Ampeln, vielleicht sogar schwerere Unfälle als in Situationen, in denen alle langsam fahren und sich verständigen müssen. Aber Verkehrsschilder und Ampeln erleichtern und beschleunigen die erforderliche Koordination des Verhaltens der Verkehrsteilnehmer und machen so erst den Verkehrsfluß des modernen individualisierten Massenverkehrs möglich. Im Allgemeinen haben die Verkehrsteilnehmer hier gleichgerichtete Interessen. Der Koordinationsgewinn der Verkehrsteilnehmer besteht darin, daß sie schnell und zugleich relativ gefahrlos vorwärtskommen. Es gibt kein Dilemma, sondern ein einfaches Koordinationsproblem. Einen gewissen Interessengegensatz kann es nur insofern geben, als den Akteuren daran gelegen ist, an den möglichen Koordinations-

2. Die soziale Koordination von Handlungen als Informationsproblem

gewinnen angemessen beteiligt zu sein und nicht ausgeschlossen zu sein, wenn anderen eine Abstimmung ihrer Handlungen gelingt.[542]

d) Koordination als Informationsproblem

Wenn wir verstehen wollen, welche Leistungen Kommunikation für die Lösung der oben skizzierten Probleme der Abstimmung von Handlungen erbringt, und wenn wir davon ausgehen können, daß in der Kommunikation Informationen verarbeitet werden und spezifisch kultureller und sozialer Sinn erzeugt wird, liegt es nahe zu untersuchen, welche Rolle der Informationslage der Akteure in den typischen Situationen, die zu Abstimmungsproblemen führen, zukommt.

Die Entscheidung für Kooperation oder für eine konkrete Form der Koordination wäre weitaus weniger problematisch, wenn die Akteure auf Grund zuverlässiger Informationen einschätzen könnten, wie sich die anderen Akteure zumindest wahrscheinlich und im Durchschnitt verhalten werden. Weil solche Informationen fehlen und die Akteure nicht wirksam über ihre Absichten kommunizieren können, entsteht das strategische Problem des Kooperationsdilemmas überhaupt erst. Aber auch beim Verteilungsproblem spielt die Begrenztheit der verfügbaren Information eine Rolle. Es ist äußerst schwierig abzuschätzen, ob und bis zu welchem Punkt Umverteilungsforderungen Aussicht auf Erfolg haben. Wenn die Akteure einen gewaltsamen Verlauf des Konflikts vermeiden wollen, der sowohl aus kompromißloser Verteidigung der Besitzstände als auch aus einer Spirale immer neuer Umverteilungsforderungen entstehen kann, müssen Regeln für die Lösung von Verteilungskonflikten gefunden werden, die die Zustimmung einer kritischen Masse von Akteuren haben.

Man kann also vermuten, daß Lösungen für alle Typen von Abstimmungsproblemen sich in der modernen Gesellschaft nicht situativ und spontan einstellen. Sie müssen als gesellschaftliche Lösungen gesucht und stabilisiert werden. Dazu bedarf es der Leistungen der Kommunikationssysteme der Gesellschaft.

Der folgende Abschnitt dient einer genaueren Untersuchung der Informationsprobleme, denen die Akteure bei ihren Versuchen, ihre Handlungen aufeinander abzustimmen, ausgesetzt sind. Dazu bietet sich die Analyse des Kooperationsdilemmas an, das auf spieltheoretischen Grundlagen gut erforscht ist.

---

[542] Vgl. dazu Michael Schmid, a.a.O., S. 153, 271 f. m.w.N.

2.2. Das Informationsproblem des Kooperationsdilemmas

a) Die Grundstruktur des Kooperationsdilemmas

Die klassische Illustration des Kooperationsdilemmas ist das „Gefangenendilemma":

> Zwei Gefangene werden mehrerer gemeinsam begangener Delikte beschuldigt. Sie werden getrennt voneinander vernommen und müssen sich entscheiden, ob sie schweigen (kooperieren) oder gestehen und gegen den anderen aussagen sollen. Ihr Problem ist, daß beide nicht wissen, wie der andere sich entscheiden wird. Angenommen, die Gefangenen können bei ihren Überlegungen mit folgenden Ergebnissen rechnen: Das einseitige Geständnis hat für den, der geständig ist und den anderen verrät, die mildeste Bestrafung (zum Beispiel eine Strafe auf Bewährung) und für den, der nicht geständig ist, aber durch das Geständnis des anderen überführt wird, die härteste Strafe (zum Beispiel eine hohe Freiheitsstrafe) zur Folge. Beiderseitiges Schweigen, also Kooperation, ist günstiger ist als ein beiderseitiges Geständnis, bringt aber nicht mehr ein als das einseitige Geständnis (zum Beispiel weil klar ist, daß den Gefangenen jedenfalls das weniger schwere Delikt durch Zeugen nachgewiesen werden kann, wenn beide schweigen). Es läßt sich zeigen, daß eine kühle Kalkulation jeden der beiden Gefangenen dazu bringen wird, ein Geständnis abzulegen und den anderen zu belasten, obwohl das Gesamtergebnis für beide günstiger wäre, wenn sie kooperieren würden. Die folgende spieltheoretische Analyse des Kooperationsdilemmas wird die Gründe dafür zeigen.

Als weiteres Beispiel für ein Kooperationsdilemma läßt sich auch das Verhalten zweier Industriestaaten anführen, die für die wechselseitigen Exporte Handelsschranken errichtet haben. Ein Abbau der Handelsschranken auf beiden Seiten hätte für jede Seite Vorteile. Wenn aber nur eines der Länder die Hemmnisse für die Exporte der anderen Seite aufhebt, schadet es der eigenen Industrie, während die Industrie des anderen Landes davon profitiert. Der Vorteil der Kooperation ist also nur zu haben, wenn jede Seite ihre Handelsschranken abbaut, trotz des Risikos, daß die andere Seite ihre Handelsschranken aufrechterhält.

Schließlich ist auch der Rüstungswettlauf während des Kalten Krieges spieltheoretisch als Gefangenendilemma analysiert worden.[543] Eine Verminderung der Rüstung war für beide Seiten im

---

[543] Lewis F. Richardson, Arms and Insecurity, Chicago 1960; Dina A. Zinnes, Contemporary Research in International Relations, New York 1976.

2. Die soziale Koordination von Handlungen als Informationsproblem

Hinblick auf die wirtschaftlichen Lasten des Rüstungswettlaufs und das Bedrohungspotential erstrebenswert. Eine einseitige Vorleistung bei der Abrüstung drohte jedoch die eigene Position zu schwächen, wenn die andere Seite der Versuchung unterliegen würde, einen relativen Vorteil zu erlangen, indem sie ihre Rüstungsanstrengungen unvermindert fortsetzt. Eine derartige einseitige Vorleistung der Sowjetunion unter Gorbatschow hat bekanntlich eine wichtige Rolle dabei gespielt, daß das Wettrüsten erstmals seit Beginn des Kalten Krieges gestoppt werden und Kooperation zur Begrenzung des atomaren Bedrohungspotentials eingeleitet werden konnte.

Die Spieltheorie versucht, die Grundstruktur solcher Konflikte formal darzustellen und so von der Vielfalt unterschiedlicher Umstände, Interessen und Lösungsversuche, die ähnliche Konflikte in der Wirklichkeit prägen, abzulösen. Das strategische Problem der Akteure in einem Kooperationsdilemma wird anhand eines vereinfachten Interaktionsmodells analysiert. An der Interaktion (Spiel) sind zwei Akteure (Spieler) beteiligt. Jeder der beiden Spieler hat die Wahl zwischen zwei Entscheidungsmöglichkeiten. Er kann entweder „kooperieren" oder versuchen, auf Kosten des anderen einen besonderen Vorteil zu erlangen („defektieren").[544] Das spieltheoretische Modell des Gefangenen-Dilemmas beschreibt die folgenden Bedingungen, unter denen sich das Dilemma in reiner Form zeigt: Jeder der beiden Spieler muß seine Wahl zwischen Kooperation und Defektion treffen, ohne zu wissen, wie der andere sich verhalten wird. Sie treffen ihre Wahl gleichzeitig. Keiner kann also die Entscheidung des anderen abwarten und bei der eigenen Entscheidung berücksichtigen. Das Dilemma entsteht unter der Voraussetzung, daß eine bestimmte Relation zwischen den möglichen Ausgängen des Spiels für beide Beteiligte, den Auszahlungen am Ende des Spiels (je nach Fallgestaltung können das Mio. Dollar oder Euro, Jahre an vermiedener Freiheitsstrafe, Gewinne an Sicherheit oder nahezu beliebige andere Güter sein), besteht. Zur Vereinfachung werden Punktwerte angenommen, deren Relationen den Definitionen des Gefangenendilemmas - die sogleich erläutert werden - entsprechen: Am Ende des Spiels erhalten beide Spieler jeweils 3 Punkte, wenn sie beide kooperiert haben (R für engl. *Reward* = Belohnung), und 1 Punkt, wenn beide nicht kooperiert haben (P für engl. *Punishment* = Bestrafung). Wenn ein Spieler kooperiert, der andere aber nicht, erhält der nicht kooperierende Spieler 5 Punkte (T für engl. *Temptation* = Versuchung), der kooperierende Spieler als gutgläubiges Opfer dagegen 0

---

[544] Die folgende Darstellung des sozialen Dilemmas stützt sich auf Robert Axelrod, Die Evolution der Kooperation, 4. Aufl., München und Wien 1997, S. 7 ff.

Punkte (S für engl. *Sucker's payoff* = Auszahlung des Düpierten). Dann lassen sich die möglichen Ausgänge des Spiels der folgenden Matrix entnehmen:

		Spaltenspieler	
		Kooperation	Defektion
Zeilen-Spieler	Kooperation	$R=3, R=3$	$S=0, T=5$
	Defektion	$T=5, S=0$	$P=1, P=1$

Abbildung: Das Gefangenendilemma[545]

Zur Erläuterung: Der Zeilenspieler wählt eine der beiden Zeilen, also entweder Kooperation oder Defektion. Gleichzeitig wählt der Spaltenspieler ebenfalls eine der beiden Spalten, also entweder Kooperation oder Defektion. Alle möglichen Spielausgänge sind aus der obenstehenden Matrix zu erkennen. Wenn also der Zeilenspieler sich entscheidet zu kooperieren und der Spaltenspieler dies ebenfalls tut, erhalten beide eine Auszahlung von 3 Punkten. Wenn der Spaltenspieler in diesem Fall aber der Versuchung erliegt und nicht kooperiert, erhält der Zeilenspieler 0 Punkte, während der Spaltenspieler den Erfolg seiner Defektion mit 5 Punkten nach Hause trägt. Entscheidet der Zeilenspieler sich seinerseits, nicht zu kooperieren, so erhält er 5 Punkte, wenn der Spaltenspieler in der Hoffnung auf Gegenseitigkeit kooperiert, und 1 Punkt, wenn der Spaltenspieler ebenfalls defektiert.

Das Gefangenendilemma geht von der Annahme aus, daß beide Spieler die zu erwartenden Ausgänge für jede Kombination von Entscheidungen kennen. Insofern sind sie also vollständig informiert. Dagegen haben sie keinerlei Möglichkeit vorauszusehen, für welche Alternative der andere sich entscheiden wird. Das Gefangenendilemma beruht ferner auf der Annahme, daß es den Spielern darauf ankommt, eine möglichst hohe Punktzahl an Auszahlungen zu erreichen, so daß altruistische Motive keine Rolle spielen.[546] Wenn wir uns unter diesen Annahmen in die Situation des

---

[545] Nach Robert Axelrod, Die Evolution der Kooperation, 4. Aufl., München und Wien 1997, S. 8.
[546] Die Spieltheorie versucht teilweise, das Problem des wirklich vorkommenden Altruismus dadurch zu lösen, daß sie die Befriedigung eines altruistischen Handlungsmotivs bei den Auszahlungen berücksichtigt. An dieser Stelle geht es aber nur darum, die Grundstruktur des Gefangenendilemmas in möglichst einfacher Form darzustellen.

2. Die soziale Koordination von Handlungen als Informationsproblem

Zeilenspielers versetzen und uns überlegen, wie wir uns entscheiden sollten, ergeben sich folgende Möglichkeiten:

Wenn wir annehmen, der Spaltenspieler werde kooperieren, erhalten wir 3 Punkte, wenn wir ebenfalls kooperieren, aber 5 Punkte, wenn wir der Versuchung zur Defektion nachgeben. Es ist also in diesem Fall günstiger, zu defektieren. Wenn wir annehmen, der Spaltenspieler werde defektieren, erhalten wir 0 Punkte, wenn wir kooperieren, aber immerhin noch 1 Punkt, wenn wir ebenfalls defektieren. Auch in diesem Fall erhalten wir also ein besseres Ergebnis, wenn wir nicht kooperieren.

Das erschütternde Ergebnis lautet also, daß es in jedem Fall, unabhängig davon, wie der andere Spieler sich entscheidet, vorteilhafter ist, zu defektieren.

Das wäre nun allerdings noch kein Dilemma, sondern eine eindeutige Situation. Nun gilt aber die gleiche Logik auch für den anderen Spieler. Er wird also ebenfalls nicht kooperieren. Das bedeutet, daß beide Spieler nur $P = 1$ Punkt erreichen. Dieses Ergebnis ist aber deutlich schlechter als das Ergebnis, das sie erreichen würden, wenn beide kooperieren ($R = 3$ Punkte). Der Spieler, der sich bemüht, die für ihn günstigste Entscheidung zu wählen, befindet sich also in einer Zwickmühle: Wenn er die zu erwartenden Auszahlungen für die Alternativen Kooperation und Defektion vergleicht, muß er sich für die Defektion entscheiden. Da auch der andere sich für Defektion entscheiden muß, kommt praktisch nur eine der beiden bei eigener Defektion möglichen Auszahlungen zum Zuge, nämlich $P = 1$ Punkt. Das ist das Zweitschlechteste von allen möglichen Ergebnissen. Das Dilemma besteht also darin, daß die Orientierung an den eigenen Interessen zu einem relativ schlechten gemeinsamen Ergebnis führt.

Das Dilemma zeigt sich auch, wenn man die Summe der Auszahlungen für beide Spieler miteinander vergleicht. Wenn beide Spieler kooperieren, erhalten sie zusammen 6 Punkte. Das ist eindeutig mehr, als wenn beide sich individuell rational verhalten und defektieren (2 Punkte) und immer noch um einen Punkt besser als die Summe der Punktzahlen, die sich ergibt, wenn ein Spieler kooperiert und der andere defektiert (5 Punkte). Die individuelle Rationalität der Maximierung des eigenen Nutzens führt also auch nicht zu einem Optimum der gemeinsamen Wohlfahrt.[547]

---

[547] Walter Kargl, Handlung und Ordnung im Strafrecht, S. 298 ff., meint, daß dieser Befund die These der Utilitaristen widerlege, daß sich aus der Vielzahl eigeninteressierter Entscheidungen wie von unsichtbarer Hand eine optimale Ordnung herausbilde.

Die Voraussetzungen, unter denen der beschriebene Konflikt zwischen individueller und kollektiver Rationalität entsteht, beschreibt die Spieltheorie abstrahierend mit der folgenden Definition des Gefangenendilemmas:

Erstens muß zwischen den Auszahlungen für die möglichen Kombinationen der Entscheidungen der Spieler eine bestimmte Ordnung bestehen, und zwar

$$T > R > P > S.$$

Das beste Ergebnis muß also T sein, die Auszahlung, die der defektierende Spieler erhält, wenn der andere Spieler gleichzeitig kooperiert, das schlechteste S, die Auszahlung, die das ausgebeutete Opfer nach einseitig gebliebener Kooperation erhält. R, das Ergebnis wechselseitiger Kooperation, muß günstiger sein als P, die Auszahlung nach wechselseitiger Defektion. Die Auszahlungen, die in der Matrix (Abbildung 1) angenommen werden, entsprechen genau dieser Definition.

Zweitens setzt das Gefangenendilemma voraus, daß die Auszahlung für wechselseitige Kooperation größer ist als der Durchschnitt der Auszahlungen für beide Spieler im Fall einseitiger Defektion:

$$R > (T + S)/2$$

Denn anderenfalls könnten die Spieler dem Dilemma dadurch entkommen, daß sie sich abwechselnd ausbeuten. Auch diese Voraussetzung ist oben in Abbildung 1 erfüllt.

Zusammen definieren diese beiden Voraussetzungen das Gefangenendilemma.

b) Die Tragödie der Allmende

Das mit den Definitionen des Gefangenendilemmas beschriebene Grundmuster eines strategischen Entscheidungskonflikts zwischen individueller und kollektiver Rationalität kann auftreten, wenn zwei Akteure eine nachwachsende natürliche Ressource nutzen und keiner den anderen von der Nutzung ausschließen kann. Ein anschauliches Beispiel dafür war der Fischereikonflikt zwischen Kanada und Spanien. Die Fischereiflotten beider Länder befuhren das gleiche Meeresgebiet. Die Kanadier warfen den Spaniern vor, Netze mit zu kleinen Maschen zu verwenden und auf diese Weise zu viel Fisch und insbesondere Jungfische zu fangen, mit der Folge, daß die Regeneration des Fischbestands gefährdet sei. Wenn wir - ohne den konkreten Konflikt beurteilen zu wollen - einmal annehmen, daß dieser

Vorwurf und diese Besorgnis begründet waren, würde es sich um eine klassische Illustration für einseitig defektierendes Verhalten in einem sozialen Dilemma nach Art des Gefangenendilemmas handeln.[548] Kooperation würde im Fall der gemeinsamen Nutzung des natürlichen Reichtums an Fischen in einem Meer erfordern, die eigene Fangmenge sowohl im Hinblick auf die anteilige Berechtigung als auch im Hinblick auf eine verantwortungsvolle Gesamtfangquote mit Rücksicht auf die Erhaltung des für eine optimale Regeneration erforderlichen Fischbestandes zu begrenzen. Die Versuchung besteht darin, auf Kosten des gemeinsamen Interesses an der Erhaltung eines für die Regeneration optimalen Fischbestandes die eigene Fangquote zu erhöhen. Es ist unschwer zu erkennen, daß in einem solchen Fall die Definitionen des Gefangenendilemmas erfüllt sein können.

Das Beispiel der gemeinsamen Nutzung eines nachwachsenden natürlichen Reichtums ist besonders gut geeignet, um eine wichtige Eigenschaft der Situationen zu verdeutlichen, in denen ein Gefangenendilemma entstehen kann. Soziale Konflikte werden häufig als ausschließlich antagonistische Konflikte gedeutet, bei denen die Interessen der Konfliktparteien vollständig entgegengesetzt sind. In der Sprache der Spieltheorie handelt es sich dann um Nullsummenspiele, bei denen es nur Sieger und Verlierer gibt und der Gewinn des einen genau dem Verlust des anderen entspricht, so daß die Summe aus Gewinn und Verlust immer 0 ist. Das Gefangenendilemma setzt dagegen voraus, daß nicht nur die Möglichkeit besteht, daß einer den anderen über den Tisch zieht, sondern auch die Möglichkeit, daß entweder beide gut oder beide schlecht abschneiden. Wie kann das geschehen? Möglich sind solche Ergebnisse, wenn die Interessenlage der Akteure nicht ausschließlich durch entgegengesetzte Interessen, sondern daneben auch durch gemeinsame Interessen geprägt ist.[549] Im Fischereikonflikt besteht außer der wirtschaftlichen Konkurrenz und dem Interesse, sich möglichst viel von dem natürlichen Fischreichtum des Meeres anzueignen, auch das gemeinsame Interesse an einem möglichst guten Wachstum des Fischbestands als Voraussetzung für gute Fänge in den folgenden Jahren. Wenn also bei den Auszahlungen nicht nur die Fänge des aktuellen Jahres, sondern auch die Aussichten auf gute Fangquoten in den folgenden Jahren hinreichend berücksichtigt werden, leuchtet es ein, daß beiderseitige Kooperation, also die Begrenzung der individuellen Fangquoten beider Flotten auf eine für eine optimale Regeneration des Fischbestandes sinnvolle Gesamtfangquote, für

---

[548] Hans Spada und Andreas M. Ernst, Wissen, Ziele und Verhalten in einem ökologisch-sozialen Dilemma, in: Kurt Pawlik und Kurt H. Stapf (Hrsg.), Umwelt und Verhalten. Perspektiven und Ergebnisse ökopsychologischer Forschung, Bern 1992, S. 83 ff.
[549] Robert Axelrod, Die Evolution der Kooperation, S. 13, 27.

beide Flotten zu einem günstigen Ergebnis und wechselseitige Defektion wegen der zu erwartenden geringeren Fangmengen in den Folgejahren für beide Flotten zu einem schlechteren Ergebnis führen kann. In den Definitionen des Gefangenendilemmas kommt der Charakter eines Nichtnullsummenspiels zum Ausdruck, indem beide Spieler gemeinsam gut abschneiden (R) oder gemeinsam ein schlechteres Ergebnis (P) erzielen können. In der Voraussetzung, daß R besser ist als P, kommt zugleich zum Ausdruck, daß die Situation so beschaffen ist, daß wechselseitige Kooperation, also die beiderseitige Rücksicht auf das gemeinsame Interesse, mehr einbringt als ein Konflikt, der auf Kosten des gemeinsamen Interesses ausgetragen wird.

Das Gefangenendilemma tritt in abgewandelter Form auch zutage, wenn ein gemeinsames Gut, etwa das gemeinsame Weideland einer dörflichen Gemeinschaft von Schafhirten, der Fischbestand in einem See oder saubere Atemluft, sauberes Trinkwasser und fruchtbare Böden von mehr als zwei Parteien gemeinsam genutzt wird.[550] In solchen Lagen kann die Versuchung, sich einen individuellen Vorteil auf Kosten der anderen zu verschaffen, statt auf die gemeinsamen Belange Rücksicht zu nehmen, sogar besonders stark ausgeprägt sein, wenn sowohl der Schaden einer Defektion für das allgemeine Interesse als auch der Nutzen einer Kooperation für das Gemeingut sich auf viele Akteure verteilt, so daß dem individuellen Vorteil einer Defektion nur ein geringer Anteil am Schaden und dem individuellen Nachteil einer Kooperation nur ein geringer Anteil an den Vorteilen für die Gemeinschaft gegenüberstehen. Ein anschauliches Beispiel dafür ist das „Schmarotzer-Dilemma":[551]

> Eine Gruppe von Gourmets trifft sich zu einem Essen. Es wird vereinbart, daß jeder à la carte bestellen kann und die Gesamtrechnung zu gleichen Teilen bezahlt wird. Versetzen wir uns wieder in die Lage eines Teilnehmers. Wir können annehmen, daß er am liebsten ein besonders teures Essen bestellen würde. Andererseits möchte er möglichst wenig bezahlen. Es bietet sich ihm die einmalige Gelegenheit, ein Menü zu genießen, das er sich auf eigene Kosten nicht leisten könnte. Denn er kalkuliert, daß alle anderen sich beschränken und ein preiswertes Gericht bestellen werden. Er beruhigt sich damit, daß jeder der anderen nur wenig mehr zu bezahlen hat. Je größer die Gruppe ist, desto geringer ist der Anteil an den Mehrkosten, die der Schmarotzer verursacht. Zu seinem Unglück handelt es sich aber bei den anderen Teil-

---

[550] Garrett Hardin, The Tragedy of the Commons, Science 162, S. 1243 ff.
[551] Vgl. Natalie S. Glance und Bernardo Huberman, Das Schmarotzer-Dilemma, Spektrum der Wissenschaft, 1994, S. 36

2. Die soziale Koordination von Handlungen als Informationsproblem 255

nehmern um wirtschaftlich rational handelnde, nutzenmaximierende Menschen, und das hat zur Folge, daß unser Schmarotzer am Ende eine gepfefferte Rechnung bezahlen muß. Jeder der anderen wird sich nämlich folgendes überlegen: Wenn alle anderen ein teures Gericht bestellen, ist es besser, selbst ebenfalls ein teures Gericht zu bestellen. Denn dann hat man zwar seinen Anteil an einer hohen Rechnung, hat aber wenigstens auch einen angemessenen Genuß dafür erhalten. Wenn alle anderen ein preiswertes Gericht bestellen sollten, ist es ebenfalls günstiger, selbst ein teures Gericht zu bestellen. Denn dem guten Essen steht dann ein ausgesprochen günstiger Preis gegenüber. Auch in allen anderen denkbaren Fallgestaltungen ist es in jedem Fall günstiger, ein teures Gericht zu bestellen. Nehmen wir der Einfachheit halber an, die Gruppe bestehe aus 10 Teilnehmern und auf der Karte gebe es ein Gericht für 10,- DM und ein Menü für 30,- DM. Wenn alle anderen das Gericht für 10,- DM bestellen würden, würde den zehnten das Menü für 30,- DM, das er bestellt, nur 12,- DM kosten. Der ungünstigste Fall ist der, daß auch alle anderen das Menü für 30,- DM bestellen. Dann entsteht zwar kein Vorteil, aber auch kein Schaden. Wenn 5 Teilnehmer das preiswertere Menü und 5 Teilnehmer das teure Menü bestellen, stehen sie sich am Ende folgendermaßen: Die billigen Esser zahlen für ihr Menü im Wert von 10,- DM eine Rechnung von 20,- DM. Die teuren Esser bezahlen für ihr Menü im Wert von 30,- DM ebenfalls eine Rechnung von 20,- DM. Keiner der Teilnehmer, dem es auf eine rationale Kalkulation der Kosten und Nutzen der getroffenen Wahl ankommt, wird also ein billiges Menü bestellen. Das Ergebnis ist dann unvermeidlich, daß am Ende alle teuer bezahlen werden. Sie haben dann zwar gut gegessen. Wenn wir aber annehmen, daß sie sich ein solches Essen eigentlich nicht leisten konnten und wollten, ist das Ergebnis schlechter, als wenn alle sich auf ein preiswertes Gericht beschränkt, dafür ebenfalls einen fairen Preis bezahlt und das Loch in der Haushaltskasse vermieden hätten.

Auch in Situationen, in denen mehr als zwei Akteure mit zum Teil entgegengesetzten Interessen, zum Teil aber auch gemeinsamen Interessen beteiligt sind, ist es also unter der Bedingung, daß die einzelnen bei ihrer Wahl zwischen Kooperation und Defektion mit Ergebnissen rechnen können, die in ihren grundlegenden Relationen den Definitionen des Gefangenendilemmas entsprechen, für jeden einzelnen vorteilhaft, sich egoistisch zu verhalten, wenn er nicht weiß, wie sich die anderen verhalten. Das eröffnet dramatische Perspektiven für Umweltgüter und andere kollektive Güter. Denn die Logik, die für einen Akteur gilt, gilt für alle Akteure, und das bedeutet, daß alle defektieren werden, wenn sie sich an ihrem individuellen Nutzen orientieren. Die Folge ist, daß das gemeinsame Ergebnis schlechter ist als es sein könnte, wenn alle kooperieren würden. Aber diese abstrakte Formulierung macht das Beunruhigende dieser Analyse noch nicht hinreichend deutlich. Wie beunruhigend der Befund ist, wird aber klar, wenn man sich vergegenwärtigt, daß natürliche Ressourcen und stabile Ökosysteme kollektive Güter sind, von deren Regeneration jeder einzelne und die Menschheit insgesamt existentiell abhängig sind, und daß defektierendes Verhalten zur Gefährdung und sogar Vernichtung dieser Güter führen kann. Garrett Hardin hat dies als „Tragedy of the Commons" - Tragödie der Gemeinschaftsgüter - bezeichnet.[552] An der Allmende, dem gemeindlichen Weideland, läßt sich das Problem gut veranschaulichen. Weideland kann nur von einer begrenzten Anzahl von Tieren genutzt werden. Eine Überweidung führt zu Trittschäden und zur Zerstörung der Pflanzendecke. Die Erträge werden geringer. Im Extremfall kann das Weideland so zerstört werden, daß es sich nicht mehr regeneriert. Das bedeutet, daß die Schafhirten, die ihre Schafe auf gemeindlichem Weideland grasen lassen, auf diese Grenzen der Belastbarkeit der Weide Rücksicht nehmen müssen. Für den einzelnen Schafhirten kann sich indessen die Versuchung ergeben, das ein oder andere zusätzliche Schaf auf das gemeinsame Weideland zu stellen. Das bringt ihm einen deutlichen zusätzlichen Vorteil. Diesem eindeutigen Vorteil stehen nur geringe individuelle Nachteile gegenüber. Die geringere Ertragskraft des Weidelandes infolge der leichten Überweidung verteilt sich auf alle und ist daher für jeden einzelnen kaum spürbar. Umgekehrt ist der Anreiz zu kooperativem Verhalten gering. Denn während der Verzicht gemessen an der Größe des möglichen Vorteils für den einzelnen deutlich spürbar ist, ist sein Anteil an der entsprechend gesteigerten Ertragskraft des Weidelandes gering. Wenn wir uns nun in die Situation eines Hirten versetzen, der die Möglichkeit hat, einige zusätzliche Schafe auf das Weideland zu stellen, ohne daß dies von anderen entdeckt und verhindert werden könnte, werden wir feststellen, daß es in jedem Fall rational ist, sich für Defektion zu entscheiden. Denn wenn - um den einen Extremfall zuerst zu beschreiben - alle anderen defektieren - rette ich mit meiner eigenen Rücksichtnahme die Regenerationsfähigkeit des Weidelandes nicht, ich habe also den gleichen Anteil wie alle anderen am Gesamtschaden, ohne aber wie die anderen profitiert zu haben. Ich erziele also das schlechteste Ergebnis von allen. In diesem Fall ist es also besser, selbst ebenfalls zu defektieren und so wenigstens auch einen Nutzen aus der Schädigung des Weidelands zu ziehen. Wenn - im anderen Extremfall - alle anderen sich rücksichtsvoll verhalten, ist es ebenfalls günstiger, selbst zu defektieren. Denn die geringe Schmälerung der Ertragskraft des Weidelandes durch die geringfügige

---

[552] Garrett Hardin, The Tragedy of the Commons, Science 162, S. 1243 ff.

2. Die soziale Koordination von Handlungen als Informationsproblem 257

Überweidung infolge meiner Defektion verteilt sich auf alle. Meine eigenen Tiere werden deshalb nicht spürbar magerer. Dagegen fallen Wolle, Milch und Fleisch von einigen zusätzlichen Tieren deutlich ins Gewicht. Was für die beiden Extremfälle gilt, gilt auch für alle anderen denkbaren Kombinationen von Entscheidungen der anderen. Denn gegenüber dem Extremfall, daß alle anderen defektieren, führt jede gedachte Konstellation, bei der eine wachsende Zahl von Mitspielern kooperiert, jeweils zu einer Verbesserung hinsichtlich der Ertragsfähigkeit des Weidelandes in der Zukunft. Davon profitiere ich im Vergleich zum Extremfall. Die Auszahlungen für mich werden mit jedem kooperierenden Mitspieler besser. In keinem Fall kann ich aber dadurch, daß ausgerechnet ich auf die Defektion verzichte, erreichen, daß die Ertragskraft des Weidelandes sich so stark verbessert, daß der auf mich entfallende Vorteil den individuellen Vorteil der möglichen Defektion überwiegt. Vom anderen Extremfall ausgehend bringt jede Konstellation, bei der eine wachsende Anzahl von Mitspielern defektiert, eine Verschlechterung hinsichtlich der Ertragskraft des Weidelandes und damit auch meiner zukünftigen Erträge im Vergleich zum Extremfall kooperativen Verhaltens aller anderen. Auch hier kann ich die zunehmende Verschlechterung der allgemeinen Lage an keinem Punkt der gedachten Entwicklung durch eine eigene Kooperation kompensieren und dadurch einen Vorteil erreichen, der meinen individuellen Verzicht überwiegt. Wenn ich sogar auf die Idee käme, die Überweidung durch andere auszugleichen, indem ich weniger eigene Tiere auf die Weide stelle, könnte ich zwar erreichen, daß die optimale Ertragskraft des Weidelandes sichergestellt wird. Dieser Vorteil würde aber auf alle verteilt. Ich hätte daran nur einen verschwindend geringen Anteil. Dagegen hätte ich die Folgen meines Verzichts allein zu tragen. Ich würde genau um so viel Wolle, Milch und Fleisch weniger haben, wie die defektierenden Mitspieler mehr haben. Ich würde also deren egoistisches Verhalten auf meine Kosten subventionieren.

Es bedarf nun keiner großen Phantasie mehr, um sich vorzustellen, welche Chancen ein gemeinsames Gut wie die Erdatmosphäre hat, die einerseits gemeinsame Lebensgrundlage für 6 Milliarden Menschen ist und die andererseits durch die Emissionen aus Industrie, Hausheizungen und Kraftfahrzeugen belastet wird, die ihrerseits von einer Vielzahl individueller Entscheidungen abhängen. Natürlich müssen wir bedenken, daß es sich um ein Modell mit stark vereinfachten Annahmen über die Akteure und ihre Entscheidungskriterien handelt. Dennoch müssen wir annehmen, daß sich niemand dem Eindruck der dauerhaften Verteilungsfolgen der eigenen Handlungsstrategien ganz verschließen kann. Es ist auch fraglich, ob unbedingte eigene Kooperation ohne Rücksicht auf Gegenseitigkeit eine sinnvolle und wirksame Strategie zur Erhaltung von Gemeinschaftsgütern ist. Denn es stellt sich die Frage, ob unbedingte eigene Kooperation und Altruismus nicht als ungewollte Nebenfolge ein ausbeuterisches Verhalten anderer subventioniert und befördert. Wir können auch nicht ohne weiteres davon ausgehen, daß Normen und Werte die Akteure zwingen können, eine Strategie zu wählen, die ihren individuellen Interessen widerspricht. Die spieltheoretische Isolierung der Verteilungswirkungen individueller Handlungsstrategien ist gerade dann interessant, wenn es darum geht, genauer herauszufinden, welchen Einfluß Kommunikation und Kommunikationssysteme auf die Lösung des Kooperationsproblems haben. Dazu muß aber erst das Problem klar sein. Die spieltheoretische Analyse zeigt durch die isolierte Analyse der Wirkungen von Entscheidungen, die sich an den Verteilungsfolgen orientieren, daß das am individuellen Eigeninteresse orientierte Handeln der Menschen eine eminent gefährliche Tendenz zur Vernachlässigung oder sogar zur Zerstörung gemeinsamer Güter einer Gesellschaft in sich birgt.

Rettung wäre demnach nur von allgemeinen Verhaltensorientierungen zu erhoffen, die selbstsüchtige Handlungsmotive korrigieren und zurückdrängen könnten, insbesondere von ethischen Werten, moralischen und rechtlichen Normen und kulturellen Leitbildern, und von den Institutionen, die der Stabilisierung solcher Verhaltensorientierungen dienen, insbesondere von Politik, Recht und den Erziehungsinstitutionen. Aber wie kommen solche Verhaltensorientierungen gegen den Druck des sozialen Dilemmas zustande? Die genannten Funktionssysteme und Institutionen hätten eine gewaltige Leistung zu erbringen, zumal in einer Lage, in der erstmals die Umwelt in globalem Maßstab bedroht ist, und in der es andererseits noch weitgehend an effektiven globalen Institutionen und Normen zur Durchsetzung eines langfristig klugen und schonenden Umgangs mit den natürlichen Grundlagen globaler Ökosysteme fehlt.

Wenn es zur Erhaltung der natürlichen Lebensbedingungen für künftige Generationen unumgänglich wäre, daß es Erziehung, Politik und Recht, vielleicht im Bunde mit Kultur, Kunst, Religion und Moral, gelingt, die Orientierung des individuellen Handelns an eigennützigen Motiven wirksam zurückzudrängen, wäre allerdings tiefe Skepsis angebracht. Der letzte historische Großversuch, das Problem des Spannungsverhältnisses zwischen individuellen und kollektiven Interessen zu lösen, indem eine Gesellschaft aufgebaut wird, in der die Bestrebungen, den individuellen Nutzen zu mehren, weitgehend zurückgedrängt werden, ist jedenfalls gescheitert. Er hat sogar zu dem paradoxen Ergebnis geführt, daß eine Reihe kollektiver

Güter wie Infrastruktur und Umwelt noch stärker vernachlässigt worden sind als private Bedürfnisse.

Diese Skepsis ist Anlaß genug, nach Lösungen Ausschau zu halten, die mit dem individuellen Streben nach Beförderung der eigenen Interessen rechnen und mit ihm vereinbar sind.

c) Die Evolution der Kooperation

Solche Lösungen scheinen nach dem Ergebnis spieltheoretischer Analysen zum „wiederholten Gefangenendilemma" nicht ausgeschlossen zu sein. Die Spieltheorie hat nämlich nachgewiesen, daß unter bestimmten Voraussetzungen auch ohne zentrale Autorität - und man kann hinzufügen: ohne die Unterstellung von Einstellungen, die auf ethischen Prinzipien, moralischen oder rechtlichen Normen oder kulturellen Leitbildern beruhen - Kooperation in Gruppen entstehen, sich ausbreiten und stabilisieren kann.[553]

In der Realität finden Interaktionen in Situationen, die dem Modell des Gefangenendilemmas entsprechen, oftmals zwischen denselben Partnern nicht nur einmal, sondern wiederholt statt. So stellte das Wettrüsten zwischen Ost und West ein über einen langen Zeitraum im wesentlichen kontinuierlich fortbestehendes Gefangenendilemma dar, in dem die Sowjetunion und die USA, wenn auch mit wechselndem Personal, beständig aufeinander reagiert haben.[554] Schon allein aus der Möglichkeit der Wiederholung ähnlicher Situationen ergibt sich eine erhebliche Veränderung der strategischen Lage für jeden der Akteure. Denn im Unterschied zu den Definitionen des Grundmodells des Gefangenendilemmas kann erstens jeder versuchen, aus früheren Spielrunden Erfahrungen über den anderen und die von ihm verwandte Strategie abzuleiten und auf dieser Grundlage dessen künftiges Entscheidungsverhalten abzuschätzen. Zweitens kann er aber auch aktiv versuchen, durch seine eigene Wahl Zeichen zu setzen und so das Verhalten seines Gegenspielers zu beeinflussen. Das „iterierte Gefangenendilemma" ist deshalb für spieltheoretische Analysen interessant. Als besonders aufschlußreich hat sich ein Experiment in Form eines Computer-Turniers erwiesen, für das Robert Axelrod eine Reihe von Spieltheoretikern als Mitspieler gewonnen hatte.

---

[553] Die folgende Darstellung stützt sich wiederum auf Robert Axelrod, Die Evolution der Kooperation, 1984.
[554] Vgl. Lewis F. Richardson, Arms and Insecurity, Chicago 1960; Dina A. Zinnes, Contemporary Research in International Relations, New York 1976.

Axelrod hatte professionelle Spieltheoretiker aus den Disziplinen Psychologie, Ökonomie, Politologie, Soziologie und Mathematik gebeten, an einem Computerturnier teilzunehmen und ihm dazu ihre Strategie für das iterierte Gefangenendilemma in Form eines entsprechenden Computerprogramms einzusenden. Strategien sind Entscheidungsregeln, die festlegen, was in jeder Situation, die in einem Spiel überhaupt entstehen könnte, zu tun ist. Axelrod ließ die 14 eingesandten Entscheidungsregeln sowie ein Programm, das seine Wahl nach einem Zufallsprinzip traf, in einem Turnier, bei dem jede Regel fünfmal in einem Spiel über jeweils 200 Züge auf jede andere Regel und auf ihr eigenes Gegenstück traf, gegeneinander antreten. Das Ergebnis ist bemerkenswert. Als erfolgreichstes Programm erwies sich die Entscheidungsregel TIT FOR TAT („Wie Du mir, so ich Dir"), die der kanadische Psychologe Anatol Rapoport eingereicht hatte. TIT FOR TAT ist eine sehr einfache Regel: Sie verlangt, im ersten Zug zu kooperieren und dann zu tun, was der andere Spieler im vorangegangenen Zug gemacht hat. Erstaunlich ist das Ergebnis des Turniers nicht nur, weil TIT FOR TAT die einfachste Regel war, sondern vor allem, weil TIT FOR TAT in keinem einzelnen Spiel mehr Punkte erzielen kann als sein jeweiliger Gegenspieler. Wie ist dann aber der Erfolg in einem Turnier möglich? Im Fußball jedenfalls wäre es nicht möglich, ein Turnier zu gewinnen, wenn das beste Einzelergebnis ein Unentschieden wäre. Axelrods Analyse der Gründe für den Erfolg von TIT FOR TAT zeigt, daß der Erfolg dieser Strategie darauf beruht, daß sie über Eigenschaften verfügt, die den Gegenspieler äußerst wirksam zur Kooperation anregen und von Defektion abhalten: Sie ist freundlich (sie defektiert niemals als erste) und nachsichtig (sie geht nach einmaliger Erwiderung einer Defektion auf ein erneutes Kooperationsangebot sogleich wieder ein), aber besteht konsequent auf Gegenseitigkeit, und sie ist für den Gegenspieler verständlich.[555] Unfreundlichere Strategien provozieren dagegen häufiger defektierendes Verhalten ihres Gegenspielers, so daß sie insgesamt schlechter abschneiden, obwohl sie in einzelnen Interaktionen, in denen sie eine zu nachsichtige Strategie ausbeuten können, hohe Punktzahlen erreichen. TIT FOR TAT gelingt es also am besten, sich den Umstand zunutze zu machen, daß Gefangenendilemmaspiele keine Nullsummenspiele sind, sondern beiden Spielern Gewinne erlauben, wenn sie kooperieren.

---

[555] Gegen RANDOM, das Programm, das seine Wahl nach einem Zufallsprinzip trifft und das im Gesamtergebnis den letzten Platz belegte, schnitt TIT FOR TAT schlechter ab als alle anderen Strategien, vgl. Robert Axelrod, Die Evolution der Kooperation, Anhang A, Tabelle 3, S. 174. Die naheliegende Erklärung dafür ist, daß eine Zufallsregel völlig unempfindlich für Kooperationsanreize ist, so daß die Vorzüge von TIT FOR TAT sich nicht auswirken konnten.

2. Die soziale Koordination von Handlungen als Informationsproblem 261

Das bedrückende Ergebnis der Analyse des einfachen Gefangenendilemmas kehrt sich also, wenn Axelrods Theorie stimmt und ihr auch Bedeutung für soziale Interaktionen in der Realität zukommt, in eine eher optimistische Perspektive um: Soziale Kooperation kann sich auch ohne das Eingreifen einer zentralen Autorität entwickeln, wenn das Prinzip der Gegenseitigkeit beachtet wird.

Um die Aussagekraft des Computerexperiments von Axelrod nachvollziehen zu können, müssen wir zunächst die Grundannahmen über das Spiel und die Spieler des Computerturniers näher betrachten. Axelrod hatte die Spiele des Turniers auf der Basis der oben beschriebenen grundlegenden Form des Gefangenendilemmas konzipiert. An der einzelnen Interaktion sind gleichzeitig nur zwei Spieler beteiligt. Sie können weder den anderen Spieler beseitigen noch die Interaktion verlassen, noch können sie sich gegenseitig wirksam drohen oder die Einhaltung von Verpflichtungen erzwingen. Die einzige verfügbare Information ist die Geschichte ihrer bisherigen Interaktionen. Unter diesen Umständen haben Worte, hinter denen keine Taten stehen, praktisch keine Bedeutung. Die Spieler können also nur durch die Sequenz ihres eigenen Verhaltens miteinander kommunizieren.[556]

Die veränderte strategische Situation eines iterierten Gefangenendilemmas läßt sich nun wie folgt beschreiben: Die Wiederholung des Spiels ermöglicht eine Verständigung, die nicht auf leeren Worten, sondern auf dem Informationswert des Verhaltens der Spieler in früheren Spielrunden beruht. Diese Art von Information ist für die Spieler interessant, wenn sie damit rechnen müssen, daß sie immer wieder aufeinander treffen können. Denn dann entscheidet die gegenwärtige Wahl nicht nur über die Auszahlungen in der laufenden Runde, sondern sie beeinflußt auch das Verhalten und die Auszahlungen der Spieler in künftigen Runden. Die Zukunft kann, wie Axelrod schreibt, einen Schatten auf die Gegenwart zurückwerfen und dadurch die aktuelle strategische Situation beeinflussen.[557] Wenn ein Spieler die Folgen seiner Entscheidung in künftigen Spielrunden berücksichtigt, wird er zwar den künftigen Auszahlungen nicht das gleiche Gewicht beimessen wie den Auszahlungen für die laufende Runde. Das entspricht realistischen Annahmen. Denn erstens neigen Akteure dazu, Auszahlungen in dem Maß geringer zu bewerten, wie der Zeitpunkt ihres Erwerbs entfernt ist. Zweitens besteht immer eine gewisse Unsicherheit, ob es zu einem erneuten Zusammentreffen kommt.[558] Ist das Gewicht, das ein Spieler

---

[556] Robert Axelrod, Die Evolution der Kooperation, S. 10 f.
[557] A.a.O., S. 11
[558] A.a.O.

Auszahlungen zumißt, die erst in weiteren Runden erfolgen, sehr gering, wird er sich in der dominanten Strategie für das einmalige Gefangenendilemma, also in der Defektion, nicht beirren lassen. Wenn dieses Gewicht aber hinreichend groß ist, hängt die Wahl der eigenen Entscheidungsregel davon ab, welche Strategie der andere Spieler verfolgt. Anders als beim Grundmodell des einfachen Gefangenendilemmas, bei dem es eine dominante Strategie - Defektion - gibt, die immer, unabhängig davon, wie der Gegner sich entscheidet, günstiger ist, gibt es im iterierten Gefangenendilemma keine beste Strategie unabhängig von der Strategie des anderen Spielers.[559] So ist es am besten, selbst immer zu defektieren, wenn der andere die Strategie „IMMER D" verfolgt, also niemals kooperiert, aber am besten, selbst niemals zu defektieren, wenn der andere die Strategie permanenter Vergeltung schon für eine einzige Defektion des Gegners verfolgt. Die Wahl einer Strategie muß also berücksichtigen, daß auf der Gegenseite unterschiedliche Strategien möglich sind, und daß der Erfolg der eigenen Strategie in jedem Spiel verschieden ausfallen kann, abhängig von der Strategie, die der andere verwendet. Das Ziel einer Strategie muß es im Hinblick auf die spezifische Interessenlage beim Gefangenendilemma sein, den Vorteil gegenseitiger Kooperation zu nutzen und lange Perioden wechselseitiger Defektion zu vermeiden, indem die eigene Strategie die Chancen nutzt, die eine kooperative Strategie des Partners bietet, und zugleich die Gefahr schwerer eigener Verluste vermeidet, die von unfreundlichen Strategien droht.

Kommen wir nun zu Axelrods Analyse der Gründe für den Erfolg von TIT FOR TAT im Computerturnier. Ein brauchbarer Anhaltspunkt für ein sehr gutes Ergebnis in einem einzelnen Spiel mit 200 Zügen ist ein Wert von 600 Punkten, denn das ist die Punktzahl, die bei ununterbrochener gegenseitiger Kooperation erreicht wird. TIT FOR TAT erreichte im Durchschnitt 504,5 Punkte. Sucht man nach einem auffallenden Charakteristikum, das die erfolgreichen Strategien von den weniger erfolgreichen unterscheiden könnte, so fällt auf, daß jede der ersten acht und keine der restlichen Regeln „freundlich" ist. Unter einer freundlichen Strategie versteht Axelrod im Rahmen seiner Analyse eine Regel, die nicht als erste defektiert, unter Einschluß solcher Regeln, die nicht vor den letzten Zügen des Spiels als erste defektieren. Die freundlichen Regeln erreichten Durchschnitte zwischen 472 und 504 Punkten, die beste nicht freundliche

---

[559] Das ist Axelrods Theorem 1, a.a.O., S. 14, zur mathematischen Beweisführung siehe Anmerkungen 4 und 5 zum 1. Kapitel und die Ausführungen zum Diskontparameter w im Text auf S. 11 f.

2. Die soziale Koordination von Handlungen als Informationsproblem

401 Punkte. Die Freundlichkeit war also ein wichtiger Faktor für den Erfolg.

Für die Reihenfolge unter den freundlichen Regeln mußte es andere Gründe geben. Denn jede der freundlichen Regeln erreichte in den Spielen mit jeder der anderen freundlichen Regeln und mit sich selbst ungefähr 600 Punkte, weil freundliche Regeln untereinander praktisch bis zum Ende des Spiels sicher miteinander kooperieren. Es liegt deshalb auf der Hand, daß die Rangfolge unter den freundlichen Regeln davon abhängt, wie sie mit den unfreundlichen Regeln zurechtkommen. Axelrod kommt zu dem Ergebnis, daß die Rangfolge der ersten acht Regeln im wesentlichen nur durch den Unterschied der Ergebnisse in den Interaktionen mit zwei der übrigen sieben Regeln bedingt waren. Diese Regeln, die selbst nicht sehr erfolgreich waren, aber die Rangfolge unter den besten Bewerbern stark beeinflußten, nennt Axelrod „Königsmacher". Die Eigenschaft, die für das Ergebnis der freundlichen Regeln im Umgang mit den Königsmachern ausschlaggebend war, ist „Nachsicht". Darunter ist die Neigung zu verstehen, in den Zügen nach einer Defektion des anderen Spielers wieder zu kooperieren. Die am wenigsten erfolgreiche unter den freundlichen Strategien (FRIEDMAN) war am wenigsten nachsichtig: Sie defektiert zwar niemals als erste, aber nach einer Defektion des anderen Spielers defektiert sie ständig; sie übt also ewige Vergeltung. TIT FOR TAT dagegen beantwortet die Defektion nur in dem folgenden Zug mit einer eigenen Defektion. Wenn der andere Spieler daraufhin zur Kooperation zurückkehrt, kooperiert der TIT FOR TAT-Spieler ebenfalls wieder.

Die weitere Analyse zeigt unter anderem, daß „raffinierte" Regeln, die im Prinzip freundlich und nachsichtig sind, aber gelegentlich nach einem Zufallsprinzip eine kleine Defektion einstreuen, um einen Vorteil zu ergattern, schlecht abschnitten, weil dieses Verhalten insbesondere in der Interaktion mit Strategien, die nicht sehr nachsichtig waren – und das waren die meisten der Regeln im Turnier – zu ungünstigen Effekten führt, insbesondere dazu, daß eine lange Kette wechselseitiger Defektion in Gang gesetzt wird.[560]

---

[560] So erreichte TIT FOR TAT in der Begegnung mit einer solchen Strategie (JOSS) ein schlechtes Ergebnis (236 Punkte), aber auch JOSS erreichte in dieser Partie nur 241 Punkte. Dieses schlechte Ergebnis für beide kam zustande, weil eine nach dem Zufallsprinzip eingestreute Defektion von JOSS im 6. Zug zunächst einen „Echoeffekt" verursachte: TIT FOR TAT erwiderte im folgenden 7. Zug die Defektion von JOSS, während JOSS wieder kooperierte. Im 8. Zug erwiderte JOSS die Defektion von TIT FOR TAT, während TIT FOR TAT die vorangegangene Kooperation von JOSS erwiderte. Dieses Muster abwechselnder einseitiger Defektion setzte sich fort, bis eine zweite nach dem Zufallsprinzip eingestreute Defektion von JOSS ein weiteres Echo auslöste: Vom 25. Zug

Der Erfolg von TIT FOR TAT im Computerturnier rechtfertigt nicht die Aussage, daß diese Regel unter allen Umständen die beste Strategie sei. Axelrod beschreibt drei Strategien, die, wenn sie teilgenommen hätten, besser abgeschnitten hätten als TIT FOR TAT. Unter anderem gilt dies für das Musterprogramm, das den Teilnehmern vor dem Turnier zugeschickt worden war, eine etwas nachsichtigere Version von TIT FOR TAT, die nur dann defektiert, wenn der andere in zwei aufeinanderfolgenden Zügen defektiert hat (TIT FOR TWO TATS). Dennoch setzte sich TIT FOR TAT auch in einer zweiten Runde des Turniers mit 63 Teilnehmern (einschließlich RANDOM) durch, obwohl den Teilnehmern die Ergebnisse der ersten Runde des Turniers und die Analyse der wesentlichen Gründe für diese Ergebnisse zur Verfügung standen. Sowohl TIT FOR TWO TATS als auch eine andere Regel (REVISED DOWNING), die in der ersten Runde besser abgeschnitten hätte als TIT FOR TAT, wurden in der zweiten Runde des Turniers eingereicht, aber sie wurden in dieser zweiten Runde Opfer von raffinierten Ausbeutungsstrategien, während TIT FOR TAT sich auch diesen gegenüber als robust erwies.[561]

---

an defektierten beide Spieler bis zum Ende des Spiels. Axelrod bemerkt dazu, das Turnier zeige, wie wichtig es ist, in einer Umgebung, in der beide Seiten über Macht verfügen, Echoeffekte zu minimieren, die zur Folge haben können, daß eine einzelne Defektion eine lange Kette wechselseitiger Vorwürfe in Gang setzt, unter der beide Seiten leiden. Strategien, die einzelne Defektionen einstreuen, um einen Wettbewerbsvorteil zu erreichen, berücksichtigen nicht hinreichend, daß solche Defektionen außer ihren direkten Wirkungen (der Auszahlung für den Zug) und ihren indirekten Wirkungen (der Reaktion des anderen im folgenden Zug) noch einen subtileren Effekt haben, das sich aufschaukelnde Echo. Im Spiel zwischen JOSS und TIT FOR TAT brachte die zweite, zufällig eingestreute Defektion von JOSS im 25. Zug, in dem gleichzeitig TIT FOR TAT defektierte, das Muster abwechselnder einseitiger Defektion zum Kippen. JOSS defektierte im Ergebnis zweimal hintereinander. Die im 26. Zug erfolgende Defektion von JOSS war zwar eine Antwort auf die vorangegangene Defektion von TIT FOR TAT, aber sie wirkte als Verstärkung des Effekts der vorangegangenen willkürlichen Defektion und führte so zu ununterbrochener beiderseitiger Defektion (Robert Axelrod, Die Evolution der Kooperation, S. 32 ff.).

[561] Eine dieser Strategien war TESTER. Sie defektiert bereits im ersten Zug, um die Reaktion des anderen zu testen. Schlägt der andere gleich zurück - wie TIT FOR TAT -, „entschuldigt" sie sich und spielt dann weiter nach der Regel TIT FOR TAT. Erweist sich die andere Strategie dagegen als nachlässig, geht TESTER zu einer vorsichtigen Ausbeutungsstrategie über: Sie kooperiert zwar beim zweiten und dritten Zug, defektiert danach aber bei jedem zweiten Zug. Bei TIT FOR TWO TATS hat sie damit Erfolg, weil sie niemals zweimal hintereinander defektiert. TIT FOR TWO TATS erreichte im Gesamtergebnis der zweiten Runde des Turniers nur Platz 24, TESTER kam auf Platz 46. Eine andere Strategie, die Strategien, die noch freundlicher und nachsichtiger sind als TIT FOR TAT zum Verhängnis wurde, war in der zweiten Runde des Turniers TRANQUILIZER. Diese Regel ist tückisch, sie wartet zunächst ab, bis sich ein Muster wechselseitiger Kooperation entwickelt hat, und streut erst dann eine unprovozierte Defektion ein. Dabei spekuliert sie auf Nachsicht und versucht, ihr Glück nicht zu sehr auf die Probe zu stellen, indem sie nicht zweimal hintereinander und nicht häufiger als in ei-

2. Die soziale Koordination von Handlungen als Informationsproblem

Den Teilnehmern der zweiten Runde waren die Ergebnisse der ersten Runde bekannt, auch die Bedeutung von Freundlichkeit und Nachsichtigkeit. Sie zogen daraus aber verschiedene Konsequenzen. Die einen zogen aus der Lehre des ersten Turniers den Schluß und reichten Strategien wie TIT FOR TWO TATS ein, die noch freundlicher oder nachsichtiger waren als TIT FOR TAT. Andere antizipierten die Teilnahme solcher Strategien an der zweiten Runde des Turniers und ersannen Strategien, die auf deren Ausbeutung gerichtet waren. TIT FOR TAT war in diesem Umfeld wiederum die erfolgreichste Strategie.

Die Robustheit des Erfolgs von TIT FOR TAT erwies sich auch in einer Reihe von weiteren hypothetischen Turnieren, die Axelrod mit unterschiedlich zusammengesetzten Teilnehmerfeldern durchführte. TIT FOR TAT gewann fünf der sechs wichtigeren Varianten des Turniers und belegte in der sechsten den zweiten Platz.

Schließlich führte Axelrod eine Folge von hypothetischen Turnieren durch, bei der sich die Zusammensetzung des Teilnehmerfeldes von Runde zu Runde dadurch verändert, daß die erfolgreicheren Strategien in der nächsten Runde entsprechend dem Grad ihres Erfolges in der nächsten Runde stärker vertreten sind. Auf diese Weise bilden die erfolgreicheren Strategien einen immer größeren Teil der Umgebung für jede Regel und die weniger erfolgreichen Regeln werden immer seltener angetroffen. Dieses Verfahren simuliert die aus der Evolutionsbiologie bekannte Selektionsdynamik, ohne allerdings Mutationen zuzulassen, die zu neuen Strategien führen. Die Selektion führt von Generation zu Generation zu einer veränderten Umgebung für jede Regel. Das ist ein strenger Test für die Leistungsfähigkeit einer Regel, denn fortgesetzter Erfolg würde verlangen, daß eine Regel gut mit anderen erfolgreichen Regeln zurechtkommt. Sinn macht ein solches Experiment auch im Hinblick darauf, daß menschliche Individuen im Lauf der Zeit verschiedene Strategien ausprobieren oder bei anderen beobachtete erfolgreiche Strategien übernehmen können, so daß eine Veränderung der Zusammensetzung des sozialen Umfelds von Spielstrategien auch in der Realität denkbar ist.

Die Ergebnisse dieses Experiments sind wiederum interessant. Bis zur fünften Generation halbierte sich die anfängliche Größe der 11 letztplazierten Teilnehmer, während die der meisten mittelmäßigen Teilnehmer etwa gleich blieb und die der bestplazierten langsam wuchs. Bis zur fünfzigsten

---

nem Viertel aller Fälle defektiert. Nur TIT FOR TAT wurde gut mit solchen Strategien fertig, weil es unabhängig davon, wie gut oder schlecht die Interaktion bisher verlaufen ist, auf jede Defektion antwortet.

Generation verschwanden die Regeln aus dem letzten Drittel der Teilnehmer fast, die meisten aus dem mittleren Drittel begannen zu schrumpfen und die besten wuchsen weiterhin. Die genauere Analyse zeigt, daß der Erfolg am Anfang davon abhängt, daß eine Regel mit allen Arten von Regeln erfolgreich umgeht, während später, wenn die erfolglosen Regeln verschwinden, eine gute Leistung in der Interaktion mit anderen erfolgreichen Regeln erforderlich ist.[562]

Vor allem aber lieferte dieses Experiment einen weiteren eindrucksvollen Sieg für TIT FOR TAT. Es hatte im ursprünglichen Turnier nur einen ganz leichten Vorsprung. Bis zur tausendsten Generation war es die erfolgreichste Regel und wuchs immer noch schneller.

In der Auswertung der gesamten Folge von Computerexperimenten kommt Axelrod zu dem Schluß, die Kombination, freundlich zu sein, aber bei Unfreundlichkeit zurückzuschlagen, Nachsicht zu üben und verständlich zu sein, erkläre den robusten Erfolg von TIT FOR TAT:

„Freundlichkeit schützt vor überflüssigen Schereien, Zurückschlagen hält die andere Seite nach einer versuchten Defektion davon ab, diese unbeirrt fortzusetzen. Nachsicht ist hilfreich bei der Wiederherstellung wechselseitiger Kooperation. Schließlich erleichtert Verständlichkeit die Identifikation und löst dadurch langfristige Kooperation aus."[563]

d) Grenzen der spontanen Entstehung von Kooperation in der Gesellschaft

Die von der Spieltheorie in der Analyse des wiederholten Gefangenendilemmas beschriebene Möglichkeit einer spontanen Entstehung von Kooperation hat bestimmte Voraussetzungen: Das iterierte Gefangenendilemma modelliert Situationen, in denen zwischen den gleichen Partnern eine Vielzahl von Interaktionen stattfindet. In Axelrods Turnier sind es jeweils 200 Züge in einem Spiel, wobei die getesteten Entscheidungsregeln je 5 mal auf jede andere Regel und auf sich selbst treffen. Derart häufige Wiederholun-

---

[562] Als besonders aufschlußreich erwies sich die Entwicklung von HARRINGTON, der einzigen unfreundlichen Regel unter den ersten 15 der zweiten Runde. Ihr gelang es bis etwa zur zweihundertsten Generation zu wachsen. Dann nahmen die Dinge aber eine bemerkenswerte Wende. Weniger erfolgreiche Strategien begannen auszusterben. HARRINGTON fand für seine Ausbeutungsstrategie immer weniger Opfer. Bis zur tausendsten Generation war HARRINGTON ebenso ausgestorben wie seine Beute. Die ökologische Analyse zeigt also, daß eine unfreundliche Strategie auf lange Sicht die Umgebung zerstören kann, die für den eigenen Erfolg benötigt wird.
[563] Robert Axelrod, Die Evolution der Kooperation, S. 48.

2. Die soziale Koordination von Handlungen als Informationsproblem

gen von „Spielen" zwischen gleichen Interaktionspartnern sind in der sozialen Realität nur in relativ überschaubaren und homogenen Gruppen denkbar.[564] Dabei kann es sich zwar gegebenenfalls auch um „global actors" wie Nationalstaaten und Konzerne handeln. Immer aber muß vorausgesetzt werden, daß dieselben Akteure, sei es auch mit wechselndem Personal, dann aber mit einer durch Organisation gewährleisteten Kontinuität und Erinnerungsfähigkeit des Handlungssubjekts, sich über einen längeren Zeitraum immer wieder in Interaktionen gegenüberstehen.

Unter diesen Voraussetzungen verändert die Wiederholung des Gefangenendilemmas die Situation gegenüber den Definitionen des isolierten Gefangenendilemma-Spiels in einem wesentlichen Punkt: Der Spieler weiß nun zwar immer noch nicht, welche Entscheidung der andere Spieler im Gegenzug trifft. Aber er ist aufgrund der Erfahrungen aus den vorangegangenen Spielrunden in der Lage, die Wahrscheinlichkeit abzuschätzen, mit der Kooperation oder Defektion durch den anderen Spieler zu erwarten sind. Jeder Spieler kann nun versuchen, in den vorangegangenen Spielzügen Regelmäßigkeiten und Strategien zu erkennen. Außerdem kann er seinerseits versuchen, dem anderen Spieler deutlich zu machen, wie er sich selbst in bestimmten Fällen verhalten wird. Das Informationsproblem, auf dem das Gefangenendilemma beruht, wird also nicht aufgehoben, aber so modifiziert, daß befriedigende Ergebnisse möglich werden. Die Informationen, die aus der Erfahrung der früheren Spielrunden gewonnen werden können, sind die Grundlage für die Möglichkeit der spontanen Entstehung von Kooperation, die Axelrod in der Computersimulation nachgewiesen hat.

Die Neigung, sich unter solchen Umständen kooperativ zu verhalten, ist aber zumindest an zwei Voraussetzungen gebunden: die „Horizontweite" der Akteure und die Gruppengröße:[565] Zum einen hat jedes Individuum

---

[564] Daß kleine Gruppen eher zu freiwilliger Kooperation neigen als große, hat zuerst Mancur L. Olson postuliert. Seine Hypothese ist in einer Vielzahl von Experimenten bestätigt worden. Vgl. Mancur L. Olson, Die Logik des kollektiven Handelns. Kollektivgüter und die Theorie der Gruppe, Tübingen 1968. Einen Überblick über neuere Forschungsergebnisse, die eine Differenzierung des Einflusses der Gruppengröße je nach Typ des Spiels und experimenteller Anordnung nahelegen, gibt Axel Franzen, Group size effects in social Dilemmas: A review of the experimental literature and some new results for one-shot N-PD games, in: Ulrich Schulz, Wulf Albus, Ulrich Mueller (Hrsg.), Social Dilemmas and Cooperation, Berlin u.a. 1994.
[565] Vgl. Natalie S. Glance und Bernardo A. Huberman, Das Schmarotzer-Dilemma, Spektrum der Wissenschaft 1994, S. 36 (38); vgl. auch dies., Social Dilemmas and Fluid Organizations, in: Kathleen M Carley und Michael J. Prietula, Computational Organization Theory, Hilldale, New Jersey and Hove, UK, 1994, S. 217 ff. Ein weiterer wichtiger Aspekt scheint die räumliche Verteilung der Akteure und ihrer realen Interdependenzen zu sein, vgl. dazu Andrzej Nopwak, Bibb Latane, Maciej Lewenstein, Social dilemmas

eine Vorstellung davon, wie lange eine bestimmte Interaktion dauern wird, und diese Einschätzung beeinflußt seine Entscheidung. Wer also in dem von Glance und Huberman geschilderten Beispiel des Schmarotzer-Dilemmas nur ein einziges Mal mit einer Gruppe ausgeht, wird eher auf Kosten der anderen über die Stränge schlagen als jemand, der oft dieselben Freunde trifft. Zum anderen überlegt jeder Spieler, wie seine Strategie das künftige Verhalten der übrigen beeinflußt. Im Restaurant wird er also die Chance auf ein üppiges Menü für eine nur geringfügig erhöhte Zeche lieber ungenutzt lassen, wenn er fürchten muß, daß beim nächsten Mal auch die anderen großzügig bestellen. Diese Vorsicht hängt nun aber direkt von der Größe der Gruppe ab. In einer unüberschaubaren Menge kann der einzelne erwarten, daß die Folgen seiner Entscheidung für Defektion oder Kooperation sich für die anderen kaum wahrnehmbar auswirken. So sind 200,- DM mehr auf der gemeinsamen Rechnung leichter zu verschmerzen, wenn sie sich auf 30 Personen verteilen statt auf 5. Glance und Huberman schließen aus diesen Überlegungen:

„Oberhalb einer bestimmten Gruppengröße läßt sich mithin allgemeine Kooperation nicht mehr aufrechterhalten. Die Wahrscheinlichkeit, daß dem einzelnen aus seiner Selbstsucht Nachteile erwachsen, wird gegenüber dem möglichen Gewinn so gering, daß nichts mehr gegen egoistisches Verhalten spricht. Wie unsere Experimente gezeigt haben, hängt diese kritische Größe allerdings auch von der Horizontweite ab: Je länger das Spiel nach Meinung der Teilnehmer dauern wird, desto eher kooperieren sie. Damit bestätigt sich die naheliegende Vermutung, daß Kooperation in kleinen und langlebigen Gruppen am wahrscheinlichsten ist."[566]

Glance und Huberman weisen deshalb auch darauf hin, daß die in wiederholten Gefangenendilemmaspielen zwischen jeweils zwei Interaktionspartnern so erfolgreiche Strategie „TIT FOR TAT" schon in Gruppen mit mehr als zwei Mitgliedern nicht zum Tragen kommt, weil es einem Spieler unmöglich ist, einen anderen gezielt zu belohnen oder zu bestrafen. Denn jeder strategische Schwenk beeinflußt immer die ganze Gruppe. In größeren Gruppen wird ein Spieler daher nur dann kooperieren, wenn zumindest ein bestimmter Bruchteil der Gruppe dies ebenfalls tut. Denn nur dann kann er erwarten, daß trotz anfänglicher eigener Verluste am Ende noch ein Gruppenvorteil entsteht, an dem er partizipiert. Daraus ergibt sich die Hypothese, daß es in Gruppen, die mehr als zwei Spieler umfassen, einen kritischen Schwellenwert geben wird, von dem an Kooperation entstehen

---

exist in space, in: Ulrich Schulz, Wulf Albus, Ulrich Mueller (Hrsg.), Social Dilemmas and Cooperation, Berlin u.a. 1994, S. 269 ff.

[566] Natalie S. Glance und Bernardo A. Huberman, Das Schmarotzer-Dilemma, a.a.O., S. 38.

kann und unter dem Kooperation auch wieder in Defektion umschlagen kann. Fällt die Anzahl der Kooperierenden unter diesen kritischen Wert, so schließt der zu erwartende Verlust Zusammenarbeit aus, und das Individuum wird fortan selbstsüchtig handeln.[567] Glance und Huberman haben die daraus folgende Dynamik des Gruppenverhaltens mit Hilfe einer Stabilitätsfunktion beschrieben. Die entsprechende Kurve beschreibt die relative Stabilität des Gruppenverhaltens in Abhängigkeit von dem jeweiligen Maß an Kooperation der Mitglieder. Der Kurvenverlauf für ein bestimmtes soziales Dilemma ergibt sich dann aus Kosten, Nutzen und individuellen Erwartungen. Die Stabilitätsfunktion weist zwei Minima auf, die die stabilsten Zustände der Gruppe repräsentieren: weit verbreitete Selbstsucht und generelle Kooperation. Dazwischen erhebt sich eine hohe Barriere, die den instabilen Zustand verkörpert. Die relative Höhe der Extremwerte hängt von der Größe der Gruppe und der den Mitgliedern verfügbaren Informationsmenge ab. Auf dieser Grundlage postulieren Glance und Huberman eine bestimmte Dynamik des Gruppenverhaltens, deren auffälligstes Merkmal ist, daß sich relativ schnell ein Gleichgewichtszustand einstellt - entweder allgemeine Kooperation oder allgemeine Defektion. Kleine Fluktuationen um die Gleichgewichtslage sind häufig, bleiben aber im wesentlichen folgenlos. Gelegentlich treten jedoch so große Fluktuationen auf, daß das System die Barriere zwischen den stabilen Zuständen überwindet. Dann nimmt die Gruppe sehr schnell den neuen Gleichgewichtszustand ein. In einer Gruppe, die durch allgemeines selbstsüchtiges Verhalten geprägt ist, kann es also nach hinreichend langer Zeit zur Ausbreitung allgemeiner Kooperation kommen. Wenn das geschieht, geschieht es nicht allmählich, sondern plötzlich. Der Zustand allgemeiner Kooperation mit geringfügigen Schwankungen wird dann schnell erreicht. Das gleiche gilt auch umgekehrt für das Umschlagen von allgemeiner Kooperation in allgemeine Defektion.

In Computerexperimenten fanden Glance und Huberman eine Bestätigung der von ihnen mit Hilfe der Stabilitätsfunktion postulierten Gruppendynamik. In diesen Experimenten wird eine Gesellschaft von abstrakten Agenten (Programmen, die wie Individuen entscheiden) mit einem sozialen Dilemma konfrontiert. Die Agenten bewerten in unkoordinierten Zeitabständen ihre Situation immer wieder neu und entscheiden, ob sie kooperieren oder nicht. Diese Wahl beruht auf mehr oder weniger unvollständiger oder verspäteter Information darüber, wie viele Mitspieler gerade kooperieren. Aus der Summe aller einzelnen Entscheidungen ergibt sich der aktuelle Grad von Zusammenarbeit beziehungsweise Selbstsucht in der Gruppe.

---

[567] Natalie S. Glance und Bernardo A. Huberman, a.a.O.

Glance und Huberman haben ihren Computerexperimenten nicht nur relativ kleine Gruppen (10 Agenten) mit homogenen Erwartungsstrukturen zugrundegelegt, sondern auch größere heterogene Gruppen. Dabei zeigte sich, daß sich Kooperation in größeren heterogenen Gruppen, die hinsichtlich ihrer Bewertungen und Erwartungen in mehrere Fraktionen zerfallen, ebenfalls abrupt, aber in mehreren Etappen entwickelt. Jede Untergruppe vollzieht ihren Übergang separat und steckt erst dann die nächste Untergruppe an. Der gleiche Mechanismus der Ansteckung einer größeren Gruppe durch eine zunächst für sich zur Kooperation übergegangene kleinere Gruppe ließ sich in den Computerexperimenten auch für große hierarchische Organisationen nachweisen. Übergänge von Selbstsucht zu Kooperation und umgekehrt werden meist von kleinen Einheiten angestoßen, die gewöhnlich die niedrigste Stufe der Hierarchie einnehmen. Von dort kann sich ein solcher Trend sukzessiv in höhere Ebenen fortpflanzen. Daraus ziehen Glance und Huberman die Schlußfolgerung, daß sich Organisationen so umstrukturieren lassen, daß die Ausbreitung von Kooperation begünstigt wird, etwa indem ein Netzwerk aus kleineren Gruppen von Managern etabliert wird und die zur Teamarbeit fähigsten Manager auf kleine Kerngruppen überall in der Organisation verteilt werden. Durch Umstrukturierung eines großen Unternehmens in kleinere Einheiten entstehen leichter Keime von Zusammenarbeit, die sich dann rasch ausbreiten können.[568]

Die Analysen von Glance und Huberman zeigen zwar, daß die Dynamik der Ausbreitung von Kooperation in Gruppen auch in größeren Organisationen und in heterogen strukturierten Gesellschaften eine schrittweise spontane Verbreitung kooperativen Verhaltens ermöglicht. Aber die grundlegende Erkenntnis bleibt, daß die spontane Entstehung von Kooperation in der Gesellschaft äußerst prekär und bedroht ist, zumal die Dynamik auch in der umgekehrten Richtung, von Kooperation zu selbstsüchtigem Verhalten, wirken kann. Die Annahme, daß eine Strategie wie TIT FOR TAT sich von allein durchsetzen und für allgemeine Kooperation sorgen werde, wäre jedenfalls für die großen Dimensionen der modernen Gesellschaft unrealistisch. Je größer die interagierende Gruppe ist, desto größer ist die Verlockung zu eigennützigem Verhalten. Wenn die Beziehungen völlig anonym und abstrakt bleiben, können kaum noch

---

[568] Natalie S. Glance und Bernardo A. Huberman, Das Schmarotzer-Dilemma, a.a.O.; Social Dilemmas an Fluid Organizations, a.a.O.

Erfahrungen mit den konkreten Strategien konkreter anderer Individuen gemacht werden. Die Informationsbasis, die Grundlage für die Ausbreitung von kooperativen Strategien in den Modellspielen des wiederholten Gefangenendilemmas war, fällt weg. Es ist auch kaum noch möglich, durch das eigene Verhalten gut wahrnehmbare Signale an die Gruppe zu geben. Die einzige Chance scheint darin zu bestehen, die Anonymität der großen Gruppe zu unterlaufen und konkrete Beziehungen im engeren Umfeld aufzubauen, von denen eine Initialwirkung ausgehen kann.

3. Kommunikationssysteme als Vertrauensbasis für allgemeine Kooperation

Diese Ergebnisse sind im Kontext der Frage nach der Leistung von Kommunikationssystemen aufschlußreich. Wenn es zutrifft, daß die Dynamik einer spontanen Entstehung, Ausbreitung und Stabilisierung von Kooperation für die moderne Gesellschaft mit ihrem großräumigen und anonymen Geflecht wechselseitiger Abhängigkeiten zwischen den Akteuren nicht mehr ausreicht, braucht die moderne Gesellschaft funktionale Äquivalente, um das Problem sozialer Kooperation zu lösen und Erhaltung und Wachstum von Gemeinschaftsgütern zu gewährleisten. Und wenn es weiter zutrifft, daß das Problem der Kooperation in einem sozialen Dilemma vor allem ein Informationsproblem ist, müssen solche Äquivalente etwas mit Information zu tun haben: Sie müssen den Akteuren die Möglichkeit bieten, Erwartungen in Bezug auf das Verhalten eines großen Kreises unbekannter Mitakteure, zumindest aber einer kritischen Masse der Mitglieder der Gesellschaft zu bilden, die die Annahme rechtfertigen, daß Aufwand oder Verzichtsleistungen bei eigener Kooperation durch Teilhabe an den Gewinnen allgemeiner Kooperation überwogen oder zumindest aufgewogen werden.

Kommunikation kann auf vielfache Weise dazu beitragen, daß Akteure sich auf allgemeine Kooperation einlassen. Allgemein verbreitetes Wissen über ökologische Zusammenhänge begünstigt zum Beispiel kooperatives Handeln in einem ökologisch-sozialen Dilemma, weil es das Bewußtsein der Akteure über ihre eigenen langfristigen Interessen an der Erhaltung der natürlichen Lebensgrundlagen und über die dazu notwendigen Maßnahmen befördert und sich somit auf die „Horizontweite" der Akteure auswirkt.[569] Kommunikation ist auch ein Medium der allgemeinen Verbreitung von Wissen und Problembewußtsein. Aber Wissen über die objektiven Merk-

---

[569] Vgl. dazu Hans Spada und Andreas M. Ernst, Wissen, Ziele und Verhalten in einem ökologisch-sozialen Dilemma, in: Kurt Pawlik und Kurt H. Stapf, Umwelt und Verhalten. Perspektiven und Ergebnisse ökopsychologischer Forschung, Bern u. a. 1992, S. 83 ff.

male der Situation allein reicht offenbar nicht aus, um die Entstehung allgemeiner Kooperation in modernen Gesellschaften sicherzustellen.[570]

Das Problem, das durch Kommunikation gelöst werden muß, ist also eine andere Art von Ungewißheit: Es geht um die Bildung von Erwartungen in Bezug auf das Handeln der anderen Akteure. Beim isolierten Gefangenendilemma können die Spieler per definitionem nicht über ihre Absichten kommunizieren. Sie können aber, anders als beim wiederholten Gefangenendilemma, auch keine Erfahrungen in einer hinreichend langen Geschichte von Interaktionen mit dem gleichen Partner sammeln. Diese Einschränkung können wir auch für die uns interessierende Konstellation akzeptieren. Denn hier interessiert nicht in erster Linie der Fall, daß die Akteure, deren Entscheidungen füreinander Folgen haben, sich über ihre Entscheidungen direkt verständigen können. Im Kontext der Frage nach den Leistungen von Kommunikationssystemen müssen wir den für die moderne Gesellschaft beispielgebenden Fall in den Blick nehmen, daß der in einen vernetzten Wirkungszusammenhang einbezogene Akteur wegen der Unüberschaubarkeit des Wirkungsgefüges und wegen der Vielzahl der von verschiedenen, räumlich weit verteilten Handlungssubjekten unabhängig voneinander zu treffenden Entscheidungen prinzipiell nicht in der Lage ist, sich konkret mit bestimmten Personen auf ein gemeinsames Verhalten abzustimmen. Ein Beispiel für eine solche Situation ist die wirtschaftliche Disposition, deren Nutzen oder Schaden von der Entwicklung eines offenen Marktes abhängt, der auf eine große Zahl unabhängig voneinander disponierender Akteure reagiert. Zwar finden auch hier Transaktionen zwischen einzelnen Akteuren statt. Aber die konkreten Akteure treffen häufig nur einmal aufeinander und können in der Regel nicht davon ausgehen, daß sie erneut oder sogar über längere Zeiträume regelmäßig miteinander zu tun haben werden. Der Informationsgewinn, den das wiederholte Gefangenendilemmaspiel ermöglicht, entfällt dann. A muß also einen Grund haben, mit B zu kooperieren, obwohl es eher ungewiß ist, ob er jemals wieder auf B treffen wird. Wenn A aber davon ausgehen kann, daß Kooperation die dominante Handlungsstrategie eines hinreichend großen Teils aller Akteure ist, daß also B seinerseits mit C, dieser wieder mit D u.s.w. kooperieren wird, kann A auch erwarten, daß das Netz wechselseitiger Kooperation ihm vielfach zugute kommen wird und er an den Kooperationsgewinnen

---

[570] Vgl. dazu Hans Spada und Andreas M. Ernst, a.a.O.; Andreas Diekmann und Peter Preisendörfer, Persönliches Umweltverhalten. Diskrepanzen zwischen Anspruch und Wirklichkeit, Kölner Zeitschrift für Soziologie und Sozialpsychologie 44 (1992), S. 226 ff.; Axel Franzen, Trittbrettfahren oder Engagement? Überlegungen zum Zusammenhang zwischen Umweltbewußtsein und Umweltverhalten, in: Andreas Diekmann und Axel Franzen (Hrsg.), Kooperatives Umwelthandeln, Chur und Zürich 1995, S. 135 ff.

3. Kommunikationssysteme als Vertrauensbasis für allgemeine Kooperation 273

dieses Netzwerks angemessen beteiligt sein wird. Wenn allgemeines Vertrauen in die Geltung und Durchsetzung einer Rechtsordnung besteht, die das Eigentum schützt und Diebstahl bestraft, kann schon die Bewertung der eigenen Interessenlage den einzelnen dazu bewegen, sich selbst an diese Rechtsordnung zu halten. Wer der Versuchung widersteht, im Kaufhaus zu stehlen, obwohl er weiß, daß der Schaden über die Preiskalkulation auf die Masse der Käufer abgewälzt wird und der Schaden für jeden einzelnen minimal ist - eigentlich also eine Situation, die zum „Trittbrettfahren" geradezu herausfordert -, wird zwar vielleicht auch von der Angst vor Scham und Strafe im Falle der Entdeckung bewogen. Aber man wird bezweifeln müssen, daß allein Scham und Angst ausreichen, um die verbreitete Motivation zur Einhaltung strafrechtlicher Normen und die Beachtung von Regeln auch bei günstigen Gelegenheiten, bei denen die Gefahr von Entdeckung und Strafe gering ist, zu erklären.[571] Für die Erklärung der Bereitschaft zur Beachtung der Rechtsordnung dürfte es von entscheidender Bedeutung sein, daß Rechtsfriede und Sicherheit ein öffentliches Gut sind, an dem jedermann partizipiert. Es ist deshalb eine durchaus rationale Erwägung, daß eine allgemeine Ordnung, in der das Eigentum geschützt ist, auf die Dauer auch im eigenen Interesse positiver bewertet wird als ein allgemeines Chaos, in dem Willkür, Betrug, Diebstahl und das Recht des Stärkeren und Skrupelloseren sich durchsetzen. Denn die rechtlichen und moralischen Freiheiten, die ein solcher Zustand mit sich bringen würde, wiegen die Kosten der allgemeinen Unsicherheit und den Verlust der Gewinne, die im Rahmen einer stabilen sozialen Kooperation möglich sind, nicht auf. Solange also der Eindruck besteht, daß die Rechtsordnung im allgemeinen gilt und gegen Abweichungen verteidigt wird, entspricht die eigene Befolgung des Rechts einer rationalen Überlegung und nicht nur ausschließlich der Angst vor Scham oder Bestrafung.

Diese Überlegung zeigt, daß soziale Normen das Kooperationsdilemmas nicht notwendig dadurch lösen müssen, daß sie das Motiv der Verfolgung eigener Interessen vollständig unterbinden. Die Analyse des Kooperationsdilemmas hat gezeigt, daß die Strategie der Defektion nicht deshalb dominant ist, weil sie dem einzelnen Akteur oder beiden Akteuren das bessere Ergebnis bringt, sondern obwohl Kooperation die besseren Ergebnisse bringen würde. Ein entscheidender Ansatzpunkt einer funktionalen Erklärung der Integration der Gesellschaft über Normen, Werte und Kommuni-

---

[571] So aber Jon Elster, Rationality an Social Norms, Europäisches Archiv für Soziologie 32, S. 109 ff.; zur Kritik und zu weiteren Nachweisen Michael Schmid, Soziales Handeln und strukturelle Selektion, S. 131 ff.

kationssysteme wie das Recht könnte darin bestehen, daß sie die Orientierung der Individuen an ihren auf längere Sicht übereinstimmenden Interessen gegenüber einer Orientierung an ihren auf kurze Sicht divergierenden Interessen stärken. Wenn die Geltung einer allgemeinen Kooperationsnorm das Problem der Erwartungssicherheit löst, spricht auch die - dauerhafte - individuelle Interessenlage für Kooperation.

Wenn es um Situationen geht, in denen die unmittelbare Kommunikation mit anderen Akteuren im Netzwerk wechselseitiger Abhängigkeiten nicht möglich ist, kann die erforderliche Information nicht wie im Fall des wiederholten Gefangenendilemmas dem bisherigen Entscheidungsverhalten konkreter anderer Akteure gewonnen werden. Und auch die darauf aufbauende Prognose des wahrscheinlichen künftigen Verhaltens der anderen Akteure ist nicht möglich. Die durch Kommunikation in solchen Konstellationen bereitgestellte Information kann also nur eine abstrakte, von konkreten Akteuren abgelöste Information sein. Die darauf gegründete Prognose kann sich ebenfalls nur auf ein abstraktes Objekt beziehen, nicht auf das wahrscheinliche Verhalten einzelner, bestimmter Akteure, sondern auf das aggregierte Entscheidungsverhalten der Gesamtheit der Akteure, deren Entscheidungen füreinander Bedeutung haben. Das für die eigene Kooperation erforderliche Vertrauen, daß ein hinreichend großer Teil der Mitakteure ebenfalls kooperiert, so daß die langfristige Bilanz der Auszahlungen günstig ist, läßt sich nicht als personales Vertrauen begründen. Aber worauf gründet sich ein solches Vertrauen dann? Ist ein abstraktes Vertrauen auf eine anonyme Menge von Akteuren, deren Verhalten nicht konkret erfahrbar ist, überhaupt möglich?

Worauf gründet sich zum Beispiel das Vertrauen, daß das Geld, das mir jemand für mein wertvolles Gemälde gibt, einen entsprechenden Wert hat? Bekanntlich ist es nicht der Materialwert der Banknote. Das Vertrauen beruht offensichtlich auf der Erfahrung, daß die Banknote, die als Symbol für die in ihr ausgedrückte Zahlungsfähigkeit steht, im allgemeinen von jedermann akzeptiert wird und es mir also erlauben wird, meinerseits Waren und Dienstleistungen in entsprechendem Wert zu erwerben. Es handelt sich also um Vertrauen in die allgemeine Akzeptanz eines Zahlungsmittels im Kontext eines wirtschaftlichen Kommunikationssystems, das reale Koordinationen wirtschaftlicher Austauschvorgänge zu berechenbaren und im wesentlichen gleichbleibenden Bedingungen organisiert, und um Vertrauen in die Institutionen, die dieses Kommunikationssystem stabilisieren.[572]

---

[572] Dazu Niklas Luhmann, Vertrauen. Ein Mechanismus der Reduktion sozialer Komplexität, Stuttgart 1968; Peter Preisendörfer, Vertrauen als soziologische Kategorie, Zeitschrift für Soziologie 24 (1995), S. 263 ff.; zur empirischen Untersuchung des Vertrauens in In-

3. Kommunikationssysteme als Vertrauensbasis für allgemeine Kooperation

Dieses Vertrauen ist nicht unabhängig von konkreten Erfahrungen.[573] Aber es muß sich um die Erfahrung des **allgemeinen** Funktionierens von Kommunikationssystemen und der im Durchschnitt erfolgreichen Abstimmung individueller Handlungen nach Maßgabe der Kommunikationssysteme handeln. Dafür hat die im Einzelfall gemachte Erfahrung nur indizielle Bedeutung. Die konkrete Erfahrung des Funktionierens im Einzelfall genügt nicht unbedingt, um Systemvertrauen aufzubauen. Über Medien vermittelte Informationen können gleichwohl zur Verunsicherung führen. Andererseits müssen negative Erfahrungen in Einzelfällen nicht unbedingt auf das generelle Systemvertrauen durchschlagen. Aus der Situation und den institutionellen Rahmenbedingungen kann sich auch ergeben, daß vor jeder konkreten Erfahrung ein Vertrauensvorschuß gegeben ist, der dann allerdings durch konkrete Erfahrung bestätigt werden muß. Als Beispiel dafür läßt sich das Vertrauen auf die DM bei der Währungsreform im Jahre 1948 anführen.

Eine zentrale Funktion der Kommunikationssysteme der modernen Gesellschaft besteht also darin, eben diese generelle Erwartung von Kooperation zu ermöglichen, die Voraussetzung für die Bereitschaft der individuellen Akteure zu eigener Kooperation ist. Kommunikationen und Kommunikationssysteme haben sich, so kann man auch entstehungsgeschichtlich plausibel vermuten, in der kulturellen und sozialen Evolution durchgesetzt, weil sie sich als Orientierungsgrundlage für die soziale Koordination von Handlungen in Gesellschaften bewährt haben, die über relativ kleine und dauerhafte soziale Formationen hinausgewachsen sind, und weil sie deren Stabilisierung und weiteres Wachstum begünstigt haben. Kommunikation, die den Akteuren eine Lösung ihrer Koordinationsprobleme ermöglicht, hat offenbar einen selektiven Vorteil, der ihre evolutionäre Durchsetzung und Stabilisierung im jeweiligen Kommunikationssystem begünstigt. Die Eignung zur Lösung der typischen Koordinationsprobleme sozialer Akteure erweist sich dann als ein Aspekt der Wertebene, von der die Selektion abweichender Kommunikation abhängt.

---

stitutionen Lorenz Gräf und Wolfgang Jagodzinski, Wer vertraut welcher Institution: Sozialstrukturell und politisch bedingte Unterschiede im Institutionenvertrauen, in: Michael Braun (Hrsg.), Blickpunkt Gesellschaft 4 - Soziale Ungleichheit in Deutschland, Opladen 1998, S. 283 ff.; Hans-Ulrich Derlien und Stefan Löwenhaupt, Verwaltungskontakte und Institutionenvertrauen, in: Helmut Wollmann u.a. (Hrsg.), Transformation der politisch-administrativen Strukturen in Ostdeutschland, Opladen 1997, S. 417 ff.

[573] Ulrich Derlien und Stefan Löwenhaupt, a.a.O., S. 418, mit Hinweis auf die klassische Untersuchung von Almond und Verba, The Civic Culture. Political Attitudes and Democracy in Five Nations, Princeton 1963.

Hinzu kommt das Problem, daß die Möglichkeiten, innerhalb der menschlichen Lebenszeit ausreichende Erfahrungen zu sammeln, die die Einsicht in den Erfolg kooperativer Verhaltensstrategien tragen können, begrenzt ist. Wenn jede Generation von vorne beginnen müßte, Erfahrungen mit den Folgen unfreundlicher, unnachsichtiger oder gieriger Handlungsstrategien zu machen, wäre ihr Erfolg immer wieder gefährdet, würde es soziales Wachstum und Aufbau sozialer Kooperation über Generationen hinweg kaum geben können. Die kommunikative Reproduktion von Regeln, Normen und Werten dient der Weitergabe des aus Erfahrung gewonnenen Wissens über den dauerhaften Erfolg kooperativer Einstellungen und Handlungsstrategien. Die Wirkungsweise der kulturellen und sozialen Evolution trägt dazu bei, den Fundus an bewährten Regeln, auf die die Akteure zurückgreifen können, von Generation zu Generation zu übertragen, zugleich aber neuen Anforderungen immer wieder anzupassen. Individuen können erfolgreiche Strategien beobachten und nachahmen. Sie werden aber auch Handlungsstrategien, die auf der Beachtung von kulturell akzeptierten Normen und Werten beruhen, mit hoher Wahrscheinlichkeit beibehalten, wenn sie sich auch in ihren Resultaten bewähren. Die Resultate rechtfertigen und stabilisieren dann immer auch das Vertrauen auf eben diese Normen und Werte. Normen und Werte müssen andererseits immer wieder von Generation zu Generation und von Individuum zu Individuum kreativ auf die jeweilige Situation angewandt werden. Die Menschen müssen unter den gegebenen Bedingungen Felder für Kooperation entdecken und entwickeln, sie müssen für neue Situationen Handlungsstrategien entwickeln, die sich in den Kontext von Normen und Werten einfügen und diese dabei auch weiterentwickeln. So müssen sie gegenwärtig lernen, im neuen Kontext globaler Wirtschaftsbeziehungen, in die ein schnell wachsender Kreis von Nationen, Unternehmen, Arbeitnehmern und Verbrauchern einbezogen wird, kooperative Handlungsstrategien zu finden, zu entwickeln und zu verfeinern. Dabei muß der Sinn von Werten und Normen für die Lösung aktueller Koordinationsprobleme neu entdeckt und konkretisiert und müssen unterschiedliche kulturelle Traditionen integriert werden.

Soziale Regeln, Regelsysteme und darauf aufbauende Institutionen spielen in der spieltheoretischen Diskussion über Lösungen von Koordinationsproblemen, vor allem des Kooperationsdilemmas, und in der Neuen Institutionenökonomie eine entscheidende Rolle.[574] Dabei haben die Be-

---

[574] Vgl. dazu Tom R. Burns und Thomas Dietz, Kulturelle Evolution: Institutionen, Selektion und menschliches Handeln, in: Hans-Peter Müller und Michael Schmid, Sozialer Wandel. Modellbildung und theoretische Ansätze, Frankfurt am Main 1995, S. 340 ff. (343 ff.).

griffe der sozialen Regel und des Regelsystems eine weitgefaßte Bedeutung. Sie umfassen etwa Normen, Gesetze, Moralprinzipien, Verhaltenscodes, Spielregeln, Handlungsrezepte, technische Anweisungen, Konventionen, Bräuche und Traditionen.[575] Präskriptive Regeln und damit auch Normen stellen also nur einen Typ sozialer Regeln dar. Eine Institution wird etwa bei Burns/Dietz definiert als eine Menge von Regeln, die (1) Interaktionsszenarien festlegen, (2) die Individuen und kollektiven Akteure bestimmen, die sich an solchen Interaktionen beteiligen dürfen und deren konstitutiven Charakter prägen , und (3) die Regeln angemessenen Verhaltens und damit auch die Rollen fixieren, welche die Akteure im Rahmen der betreffenden Szenerien einnehmen.[576] Daß soziale Regeln Lösungen des Kooperationsdilemmas sein können, leuchtet ohne weiteres ein. Im Beispiel der Gourmet-Runde etwa mögen die Teilnehmer nach der schlechten Erfahrung des ersten Abends eine Absprache treffen und entweder die neue Regel einführen, daß jeder das bezahlt, was er bestellt hat, oder eine Obergrenze festlegen, bei deren Überschreitung der Besteller selbst bezahlen muß. Die Schafhirten im Allmende-Beispiel kennen sich von Kindesbeinen an. Man kennt auch seine schwarzen Schafe und wirkt mit Hilfe des Dorfpfarrers und des Dorfschullehrers auf sie ein. Wenn das nicht reicht und trotzdem eine Überweidung des Gemeindelandes droht, wird der Gemeinderat eine Regelung treffen, die die Gesamtzahl der Weidetiere und die Quoten für die einzelnen Schafhirten festsetzt, und der Dorfpolizist wird deren Einhaltung überwachen. Im Fischereikonflikt schließlich können internationale Organisationen vermitteln und Fangquoten festlegen. Diese Reihe von Beispielen ließe sich beliebig verlängern. Das Problem besteht nicht unbedingt darin sich vorzustellen, daß Regeln ein soziales Dilemma auflösen oder Wege aus einem sozialen Dilemma begünstigen können. Aber diese Art der Lösung wirft neue Fragen auf, die über den Rahmen der spieltheoretischen Analyse hinausgehen: Wie werden Regeln zur Lösung eines sozialen Dilemmas gefunden? Entwickeln sich Kooperationsregeln spontan, weil die Akteure die Vorteile der Kooperation erkennen und daraufhin das entsprechende Verhalten als Regel akzeptieren? Entstehen sie durch ausdrücklichen Vertrag oder durch Initiative eines „politischen Unternehmers"? Oder werden sie der Gruppe von außen aufgezwungen? Aber nicht nur die Entstehung, sondern auch die Erhaltung und Veränderung sozialer Regeln wirft eine Fülle von Fragen auf: Sind soziale Normen stabile Lösungen des Kooperationsdilemmas oder bleibt das soziale Dilemma grundsätzlich bestehen, nur mit der Maßgabe, daß die Akteure

---

[575] Tom R. Burns und Thomas Dietz,. a.a.O., S. 344 m.w.N. in Fußnote 6.
[576] Tom R. Burns und Thomas Dietz, a.a.O., S. 346 m.w.N.

nun auch die Kosten von Sanktionen bei Abweichungen in ihre Kalkulation einbeziehen müssen? Spielt das Verhältnis zwischen den Kosten für die Überwachung der Einhaltung der Regel durch die Akteure und den Kooperationsgewinnen eine Rolle für die Stabilität der Regel? Führt eine Durchsetzung von Kooperationsregeln nicht nur zu einem neuen Dilemma höherer Ordnung („second order dilemma"), weil die Akteure jetzt entscheiden müssen, ob sie sich auch an den Kosten der Einführung und Überwachung der Regel beteiligen oder auf Kosten der Allgemeinheit ihren Beitrag verweigern, zugleich aber die Kooperationsgewinne mitnehmen wollen? Kann dieses Problem dann durch Regeln zweiter Ordnung gelöst werden? Oder können diese Probleme durch die herrschaftliche Einführung und Überwachung von Regeln vermieden werden? Aber wer kontrolliert dann die Kontrolleure und nach welchen Regeln?

Es ist unschwer zu erkennen, daß diese Fragen zwar von der spieltheoretischen Analyse der strategischen Logik der Situation ausgehen, aber in den klassischen Feldern der Staats- und Rechtstheorie „wildern", von der Frage nach den Gründen für die Entstehung des Staates und des Rechts über die Bedeutung des mit Entscheidungsautorität versehenen Dritten und die Rolle sekundärer Normen für den Begriff des Rechts (H.L.A. Hart) bis zu den Formen und Verfahren der Kontrolle von Herrschaft und Macht durch gegenseitige checks und balances im neuzeitlichen Verfassungsstaat. Deutlich wird aber auch, daß derartige Fragen kaum noch überzeugend allein auf der Grundlage der einfachen Annahmen über Spielsituationen und Akteure gewonnen werden können, von denen die spieltheoretischen Analysen des sozialen Dilemmas ausgegangen sind.

Es kann hier nicht darum gehen, die Fragen, die sich im Anschluß an die spieltheoretische Modellanalyse stellen, zu konkretisieren und an realen Gegenständen weiter zu verfolgen. Der Sinn der spieltheoretischen Analyse für den Gang der vorliegenden Untersuchung besteht ausschließlich im analytischen Nachweis eines grundlegenden Bedarfs der sozialen Akteure an der durch Kommunikationssysteme zur Verfügung gestellten Information für die Lösung ihrer Koordinationsprobleme. Die spieltheoretische Analyse gibt einen deutlichen Hinweis darauf, daß Kommunikationssysteme zum Gelingen der Koordination von Handlungen sozialer Akteure in modernen Gesellschaften benötigt werden. Aber wie geschieht dies?

4. Die Selektion von Handlungen

Wie können Kommunikationssysteme zur Lösung von Koordinationsproblemen beitragen? Wie setzt sich die Information, die in Kommunikationssystemen erzeugt und reproduziert wird, in koordiniertes Handeln um? Die autopoietische Konzeption der Theorie sozialer Systeme hat zwar die analytischen Möglichkeiten und Einsichten in Bezug auf die internen Operationen von Kommunikationssystemen erweitert. Hinsichtlich der „Außenwirkung" von Kommunikation und Kommunikationssystemen jedoch verdanken wir ihr zwar - und das ist nicht wenig - die Destruktion von unzulässig vereinfachenden Annahmen über Information und Steuerung, die der Komplexität systemübergreifender „struktureller Kopplungen" nicht gerecht werden. Aber die Theorie sozialer Systeme bietet keine überzeugenden Lösungen. Die Erkenntnistheorie Piagets liefert uns indessen das Grundmodell einer Konzeption, die der Geschlossenheit der Operationen kognitiver Systeme Rechnung trägt und dennoch mit der Handlung als Einheit der Selektion und mit den über Handlungen laufenden Selektionsmechanismen („Äquilibration") schlüssig erklären kann, wie es möglich ist, daß kognitive Konstruktionen sachhaltig sind und dem Handlungssubjekt eine für seine Handlungsbedürfnisse ausreichende Orientierung an den Strukturen der Realität erlauben. Und George Herbert Mead verdanken wir grundlegende Einsichten über die Rolle sozialer Objekte für die Entstehung jener kognitiven Konstruktionen, die Voraussetzung jeder sozialen Handlungskompetenz sind. Auf dieser Grundlage können wir davon ausgehen, daß soziale Akteure aufgrund ihrer Sozialisation und Enkulturation in der Lage sind, aus der Beobachtung von Kommunikation handlungsrelevante Informationen zu gewinnen.

Wenn wir danach fragen, wie Kommunikation Leistungen für die Lösung von Koordinationsproblemen erbringen kann, werden wir auf die Wahrnehmungs- und Informationsverarbeitungsfähigkeiten sozialer Akteure verwiesen. Kommunikation „steuert" also nicht die Akteure. Sie steht den Akteuren vielmehr als dynamische symbolische Struktur zur Verfügung, die von den Akteuren entschlüsselt wird und ihnen zur Handlungsorientierung dient. Die aktive Rolle in diesem Prozeß hat der individuelle Akteur, nicht das Kommunikationssystem. Damit wird deutlich, daß Handlungstheorie benötigt wird, wenn es um die Frage geht, wie Kommunikation zur Lösung der Koordinationsprobleme beiträgt. Wie durch Orientierung der Akteure an Kommunikation eine soziale Koordination realer Handlungen entstehen kann, läßt sich mit den Mitteln einer auf Kommunikation als Sinnoperation basierenden Theorie sozialer Systeme nicht mehr beantworten. Hier endet der systemtheoretische Sektor und es beginnt der Herrschaftsbereich der traditionellen, handlungstheoretisch fundierten Soziologie.

Offenkundig ist aber auch, daß ein im Vergleich zu den spieltheoretischen Modellannahmen erheblich komplexeres handlungstheoretisches Modell benötigt wird: Einerseits gehen die spieltheoretischen Analysen der handlungsstrategischen Logik von Dilemmasituationen davon aus, daß die Akteure ihre Interessen in einer Konfliktsituation wahrnehmen und auf dieser Grundlage mehr oder weniger rationale Strategien entwickeln können. Diese Annahme erweist sich nicht als besonders anspruchsvoll. Es wird lediglich behauptet, daß Akteure aus den Erfahrungen mit den Auszahlungen, die sie als Folge ihrer eigenen Entscheidungen und der Entscheidungen der anderen Akteure machen, lernen und versuchen können, durch eine Änderung ihrer Strategie bessere Ergebnisse zu erzielen. Es wird nicht etwa behauptet, daß soziale Akteure bewußt und mit mathematischer Präzision derartige Strategien entwickeln könnten. Vielmehr wird vermutet, daß erfolgreiche Strategien sich durch Nachahmung verbreiten und durch Bewährung behaupten, letztlich also durch differentielle Selektion durchsetzen. Wenn wir jetzt aber annehmen, daß die Wahl von Handlungsstrategien auch durch die Beobachtung von Kommunikationssystemen beeinflußt wird, haben wir es offenkundig mit sehr viel anspruchsvolleren Annahmen zu tun, mit der grundlegenden Annahme, daß menschliche Individuen Kommunikation beobachten und daraus Kriterien für Handlungsentscheidungen gewinnen können. Daran schließt sich eine Fülle von Fragen an: Wie kommen aus der Beobachtung der Situation und der symbolischen Umwelt Entscheidungskriterien zustande? Genügt es, daß die Individuen im Verlauf ihrer Sozialisation (Enkulturation) zur Übernahme moralischer, rechtlicher etc. Bindungen disponiert werden? Oder reicht der zu erwartende Nutzen der Kooperation aus, um entsprechende Regeln aufzustellen, anzuerkennen und zu befolgen? In welchem Verhältnis stehen die Entscheidungskriterien, die Folge der Beobachtung von Kommunikation sind, zur Bewertung der Folgen eigener und fremder Handlungen nach Kriterien eines rationalen Interessenkalküls? Trifft es zum Beispiel zu, wie Jon Elster meint, daß normorientiertes Handeln kein rationales Handeln ist, sondern auf irrationalen Motiven wie Scham, Schuldgefühlen und Angst vor Strafe beruht, die in der individuellen Sozialisation aufgebaut werden?[577]

---

[577] Jon Elster, Rationality and Social Norms, Europäisches Archiv für Soziologie 32, S. 109 ff.; kritisch dazu Schmid, Soziales Handeln und strukturelle Selektion, S. 131 ff.

4. Die Selektion von Handlungen

Die Suche nach den Mechanismen, von denen die externe Selektion von Kommunikation abhängt, trifft auf neuere handlungstheoretisch fundierte Bemühungen, die Wahl von Handlungen evolutionstheoretisch als Ergebnis struktureller Selektion zu erklären.[578] Den Ausgangspunkt dieses Ansatzes bildet die Überlegung, daß das soziale Handeln der Akteure, mit denen sie die Probleme der Koordination, der Kooperation und der Distribution zu lösen versuchen, zur Herausbildung von Strukturen führt, die dann ihrerseits als Selektionsbedingungen auf die aktuelle Handlungssituation zurückwirken und über Erfolg oder Mißerfolg des weiteren Handelns entscheiden. Soziale Strukturen entstehen durch die Etablierung von Regeln, die zur Lösung der Koordinationsprobleme führen. Werden solche Regeln erfolgreich durchgesetzt und von einer hinreichend großen Gruppe sozialer Akteure akzeptiert, so existiert eine Institution.[579] Dadurch verändert sich die Handlungssituation. Anpassung an die etablierten Regeln verspricht dann auf die Dauer bessere Erfolge als Abweichung. Die Stabilisierung einer derartigen Institution setzt allerdings voraus, daß die Regel sich ihrerseits auch aus der Sicht einer hinreichend großen Gruppe von Akteuren bewährt, daß ihre Befolgung also Koordinationsgewinne gewährleistet und diese Gewinne nicht durch Kosten der Regeldurchsetzung überwogen werden.

Der Selektionserfolg der Regel und der Selektionserfolg der Handlung bedingen sich also wechselseitig. Kriterium der differentiellen Selektion von Handlungen ist die erfolgreiche Lösung von Koordinationsproblemen mithilfe einer Regel. Kriterium der differentiellen Selektion von Regeln ist die erfolgreiche Lösung von Koordinationsproblemen mithilfe von Handlungen der Akteure. Ob Koordinationsprobleme erfolgreich gelöst sind, hängt wiederum davon ab, ob die Ergebnisse des koordinierten Handelns den Bedürfnissen der Akteure entsprechen und, wenn das nicht der Fall ist, ob den Akteuren Handlungsalternativen zur Verfügung stehen, die ihnen erfolgversprechender erscheinen, sei es unkoordiniertes Handeln oder die Befolgung einer anderen Regel.

---

[578] Zu diesem Programm vgl. insbesondere Michael Schmid, Soziales Handeln und strukturelle Selektion, Opladen 1998, passim, insbesondere S. 263 ff.; Tom R. Burns und Thomas Dietz, Kulturelle Evolution: Institutionen, Selektion und menschliches Handeln, in: Hans-Peter Müller und Michael Schmid (Hrsg.), Sozialer Wandel. Modellbildung und theoretische Ansätze, Frankfurt am Main 1995, S. 340 ff.

[579] Michael Schmid, a.a.O., S. 273. Hier wird allerdings im Folgenden vorgeschlagen, für diesen umfassenden Zusammenhang den Begriff der Koordination einzuführen, um den Begriff der Institution - in Abgrenzung etwa zur Organisation - für eine bestimmte Art der Koordination durch Konkretisierung von Werten (Rationalitätskriterien) reservieren zu können.

4. Kapitel Kommunikationssysteme als Lösungen

Die handlungstheoretischen Grundlagen dieser Hypothese der strukturellen Selektion individuellen Handelns hat Michael Schmid folgendermaßen zusammengefaßt:[580]

Als relativ unstrittig kann gelten, daß Handeln gewählt werden muß. Diese Wahl kommt dadurch zustande, daß die unterschiedlich bewerteten Ziele und die Wahrscheinlichkeit, mit der diese Ziele erreicht werden können, miteinander „verrechnet" werden. Ebenso unstrittig ist, daß die Folgen des eigenen Handelns mit dieser zentralen Handlungsfunktion zurückgekoppelt sind, so daß Verhaltensänderungen sich aus der zukünftigen Vermeidung unerwünschter Folgen erklären lassen, die Stabilisierung einer Handlungsweise dagegen aus dem Auftreten erwünschter Folgen. Wichtige Modifikationen erfährt dieses Basismodell durch die Berücksichtigung unerwarteter, nichtintendierter Folgen und durch Beachtung des Umstands, daß Handlungsfolgen interpretiert, konstruiert und emotional bewertet werden.

Eine allgemeine Theorie des individuellen Handelns muß berücksichtigen, daß Handeln sowohl in Reaktion auf die externe Umwelt als auch in Abhängigkeit von endogenen Faktoren veränderbar ist. Zu berücksichtigen sind einerseits interne Faktoren: Wünsche, Vorhaben, Präferenzen, Intentionen, kulturelle Werte der Akteure - von ihnen hängt die Dringlichkeit und Wertigkeit von Handlungszielen ab - und außerdem Wissen, Erwartungen, Informationen, Orientierungen und Wahrnehmungen der Akteure - sie erlauben ihnen den Zugang zur Handlungssituation. Diese Faktoren sind zwar partiell geordnet, aber es ist davon auszugehen, daß Präferenzen nicht vollständig geordnet sind und daß Wissen in der Regel fehlerhaft, unvollständig oder widersprüchlich ist.[581]. Andererseits müssen die extern zu besorgenden Ressourcen und die intern verfügbaren Kompetenzen beachtet werden, die den Anpassungs- und Möglichkeitsspielraum des projektierten Handelns abstecken. Das Problem der Handlungstheorie besteht nun darin, diese Faktoren durch eine Funktion dynamisch-rekursiv miteinander zu verknüpfen. Gemeinsam ist den unterschiedlichen Theorien die Auffassung, daß Akteure sich durch ihr Handeln aktiv darum bemühen, einen internen Spannungszustand zwischen Zielen und Erwartungen zu beseitigen, eine Zielvorgabe zu realisieren oder einen intendierten Effekt zu er-

---

[580] Vgl. dazu und zum Folgenden Michael Schmid, Soziales Handeln und strukturelle Selektion, S. 266 ff.
[581] Daß die Individuen über eine zumindest partielle Ordnung ihrer Präferenzen und über kognitive Konzepte verfügen, die für Handlungsentscheidungen ausreichen, wäre kaum allein als Resultat innerlicher Reflektion erklärbar, wohl aber - nicht zuletzt auf der Grundlage der Erkenntnistheorie Piagets - als Resultat von Evolution und differenzieller Selektion nach dem Kriterium der pragmatischen Bewährung.

reichen.[582] Ob sie dies aufgrund von Gewohnheit oder opportunistisch, mit Hilfe ertragsmaximierender oder kostenvermeidender Handlungsstrategien oder unter Einsatz von Mischstrategien tun, ist streitig.

Der handlungstheoretische Kern des - gegenüber älteren Evolutionskonzepten revidierten - evolutionstheoretischen Programms besteht nach Schmid in der Auffassung, daß Akteure Probleme lösen wollen und dies angesichts beschränkter Fähigkeiten bzw. unzureichender Möglichkeiten tun müssen. Das hat zur Folge, daß der Ausgang ihrer Bemühungen aus den verschiedensten Gründen unsicher und risikobehaftet ist, was sich als problemgenerierend und damit als treibende Kraft für weitere Handlungsversuche erweist.

Mit einem solchen handlungstheoretischen Konzept kann also die selektive Wirkung von Kommunikation auf individuelles Handeln ebenso erfaßt werden wie die Selektionswirkung der Koordination individueller Handlungen auf Kommunikationssysteme. Daraus ergibt sich allerdings noch kein vollständiges und schlüssiges Konzept zur Erklärung kultureller und sozialer Evolution. Es wird nur eine Evolutionsfunktion abgebildet, die Selektionsfunktion. Regeln und Institutionen bilden die Selektionsumwelt für die Selektion von Handlungsalternativen durch die Individuen. Umgekehrt bildet die Handlung, oder genauer: die Handlungskoordination die Selektionsumwelt für alternative Regeln. Wir haben es also offenbar mit zwei unterschiedlichen Arten von Evolution zu tun. Ein schlüssiges Erklärungskonzept setzt in beiden Fällen voraus, daß neben der Einheit der Selektion auch die Einheit der Übertragung (Reproduktion) der spezifischen Information und die evoluierende Einheit bestimmt und das Zusammenspiel der Evolutionsfunktionen schlüssig beschrieben werden kann. Das auf handlungstheoretischer Grundlage beruhende Selektionsmodell bietet also allein noch keine hinreichende Antwort auf unsere Frage nach einem schlüssigen Konzept der Erklärung kultureller und sozialer Evolution. Wir kommen deshalb im folgenden Kapitel auf die am Eingang dieses Kapitels formulierte These und auf den Vorschlag eines Konzepts kultureller und sozialer Evolution zurück, das die systemtheoretische Evolutionskonzeption Luhmanns um die Koordination als Einheit externer Selektion erweitert.

---

[582] Eine evolutionstheoretisch reflektierte soziologische Handlungstheorie könnte hier meines Erachtens noch großen Gewinn aus der Erkenntnistheorie Piagets ziehen.

5. Kapitel
Die evolutionäre Entstehung von Information in sozialen Systemen

1. Das Grundkonzept einer evolutionstheoretische Synthese

Die vorangegangenen Analysen haben gezeigt, wie Kommunikation, Kommunikationsmuster und Kommunikationssysteme den Akteuren helfen, ihre Koordinationsprobleme zu lösen. Sie haben entscheidenden Anteil daran, daß die Akteure unter den Bedingungen weitgehender Anonymität und entsprechend ungesicherter Erwartungen in Bezug auf das Handeln konkreter Akteure großräumige und dauerhafte Interaktionsnetze, Organisationen und Institutionen aufbauen können. Diese Strukturen bilden die Selektionsumwelt für das aktuelle, problemlösende soziale Handeln der individuellen Akteure. Kommunikation steuert also nicht die individuellen Handlungen, sondern sie wirkt als Selektionsbedingung: Handlungen, die sich an Kommunikationssystemen orientieren, haben bessere Chancen auf eine erfolgreiche Abstimmung mit den Handlungen der anderen Akteure und damit auf Erreichung der Ziele, die nur oder jedenfalls effizienter und mit geringeren Kosten durch Kooperation und andere Typen koordinierten Handelns zu erreichen sind. Umgekehrt wirken sich aber auch die Handlungen der individuellen Akteure als Selektionsbedingungen für Regeln, Werte, Kommunikationssequenzen, kurz: für Kommunikation aus. Damit sind sowohl die Koordinationsprobleme als auch die handlungstheoretischen Grundlagen beschrieben, auf denen die Funktion von Kommunikation für die Lösung der Koordinationsprobleme der Gesellschaft beruht.

1.1. Koordination als Einheit der Selektion

Kommen wir nun zurück zur Frage nach der Einheit der externen Selektion in der Evolution von Kultur und Gesellschaft. Wenn Kommunikation und Kommunikationssysteme entscheidende Voraussetzungen für erfolgreiche Lösungen der wichtigsten Probleme der wechselseitigen Abstimmung der Handlungen individueller Akteure in der modernen Gesellschaft sind, liegt es nahe, in diesen Lösungen von Koordinationsproblemen die gesuchte Einheit der externen Selektion zu sehen. Ich schlage vor, zur Bezeichnung dieser Einheit der externen Selektion den Begriff der Koordination zu ver-

1. Das Grundkonzept einer evolutionstheoretische Synthese 285

wenden.[583] Der Begriff der Koordination ist abstrakt genug, um die unterschiedlichsten Formen von Handlungskomplexen zu erfassen, die durch wechselseitige Abstimmung von Verhalten und Verhaltenserwartungen entstehen und ein gewisses Maß an Stabilität erreichen. Er umfaßt sowohl Interaktionen, Interaktionssequenzen und Interaktionsnetze als auch Organisationen und Institutionen. Und er ist vor allem auch abstrakt genug, um den für die moderne Gesellschaft grundlegenden Fall einzubeziehen, daß die Akteure ihre Handlungen nicht direkt, sondern über die Orientierung an ihnen gemeinsam verfügbaren Kommunikationssystemen miteinander abstimmen. Der Begriff der Koordination entspricht sowohl hinsichtlich der Emergenzebene des Sozialen als auch hinsichtlich seines umfassenden Charakters dem Begriff der Kommunikation. Wenn der Begriff der Kommunikation als Synthese der Selektionen von Information, Mitteilung und Verstehen die kleinste Einheit eines überindividuellen, sozialen Zusammenhangs beschreibt, gehört er im Sinne der logischen Typenlehre Bertrand Russells einem anderen logischen Typ an als die Begriffe der individuellen Handlung oder des individuellen Bewußtseins. Bewußtsein und Handlung liegen auf einer anderen Emergenzebene als Kommunikation. Der Begriff der Koordination liegt dagegen auf derselben Emergenzebene wie der Begriff der Kommunikation in dem von Luhmann entwickelten Sinn. Das würde zwar in gewisser Weise auch für den geläufigen Begriff der Interaktion gelten. Der Begriff der Interaktion ist jedoch weitgehend festgelegt auf Situationen, in denen die Akteure anwesend sind und unmittelbar miteinander kommunizieren können. Interaktion ist also nur ein Fall von Koordination.

a) Kommunikation und Koordination

Der funktionale Bezug zwischen Kommunikation und Koordination läßt sich nach dem Ergebnis der vorangegangenen Untersuchungen zusammenfassend folgendermaßen beschreiben: Kommunikation leitet als Orientierungsgrundlage die soziale Abstimmung von Handlungen. Sie fungiert als antizipierte, abstrahierende und hypothetische Koordination von individuellen Handlungen. Es dürfte auch entstehungsgeschichtlich eine plausible

---

[583] Koordination, von *lat. koordinare* =ordnen steht laut Brockhaus bildungssprachlich für: das Miteinanderabstimmen verschiedener Dinge oder Vorgänge. Als Fachbegriff wird er etwa in der Betriebswirtschaftslehre (Abstimmung von Einzelaktivitäten verschiedener Personen oder Organisationseinheiten nach einer übergeordneten Zielsetzung im Sinne einer Harmonisierung), in der Chemie (Koordinationsverbindungen) oder in Physiologie und Psychologie (harmonisches Zusammenwirken nervlich gesteuerter motorischer Vorgänge, zum Beispiel sensomotorische und visomotorische Koordination) verwandt.

Hypothese sein, daß Kommunikation als Ausdifferenzierung aus dem unmittelbaren Zusammenhang der sozialen Koordination von Handlungen entstanden ist. Die Ausdifferenzierung und Verselbständigung begünstigt eine vom unmittelbaren Handlungs- und Entscheidungsdruck entlastete Suche nach innovativen Lösungen und hat dadurch Selektionsvorteile. Ist Kommunikation einmal verselbständigt und zu Kommunikationssystemen geschlossen, so stellt sie die kulturellen und sozialen Informationen zur Verfügung, an denen die individuellen Akteure sich orientieren können, um ihr Handeln wechselseitig aufeinander einzustellen. Kommunikationssequenzen, Kommunikationsstrukturen und Kommunikationssysteme leiten dadurch den Aufbau eines komplexen Netzes untereinander koordinierter Handlungen. Das beginnt mit Begrüßungsritualen, mit denen sich Menschen ihrer friedlichen Absichten und zivilen Gesinnung versichern und einen Kontext für die Deutung des wechselseitigen Verhaltens bereitstellen, mit Sagen, Märchen, Erzählungen und Predigten, die die soziale Geltung von Weltbildern und Werten transportieren und auf diese Weise Einstellungen als Prädispositionen für ein sozial verträgliches Handeln prägen. Und es reicht bis zu verbindlichen sozialen Regeln, unter denen einige wegen der Gefahr der Mißachtung und der Folgen von Übertretungen für den Zusammenhalt der Gesellschaft als Rechtsnormen mit Sanktionsdrohungen bewehrt sind. Kommunikationssysteme sind in der modernen Gesellschaft eine unverzichtbare Grundlage für die Erwartungssicherheit, die den Individuen eine Lösung ihrer Koordinationsprobleme unter Bedingungen der Anonymität und Ungewißheit gestattet. Sie können ihre Handlungen in wichtigen Beziehungen nicht mehr ausschließlich in unmittelbarer Interaktion aufeinander abstimmen. Sie müssen sich regelmäßig an abstrakten und anonymen Kommunikationssystemen orientieren, um ihr Handeln mit einem komplexen Netz untereinander koordinierter Handlungen von Akteuren abzustimmen, die ihnen persönlich nicht bekannt sind und deren konkrete Handlungen an unbekannten Orten und zu unbekannten Zeiten erfolgen, deren Handeln aber Auswirkungen auf die eigenen Interessen hat.

b) Unterschiede im Informationsgehalt von Kommunikation und Koordination

Koordination unterscheidet sich vor allem dadurch von Kommunikation, daß Koordination letztlich in den räumlichen und zeitlichen Dimensionen der physischen Realität stattfindet, während Kommunikation im hier zugrunde gelegten Verständnis ausschließlich Operationen in der Sinndimension umfaßt. Die Umsetzung des Informationsgehalts der Kommunikation in den Aufbau eines geordneten Zusammenhangs zwischen den realen Handlungen einzelner Akteure ist möglich, weil Kommunikation plastisch und offen ist für eine der jeweiligen Situation angepaßte Konkretisierung ihrer Muster. Plastizität ist eine grundlegende Voraussetzung dafür, daß geschlossen operierende Systeme sich wirksam auf ihre Umwelt einstellen können. Sie wird von der Gehirnforschung als grundlegende Eigenschaft des Netzwerks der neuronalen Operationen beschrieben und in Piagets Analysen der Entwicklung des kognitiven Systems vorausgesetzt. Für die biologische Evolution haben sowohl Piaget als auch Bateson den Aspekt der Plastizität der genetischen Information hervorgehoben. Auch die genetische Information beinhaltet kein starres Programm. Vielmehr haben wir es mit einem Muster von Impulsen für den Aufbau und das Verhalten des biologischen Organismus zu tun, das einen zwar begrenzten, aber doch weiten Variationsspielraum zur Anpassung an die jeweiligen Umweltbedingungen des Organismus ermöglicht. Genetische Information kann den Aufbau individueller Organismen, die veränderlichen und regional unterschiedlichen Umweltbedingungen an ihrem jeweiligen Standort ausgesetzt sind, nur steuern, weil sie sich auf wesentliche Informationen beschränkt und unterschiedliche Anpassungsformen zuläßt. Ein Baum kann unter unterschiedlichen Umweltbedingungen wachsen; er nimmt dann entsprechend unterschiedliche Formen an, etwa als windschiefer Baum an der Küste oder als Mangelform in nährstoffarmen Böden.[584] Und schließlich ist auch der Genpool einer Art in einem grundlegenden Sinne plastisch, weil seine Zusammensetzung und damit das Spektrum der genetischen Varianten sich durch Vererbung und sexuelle Rekombination der Erbanlagen ständig verändert.

Eine entsprechende Plastizität läßt sich auch im Fall von Kommunikationen und Kommunikationssystemen feststellen. Kommunikation legt keinesfalls alle Einzelheiten des realen Geschehens der Koordination fest, sondern stellt einen Variationsspielraum zur Verfügung, der durch individuelle Entscheidungen (Selektionen) der Akteure ausgefüllt werden kann und muß, damit Handlungen in der Realität stattfinden und aufeinander abgestimmt werden können.

Das führt unter dem Informationsaspekt zu einer wichtigen Beobachtung: Die Koordination von Handlungen mehrerer Akteure in der Realität enthält mehr an Information, als in der auf die Sinndimension beschränkten Kommunikation enthalten ist. Sie beinhaltet zumindest auch die über

---

[584] Vgl. zu den phänotypischen Anpassungsleistungen Jean Piaget, Biologische Anpassung und Psychologie der Intelligenz, Stuttgart 1975.

die Rezeption der sozialen Information hinausgehende, auf die Wahrnehmung und Bewertung der aktuellen Situation bezogene individuelle Information, die in den kognitiven Systemen der beteiligten Akteure erzeugt wird und sich in deren Handlungen niederschlägt. Darüber hinaus wirken sich auch die Strukturen der objektiven physischen Realität, in der Handlungen stattfinden und untereinander koordiniert werden müssen, auf den Erfolg des Koordinationsprodukts aus.[585]

Am Phänotyp eines konkreten biologischen Organismus lassen sich nicht nur die genetischen Informationen ablesen, sondern auch der Einfluß der für den Aufbau des Organismus bedeutsamen Eigenschaften der Umwelt. Für die Ordnung der Koordination individueller Handlungen durch Kommunikation gilt nichts anderes. Die Ordnungsmuster, die das soziale System zur Verfügung stellt, müssen flexibel und in hohem Maße anpassungsfähig sein, wenn sie sich zur Umsetzung in ganz unterschiedlichen konkreten Situationen durch Akteure mit unterschiedlichen kognitiven, emotionalen und physischen Eigenschaften eignen sollen. In der realen Koordination schlägt sich demnach nicht nur die Information durch Kommunikation nieder, sondern auch der Einfluß des bewußten Handelns der beteiligten Akteure und der Widerstand, den die objektiven Strukturen der Umwelt den Koordinationsversuchen der Akteure entgegensetzt.

1.2. Empirische Erscheinungsformen der Koordination

Was hier mit dem abstrakten Begriff der Koordination bezeichnet wird, kann und muß an konkreten Beispielen verdeutlicht werden. Die nachfolgend beschriebenen Konzepte empirischer Forschung und Analyse verwenden zwar weder den Begriff der Koordination im hier verwandten Sinn noch argumentieren sie notwendig explizit evolutionstheoretisch. Aber sie analysieren in der Sache in besonders plausibler und überzeugender Weise die wechselseitige Konstitution von Kommunikationsmustern und Koordi-

---

[585] Daß die Einheit der externen Selektion einen höheren Informationsgehalt aufweist als die Einheit der Übertragung und Innovation, läßt sich auch im Fall der biologischen Evolution nachvollziehen: Dort führt die Genexpression beim Aufbau des Organismus zur Entfaltung der räumlichen Dimensionen der Proteinstruktur. Der Informationsgehalt der dreidimensionalen Proteinstruktur ist sehr viel größer als der Informationsgehalt der linearen Aminosäuresequenz; denn im dreidimensionalen Fall bezieht sich die Strukturinformation nicht nur auf die Sequenz der Bausteine, sondern auch auf die Raumkoordinate jedes einzelnen Bausteins. Siehe dazu Bernd-Olaf Küppers, Der Ursprung biologischer Information, S. 181; vgl. dort auch die Diskussion des Problems, wie die Annahme genetischer Determination des Aufbaus des Organismus mit dem überschüssigen Informationsgehalt der Struktur des Organismus vereinbar ist.

nationsstrukturen und illustrieren auf diese Weise, was hier mit dem Begriff der Koordination gemeint ist.

a) Die Koordinationsfunktion kommunikativer Gattungen

Die Koordinationsfunktion von unterschiedlichen Sets von Kommunikationen ist Gegenstand eines traditionsreichen empirischen Forschungsansatzes, der Forschung über „kommunikative Gattungen".[586] Bei aller Unterschiedlichkeit der Untersuchungsgegenstände, der Forschungsansätze und der Schwerpunkte im einzelnen beruht dieser Ansatz mehr oder weniger explizit auf handlungstheoretischer Grundlage. Unter kommunikativen Gattungen werden sozial verfestigte und formalisierte Muster kommunikativer Handlungen verstanden.[587] Verfestigung bezieht sich darauf, daß das Auftreten eines Merkmals kommunikativer Gattungen das eines anderen Merkmals erwartbar bzw. voraussagbar macht. Kommunikative Gattungen unterscheiden sich durch den Grad der Verfestigung, d.h. durch das Maß, in dem sie die Interagierenden auf die Befolgung des Handlungsmusters verpflichten. Mit Formalisierung wird die Kombination verschiedener verfestigter Elemente sowohl auf der paradigmatischen als auch syntagmatischen Ebene bezeichnet. Sie umfaßt zum Beispiel lexikalische Verfestigungen, bestimmte Abfolgemuster und Handlungsschritte. So zeichnen sich Gattungen durch eine Ablaufform aus, die einen relativ klar erkennbaren Anfang und ein Ende aufweist. Die Verfestigung kann durch Kanonisierung verstärkt werden. Das ist der Fall, wenn sie in ihrer Form von Institutionen festgelegt und durch Satzungen vorgeschrieben werden. Weniger komplex formalisierte und weniger verpflichtend festgelegte kommunikative Formen werden als kommunikative Muster bezeichnet, stärker formalisierte und verpflichtende Formen als kommunikative Gattungen. Untersucht wird zum einen die Binnenstruktur kommunikativer Gattungen. Dazu gehören so unterschiedliche Aspekte wie die prosodischen Mittel der Intonation, Lautstärke, Sprechgeschwindigkeit, Pausen, Rhythmus oder Akzentuierung, die Sprechstile wie der „Predigerton" oder der „Vorwurf", syntaktische Konstruktionen, stilistische und rhetorische Figuren, bis hin zur Komposition größerer Muster mit komplexeren Strukturen wie im Fall von Märchen, Heilsgeschichten oder Konversionsgeschichten. Analysiert wird darüber hinaus auch die „situative Realisierungsebene" und die Außenstruktur kommunikativer Muster. So liefert die Konversations-

---

[586] Vgl. Susanne Günthner und Hubert Knoblauch, „Forms are the Food of Faith". Gattungen als Muster kommunikativen Handelns, KZSS 1994, S. 693 ff.
[587] Vgl. Susanne Günthner und Hubert Knoblauch, a.a.O., S. 702 ff., auch zum folgenden Text.

analyse Beobachtungen über die Strategien der längerfristigen Gesprächsorganisation. Die Gattungsanalyse der „Klatsch"-Kommunikation zum Beispiel fördert zutage, daß am Beginn des Klatsches zunächst sichergestellt werden muß, daß alle Gesprächsteilnehmer die an sich sozial geächtete Praxis des Klatsches mittragen. Denn nur so kann der Initiator vermeiden, allein als „Klatschmaul" dazustehen. Die Außenstruktur kommunikativer Gattungen schließlich betrifft deren Einbettung in Milieus, in institutionelle Bereiche wie Recht, Wissenschaft oder Religion oder allgemein in gesellschaftliche Strukturen oder Wertvorstellungen.

Insoweit handelt es sich um die Analyse von Kommunikationssequenzen nach ihrem inneren Aufbau und ihrer Ablaufform. Entscheidend für den hier verfolgten Gedankengang ist aber, daß die Struktur von verfestigten kommunikativen Gattungen in ihrem praktischen Verwendungszusammenhang analysiert wird. Es geht bei diesem Ansatz also vor allem darum zu verstehen, welche Funktionen die kommunikativen Gattungen für die Koordination von Handlungsvollzügen und für die Synchronisation der subjektiven Motive haben.[588] Für die hier vorgestellten Überlegungen ist schließlich die Einsicht von besonderer Bedeutung, daß Kommunikationsmuster nicht einseitig vom sozialen Kontext bestimmt werden, sondern ihrerseits selbst zur Herstellung des sozialen Kontextes beitragen.[589] Das ist genau der Aspekt, der für das hier vorgestellte Konzept kultureller und sozialer Evolution grundlegend wichtig ist: daß ein Set von Kommunikationen die Informationsgrundlage darstellt, die die Koordination der Handlungsbeiträge unterschiedlicher Handlungssubjekte überhaupt erst möglich macht.

Diese handlungstheoretisch fundierten Ansätze zur Erforschung kommunikativer Gattungen lassen sich in das hier vorgeschlagene Konzept kultureller und sozialer Evolution integrieren. Dabei wird einerseits die Analyse kommunikativer Gattungen erweitert, indem Kommunikationen als Elemente von Kommunikationssystemen betrachtet und einer systemtheoretischen Analyse zugänglich gemacht werden. Andererseits bietet der Anschluß an die Ergebnisse der Forschungen über kommunikative Gattungen vielfältige Möglichkeiten, die systemtheoretische Analyse der Strukturen von Kommunikationssystemen empirisch anzureichern.

Für das Konzept kultureller und sozialer Evolution ist es von Interesse, daß die bereits vorliegenden Untersuchungen zur Erforschung kommunikativer Gattungen oder Muster reiches Anschauungsmaterial für die Beschrei-

---

[588] Susanne Günthner und Hubert Knoblauch, a.a.O., S. 716.
[589] Susanne Günthner und Hubert Knoblauch, a.a.O., S. 701.

1. Das Grundkonzept einer evolutionstheoretische Synthese

bung und Analyse dessen bieten, was hier mit dem abstrakten Begriff der „Koordination" bezeichnet wird und als Einheit der Selektion fungieren soll. „Koordination" ist ein ebenso abstrakter Begriff wie der Begriff der „Kommunikation" in der Systemtheorie Luhmanns. Er bezeichnet die elementare Einheit einer Synthese von Handlungen zu einem Handlungskomplex, an dem mehrere individuelle Handlungssubjekte beteiligt sind und deren Einheit auf der Ordnung der Handlungsbeiträge durch Kommunikation beruht. Er umfaßt nicht nur strategische Handlungen, sondern auch kommunikatives Handeln, also auch den Fall, daß Individuen nach einer Kommunikationssequenz Handlungen, die sonst möglich wären, unterlassen, oder den Fall, daß Menschen einfach Vergnügen daran finden, zweckfrei und zunächst ohne erkennbare praktische Konsequenzen miteinander zu „chatten". Der Begriff der Koordination darf also nicht zu eng verstanden werden. Zwar geht es in letzter Instanz um die Abstimmung von Handlungen im Sinne von Wirkungen in der physischen Realität. Aber die Koordination von Handlungen erfolgt über das Denken und Fühlen der individuellen Handlungssubjekte. Zu beobachten ist nicht nur eine Verselbständigung der Kommunikation gegenüber der Koordination, sondern auch eine Verselbständigung der Kommunikation über Einstellungen und Voraussetzungen für Handeln gegenüber der unmittelbaren Kommunikation über konkrete Handlungen. Ein Großteil der modernen Medienkommunikation mit Bildern und Musik läßt sich überhaupt nur verstehen als Vorgang der Synchronisation innerer Vorstellungs- und Gefühlswelten. Aber auch das hat dann schließlich handfeste Auswirkungen auf das soziale Handeln einschließlich des Unterlassens von Handlungsalternativen.

Die Erforschung kommunikativer Gattungen auf handlungstheoretischer Grundlage stößt aber in zwei Hinsichten an Grenzen und Probleme: Zum einen besteht ein Spannungsverhältnis zwischen der Erkenntnis, daß kommunikative Gattungen den Handelnden als objektivierte gesellschaftliche Strukturen, als historische Produkte gegenübertreten, die ihnen die kommunikative Verständigung erleichtern, und dem Anspruch des methodischen Individualismus, derartige Produkte aus dem Handeln der Individuen zu erklären. Zwar heben Günthner und Knoblauch hervor, daß kommunikative Gattungen nicht einseitig vom sozialen Kontext bestimmt sind, sondern vielmehr ihrerseits zur Herstellung des sozialen Kontextes beitragen.[590] Kommunikative Gattungen sind danach nicht als von der Sozialstruktur abgekoppelt zu betrachten, sie „bilden vielmehr ein im kommunikativen Handeln objektiviertes Bindeglied zwischen subjektiven Wissensvorräten und gesellschaftlichen Strukturen". Sie stellen den „kom-

---

[590] Susanne Günthner und Hubert Knoblauch, a.a.O., S. 701.

munikativen Haushalt einer Gesellschaft", das „Herzstück dessen, was Kultur genannt werden kann" und ein „zentrales Bindeglied zwischen Kultur und Sozialstruktur" dar. Spezifische kommunikative Muster und Gattungen sind „geradezu konstitutiv für verschiedene soziale Kategorien, Milieus und institutionelle Bereiche".[591] Damit wird zwar eine eigenständige Ebene sozialer Emergenz anerkannt. Aber wie diese emergente Ebene mit der Handlungsebene vermittelt ist, bleibt ungeklärt. Es werden deshalb auch eher metaphorische und substanzhafte Begriffe wie „Wissensvorrat" oder „kommunikativer Haushalt der Gesellschaft" verwandt. Zum anderen neigt die Erforschung kommunikativer Gattungen dazu, den Schwerpunkt ihres Interesses in Interaktionsbeziehungen unter Anwesenden zu sehen und die Muster der Kommunikation in den Funktionssystemen, die die moderne Gesellschaft kennzeichnen, zu vernachlässigen.

Wenn die Ergebnisse der Forschungen über kommunikative Gattungen aber in das dargelegte Konzept kultureller und sozialer Evolution integriert werden, können sie den abstrakten Begriff der Kommunikation empirisch anreichern und so zur Erforschung der Einheit der Reproduktion und Innovation sozialer Information beitragen und zugleich empirische Grundlagen für die funktionale Zuordnung von Kommunikationen und Kommunikationssequenzen zu bestimmten Formen der sozialen Koordination von Handlungen und damit zur Erforschung der Einheit der Selektion beisteuern. Der Verzicht auf einfache kausale Erklärungen kommunikativer Gattungen und Muster aus individuellen kommunikativen Handlungen wird aufgefangen durch die Möglichkeit einer Erklärung ihres Entstehens aus evolutionären Prozessen. Dem Faktor der Zufalls kann Rechnung getragen werden und gleichwohl kann ein immer noch hoher Erklärungsanspruch verfolgt werden, indem die Entstehung und Erhaltung kommunikativer Gattungen vor dem Hintergrund der Selektion anhand der Wertebene der Bewährung in der Koordination interpretiert werden. Im integrierenden Rahmen des Evolutionskonzepts kann die Analyse von objektivierten Sinnstrukturen ihre eigene, angemessene Methodik behalten und weiterentwickeln. Im Bereich des Rechts geht es etwa um die Erschließung des Sinngehalts juristischer Denkfiguren und Semantiken, von einzelnen Rechtsnormen und Strukturen von Normenkomplexen mit den ihrem Gegenstand entsprechenden hermeneutischen Methoden. Aber solche normativen Sinngehalte können nur im Kontext ihres jeweiligen Verwendungszusammenhangs verstanden werden. Für Juristen ist diese Erkenntnis nicht neu; sie gehört zu den gesicherten Standards der juristischen Auslegungsmethode. Das Normprogramm eines Gesetzes kann mit der für die Entschei-

---

[591] Alle Zitate bei Susanne Günthner und Hubert Knoblauch, a.a.O., S. 717.

dung konkreter Sachverhalte erforderlichen Genauigkeit nur verstanden werden, wenn zugleich ins Auge gefaßt wird, wie der Sachbereich, auf den das Gesetz regelnd einwirken will, in allen seinen Elementen, physisch, kulturell, wirtschaftlich, politisch oder rechtlich vorgeprägt und strukturiert ist und wie sich diese Strukturen seit Erlaß des Gesetzes verändert haben. Allein aus dem Normtext heraus läßt sich ein Gesetz nicht verstehen. Die systemtheoretische Analyse von Sinnsystemen kann das bewährte Instrumentarium juristischer Hermeneutik ergänzen und sich vor allem deshalb als fruchtbar erweisen, weil sie Kommunikationen als vernetzte Operationen und nicht als statischen Wissens- „Vorrat" oder „Haushalt" begreift und die Fragestellung nach den Voraussetzungen für die Selbsterhaltung eines selbstreferentiellen Kommunikationssystems wie des Rechts einbezieht.

b) Ökonomische Institutionenanalyse und Evolutionsökonomie

Der Transaktionskostenansatz in der Ökonomie hat die Aufmerksamkeit darauf gelenkt, daß die Koordination wirtschaftlicher Aktivitäten auf Märkten mit Aufwand und Kosten für die Beschaffung der notwendigen Information und für die Anbahnung und Überwachung der Transaktionskosten verbunden ist, die im Preismechanismus nicht berücksichtigt werden.[592] Nach dem grundlegenden „Coase-Theorem" spielen Institutionen wie Eigentumsrechte für die Entscheidungen rational handelnder, auf Nutzenoptimierung bedachter Akteure keine Rolle. Durch vertragliche Vereinbarung können sie in jedem Fall eine Lösung finden, die ein Optimum im Sinne einer Pareto-effizienten Verteilung herbeiführt.[593] Dieses Theorem gilt allerdings nur unter der Annahme, daß die vertragliche Lösung, die zum Nutzenoptimum führt, nicht mit Transaktionskosten ver-

---

[592] Der Transaktionskostenansatz in der Ökonomie geht zurück auf Ronald H. Coase, The Nature of the Firm, Economia 4 (1937), S. 386 ff., und ders., The Problem of Social Costs, Journal of Law and Economics 3 (1960), S. 1 ff.; beide Aufsätze sind auch enthalten in: ders., The Firm, the Market and the Law, Chicago und London 1988; vgl. dazu Hans-Peter Schwintowski, Ökonomische Theorie des Rechts, JZ 1998, S. 581 ff. Coase vertrat in seinem 1937 veröffentlichten Aufsatz den Gedanken, daß Transaktionen immer dann innerhalb eines Unternehmens abgewickelt werden, wenn die dabei anfallenden Kosten geringer seien als bei einer Abwicklung der jeweiligen Transaktionen über den Markt. In dem 1960 erschienenen Aufsatz untersucht Coase die Institution des Eigentums. Er entwickelt dort das heute nach ihm benannte Coase-Theorem, das grundlegend für den Transaktionskostenansatz und die darauf aufbauende Institutionenökonomie geworden ist.

[593] Vgl. dazu Hans-Peter Schwintowski, a.a.O., S. 582. Pareto-effizient ist ein sozialer Zustand, nach dem die Besserstellung einer Person nur gelingt, wenn mindestens eine andere Person einen Nachteil erleidet.

bunden ist. Unter Transaktionskosten ist der Aufwand für die Bereitstellung, Nutzung, Aufrechterhaltung und Änderung von Institutionen zu verstehen. Das Coase-Theorem ist der Ausgangspunkt für die Einsicht, daß wirtschaftliche Transaktionen in der Realität immer mit Transaktionen verbunden sind. Wenn der Markt ausreichen würde, um alle wirtschaftlichen Aktivitäten zu koordinieren, wäre nicht erklärbar, warum es überhaupt Unternehmen gibt. Jeder wäre sein eigener selbständiger Unternehmer. Er würde die Arbeitsleistung kaufen, die er benötigt, und würde seinerseits die Arbeitsleistung verkaufen, die er erbringen kann und die von anderen benötigt wird. Aber das wäre extrem aufwendig, vielfach sogar ganz unmöglich. Denn jeder Austausch von wirtschaftlichen Leistungen ist von der Vorbereitung bis zur Abwicklung mit erheblichen Anstrengungen und dem Verbrauch realer Ressourcen verbunden. Das beginnt mit der Suche nach Angeboten, der Beschaffung von Informationen zur Bewertung der Angebote und dem Vergleich von Alternativen und reicht bis zur Überwachung bei der Abwicklung der Transaktionen. Jede Arbeitsleistung müßte einzeln verabredet, der Austausch jeder Leistung müßte einzeln überwacht werden. In einer Welt, in der Informationen asymmetrisch verteilt und Entwicklungen nur unvollständig vorhersehbar sind, ist jeder wirtschaftliche Austausch auch nach dem Abschluß von Verträgen mit laufenden Kosten für Information und Überwachung verbunden. Die Existenz von Unternehmen beruht darauf, daß sie den Austausch wirtschaftlicher Leistungen mit Hilfe von Informations- und Kontrollsystemen zusammenfassen und standardisieren. Wenn diese Zusammenfassung in sinnvollen Einheiten erfolgt, ist ein Unternehmen trotz der Verwaltungskosten vergleichsweise effizient.

Die Bedeutung der Transaktionskosten spielt eine entscheidende Rolle für die Neue Institutionenökonomie. Sie untersucht, welchen Einfluß Institutionen (Märkte, Unternehmen, aber auch Normen, Regeln, Kultur und Ideologie) auf die Höhe der Transaktionskosten haben.[594] Sie analysiert und bewertet Institutionen, darunter auch das Recht,[595] anhand ihrer nützlichen oder schädlichen Auswirkungen auf die Volkswirtschaft. Vor allem betrachtet sie die Entstehung von Institutionen unter dem Gesichtspunkt der Minimierung von Transaktionskosten. Eine Institution ist danach die

---

[594] Einen Überblick geben Rudolf Richter und Erik G. Furubotn, Neue Institutionenökonomik, 2. Aufl., Tübingen 1999; S. 70 ff.; grundlegend Douglas C. North, Institutions, Institutional Change and Economic Performance, 1990.
[595] Zur ökonomischen Analyse des Rechts Hans-Peter Schwintowski, Ökonomische Theorie des Rechts, JZ 1998, S. 581 ff.; Christian Kirchner, Ökonomische Theorie des Rechts, Berlin 1997; Christoph Engel und Martin Morlok (Hrsg.), Öffentliches Recht als Gegenstand ökonomischer Forschung, Tübingen 1998.

1. Das Grundkonzept einer evolutionstheoretische Synthese

rationale Lösung für bestimmte Koordinations- und Anreizprobleme. Mit dieser Fragestellung wendet sich die Neue Institutionentheorie der Ökonomie also einem empirisch verstandenen Zusammenhang zwischen Kommunikation und (wirtschaftlicher) Koordination zu. Dieser funktionale Zusammenhang läßt sich am Beispiel der Funktion des Geldes als generalisiertes Medium wirtschaftlicher Kommunikation anschaulich beschreiben. Die Einführung des Geldes als Zahlungsmittel hat die Transaktionskosten wirtschaftlicher Austauschvorgänge drastisch gesenkt. Der Naturaltausch ist an die natürliche Beschaffenheit der Gebrauchsgüter und deshalb an enge Grenzen gebunden. Natürliche Güter sind nicht beliebig teilbar. Sie lassen sich, wie das Beispiel der Nutztiere zeigt, oft schwer und nur mit erheblichen Verlusten über weitere Strecken transportieren. Ein Austausch kommt überwiegend nur zwischen Partnern zustande, die den Gebrauchswert der wechselseitigen Angebote unmittelbar benötigen, weil Vorratshaltung, Bewachung und Transport für spätere Weiterveräußerung aufwendig und problematisch sind. Die Verwendung des Geldes als generalisiertes Tauschmittel löst diese Probleme der Transaktionskosten des Naturaltausches auf einen Schlag. Das Kommunikationsmedium Schrift hat wiederum eine weitere Senkung der Transaktionskosten und eine entsprechende Ausweitung der Möglichkeiten wirtschaftlicher Koordination mit sich gebracht. Es hat wirtschaftliche Transaktionen mit großer räumlicher und zeitlicher Reichweite erleichtert und die Kreditwirtschaft befördert. Schließlich erleben wir zur Zeit, daß die Entwicklung der computergestützten Informationstechnologie und der weltweiten Vernetzung schneller Informationsströme die Kosten der Koordination wirtschaftlicher Austauschvorgänge erneut drastisch senkt. Die Tragweite der Auswirkungen der „digitalen Revolution" auf die Ökonomie ist noch kaum abzuschätzen.[596]

Während die Neue Institutionenökonomie noch bei einer weitgehend statischen Betrachtungsweise bleibt, untersucht die Evolutionsökonomie die Transformation des Wirtschaftssystems im Zeitverlauf.[597] Auch in diesem Rahmen spielen die Transaktionskosten eine entscheidende Rolle. Die grundlegende Untersuchung von Richard Nelson und Sydney Winter geht

---

[596] Uwe Jean Heuser, Das Unbehagen im Kapitalismus. Die neue Wirtschaft und ihre Folgen, Berlin 2000.
[597] Dazu David Hamilton, Evolutionary Economics. A Study of Change in Economic Thought, New Brunswick und London 1991; Geoffrey M. Hodgson, Economics and Evolution. Bringing Life Back into Economics, Cambridge 1993; Jack J. Vromen, Economic Evolution. An Enquiry into the Foundations of New Institutional Economics, London und New York 1995; vgl. auch Ulrich Witt, Individualistische Grundlagen der evolutorischen Ökonomik, Tübingen 1987.

der Frage nach, von welchen komplexen sozioökonomischen Prozessen die erfolgreiche Durchsetzung von Innovationen, zum Beispiel von technischen Erfindungen, abhängt.[598] Grundlegende technische Innovationen haben die Entstehung eines ganzen Komplexes von Firmen, Industrieverbänden, Forschungsprogrammen, aber auch rechtlichen und politischen Regulierungen zur Folge. Es bilden sich Kooperationsbeziehungen und Netzwerke zwischen Unternehmen, Zulieferfirmen und Kunden heraus. Für die Ausbreitung von Innovationen sind Industrienormen, wie eine Studie des Fraunhofer-Instituts für Systemtechnik und Innovationsforschung und der Technischen Universität Dresden gezeigt hat, sogar noch wichtiger als Patente.[599] Auf die Durchsetzung solcher Industriestandards, auf staatliche Förderprogramme (wichtigstes Beispiel: Kernenergie) und auf die Absicherung von Märkten durch die Politik richtet sich die Aktivität von Interessenvertretungen. Es entsteht also ein „technologisch-ökonomisches Regime", das die Rahmenbedingungen für weitere ökonomische Entscheidungen wesentlich mit bestimmt. Es definiert die ökonomischen Handlungsspielräume. Wenn ein solches Regime sich einmal eingerichtet hat, wird damit zugleich die Schwelle für eine erfolgreiche Durchsetzung von Alternativen erhöht. Es sind eben eingeführte Produkte, bewährte Zulieferer, die Erwartungen eines festen Kundenstammes, politische Förderprogramme und absatzfördernde Industriestandards für eine bestimmte Technologie vorhanden. Eine innovative Technologie hat dagegen anfangs noch keine vergleichbaren Bedingungen. Kooperationsbeziehungen müssen erst aufgebaut, Patente erst angemeldet, Förderprogramme erst durchgesetzt, Märkte erst erforscht werden. All das ist mit einem hohen Aufwand an Zeit und Kapital verbunden und zudem mit erheblichen Unsicherheitsfaktoren belastet.

Die evolutorische Ökonomie folgert aus diesen Einsichten, daß ökonomische Entwicklung „pfadabhängig" ist. Einmal getroffene Entscheidungen unterliegen einer langfristigen zeitlichen Bindung und sind meist nur unter hohen Kosten reversibel. Ökonomische Such- und Entscheidungsprozesse lassen sich deshalb nicht zureichend als rationale Wahl unter bekannten, wohldefinierten Handlungsalternativen begreifen. Das auf der Grundlage früherer Entscheidungen eingerichtete technologisch-ökonomische Regime stellt vielmehr einen Handlungsrahmen dar, der einerseits Entscheidungs-

---

[598] Richard Nelson und Sydney Winter, An Evolutionary Theory of Economic Change, Cambridge 1982.
[599] Vgl. dazu den Bericht von Knut Blind, Normung als Wirtschaftfaktor, Spektrum der Wissenschaft 2000, S. 95.

routinen auf der Basis der eingeführten Technologie ermöglicht, andererseits aber die Chancen für alternative Technologien begrenzt.

Im Rahmen des hier vorgestellten Evolutionskonzepts lassen sich diese Einsichten verallgemeinern. Jede Innovation, sei es eine technische Erfindung, sei es eine neue Form der Kreditfinanzierung oder des Wertpapierhandels oder eine ökologische Steuerreform, wird zunächst einmal durch Kommunikation verbreitet und damit sozial wirksam. Sie hat dann aber zur Folge, daß die sozialen Akteure sich unter oft erheblichen Anstrengungen auf diese Innovation einrichten. Es entsteht eine Kaskade von Folgeprozessen, in die nach und nach alle Teilsysteme der gesellschaftlichen Kommunikation einbezogen werden, in deren Folge sich auch die Koordinationen immer weiter ausbilden, verfeinern und verfestigen. Ein Ausbrechen aus diesen Strukturen ist dann nur noch möglich, wenn entweder massive Probleme in der Koordination auftauchen oder aber die Effizienzvorteile einer neuen Alternative so deutlich sind, daß sie für eine hinreichende Zahl von Akteuren trotz des Aufwands und der Risiken der Suche nach entsprechenden Koordinationsbedingungen (z.B. Kooperationspartner, Fördermöglichkeiten und Absatzchancen) attraktiv erscheinen.

Für Innovationsanstöße durch das politische System, insbesondere für Initiativen des Gesetzgebers, bedeutet das, daß die Vorteile der Innovation, seien es vereinfachte und schnellere Genehmigungsverfahren, neue Fördersysteme oder steuerliche Anreize, attraktiv genug sein müssen, um für eine hinreichende Zahl von Akteuren die Transaktionskosten zu rechtfertigen, die mit dem Umstieg auf das intendierte Verhaltensmuster und auf neue Formen der Koordination verbunden sind. So ist der Grundgedanke der ökologischen Steuerreform, durch eine relative Erhöhung der steuerlichen Belastungen für energieintensive Produkte, Produktions- und Transportweisen einen Anreiz zur technologischen Innovation mit dem Ziel einer deutlichen Senkung des Energieverbrauchs zu erzielen, bestechend. Der Erfolg wird gleichwohl entscheidend davon abhängen, ob einerseits der Anreiz stark genug ist, um einen Einstieg in die ökologische Effizienzrevolution zu erreichen, und ob andererseits die Transaktionskosten des angestrebten technischen, wirtschaftlichen und sozialen Wandels in Grenzen gehalten werden können. In der Diskussion über die Einführung der ökologischen Steuerreform in der Bundesrepublik Deutschland ist deutlich geworden, wie schmal der Korridor erfolgversprechender Lösungen ist und welche prognostischen Risiken es dabei gibt. Besonders interessant ist die Lösung, Zeit für die notwendigen technischen und organisatorischen Innovationen zu gewinnen, indem die steuerliche Belastung zunächst geringfügig angesetzt wird, dafür aber über einen überschaubaren Zeitraum berechenbar steigt. Dadurch wird der ökonomische Anreiz der höheren Steuerbelastung in den späteren Stufen der ökologischen Steuerreform sofort wirksam. Die ökologische Steuerreform stellt sich also als Beispiel einer Gesetzgebung dar, die die Transaktionskosten der den Betroffenen angesonnenen Umstellung auf andere Handlungsmuster und ihren Zeitbedarf bewußt berücksichtigt.

Mit dem Konzept einer auf externer Selektion beruhenden Evolution kultureller und sozialer Systeme wird behauptet, daß die Chancen für die Durchsetzung von Innovationen in den Kommunikationssystemen der Gesellschaft auf längere Sicht in entscheidendem Maß davon abhängen, wieweit es den Akteuren mit ihrer Hilfe gelingt, ihre Handlungen zu koordinieren. Die Umsetzung von Kommunikation in Koordination ist mit erheblichen Transaktionskosten verbunden. Deshalb wird die Evolution hier von einer grundsätzlich konservativen Tendenz geprägt: Altbewährte Kommunikationsmuster sind zunächst immer im Vorteil, nicht nur weil sie besser verstanden werden, sondern auch deshalb, weil sie den Rückgriff auf die Routine etablierter Interaktionsbeziehungen, Organisationen und Institutionen, kurz: auf bestehende Koordinationen ermöglichen. Koordinationen haben also konservative, stabilisierende selektive Wirkungen. Umgekehrt wird man aber auch sagen können, daß das Auftreten von Problemen in der Koordination wirtschaftlicher Aktivitäten der Ausgangspunkt für die Suche nach neuen Lösungen ist, und daß Innovationen sich in der Kommunikation trotz ihres Neuigkeitswertes und der damit verbundenen Risiken dann auf die Dauer durchsetzen können, wenn ihre pragmatischen Vorteile vor dem Hintergrund von massiven Problemen der Koordination nach früherem Muster handgreiflich sind. Die ökologischen Risiken des modernen westlichen Zivilisationsmodells sind dafür ein Beispiel.

c) Die soziologische Analyse des Wandels von Institutionen

Das Konzept kultureller und sozialer Evolution kann auch an soziologische Analysen zum Wandel von Institutionen anknüpfen.[600] Der Begriff der Institution wird in sehr unterschiedlichen Kontexten und Fragestellungen verwandt. So sind die in der Soziologie geläufigen Begriffe der Institution etwa nicht vollständig deckungsgleich mit dem oben angesprochenen Begriff der Institution in der Neuen Institutionenökonomie. So empfiehlt es sich, deutlich zwischen den Begriffen der Institution und der Organisation zu unterscheiden. Unternehmen wären danach dem Begriff der Organisa-

---

[600] Siehe dazu Gerhard Göhler (Hrsg.), Institutionenwandel, Opladen 1997; Birgitta Nedelmann (Hrsg.), Politische Institutionen im Wandel, Opladen 1996.

1. Das Grundkonzept einer evolutionstheoretische Synthese

tion und nicht dem Begriff der Institution zuzuordnen. Rehberg bezeichnet als Institutionen solche Sozialregulationen, in denen Prinzipien und Geltungsansprüche einer Ordnung symbolisch zum Ausdruck gebracht werden. Institutionen sind somit „Vermittlungsinstanzen kultureller Sinnproduktion, durch welche Wertungs- und Normierungsstilisierungen verbindlich gemacht werden.[601] Die Fragestellung, zu deren Lösung der Begriff der Institution beitragen soll, lautet also: Wie kommt es, daß sich soziales Handeln in angebbaren Situationen regelmäßig an bestimmten Ideen ausrichtet, unabhängig von den Motiven und Interessenlagen der einzelnen Akteure? Institutionen bezeichnen im Kontext dieser Fragestellung Prozesse, die soziales Verhalten strukturieren und auf Wertvorstellungen beziehen.[602] Auf der Grundlage dieses Begriffs der Institution hat M. Rainer Lepsius exemplarisch an den Beispielen des Siegeszugs der wirtschaftlichen Rationalität in der Entwicklung zum modernen Kapitalismus, der Debatte um den Umbau des Sozialstaats und der Entwicklung von der Europäischen Wirtschaftsgemeinschaft über die Europäische Gemeinschaft zur Europäischen Union sowie am Beispiel der Entdifferenzierung der Rationalitätskriterien in der DDR gezeigt, wie Institutionen die Vermittlung zwischen Werten und Handlungsstrukturen leisten.[603] Die Ausgangsüberlegung ist, daß Wertvorstellungen und Leitideen wie „Edel sei der Mensch, hilfreich und gut" noch keine unmittelbare und konkrete Handlungsorientierung ermöglichen. Institutionen legen die Kriterien fest, nach denen in einer konkreten Situation entschieden werden kann, was edel, hilfreich und gut ist. Im Prozeß der Institutionalisierung einer Wertvorstellung werden aus Ideen Handlungsmaximen mit Anspruch auf Gültigkeit gegenüber ganz verschiedenen Menschen mit je eigenen Motiven und Interessen. Solche Handlungsmaximen legen bestimmte Rationalitätskriterien fest. Zum Beispiel gilt für wirtschaftliches Handeln die Maxime der Einkommensmaximierung als rational. Die Idee der Wirtschaftlichkeit wird konkretisiert durch die Kriterien, die Kosten und Erträge bestimmen und aufeinander beziehen. Die Aufwands- und Ertragsrechnung ist die konkretisierte Idee der Wirtschaftlichkeit mit verhaltensprägender Wirkung. Rationalitätskriterien, an denen sich Handeln ausrichten soll, gelten aber nur innerhalb eines abgegrenzten Handlungskontextes. Ein wesentlicher Aspekt von Institutionalisierungsprozessen ist die Ausgliederung des Geltungskontextes von Rationalitätskri-

---

[601] Karl-Siegbert Rehberg, Institutionen als symbolische Ordnungen. Leitfragen und Grundkategorien zur Theorie und Analyse institutioneller Mechanismen, in: Gerhard Göhler (Hrsg.), Die Eigenart der Institutionen, Baden-Baden 1994, S. 47 ff., 56 f.
[602] M. Rainer Lepsius, Institutionalisierung und Deinstitutionalisierung von Rationalitätskriterien, in: Gerhard Göhler (Hrsg.), Institutionenwandel, Opladen 1997, S. 57 ff., 58.
[603] A.a.O.

terien aus anderen Handlungssituationen. Das bedeutet soziale Differenzierung und Fragmentarisierung der Lebenswelt. Die Institutionalisierung der Leitidee der Wirtschaftlichkeit führt zum Beispiel zur Trennung von Betrieb und Haushalt, von Arbeitsbeziehungen und Familienbindungen, von betrieblichen Kosten und Erträgen und gebietskörperschaftlich bereitgestellten Leistungen für die Infrastruktur. Die Institutionalisierung einer Leitidee bedarf einer Sanktionsmacht, die ihren Geltungsanspruch durchsetzt und verteidigt. Im Falle der Leitidee der Wirtschaftlichkeit ist es die Sanktion des Marktes, die letztlich dazu führt, daß ein unwirtschaftlicher Betrieb in Liquidation geht. Ein weiterer Aspekt der Institutionalisierung von Rationalitätskriterien ist die Externalisierung von Folgeproblemen (Beispiel: Arbeitslosigkeit), die sich mit Hilfe der geltenden Kriterien nicht angemessen bearbeiten lassen und daher an andere Institutionen (Sozialversicherung) überwiesen oder der individuellen Bewältigung überlassen werden. Schließlich führt die Institutionalisierung von Rationalitätskriterien notwendig zum Konflikt zwischen Institutionen, weil sich die beanspruchten Geltungsbereiche überschneiden.

Mit Hilfe dieses analytischen Instrumentariums können wir nun auch der Frage nachgehen, welche Selektionsvorteile die Institutionalisierung von Rationalitätskriterien bietet. Ausgangsüberlegung könnte auch hier sein, daß Institutionen überflüssig wären, wenn jeder einzelne ohne weiteres selbst in der Lage wäre, in einer konkreten Handlungssituation zu entscheiden, welche Handlungsalternative rational ist, und wenn er für die ihm rational erscheinende Handlungsalternative stets die geeigneten Kooperationspartner finden würden, die die Situation nach übereinstimmenden Rationalitätskriterien beurteilen und entsprechend handeln. Die Probleme einer solchen Lage lassen sich anhand diffuser Handlungssituationen beobachten, in denen unterschiedliche Leitideen miteinander konkurrieren. Die Orientierungskraft einer Leitidee wird durch andere Leitideen gebrochen. In solchen Fällen ist nicht davon auszugehen, daß das Verhalten gleichartig, voraussehbar und typisch ausgeprägt ist.[604] Dem entspricht ein hoher Aufwand für die Koordination von Handlungen, weil die Individuen die Situation nach unterschiedlichen Rationalitätskriterien bewerten und die entsprechenden Konflikte austragen und aushalten müssen. In Anknüpfung an die Transaktionskosten der wirtschaftlichen Koordination können wir deshalb davon sprechen, daß jede soziale Koordination von Handlungen mit erheblichen Aufwendungen und dem Verbrauch realer Ressourcen verbunden ist. Institutionalisierungsprozesse dienen also der Entlastung von sol-

---

[604] M. Rainer Lepsius, a.a.O., S. 59.

chen Aufwendungen, sie standardisieren die Handlungssituationen im Geltungsbereich eines institutionalisierten Rationalitätskriteriums und ermöglichen dadurch alltägliche Entscheidungsroutinen. Zudem erleichtert die Standardisierung und Vereinheitlichung von Rationalitätskriterien die Professionalisierung der entsprechenden Tätigkeiten und den Aufbau von Organisationen, die Dienstleistungen für eine Vielzahl gleichartiger Entscheidungsprozesse erbringen. Die Probleme der Entwicklung funktionsfähiger marktwirtschaftlicher Systeme in den Ländern des ehemaligen Ostblocks, die durch eine umfassende Entdifferenzierung und Deinstituionalisierung gekennzeichnet waren,[605] veranschaulichen, daß es nicht genügt, Gesetze zu erlassen, die den Markt freigeben, sondern daß eine große Zahl von fein aufeinander abgestimmten Institutionen und Organisationen aufgebaut werden muß, die die Rahmenbedingungen einer mit der Integration der Gesellschaft verträglichen Marktwirtschaft gewährleisten. Dieser Aufbau von Institutionen und ihre wechselseitige Abstimmung braucht Zeit. Er erfordert hohen Personaleinsatz und umfangreiche professionelle Qualifikationen. Trotz dieses Aufwands ist die Herausbildung solcher Institutionen offenbar unverzichtbar. Denn die Effizienz einer modernen Gesellschaft wäre nicht erreichbar ohne spezialisierte und professionalisierte Institutionen, die die Bearbeitung der Konflikte zwischen konkurrierenden Rationalitätskriterien gewissermaßen vor die Klammer ziehen und innerhalb des gesicherten Geltungsbereichs eines Rationalitätskriteriums die alltäglichen Entscheidungsroutinen von der ständigen Beschäftigung mit solchen Rationalitätskonflikten entlasten.

Die Analyse von Institutionalisierungsprozessen zeigt, daß zwischen dem Kommunikationsvorgang der fortlaufenden Bestätigung und Konkretisierung eines Wertes oder einer Leitidee zu Handlungsmaximen, an denen das Handeln in konkreten Entscheidungssituationen sich orientieren kann, und der realen Koordination des sozialen Handelns im Kontext von Institutionen eine ständige Wechselwirkung stattfindet. Die Weiterentwicklung von Wertkonzepten und Kriterien der Bearbeitung von Rationalitätskonflikten in der Kommunikation treibt die Ausbildung, Verfeinerung, Abstimmung und Integration von Institutionen voran. Wie im individuellen Denken kann auch in der Kommunikation antizipiert werden, was in der realen Koordination längst noch nicht Wirklichkeit ist. Ein Beispiel dafür ist die Verpflichtung des Staates auf das Leitbildes des nachhaltigen Schutzes der natürlichen Lebensgrundlagen in Art. 20 a GG. Die reale Koordination des sozialen Handelns gewährleistet derzeit, wie wir wissen, den nachhaltigen Schutz der natürlichen Lebensgrundlagen nicht hinreichend. Die Auf-

---

[605] M. Rainer Lepsius, a.a.O., S. 66 ff. am Beispiel der DDR.

nahme des Art. 20 a in das Grundgesetz bewirkt für sich allein noch nichts. Aber wenn sich die Leitidee des nachhaltigen Schutzes der natürlichen Lebensbedingungen als verfassungsrechtlich verpflichtender Wertmaßstab über Entscheidungen des Gesetzgebers, der vollziehenden Gewalt und der Rechtsprechung allmählich in konkretere Entscheidungsmaximen für die Bearbeitung des Konflikts zwischen dem Rationalitätskriterium der kurzfristigen Wirtschaftlichkeit und dem Rationalitätskriterium der langfristigen globalen ökologischen Verträglichkeit umsetzt und in die institutionalisierten Strukturen der Gesellschaft Eingang findet, kann sie die realen Koordinationen in der Gesellschaft effektiv verändern.

Umgekehrt wirkt sich aber auch der erreichte Stand der Institutionalisierung und der realen Koordination sozialen Handelns mittelbar auf die Kommunikation aus. Besonders anschaulich wird das am Beispiel der europäischen Integration.[606] Jean Monnets Idee, Frieden zwischen den Nationen in Europa nicht auf dem direkten Weg einer Vereinigung der Nationalstaaten zu einer politischen Union anzustreben, sondern den wirtschaftlichen Eigennutz als Triebkraft der Entwicklung zu nutzen, hat sich unter den Bedingungen der Zeit nach dem Ende des 2. Weltkrieges bewährt. Die Leitidee der Wirtschaftlichkeit hat zur Ausbildung effizienter Institutionen eines gemeinsamen Marktes geführt, die Europa befriedet haben. Aber der Erfolg der wirtschaftlichen Integration hat zunehmend die Defizite der Koordination zwischen den europäischen Staaten auf anderen Politikfelder (Außenpolitik, Sicherheitspolitik, Flüchtlingspolitik, Bildungspolitik) sichtbar werden lassen. Der Erfolg der wirtschaftlichen Integration hat im Zusammenwirken mit dem Ende des Ost-West-Konflikts und der beschleunigten Globalisierung zu einer neuen Lage geführt, in der eine bessere Abstimmung der europäischen Politik auf weiteren Politikfeldern unumgänglich ist. Schließlich hat der weitgehende Abschluß der wirtschaftlichen Integration mit der Schaffung einer gemeinsamen Währung für Europa das Bedürfnis nach einer besseren Abstimmung der politischen Rahmenbedingungen für die europäische Wirtschaft unabweisbar gemacht. Es kommt hinzu, daß die stetige Zunahme der Bedeutung von Entscheidungen europäischer Instanzen für den einzelnen und die ständig wachsende Überlagerung des nationalen Rechts durch das europäische Recht die Frage nach der demokratischen Legitimation mit immer größerer Dringlichkeit hervorruft.

Von großer Bedeutung ist es, daß die Entwicklung der Institutionen nicht gleichsam automatisch entsprechende Innovationen in den gesell-

---

[606] Dazu M. Rainer Lepsius, a.a.O., S. 65 f.

schaftlichen Kommunikationssystemen nach sich zieht. Auch das läßt sich wiederum besonders deutlich am Beispiel der europäischen Integration studieren. Die reale Entwicklung der europäischen Integration bedeutet keineswegs, daß die Leitideen für die zukünftige Integration der Europäischen Union und für ihre Erweiterung nach Osten hin einfach aus der Realität abgelesen und prolongiert werden könnten. Gegenwärtig werden zugkräftige Leitideen für die Zukunft Europas dringend gesucht. Der erreichte Stand der realen Integration Europas schafft nicht mehr und nicht weniger als eine Selektionsumwelt, in der neue Leitideen sich bewähren können. Solche neuen Leitideen, die ein europäisches Bewußtsein und eine europäische Öffentlichkeit als Basis einer demokratischen politischen Willensbildung „von unten nach oben" für Europa mit Inhalt füllen könnten, können nicht der Realität entnommen werden, sie müssen als Innovation nach den internen Gesetzen der Kommunikation aus überlieferten Bausteinen der kulturellen Traditionen Europas entwickelt werden.

1.3. Die Einheiten der kulturellen und sozialen Evolution

Das Konzept der Erklärung kultureller und sozialer Evolution kann nun folgendermaßen formuliert werden:

Die Einheit der Reproduktion der kulturellen und sozialen Information ist die Kommunikation, die infolge der Prägung der symbolisch wirksamen Strukturen durch das bewußte und unbewußte kommunikative Handeln der Individuen auch zum Träger von Variation wird.

Die Einheit der Selektion ist die Koordination. Sie ist der reale Ausdruck eines Musters der Abstimmung individueller Handlungen, das in der Kommunikation antizipiert wird. Die Selektion auf der Ebene der sozialen Koordination individueller Handlungen wirkt sich als Evolutionsdruck ausschließlich durch eine Modulation der Wahrscheinlichkeit aus, mit der Koordinationen aufgebaut und stabilisiert werden und dazu beitragen, daß die in ihnen zum Ausdruck gelangte kulturelle und soziale Information über Anschlußkommunikation weiterverbreitet wird.

Die Einheit der kulturellen und sozialen Evolution ist die Gesellschaft, die über ein geschlossenes Kommunikationssystem verfügt. Innerhalb dieses Kommunikationssystems schließt sich neue Kommunikation beständig an das bestehende Netz erreichbarer Kommunikation an und stabilisiert dadurch das System. Das Resultat der differentiellen Selektion auf der Ebene der Koordination zeigt sich erst auf der Ebene des Kommunikationssystems. Kulturelle und soziale Evolution bezieht sich auf ein Kommunikationssystem, das der Gesellschaft nach und nach bessere Eigenschaften verleiht.[607]

Das Konzept einer auf externer Selektion beruhenden kulturellen und sozialen Evolution wird im folgenden Schaubild in Form einer Synopse dargestellt und mit der Konzeption einer auf ausschließlich interner Selektion beruhenden Evolution sozialer Systeme bei Niklas Luhmann verglichen:

Synopse des grundlegenden Modells der Erklärung von soziokultureller Evolution in Niklas Luhmanns Theorie sozialer Systeme und in der hier vorgeschlagenen pragmatischen Synthese

	Kulturelle und soziale Evolution nach Luhmanns Theorie sozialer Systeme	Evolution von Kommunikationssystemen nach der hier vorgeschlagenen pragmatischen Synthese
Erklärungslast	Einheit	Einheit
Variation	Kommunikation - Reproduktion der Elemente des Systems - Abweichende Reproduktion (Unerwartete, überraschende Kommunikation)	Kommunikation - Reproduktion der kulturellen und sozialen Information - Variation der kulturellen und sozialen Information durch symbolisch wirksames Handeln der Individuen
Selektion	Struktur - Steuerung von Kommunikationen durch Erwartungen - Modulation der Wahrscheinlichkeit der Wiederverwendung von Kommunikationen durch die Struktur	Koordination - Spezifischer Komplex von Handlungen, deren Abstimmung auf der Orientierung an Kommunikation beruht - Modulation der Wahrscheinlichkeit der Wiederverwendung der Orientierungsmuster Koordination
Evolution	Soziales System - Bildung eines spezifischen Komplexes füreinander erreichbarer Kommunikationen - Restabilisierung nach positiver oder negativer Selektion abweichender Kommunikationen	Kommunikationssystem - Bildung eines spezifischen Komplexes füreinander erreichbarer Kommunikationen - Stabilisierung des Systems durch Anknüpfung an das bestehende Netz von Kommunikationsbezügen

---

[607] Das ist nicht mit der Behauptung einer langfristigen, stetigen und konsistenten Fortschrittsrichtung der Evolution zu verwechseln. Dazu sogleich im Text.

2. Zu einzelnen Aspekten des pragmatischen Evolutionskonzepts

2.1. Handlungstheorie und Systemtheorie

Das Konzept der Erklärung kultureller und sozialer Evolution ist keine neue Theorie. Es kann und soll insbesondere Handlungstheorie und Systemtheorie nicht ersetzen. Es kann aber als Konstruktion eines übergreifenden Erklärungsrahmens verstanden werden, der Handlungstheorie und Systemtheorie, Mikrosoziologie und Makrosoziologie miteinander verbindet. Der Sinn des hier vorgestellten Evolutionskonzepts wird schließlich im vollen Umfang erst deutlich, wenn man die mit ihm verbundenen Perspektiven für das Verständnis der Verbindung zwischen der emergenten Ebene von Kultur und Gesellschaft und der individuellen Ebene des Menschen, seines Bewußtseins und seines Handelns einbezieht.

Im Rahmen des Konzepts kultureller und sozialer Evolution, das Koordination als Einheit der externen Selektion einschließt, erweisen sich Systemtheorie und Handlungstheorie als komplementäre Fragestellungen und Forschungsprogramme, die nur in der wechselseitigen Ergänzung eine schlüssige evolutionstheoretische Erklärung von Kultur und Gesellschaft erlauben. Auf handlungstheoretischen Grundlagen beruhende empirische Forschungen zu den Strukturen der Koordination realer Handlungen liefern unverzichtbare Beiträge zum Verständnis der Einheit der Selektion in der kulturellen und sozialen Evolution. Und erst die Einbeziehung der Koordination als Einheit der Selektion anhand einer externen Wertebene erlaubt eine schlüssige Erklärung der evolutionären Entstehung kultureller und sozialer Information auch im Hinblick auf deren pragmatische Dimension. Mit dem Begriff der Koordination als Einheit der Selektion schließt das Konzept an das Forschungsprogramm der traditionellen, handlungstheoretisch und mikrosoziologisch fundierten Soziologie an. Die Frage, wie die typischen Koordinationsprobleme gelöst werden, hat seit jeher, exemplarisch bei Émile Durkheim, Max Weber, Robert K. Merton und Talcott Parsons im Zentrum der Fragestellungen der Soziologie gestanden.[608] Es ist der Soziologie als eigenständiger Disziplin auch mit der Methode der verstehenden Erklärung nicht darum gegangen, die Handlungen eines konkreten Individuums zu erklären. Ihr Interesse galt und gilt der Erklärung der beobachtbaren Regelmäßigkeit von Strukturen, die als intendierte oder

---

[608] Michael Schmid, Soziales Handelns und strukturelle Selektion, Opladen 1998, S. 19 ff., 71 ff., 93 ff. und 215 ff.

nichtintendierte Folgen typischer individueller Handlungen entstehen und rückwirkend den Handlungsspielraum der Individuen einschränken. Auf der anderen Seite liefert die moderne Systemtheorie einen Ansatz, auf dessen Grundlage Kommunikationen als Einheiten der Reproduktion und Innovation kultureller und sozialer Information und Kommunikationssysteme als Einheiten kultureller und sozialer Evolution beschrieben und analysiert werden können. Ihr Beitrag zum Konzept kultureller und sozialer Evolution ist ebenfalls unverzichtbar, weil auf der Grundlage handlungstheoretischer Ansätze allein nicht überzeugend erklärt werden kann, wie es möglich ist, daß kulturelle und soziale Information sich über die räumliche und zeitliche Distanz zwischen den Handelnden und ihren Handlungen hinweg erhält. Das Evolutionskonzept als übergreifender Bezugsrahmen für die Fragestellungen und Beiträge von Systemtheorie und Handlungstheorie zur Erklärung sozialer Ordnungen bietet sich als ein wissenschaftsmethodisch reflektiertes, modernes Konzept zur Erklärung komplexer Ordnungen an. Das Evolutionskonzept kommt ohne fragwürdige teleologische Erklärungen aus, vermeidet Annahmen über kausale Determination, die heute nicht mehr plausibel sind, zieht sich aber andererseits auch nicht völlig auf den Standpunkt zurück, daß alle gesellschaftliche Entwicklung nur auf zufälligen, nicht weiter erklärbaren Konstellationen beruhe. Die Integration der Kommunikation als Einheit der Übertragung und der Koordination als Einheit der Selektion erlaubt zudem die Darstellung eines Evolutionskonzept, das kulturelle und soziale Evolution - trotz aller Interdependenzen, die zwischen Kultur und deren biologischen und kognitiven Voraussetzungen bestehen - als eigenständiges Phänomen anerkennt und dieser Eigenständigkeit angemessen ist.

Über das Scharnier, das durch Handlung und Koordination von Handlungen als die ineinandergreifenden Einheiten der Selektion gebildet wird, läßt sich schließlich auch der wechselseitige Bedingungszusammenhang zwischen der Mikroevolution des individuellen Bewußtseins und der Makroevolution von Kultur und Gesellschaft beschreiben. Kultur und Gesellschaft auf der einen Seite und das individuelle Bewußtsein auf der anderen Seite sind auch nach diesem Konzept zu unterscheiden. Sie sind füreinander Umwelt. Aber sie sind füreinander die maßgebliche Selektionsumwelt. Die Makroevolution von Kultur und Gesellschaft und die Mikroevolution des individuellen Bewußtseins greifen ineinander und bedingen und begrenzen sich wechselseitig. Die Integration dieser auf unterschiedlichen Ebenen ablaufenden Evolutionsprozesse bildet letztlich den Rahmen für eine mikrosoziologische Fundierung der Theorie sozialer Systeme und zugleich für eine makrosoziologische Erweiterung der

Handlungstheorie. In der Konsequenz führt es zu der anspruchsvollen Forderung, in der Analyse konkreter geschichtlicher Entwicklungen stets das Zusammenspiel von Semantik und Pragmatik, von Sinn und Realität, von Kommunikation und Koordination der Handlungen im Auge zu behalten.

2.2. Evolution und Fortschritt

Das Evolutionskonzept beansprucht auch mit der hier vorgeschlagenen Synthese nicht, über Einzelaspekte hinaus den geschichtlichen Verlauf der kulturellen und sozialen Evolution als Ganzes empirisch erklären und prognostizieren zu können. Es erklärt die Möglichkeit der beobachtbaren Resultate kultureller und sozialer Evolution, nicht die Notwendigkeit ihres konkreten geschichtlichen Verlaufs. Die Annahme einer Tendenz der kulturellen und sozialen Evolution zur Verbesserung der Eigenschaften des Kommunikationssystems der Gesellschaft bedeutet nicht, daß wir von einer stetigen, konsistenten und berechenbaren Fortschrittsrichtung der gesellschaftlichen Evolution ausgehen könnten. Zum einen ist es kaum möglich, genau festzustellen, nach welchen Wertparametern die differentielle Selektion längerfristig erfolgt. Zu denken wäre zwar an die Lösung des Problems der Gemeinschaftsgüter, an Differenzierung und Flexibilität der sozialen Abstimmung individueller Handlungen, kurz an Koordinationslösungen, die eine höhere Komplexität der Gesellschaft ermöglichen. Das schließt aber keineswegs aus, daß neue Probleme auftauchen, die mit den bereits erreichten evolutionären Errungenschaften nicht gelöst werden können. Vor allem ist zu bedenken, daß die Resultate der kulturellen und sozialen Evolution auf die natürliche und soziale Umwelt zurückwirken und damit zugleich die Wertparameter für die differentielle Selektion verändern. Krisen durch Überforderung der Regenerationsfähigkeit der natürlichen Lebensgrundlagen oder durch eine kognitive und mentale Überforderung der Individuen infolge der fortschreitenden Differenzierung und Individualisierung sind also keineswegs ausgeschlossen. Die optimierende Tendenz der Evolution wirkt nur lokal, aber nicht kontinuierlich, weil die Wertparameter sich verändern können. Wir haben es weder mit einer stetigen Entwicklung noch mit einem dauerhaften Gleichgewicht zu tun. Es spricht auch hier viel für die Vorstellung von einem „punctuated equilibrium",[609] einer eigenartigen Mischung von Stabilität und Instabilität, Kontinuität und Dis-

---

[609] Vgl. dazu Albert Somit und Steven A. Peterson (Ed.), The Dynamics of Evolution. The Punctuated Equilibrium Debate in the Natural and Social Science, Ithaca und London 1992.

kontinuität, die mit langen Phasen der Ruhe ebenso wie mit sprunghaften Entwicklungen, Brüchen und Katastrophen vereinbar ist.[610] In der gesellschaftlichen Evolution haben wir es mit einem typischen Schwellenwertprozeß zu tun.[611] Kleine Fluktuationen in der Nähe von Bifurkationspunkten können Phasenübergänge einleiten, die den Entwicklungspfad des Systems irreversibel verändern. Die Vorstellung, daß kulturelle und soziale Evolution eine stetige Höherentwicklung der Gesellschaft gewissermaßen von allein, unabhängig vom Denken und Handeln der Menschen, garantiere, ist unter dem Einfluß der neueren handlungstheoretischen, spieltheoretischen und nicht zuletzt auch systemtheoretischen Konzepte zugunsten eines wesentlich komplexeren teleonomischen Erklärungskonzepts aufgegeben worden.[612] Die Besorgnis von Mißverständnissen sollte aber nicht dazu verführen, die Optimierung von Eigenschaften als Wirkung von Selektion nach externen Kriterien zu verleugnen und damit den Kern einer schlüssigen evolutionstheoretischen Erklärung von Kultur und Gesellschaft vollständig preiszugeben.

Auch die Erkenntnistheorie Jean Piagets kann nicht als Beleg für eine mit dem Evolutionskonzept verbundene notwendige Entwicklungsrichtung dienen. Sie scheint zwar eine immanente Entwicklungsrichtung zu postulieren - vom gegenstandsverhafteten, animistischen Denken des Kleinkindes zum abstrakten und hypothetischen Denken des Erwachsenen - und hat deshalb, nicht zuletzt wegen der Andeutung von strukturellen Übereinstimmungen zwischen kindlichem und „primitivem" Denken, Kritik erfahren. Daß die kognitive Entwicklung des Individuums nach den Beobachtungen Piagets, aber keineswegs nur nach seinen Beobachtungen, eine Zunahme von intellektuellen Fähigkeiten und Handlungskompetenzen zeigt, läßt sich - jenseits des Beitrags der biologischen Reifung zur Steigerung der Leistungsfähigkeit des Gehirns - aber auch als Resultat des Zusammenwirkens der Evolution der individuellen Erkenntnis und der Evolution von Kultur und Gesellschaft erklären. Der erreichte kulturelle Standard einer Gesellschaft ist danach immer auch Teil der Umwelt, in der sich das individuelle Denken und Handeln bewähren muß. Kultur und Gesellschaft stellen wichtige Orientierungsgrundlagen für das dar, was ein Mensch im Laufe seiner individuellen Entwicklung lernen kann und muß. Wegen dieser Ein-

---

[610] Vgl. Kenneth E. Boulding, Punctuationism in Societal Evolution, in: Albert Somit und Steven A. Peterson, a.a.O., S. 171 ff. (178).
[611] Vgl. dazu Mark Granovetter, Threshold models of Collective Behavior, American Journal of Sociology 83 (1978), S. 1420 ff.; Michael Schmid, Soziales Handeln und strukturelle Selektion, Opladen 1998, S. 238 ff. (255 ff.), 263 ff. (272).
[612] Vgl. dazu auch Gunther Teubner, Recht als autopoietisches System, Frankfurt am Main 1989, S. 61 ff.

2. Zu einzelnen Aspekten des pragmatischen Evolutionskonzepts

bettung der Entwicklung des individuellen Erkennens in den Zusammenhang eines Kulturkreises und in die Anforderungen des sozialen Lebens, die sich vom Kleinkind- bis zum Erwachsenenalter stetig verändern, verwundert es nicht, daß das Denken sich steigenden Handlungsanforderungen anpaßt und daß die Entwicklung des Denkens von Kindern in traditionalen Gesellschaften anders verläuft als in einem europäischen Industrieland. Der einzelne kann sich in der Regel nicht allzuweit von dem Spektrum der kulturell etablierten und sozial geteilten Auffassungen seiner Zeit lösen. Die seltenen Ausnahmen verehren wir im Nachhinein als Genies: Ihnen ist es gelungen, ein ganzes System von Anschauungen und Erkenntnissen neu zu strukturieren und sich vom Selbst-Verständlichen ihrer Zeit nicht beirren zu lassen. Aber selbst solche epochalen Entwicklungen der Erkenntnis wie die biologische Evolutionstheorie, die Relativitätstheorie oder die Quantenphysik sind Teil ihrer spezifischen Kulturgeschichte. Wir können sie nur vom Standpunkt des modernen Wissenschaftssystems aus als Fortschritt bewerten. Vom Standpunkt des Weltbildes einer traditionalen Gesellschaft sind sie unverständlich und bedeutungslos. Die Einbettung individueller Erkenntnis in den kulturellen und sozialen Kontext, der sich seinerseits einer vergleichenden Bewertung entzieht, widerspricht also der Annahme, Evolution sei jedenfalls im Fall der individuellen Erkenntnis gleichbedeutend mit einer eingebauten Fortschrittstendenz.

Die Dynamik der Evolution beruht zwar darauf, daß Variationen, die nach Maßgabe der externen Wertebene „besser" sind, durch einen Selektionsmechanismus begünstigt werden und einen differentiellen Selektionsvorteil genießen. Das ist die Grundlage für eine Tendenz zur ständigen Verbesserung der durchschnittlichen Eigenschaften im Variationsspektrum des Pools. Das Problem liegt aber darin, daß eine gleichbleibende und vorhersehbare Tendenz der Evolution damit nur verbunden wäre, wenn wir annehmen könnten, daß die externe Wertebene erstens hinreichend genau bekannt wäre und zweitens langfristig stabil bleibt. Genau davon kann man aber nicht ausgehen. Vor allem muß beachtet werden, daß die Resultate der Evolution auf die Umstände zurückwirken, die die Wertebene für die Selektion konstituieren. So kann der evolutionäre Erfolg des Raubtiers zu seinem Aussterben führen, weil es seine Beute ausrottet. Oder der Mensch kann die Natur technisch so gut beherrschen, daß er seine eigene natürliche Lebensgrundlage zerstört.

2.3. Zur Einheit der kulturellen und sozialen Evolution

Luhmann definiert die Gesellschaft als das umfassendste System aller füreinander erreichbaren Kommunikationen. Das ist insoweit problematisch, als Luhmann Gesellschaft und Kommunikationssystem gleichsetzt. Aber wir können akzeptieren, daß die Gesellschaft als Einheit abgegrenzt wird durch das umfassendste System füreinander erreichbarer Kommunikationen, das sie konstituiert. Das Kommunikationssystem der Gesellschaft umfaßt nicht nur die funktional ausdifferenzierten Kommunikationssysteme wie Recht, Wirtschaft und Politik, Wissenschaft, Kunst oder Moral. Sie schließt nicht nur solche Kommunikation ein, die mit spezifischen Leitunterscheidungen operiert und eine spezifische Teilfunktion der Gesellschaft organisiert, sondern auch alltagssprachliche Kommunikation, Unterhaltung, l'art pour l'art. Soziale Systeme sind Teil der Kultur, sie sind gewissermaßen ihr Knochengerüst. Aber es ist kaum möglich, trennscharf zwischen Kultur und sozialem System zu unterscheiden. Deshalb ist hier und im vorangegangenen Text von kultureller und sozialer Evolution die Rede. Damit soll zugleich die Vorstellung zum Ausdruck gebracht werden, daß auch der Kern dessen, was wir im allgemeinen Sprachgebrauch als Kultur bezeichnen und den „harten" Funktionssystemen der Gesellschaft wie Wirtschaft, Politik und Recht gegenüberstellen, also Kunst, Literatur, Musik, Tanz und Theater, zur Evolution der Gesellschaft beiträgt. Gerade die Verselbständigung und Freiheit künstlerischer Kommunikation, ihre größere Unabhängigkeit gegenüber den Zwängen einer unmittelbaren Funktion für die Koordination des sozialen Handelns, ist die Grundlage ihrer belebenden, kreativen Energie, die auch auf die harten Funktionssysteme der Gesellschaft ausstrahlt und neue Lösungen ermöglicht. Kultur ist also die Grundlage, auf der sich verfestigte, institutionalisierte und sanktionsbewehrte soziale Systeme herausbilden, die den stabilen Kern der Gesellschaft darstellen. Und andererseits: auch so handfeste soziale Systeme wie Wirtschaft, Politik und Recht sind Teil der Kultur, eingebettet in umfassende kulturelle Kontexte und Voraussetzungen.

Wirtschaft, Politik, Recht, Wissenschaft und andere ausdifferenzierte Teilbereiche der gesellschaftlichen Kommunikation bilden ihrerseits Teilsysteme, soweit sie einer eigenen Leitunterscheidung folgen und sich dadurch als spezialisiertes Kommunikationssystem von anderen Teilsystemen und von der alltagssprachlichen Kommunikation unterscheiden. Auch insoweit wird die Leistung und die Fruchtbarkeit der Systemtheorie Luhmanns durch das hier vorgeschlagene Konzept kultureller und sozialer Evolution nicht in Frage gestellt.

2. Zu einzelnen Aspekten des pragmatischen Evolutionskonzepts

Aber in welchem Sinne kann man im Falle der kulturellen und sozialen Evolution davon sprechen, daß Kommunikationssysteme sich an ihre Umwelt anpassen? Anpassung hat hier weder einen passiven Sinn noch bedeutet Anpassung so etwas wie Übereinstimmung oder Abbildung. Das Wort „Baum", das in der Kommunikation verwandt wird, ist keine Abbildung realer Bäume. Es geht vielmehr um die bevorzugte Selektion der Eigenschaften von Kommunikation, die erfolgreiche Koordinationen gewährleisten. Es geht also in einem pragmatischen Sinne um ein komplementäres Ergänzungsverhältnis, um eine Passung zwischen dem Kommunikationssystem und dessen Umwelt. Umwelt ist zwar zunächst alles, was außerhalb der Grenzen des Kommunikationssystems liegt. Aber für die evolutionstheoretische Erklärung bedeutsam ist nur die „Selektionsumwelt", also der Teil der Welt, der einschränkende Bedingungen für das Zustandekommen von Koordinationen setzt. Zur Selektionsumwelt von Kommunikationssystemen in diesem Sinne gehört vor allem das Bewußtsein der menschlichen Individuen, die sich an Kommunikation beteiligen. Es ist einer der wichtigsten und zugleich der am heftigsten bekämpfte und mißverstandene Aspekt der Systemtheorie Luhmanns, daß Menschen und menschliches Bewußtsein als Teil der Umwelt sozialer Systeme erscheinen. Dieser Ausgangspunkt ist hier akzeptiert worden. Der Unterschied zur Systemtheorie Luhmanns liegt in der Konzeption der Art und Weise, wie die systemübergreifenden Beziehungen zwischen Kommunikationssystem und individuellem Bewußtsein verstanden werden. Der Brückenschlag zwischen Individuum und Gesellschaft wird durch den Begriff der Koordination geleistet. Die Koordination der Handlungen unterschiedlicher Handlungssubjekte ist nur unter der einschränkenden Bedingung möglich, daß die beteiligten Individuen in der Lage sind, ihren individuellen Beitrag zum Gesamtprodukt der Handlungskoordination zu leisten. Dazu muß das Individuum in der Lage sein, sich am Kommunikationssystem zu orientieren, Ordnungsinformation für die Koordination seiner eigenen Handlungen mit den erwarteten Handlungen anderer zu erzeugen und dieses Koordinationsprojekt dann unter seinen individuellen Lebensbedingungen in praktisches Handeln umzusetzen. In diesem Sinn müssen Kommunikationssystem und individuelles Bewußtsein zueinander passen. Die Wahrscheinlichkeit einer solchen Passung ist das Resultat von Evolution. Sie begünstigt die Durchsetzung solcher Sequenzen und Strukturen der Kommunikation, die Handlungsorientierungen für sozial koordiniertes Handeln in der Alltagspraxis erleichtern.

Umgekehrt ist das Kommunikationssystem aber auch Selektionsumwelt für das individuelle Bewußtsein. Denn der Erfolg von Handlungen, die zur Erreichung der Handlungsziele eine Koordination mit erwarteten Handlungsbeiträgen anderer Individuen einschließt, unterliegen der einschränkenden Bedingung, daß ihr Erfolg eine hinreichende Wahrscheinlichkeit des erwarteten Handelns Dritter voraussetzt. Unter Abwesenden, bei großen räumlichen und zeitlichen Distanzen, ermöglicht nur die Orientierung an Kommunikationssystemen, daß die notwendigen Handlungsbeiträge Dritter mit hinreichender Wahrscheinlichkeit erwartet werden können. Für die kognitive Entwicklung, die im Anschluß an Piaget ebenfalls als Evolutionsprozeß zu verstehen ist, bedeutet das, daß durch differentielle Selektion die Durchsetzung solcher kognitiver Strukturen begünstigt wird, die dem Individuum eine Orientierung am Kommunikationssystem der Gesellschaft und damit erfolgreiches soziales Handeln erlaubt. Gesellschaft und individuelles Bewußtsein stellen wechselseitig Selektionsumwelten füreinander dar. Da in beiden Systemen eine Evolutionsdynamik wirksam ist, werden Gesellschaft und individuelles Bewußtsein wechselseitig aufeinander eingestimmt. Darauf beruht der relativ hohe Grad an Übereinstimmung kognitiver Konzepte innerhalb eines Kulturkreises. Was Luhmann als strukturelle Kopplung zwischen Kommunikationssystem und Bewußtseinssystem bezeichnet und ohne hinreichend Erklärung für die Möglichkeit seiner Entstehung voraussetzt, wird als Ergebnis der Koevolution von Gesellschaft (Makroevolution) und individuellem Bewußtsein (Mikroevolution) erklärbar.

2.4. Die Realität der Gesellschaft

Wenn Luhmann die Gesellschaft als das umfassendste System füreinander erreichbarer Kommunikationen definiert, setzt er die Gesellschaft mit ihrem Kommunikationssystem gleich. Folgt man dem Konzept der Erklärung kultureller und sozialer Evolution, das Gesellschaft als Produkt des Zusammenspiels von Kommunikation und Koordination versteht, kann diese Gleichsetzung nicht mehr akzeptiert werden. Gesellschaft ist sowohl das System der untereinander anschlußfähigen Kommunikationen als auch das Netz der durch sie orientierten Koordinationen. Es geht nicht einfach um eine Frage sprachlicher Konvention. Natürlich könnte man sich darauf verständigen, daß die Menschheit nichts anderes sei als der Genpool der Gattung Mensch. Die leibhaftigen Verkörperungen der Gene, die Menschen, erscheinen dann als akzidentiell, als unwesentlich, sie sind nur das notwendige Transportmittel für das, worauf es eigentlich ankommt, die Gene. Aber eine solche Semantik hat Folgen: Sie blendet - im Gegensatz zum allgemeinen Sprachgebrauch - das Individuum aus ihrem Beschreibungsbereich aus. Es kommt also darauf an, worin das Problem gesehen wird und was man erkennen will. Im Fall der Systemtheorie Luhmanns wird der Beobachtungsraum der Theorie auf das Kommunikationssystem der Gesellschaft, auf ihre Operationen im Medium Sinn beschränkt. Die Realität der Gesellschaft, die Koordination realer Handlungen, erscheint nur als Gegenstand von Kommunikation. Für das hier vorgeschlagene Konzept der Erklärung kultureller und sozialer Evolution ist es dagegen unverzichtbar, daß der Begriff der Gesellschaft sowohl die Dimension der sinnhaften Operationen im Kommunikationssystem der Gesellschaft als auch die Dimension realer Handlungen und Handlungskoordinationen umfaßt. Erst ihr Zusammenspiel ermöglicht eine schlüssige Erklärung der Möglichkeit sowohl der Integration der Gesellschaft als auch einer hinreichender Korrespondenz von Gesellschaft und Bewußtsein. Andererseits lassen sich Unterschiede erkennen. Wenn die Reichweite der Gesellschaft durch das umfassendste System füreinander erreichbarer Kommunikation abgegrenzt wird, haben wir es heute bereits mit einer Weltgesellschaft zu tun. Andererseits läßt sich in der Dimension der Koordination genauer als in der Dimension der Kommunikation erkennen, daß die Integration der Gesellschaft unterschiedliche Verdichtungsbereiche aufweist. Während derzeit die globale Vernetzung der Wirtschaft schnell wächst, behalten die Nationalstaaten für Politik und Verwaltung noch ein entscheidendes Gewicht. Für wichtige Bereiche des alltäglichen Lebens, zum Beispiel für die Bereitstellung von Infrastrukturleistungen wie Abwasserbeseitigung, Abfallbeseitigung, Kindergärten und Schulen sind Städte, Gemeinden und Landkreise der institutionelle Rahmen der Koordination. Und schließlich sind die Bereiche der Alltagswelt, die weitgehend auf Kommunikation unter Anwesenden angewiesen sind, vor allem Familie, Schule und Ausbildung, Vereinsleben, Nachbarschaft und Freundschaftsbeziehungen, also die „Lebenswelt", nach wie vor entscheidende Grundlagen für die Integration der Gesellschaft, weil hier vielfältige und dichte Netze realer Koordination entstehen, in denen die abstrakten Kommunikationssysteme der Gesellschaft nur eine subsidiäre, unterstützende Rolle spielen.

2.5. Erkenntnistheoretische Aspekte

Aber gibt es diese Realität von Handlungen und Handlungskoordinationen überhaupt? Und wenn es sie gibt, ist sie der Beobachtung überhaupt zugänglich? Das ist die hartnäckige erkenntnistheoretische Frage des radikalen Konstruktivismus. Dazu wurde oben bereits Stellung genommen.[613] Die Erkenntnistheorie Piagets bietet danach eine schlüssige evolutionstheoretische Erklärung dafür an, wie es möglich ist, daß Erkenntnis und Erkenntnisob-

---
[613] Siehe oben 3. Kapitel.

jekt in einem immer nur pragmatisch zu verstehenden Sinn zueinander passen, sich aufeinander einspielen. Es ist an dieser Stelle wichtig zu betonen, daß auch die Unterscheidung zwischen Kommunikation und Koordination und die Verbindung von beidem im Konzept der Erklärung kultureller und sozialer Evolution nichts mit einem Rückfall in eine naive Ontologie zu tun hat. Jede Erkenntnis, auch die Erkenntnis realer Handlungen und Handlungskoordinationen, steht uns nur als kognitive Konstruktion zur Verfügung. Und nach dem, was oben gesagt wurde, ist jede kognitive Konstruktion, die des Soziologen eingeschlossen, auch Folge der Evolution des gesellschaftlichen Kommunikationssystems, vor allem der Wissenschaft als eines der funktionalen Teilsysteme gesellschaftlicher Kommunikation. Wir haben keinen unmittelbaren Zugang zur objektiven Realität, der es uns erlauben würde, Gewißheit über die Richtigkeit unserer kognitiven Konstruktionen zu erreichen. Das rechtfertigt es aber nicht, daß wir uns auf kognitive Konstruktionen der Kommunikationen, also der Selbst- und Fremdbeschreibungen der Gesellschaft beschränken. Eine schlüssige Erklärung kultureller und sozialer Evolution ergibt sich erst, wenn wir Kommunikation und Koordination unterscheiden und ihren Zusammenhang verstehen, wohl wissend, daß sowohl der Begriff der Kommunikation als auch der Begriff der Koordination und das Erklärungskonzept insgesamt kognitive Konstruktionen sind, die auf jeweils unterschiedlichen Beobachtungsebenen liegen.

2.6. Evolutionsdynamik und individuelle Verantwortung

Mit einer evolutionären Grundauffassung ist der Abschied von dem Glauben an Gewißheit über das Ziel oder über eine deterministische Gesetzmäßigkeit der Entwicklung von Kultur und Gesellschaft verbunden.[614] Aber bedeutet das zugleich, daß wir unsere Geschichte nicht im Sinne einer für menschliche Individuen erreichbaren Vernunft beeinflussen können, daß wir nur Beobachter eines evolutionären Prozesses sind, dem wir weitgehend ausgeliefert sind?

Das pragmatische Konzept kultureller und sozialer Evolution ist mit Vorstellungen einer deterministischen Lenkung gesellschaftlicher Prozesse nicht vereinbar. Insofern unterscheidet es sich nicht von der Konzeption Luhmanns. Aber individuelles Bewußtsein, individuelle Handlung und Handlungskoordination, physische und soziale Realität werden über das Konzept der externen Selektion in anderer Weise in die evolutionstheoreti-

---

[614] Vgl. John Dewey, Die Suche nach Gewißheit, Frankfurt am Main 1998.

sche Erklärung und Interpretation geschichtlicher Prozesse eingebunden, als das bei Luhmann der Fall ist. Das hat erhebliche Unterschiede in den Auffassungen von den Möglichkeiten der Beobachtung und Gestaltung von Kultur und Gesellschaft zur Folge. Etwas plakativ könnte man sagen, daß das bewußte, mit Vernunft und Gefühl begabte Individuum zwar nicht Herr der Geschichte, aber auch nicht ihr bloßes Objekt ist. Das Individuum gestaltet immerhin das Material, mit dem die kulturelle Evolution spielen kann. Und es trägt seinen Teil zu den Handlungskoordinationen bei, in denen Kommunikation, soll ihr Muster sich auf Dauer erhalten, sich bewähren muß. Was Menschen nicht in hinreichend großen Zahlen in ähnlichem Sinne verstehen können und was ihnen nicht hilft, ihre Koordinationsprobleme besser zu bewältigen, wird im allgemeinen nicht überdauern. Aber jeder einzelne kann nur aus seiner subjektiven Perspektive einen Ausschnitt des Gesamtgeschehens kultureller Evolution erkennen. Deshalb wird es Handlungsanweisungen für die Herstellung evolutionärer Errungenschaften nicht geben können. Aber Luhmanns Beschreibung, nach der „Kommunikation kommuniziert" und Menschen die selbstreferentiellen Operationen von Kommunikationssystemen nur irritieren können, setzt in entscheidender Hinsicht falsche Akzente. Ein gutes Gesetz macht sich ebenso wenig von selbst wie ein gutes Urteil. Ohne die Antizipation von möglichen Lösungen im bewußten Denken und kommunikativen Handeln von Menschen gäbe es keine kulturelle Innovation und keine soziale Errungenschaft. Richtig ist nur, daß die Entwürfe des menschlichen Geistes sich nicht als einfacher Vollzug eines geschlossenen Entwurfs in soziale Realität umsetzen lassen. Sie durchlaufen eine ganze Reihe von Transformationsprozessen: Übersetzung gedanklicher oder gefühlsmäßiger Inhalte in die Form von Mitteilungen, die für Kommunikation geeignet sind, Einbeziehung in das komplexe, stets in Bewegung befindliche Netz kultureller und sozialer Sinnproduktion, und schließlich die Bewährungsprobe des Aufbaus sozialer Koordinationen. Alle individuellen Entwürfe von Lösungen können daher nur Teilbeiträge darstellen, die sich nach und nach in einer Kaskade von Wechselwirkungen zwischen Kommunikation und Koordination als in einem immer nur vorläufigen und pragmatischen Sinne gültige Lösungen erweisen können. Und in diesem Sinne ist es auch wahrscheinlich, daß die Effekte des Denkens und Handelns des einzelnen, sofern sie sich überhaupt isolieren und in ihren Wirkungen bestimmen lassen, sich mehr oder weniger deutlich von den subjektiven Intentionen unterscheiden, daß sie hinter den schönsten Hoffnungen regelmäßig zurückbleiben. Es gilt aber auch umgekehrt, daß sich oft erst im Nachhinein herausstellt, daß eine Innovation, die für einen überschaubaren Verwendungszusammenhang gedacht war, eine viel größere Tragweite erreicht als ihr Erfinder ursprünglich ahnen konnte. Die Erfindung der Schrift mag zunächst im religiösen Kontext der Divination gestanden und der Entlastung des Gedächtnisses durch Aufzeichnung von Vorgängen gedient haben, bevor ihre Eignung als Medium der Kommunikation erkannt wurde. Ahnte Gutenberg, welche weitreichenden gesellschaftlichen Folgen seine Erfindung der beweglichen Lettern für den Buchdruck haben würde? Und überschauen wir heute, welche gesellschaftlichen Umwälzungen die modernen Medien und die digitale Informationstechnologie auslösen werden?

Kluge Regeln, die das friedliche Zusammenleben von Menschen erleichtern oder ihre Kooperation zum Schutz gemeinsamer Güter begünstigen, lassen sich kaum als Erfindung eines einzelnen aus dem Stand heraus begreifen. Aber als Glied in einer Kette von Generationen, in der Menschen Erfahrungen mit bestimmten Regeln machen und diese Erfahrungen kommunikativ austauschen und reflektieren, gegebenenfalls auch schlechte Regeln bewußt verletzen, kann der einzelne über ein Erfahrungswissen verfügen, das weit über seine begrenzte individuelle Lebenserfahrung hinausgeht, und er kann auf dieser Grundlage Intuition und soziale Phantasie für neue Lösungen entwickeln. Es gibt keinen plausiblen Grund, die Bedeutung der bewußten Suche nach Konzepten und Lösungen für Probleme der gesellschaftlichen Entwicklung gering zu schätzen. Die Einsicht in die Komplexität kultureller Evolution und das Bewußtsein der vielfältigen Bewährungsproben, denen Entwürfe kultureller und sozialer Innovation ausgesetzt sind, rechtfertigt gewiß tiefen Respekt vor bewährten kulturellen Traditionen, sie nötigt zur Beschränkung von Gestaltungsansprüchen auf das Wesentliche und fordert die Bereitschaft zu kritischer Reflexion der eigenen Praxis und zur Korrektur von Fehlern. Sie nötigt auch zur Differenzierung und wechselseitigen Beschränkung der Geltungsansprüche unterschiedlicher Teilsysteme mit ihrer je spezifischen Rationalität. Denn nur die Zuordnung und Integration der Teile in das Ganze kann dauerhaft gelingende Strukturen der sozialen Koordination gewährleisten. Und schließlich kann die Einsicht in die Selbsterhaltungstendenz von Kommunikationssystemen und in ihre Toleranz für Dissense auch zu einer gewissen Gelassenheit beitragen und sowohl vor Überschätzung als auch Überforderung des einzelnen als Träger gesamtgesellschaftlicher Vernunft bewahren. Aber die Einsicht in die Komplexität und Unverfügbarkeit der kulturellen Evolution für den einzelnen darf auf der anderen Seite auch nicht zu einer Unterschätzung des Beitrags des individuellen Denkens und Handelns führen. Resignation und abwartende Haltung angesichts wirtschaftlicher Globalisierung und globaler Krise der Umwelt lassen sich nicht mit dem Verweis

3. Evolution und Gesetzgebung - Schlußfolgerungen für eine laufende Debatte

auf die eigengesetzliche Dynamik der Evolution von Kultur und Gesellschaft begründen. Daß wir handeln müssen, obwohl unsere Erkenntnisse begrenzt, unsicher und umstritten sind, ist eine Grundbedingung sozialen Handelns. Wir können dieser Ungewißheit vor allem dadurch Rechnung tragen, daß wir fehlerfreundliche Lösungen bevorzugen, alternative Lösungen offenhalten und kulturelle Vielfalt als Grundlage für die Regeneration sozialer Energien und für die Entstehung neuer Lösungen schützen und fördern.

Das pragmatische Konzept kultureller und sozialer Evolution macht deutlich, daß es nicht folgenlos und beliebig ist, was wir denken und wie wir kommunizieren. Der Text ist nicht die Welt. Aber er ist in der Welt und verkörpert Informationen, die eine pragmatische Dimension haben. Das ist die Grundlage für ein Ethos der politischen und sozialen Verantwortung im Denken und in der Kommunikation, das dem einzelnen eine wichtige Rolle bei der Lösung der Probleme des Gemeinwesens zuschreibt, ohne ihn oder seine individuelle Vernunft mit der ganzen Last der Verantwortung für die Stabilität der Gesellschaft zu überfordern. Das pragmatische Evolutionskonzept verweist darauf, daß das Individuum einen unverzichtbaren Beitrag zur Innovation und Stabilität der Gesellschaft leistet, indem es sich in sozialen Lernprozessen engagiert. Und es zeigt zugleich, daß individuelle Anstöße nur dann soziale Folgen haben können, wenn sie in der Kommunikation verstanden werden und wenn sie sich in der sozialen Koordination von Handlungen bewähren. Jeder einzelne trägt zur Offenheit und Lernfähigkeit des Gemeinwesens bei. Aber er trägt als einzelner nicht die ganze Last der Verantwortung für die Stabilität der Gesellschaft. Die Komplexität sozialer Systeme, Regeln und Institutionen, die als Resultat kultureller und sozialer Evolution entstanden sind, übersteigen regelmäßig die Einsichtsfähigkeit des einzelnen. Diese Sicht der Verantwortung des einzelnen stimmt mit realistischen Annahmen über seine Wirkungsmöglichkeiten überein. Das Individuum wird ermutigt zu einer Haltung kultureller und sozialer Kreativität, die sich weder überschätzt, weil sie meint, im Besitz von unumstößlichen Wahrheiten zu sein, noch aber auch unterschätzt, weil sie ihren eigenen Beitrag von vornherein für unerheblich und folgenlos halten würde.

3. Evolution und Gesetzgebung - Schlußfolgerungen für eine laufende Debatte

3.1. Thesen

Von der Abstraktionshöhe des hier vorgestellten Evolutionskonzepts aus können die konkreten Möglichkeiten und Grenzen der Steuerung gesellschaftlicher Entwicklungen durch Politik und Recht nicht sinnvoll diskutiert werden. Sinn der folgenden Anmerkungen zur Steuerungsdiskussion kann und soll es lediglich sein, zu verdeutlichen, wo die wesentlichen Unterschiede zwischen dem hier vorgestellten Evolutionskonzept und der Konzeption Luhmanns hinsichtlich der Formulierung des Steuerungsproblems und der Ansätze und Wege zu seiner Lösung liegen. Das soll zunächst in thesenhafter Form geschehen:

Die Diskussion über die Möglichkeiten und Grenzen der Steuerung gesellschaftlicher Entwicklungen mit den Mitteln der Politik und des Rechts bewegt sich zwischen den Extremen eines unkritischen Steuerungsoptimismus, der insbesondere mit dem Ausbau der wohlfahrtsstaatlichen Instrumentarien politischer Planung verbunden war, und einer prinzipiellen Steuerungsskepsis, die ihre wichtigsten Impulse einerseits aus einer wachsenden Ernüchterung über die Möglichkeiten anspruchsvoller politischer Planung und andererseits aus dem neuen systemtheoretischen Paradigma Luhmanns bezogen hat. Auf der Grundlage des vorgestellten Evolutionskonzepts sind beide Extreme nicht akzeptabel. Und auch die empirischen Befunde belegen weder Allmacht noch Ohnmacht des Gesetzes. Im Verhältnis von Politik, Recht und Gesellschaft ist Steuerung in einem bestimmten, nichtdeterministischen Sinn möglich, sie ist aber von anspruchsvollen Voraussetzungen abhängig und an entsprechend enge Grenzen gebunden. Steuerung ist im Verhältnis von Politik, Recht und Gesellschaft immer nur möglich als „Kontextsteuerung" in dem Sinne, daß durch Operationen in einem Teilsystem der Gesellschaft die Selektionsbedingungen für individuelles Handeln und für anschließende Operationen anderer Teilsysteme modifiziert werden. Auch strafrechtliche Verbote zwingen die Akteure nicht unausweichlich zur Unterlassung des verbotenen Handelns. Sie verändern aber die Rahmenbedingungen für die Auswahl unter den verfügbaren Handlungsalternativen, indem sie die Akteure über die Erwartungen der Gesellschaft und über die drohenden Sanktionen bei Normverletzungen informieren. Der Begriff der Steuerung ist deshalb problematisch, weil er allzu leicht die Vorstellung von einer linearen, deterministischen, quasi-mechani-

3. Evolution und Gesetzgebung – Schlußfolgerungen für eine laufende Debatte

schen Verursachung hervorruft. Solche Steuerungsvorstellungen hat die neuere Systemtheorie und hat insbesondere Luhmann zutreffend kritisiert. Luhmann bietet jedoch keine überzeugende Lösung für die Erklärung der systemübergreifenden Prozesse der Induktion von Information in Kommunikations- und Bewußtseinssystemen an. Dieses Defizit führt im Zusammenhang der Steuerungsdiskussion tendenziell zur Negation jeder Möglichkeit von gezielter Einflußnahme über die Grenzen von Kommunikations- und Bewußtseinssystemen hinweg. Das vorgestellte pragmatische Evolutionskonzepts erlaubt dagegen eine differenziertere Beschreibung und Erklärung systemübergreifender Prozesse, die die Möglichkeit von Interventionen auf Veränderungen der externen Selektionsbedingungen zurückführt.

Auf der Grundlage des vorgestellten Evolutionskonzepts wird auch eine schlüssige evolutionstheoretische Erklärung der Integration der funktional ausdifferenzierten Teilsysteme in die Gesellschaft möglich. Denn Wirtschaft, Politik, Recht, Wissenschaft, Moral etc. sind zwar als Kommunikationssysteme mit jeweils eigenem Code scharf voneinander abgegrenzt und tendieren insoweit zur weiteren Verselbständigung, vielleicht auch zu weiterer Ausdifferenzierung. Aber für das Zustandekommen von Koordinationen und Koordinationsnetzen bedarf es in der Regel der Orientierung an mehreren dieser ausdifferenzierten Kommunikationssysteme und an der allgemeinen gesellschaftlichen Kommunikation. Wer eine Firma gründen will, muß sich sowohl an der wirtschaftlichen als auch an der rechtlichen Kommunikation orientieren. Und Grundlage für jede erfolgreiche Kooperation ist immer die allgemeine, nicht spezialisierte Kommunikation, an der man teilnehmen muß, wenn man Kooperationspartner finden und sich mit ihnen abstimmen will. Das bedeutet, daß alle ausdifferenzierten Teilsysteme der Gesellschaft letztlich eine gemeinsame Selektionsumwelt haben, die nicht den in der Kommunikation gezogenen Grenzen der Teilsysteme folgt. Die Verhältnisse liegen insoweit ähnlich wie im Fall des kognitiven Systems. Die Erfahrungen mit der realen Welt sind die Grundlage für die Bildung der Vorstellung identischer Objekte und für die Integration des kognitiven Systems als Einheit. Gäbe es die reale Welt als pragmatischen Bezugspunkt, als Erfahrungshintergrund und Selektionsumwelt von Sinnsystemen nicht, so wäre in der Tat nichts anderes als eine stetig fortschreitende Variation, Ausdifferenzierung und Desintegration solcher Systeme zu erwarten. Weil aber Handlungen und Koordinationen in einer realen Welt stattfinden, von der wir plausibel nur annehmen können, daß sie objektive, von der subjektiven Wahrnehmung und Sinnverarbeitung unabhängige

Strukturen aufweist, trägt die Selektion immer auch zur Integration kognitiver und kommunikativer Strukturen bei.

3.2. Die Steuerungsskepsis Niklas Luhmanns

Luhmann wendet seinen theoretischen Ansatz der Autopoiesis sozialer Systeme unter anderem auch auf das Verhältnis der funktional ausdifferenzierten Teilsysteme Politik und Recht an.[615] Auf dieser Grundlage gelangt er zu Schlußfolgerungen für die Rolle des Gesetzes, die grundlegende Annahmen des traditionellen staats- und verfassungstheoretischen Denkens erschüttern. Im Kern führt Luhmanns Konzeption zur Aufgabe der Vorstellung, daß das Gesetz Instrument der Durchsetzung eines souveränen politischen Willens sei. Das gilt auch für die parlamentarische Demokratie, in der das Volk als Souverän durch das Parlament repräsentiert wird. Das Parlament kann nach der theoretischen Konzeption Luhmanns ungeachtet seiner demokratischen Legitimation weder das Rechtssystem noch auf dem Wege über das Recht die Gesellschaft steuern. Mit diesen Thesen hat Luhmanns in der Diskussion über die Steuerungskapazität des Staates und des Rechts markante Akzente gesetzt. Der aus der Systemtheorie und der Politikwissenschaft importierte Begriff der Steuerung ist längst ein zentraler Begriff auch der verfassungsrechtlichen, verwaltungsrechtlichen und verwaltungswissenschaftlichen Diskussion.[616] Der Begriff der Steuerung stand zunächst deshalb in einer gewissen Spannung zur juristischen Diskussion, weil der Begriff der Steuerung eine einseitige Abhängigkeit des Steuerungsobjekts von Subjekt der Steuerung suggerierte, eine Behandlung von Menschen als Objekt staatlicher Steuerung aber mit zentralen freiheitssichernden Gewährleistungen des Grundgesetzes unvereinbar wäre.[617] Die Intervention Luhmanns führt in einem ganz anderen, entgegengesetzten Sinne zu einem Spannungsverhältnis: Während die rechtswissenschaftliche Debatte sich mit einer „Prinzipienwende von imperativer Gestaltung hin

---

[615] Siehe insbesondere Niklas Luhmann, Das Recht der Gesellschaft, S. 407 ff.; ders., Die Stellung der Gerichte im Rechtssystem, Rechtstheorie 21 (1990), S. 459 ff.

[616] Matthias Schmidt-Preuß, Verwaltung und Verwaltungsrecht zwischen gesellschaftlicher Selbstregulierung und staatlicher Steuerung, VVDStRL 56 (1997), S. 160 ff.; Udo Di Fabio, Verwaltung und Verwaltungsrecht zwischen gesellschaftlicher Selbstregulierung und staatlicher Steuerung, VVDStRL 56 (1997), S. 235 ff.; ders., Verlust der Steuerungskraft klassischer Rechtsquellen, NZS 1998, S. 449 ff.; Karl-Heinz. Ladeur, Das Umweltrecht der Wissensgesellschaft, 1995, S. 147 ff. 168 ff.; Dietrich Murswiek, Die Bewältigung der wissenschaftlichen und technischen Entwicklungen durch das Verwaltungsrecht, VVDStRL 48 (1990), S. 207 ff. Siehe auch Gunnar F. Schuppert (Hrsg.), Das Gesetz als zentrales Steuerungselement des Rechtsstaates, 1998; Dieter Grimm (Hrsg.), Wachsende Staatsaufgaben - sinkende Steuerungsfähigkeit des Rechts, Baden-Baden 1990.

[617] Vgl. Udo Di Fabio, a.a.O. (VVDStRL 56 [1997], S. 235 ff. [237]).

3. Evolution und Gesetzgebung - Schlußfolgerungen für eine laufende Debatte 321

zu gesellschaftlicher Selbstregulierung" beschäftigt[618] und Reformen zur Deregulierung, Entbürokratisierung, Entlastung und Verschlankung des Staates mit dem erklärten Ziel fordert, Steuerungsdefizite auszugleichen und staatliche Steuerung wieder effizienter zu gestalten,[619] läuft die Argumentation Luhmanns auf eine prinzipielle Steuerungsskepsis hinaus, die Vorstellungen von einer effizienteren Steuerung durch informale, kooperative, flexible, innovationsoffene oder kommunikative Verwaltung im Grunde nicht anders gegenübersteht als dem klassischen Modell der Steuerung durch gesetzesgebundene hoheitliche Verwaltungsentscheidung.[620]

Luhmanns Skepsis beginnt schon bei der Umsetzung des Gesetzes durch Verwaltungen und Gerichte. Das Rechtssystem ist nach der Konzeption Luhmanns ein funktional ausdifferenziertes, seinerseits autopoietisch operierendes Kommunikationssystem.[621] Im Zentrum der Operationen des Rechtssystems stehen die Gerichte.[622] Sie und nur sie haben die Aufgabe, die Konsistenz der Rechtsentscheidungen zu überwachen.[623] Sie entscheiden verbindlich über Rechtsfragen; sie dürfen sich einer Entscheidung wegen des Verbots der Justizverweigerung (non liquet) nicht entziehen, so daß die Universalität und Entscheidungsfähigkeit des Rechts als System institutionell gewährleistet ist.[624] Gesetze können die Operationen des Rechtssystems nur „irritieren", sie können Kursänderungen nur anregen. Ob die Rechtskommunikation diesen Anregungen folgt, hängt entscheidend nicht von den Intentionen des Gesetzes, sondern von den eigenen Operationen des Rechtssystems ab. Daß dies nicht dem herrschenden Verständnis des staats- und verfassungstheoretischen Denkens entspricht, ist Luhmann keineswegs verborgen geblieben. Er beschreibt die historische Verlagerung des Gesetzgebungsverständnisses aus dem Kontext „jurisdictio", bei dem die Gesetze „sagen", was rechtens ist, in den Kontext „souveraineté", bei dem Rechtssouveränität und politische Souveränität verschmelzen und das Gericht

---

[618] Matthias Schmidt-Preuß, a.a.O., S. 169 m.w.N.
[619] Helmut Schulze-Fielitz, Kooperatives Recht im Spannungsfeld von Rechtsstaatsprinzip und Verfahrensökonomie, DVBl 1994, S. 657 ff.; ders., Der Leviathan auf dem Weg zum nützlichen Haustier?, in: Rüdiger Voigt (Hrsg.), Abschied vom Staat - Rückkehr zum Staat?, Baden-Baden 1993, S. 95 ff.; Nicolai Dose, Kooperatives Recht, DV 1994, S. 91 ff.; Gunnar Folke Schuppert, Recht als Steuerungsinstrument: Grenzen und Alternativen rechtlicher Steuerung, in: Thomas Ellwein, Joachim Jens Hesse (Hrsg.), Staatswissenschaften - vergessene Disziplin oder neue Herausforderung?, Baden-Baden 1990, S. 73 ff.
[620] Auf dieses Spannungsverhältnis weist auch Matthias Schmidt-Preuß hin, a.a.O., S. 170.
[621] Niklas Luhmann, Das Recht der Gesellschaft, Frankfurt am Main 1993.
[622] Niklas Luhmann, Das Recht der Gesellschaft, S. 297 ff., 321; ders., Die Stellung der Gerichte im Rechtssystem, Rechtstheorie 21 (1990), S. 459 ff.; vgl. auch Gerd Roellecke, Gesetz in der Spätmoderne, KritV 1998, S. 241 ff.
[623] Niklas Luhmann, Das Recht der Gesellschaft, S. 327.
[624] Niklas Luhmann, Das Recht der Gesellschaft, S. 312 f.

schließlich als ausführendes Organ der Gesetzgebung begriffen wird.[625] Aber das in dieser Vorstellungswelt befangene Denken hält er als soziologischer Beobachter gerade empirisch für falsch. Und schon der Titel seiner einschlägigen Analyse, „Das Recht der Gesellschaft" steht daher in einem bewußten Kontrast zu der geläufigen Vorstellung vom staatlichen Recht.

Nicht weniger grundsätzlich bezweifelt Luhmann, daß Gesetze in der Lage seien, das Verhalten der Adressaten zu steuern. Die Vorstellung, Gesetze könnten Menschen effektiv zu Verhaltensänderungen veranlassen, stößt bei Luhmann auf Skepsis, weil menschliche Individuen ihrerseits mit Bewußtsein begabt sind, das autopoietisch operiert. Auch Menschen können also durch Gesetze nur „irritiert" werden. Gesetze können Anregung für Verhaltensänderungen sein, aber sie können individuelle Entscheidungen nicht „steuern".

3.3. Würdigung und Kritik

In der Interpretation der Steuerungsleistungen des Gesetzes und ihrer Grenzen durch Niklas Luhmann zeigen sich deutlich sowohl Stärken als auch Schwächen seiner Theorie.

Ihre Stärke liegt in der Kritik deterministischer Vorstellungen von Steuerung. Luhmann bietet mit der Konzeption der sich selbst reproduzierenden, operational und informationell geschlossenen Kommunikations- und Bewußtseinssysteme ein Denkmodell an, das erklärt, warum Gesetze Recht und Gesellschaft nicht in der Weise steuern können, wie herkömmliche digitale Computer mit Informationen versorgt und gesteuert werden. Sofern in der Metapher des Steuerns die Vorstellung einer einseitigen und vollständigen Abhängigkeit des zu steuernden Objekts (Recht, Gesellschaft, Individuen) vom Subjekt der Steuerung (Parlament, Gesetzgeber) bewußt oder unbewußt transportiert wird, wird einer solchen Vorstellung die Grundlage entzogen, sobald man sich bewußt macht, daß Kommunikationssysteme und individuelles Bewußtsein eine eigenständige Operationsform und eine reiche interne Komplexität aufweisen. Darin liegt ohne Zweifel die Bedeutung der soziologischen Konzeption Luhmanns, daß sie auf die anspruchsvollen Voraussetzungen der bei allen systemübergreifenden Steuerungsversuchen erforderlichen Übersetzungsleistungen aufmerksam gemacht hat.

Luhmanns soziologische Kritik deterministischer Vorstellungen von Information und Steuerung im Verhältnis von Politik, Recht und Gesellschaft

---

[625] Niklas Luhmann, Das Recht der Gesellschaft, S. 300, 302.

3. Evolution und Gesetzgebung - Schlußfolgerungen für eine laufende Debatte

ist auch empirisch plausibel. Das Parlament als politisches Entscheidungszentrum der Gesetzgebung ist eingegliedert in Politiknetzwerke und in einen komplizierten Regelkreis der Steuerung, in dem unter anderem die Ministerialbürokratie, die den größten Teil der Gesetze vorbereitet, die politischen Parteien, die Medien und Interessengruppen Einfluß haben.[626] Aber auch das Produkt des politischen Entscheidungsprozesses, das Gesetz, ist auf eine Fülle komplementärer Institutionen angewiesen. Nach dem heute erreichten Stand der sprachanalytisch und hermeneutisch aufgeklärten Methodenlehre kann schon keine Rede davon sein, daß der Gesetzgeber die Entscheidungen von Behörden und Gerichten in einem strikten und alternativenlosen Sinn determiniere. Das Gesetz ist nur ein Steuerungselement neben vielen anderen: Der nackte Text des Gesetzes, wie er im Gesetzblatt zu finden ist, reicht zur Umsetzung der Intentionen des Gesetzgebers nicht aus; dazu bedarf es einer Fülle von organisatorischen und verfahrensmäßigen Vorkehrungen und ergänzender Konkretisierungen, auf die institutionelle und verwaltungskulturelle Rahmenbedingungen Einfluß haben.[627] Verordnungen, norminterpretierende und normkonkretisierende Verwaltungsvorschriften, private Normierungen und Regelwerke, die Verwaltungspraxis, Richtlinien oder Empfehlungen von Beratungsgremien und Ausschüssen sind nur einige der Elemente, die zur Konkretisierung der gesetzlichen Vorgaben herangezogen werden. Der Text des Gesetzes läßt nicht nur im Fall der Einräumung von Ermessen und Beurteilungsspielräumen, und auch nicht nur bei sogenannten unbestimmten Rechtsbegriffen, sondern bei allen sprachlichen Symbolen Raum für unterschiedliche Auslegungen, die methodischen Standards in gleicher Weise genügen können. Die Konkretisierung des gesetzgeberischen Normprogramms fordert von Verwaltungen und Gerichten Entscheidungen, die in erheblichem Umfang wertende und volitive Elemente einschließt. Im übrigen gibt es vielfältige Unterschiede hinsichtlich der Dichte und Präzision der normativen Vorgaben für die Entscheidungen der Behörden, deren Kehrseite der Freiraum für einzelfallbezogene Wertungen und Verhandlungslösungen und die entsprechende Begrenzung der verwaltungsgerichtlichen Kontrolldichte ist. Das Spektrum reicht von einer weitgehenden Beschränkung auf die Vorgabe von Zielen und Verfahrensregelungen im Raumordnungsrecht

---

[626] Klaus von Beyme, Der Gesetzgeber - Der Bundestag als Entscheidungszentrum, Opladen 1997; Helmut Schulze-Fielitz, Theorie und Praxis parlamentarischer Gesetzgebung, Berlin 1998.

[627] Gunnar Folke Schuppert, Verwaltungsrechtswissenschaft als Steuerungswissenschaft. Zur Steuerung des Verwaltungshandelns durch Verwaltungsrecht, in: Wolfgang Hoffmann-Riem, Eberhard Schmidt-Aßmann, Gunnar Folke Schuppert (Hrsg.), Reform des Allgemeinen Verwaltungsrechts, Baden-Baden 1993, S. 65 ff. (83) m.w.N.; vgl. auch Renate Mayntz (Hrsg.), Implementation politischer Programme, Band 1, 1980, Band 2, 1983.

über die Abwägungsgebote des Planungsrechts bis zu detaillierten „technischen" Regelungen im Bauordnungsrecht, wo genaue Abstände zwischen Gebäude und Grundstücksgrenze oder präzise Maße für die Stärke von Brandwänden vorgeschrieben werden.

In der neueren verwaltungswissenschaftlichen Diskussion finden sich zahlreiche Hinweise darauf, daß die Realität des Verwaltungshandelns kaum mit der Vorstellung in Einklang zu bringen ist, der zufolge die Verwaltung durch hoheitlich-bürokratisch implementierte Gebote, Verbote und Genehmigungspflichten auf gesetzlicher Grundlage Verhalten unmittelbar wirksam steuert.[628] Denn überall dort, wo sich Widerstand gegen die Steuerungsintentionen des Gesetzes und der Verwaltung regt, stößt das hierarchische Steuerungsmodell an Grenzen. Das vielfach beschriebene Vollzugsdefizit des modernen Umweltrechts[629] führt zu der Einsicht, daß anspruchsvolle umweltpolitische Ziele im Sinne eines nachhaltigen Schutzes der natürlichen Lebensgrundlagen nur mit den Betroffenen und nicht gegen sie zu erreichen sind. Das Modell der hierarchischen, gesetzesgebundenen Verwaltungsentscheidung beschreibt die Realität des Verwaltungshandelns also offenkundig nicht vollständig. Gesellschaftliche Selbstregulierung und Kooperation zwischen Bürger und Verwaltung prägen die Realität des Verwaltungshandelns mit, auch wenn sie erst allmählich in Begriffe gefaßt und dogmatisch eingebunden werden.[630] Wo Verwaltung nicht nur Routine ist, wird häufig ein auf die jeweilige Situation, die jeweiligen Interessen und die strategischen Potentiale der Beteiligten zugeschnittener Ausgleich zwischen Bürger und Verwaltung und zwischen Privaten gesucht und gefunden. Das geltende Recht einschließlich des Verwaltungsverfahrensrechts und des Verwaltungsprozeßrechts bewirkt in diesem Handlungskontext keineswegs eine abschließende Festlegung der Handlungsmöglichkeiten. Es erscheint vielmehr nur als eine Randbedingung, die den Zeitaufwand und die finanziellen Kosten von Lösungsalternativen beeinflußt und gegebenenfalls als Drohung eingesetzt werden kann. So können auch wirtschaftlich und politisch weniger durchsetzungsfähige Bürger durch Inanspruchnahme

---

[628] Vgl. nur Nicolai Dose und Rüdiger Voigt, Kooperatives Recht: Norm und Praxis, in: dies. (Hrsg.), Kooperatives Recht, Baden-Baden 1995, S. 11.
[629] Vgl. insbesondere die Umweltgutachten 1974 und 1978 des Rates von Sachverständigen für Umweltfragen, BT-Drucks. 7/2802, Tz. 660 ff. und BT-Drucks. 8/1938, Tz. 1521 ff.; Michael Kloepfer, Umweltrecht, München 1989, S. 160 m.w.N.
[630] Vgl. die Berichte von Matthias Schmidt-Preuß und Udo di Fabio zum Thema „Verwaltung und Verwaltungsrecht zwischen gesellschaftlicher Selbstregulierung und staatlicher Steuerung", VVDStRL 56 (1997), S. 160 ff. und S. 235 ff.; vgl. ferner die Beiträge in: Nicolai Dose und Rüdiger Voigt (Hrsg.), Kooperatives Recht, Baden-Baden 1995.

3. Evolution und Gesetzgebung – Schlußfolgerungen für eine laufende Debatte

von Rechtsmitteln Investitionen verzögern und Investor und Behörde zu Verhandlungen bewegen.

In der Diskussion um Reformen des Verwaltungsrechts geht es um Flexibilisierung der Maßstäbe und Entscheidungsprogramme des Verwaltungshandelns, um Möglichkeiten des Verhandelns anstelle hoheitlichen Entscheidens, um Selbstüberwachung statt administrativer Kontrolle, um Artikulation und Ausgleich der Interessen in einem ergebnisoffenen Verfahren unter Mitwirkung der Betroffenen anstelle der Durchsetzung einer vom Gesetzgeber abstrakt-generell vorgezeichneten und von Verwaltungen und Gerichten mit den Mitteln logischer Deduktion konkretisierten Konfliktlösung.[631] Die Aufgabe des Gesetzes verlagert sich in der Tendenz von der materiellen Regelung zur Verfahrensregelung. Ansprüche auf Zugang zu Informationen und auf Beteiligung an Planungs- und Genehmigungsverfahren werden wichtiger. Inhaltliche Vorgaben des Gesetzes für die möglichen Ergebnisse verlieren an Gewicht. Die Modellvorstellung moderner Verwaltung wird nicht mehr durch das Polizei- und Ordnungsrecht geprägt, sondern etwa durch das Umwelt- und Planungsrecht. So eröffnet das Recht der Bauleitplanung einerseits der kommunalen Verwaltung weite politische Gestaltungsspielräume, die nur durch einen flexiblen Rahmen aus wenigen bindenden Vorschriften, allgemeinen Planungsleitsätzen, dem Abwägungsgebot (§ 1 BauGB) und den Baugebietstypen der Baunutzungsverordnung begrenzt sind. Andererseits sichert es aber die Beteiligung der Bürger und der Träger öffentlicher Belange verfahrensrechtlich stark ab (§§ 3, 4 BauGB). Auf diese Weise wird ein Forum geschaffen, auf dem die möglichen Lösungen von Interessenkonflikten erst gesucht und verhandelt werden müssen. Für neuere Entwicklungen im Umweltrecht kann beispielhaft das Öko-Audit angeführt werden, bei dem Unternehmen ihre ökologische Bilanz weitgehend selbst überwachen. Neue Konzepte des Umweltrechts wie der Handel mit Verschmutzungsrechten verfolgen den Grundgedanken, bewußt Marktmechanismen zugunsten umweltpolitischer Ziele zu nutzen. Auf diese Weise soll versucht werden, das langfristige gemeinschaftliche Interesse an der Erhaltung der Umwelt durch einen auch kurzfristig wirksamen wirtschaftlichen Anreiz zu verstärken. Das kann sinnvoll sein, weil die Besorgnis begründet ist, daß ein öffentliches Gut wie die Erhaltung einer natürlichen Umwelt, die ein menschenwürdiges Leben ermöglicht, zwar langfristig für jeden einzelnen erstrebenswert ist, die Konkurrenzsituation untereinander aber dazu verführt, die Umwelt auszubeuten, um gegenüber den Wettbewerbern nicht ins Hintertreffen zu

---
[631] Wolfgang Hoffmann-Riem und Eberhard Schmidt-Aßmann (Hrsg.), Innovation und Flexibilität des Verwaltungshandelns, Baden-Baden 1994.

geraten.⁶³² Über eine Veränderung der Rahmenbedingungen für die kurzfristigen ökonomischen Nutzenkalküle der Unternehmen kann daher die Bereitschaft zur Orientierung an dem auf lange Sicht bestehenden gemeinschaftlichen Interesse an der Erhaltung der Umwelt gestärkt werden.

Während Luhmanns Kritik deterministischer Vorstellungen von den Steuerungsleistungen des Gesetzes theoretisch überzeugend und auch empirisch plausibel ist, läßt seine eigene Konzeption von Autopoiesis und struktureller Kopplung die konkreten Ansatzpunkte für steuernde Interventionen im Verhältnis der ausdifferenzierten Teilsysteme der Gesellschaft untereinander und zur Integration der Gesellschaft und im Grundverhältnis zwischen Kommunikation und Bewußtsein weitgehend im Dunkeln. Der Begriff der strukturellen Kopplung und die dichotomischen Begriffe „Irritation", „Perturbation" und „Rauschen" auf der einen Seite, „Anregung", „Resonanz" und „Information" auf der anderen Seite beschreiben nur das Problem, lassen aber die Operationsform seiner Lösung unterbelichtet. Darin liegt aber noch nicht das Problem. Solange die Theorie weiß, was sie nicht weiß, verwechselt sie die Feststellung, daß sie etwas nicht sehen kann, noch nicht mit der Feststellung, daß es etwas nicht gebe. In der zusammenfassenden Darstellung seiner Theorie gesteht Luhmann ein, daß der Begriff der „strukturellen Kopplung" ein schwieriger Begriff für ein schwieriges Problem sei und daß es noch an überzeugenden Konzepten für seine Lösung fehle. In Darstellungen der „strukturellen Kopplung" zwischen Politik und Recht hat Luhmann jedoch aus seiner theoretischen Konzeption weitreichende Schlußfolgerungen gezogen, die empirisch wenig plausibel sind.

Das beginnt mit der Beschreibung des Verhältnisses zwischen Gesetzgebung und Justiz. Zwar ist kaum zu bestreiten, daß letztlich immer die Gerichte entscheiden, wie die Gesetze auszulegen sind, und daß die Gerichte jede gesetzliche Neuregelung kritisch an den Vorgaben des Rechtssystems prüfen. Der Gesetzgeber muß deshalb auf den Rechtscode achten und auf das Normengefüge des Rechts als Ganzes Rücksicht nehmen, wenn er eine Umsetzung seiner Intentionen durch die Gerichte erreichen will. Würde er in der äußeren Form eines Gesetzes lyrische Gedichte veröffentlichen, wäre die Verwirrung in der Tat groß. Auf der anderen Seite läßt sich kaum plausibel bestreiten, daß neues Gesetzesrecht die Gerichte umgehend in Alarm-

---

[632] Zur spieltheoretischen Modellierung dieses „Allmende-Dilemmas" vgl. Garrett Hardin, The Tragedy of the Commons, Science 162 (1968), S. 1243 ff.; Natalie S. Glance und Bernardo Huberman, Das Schmarotzer-Dilemma, Spektrum der Wissenschaft 1994, S. 36; Hans Spada und Andreas M. Ernst, Wissen, Ziele und Verhalten in einem ökologisch-sozialen Dilemma, in: Kurt Pawlik und Kurt H. Stapf (Hrsg.), Umwelt und Verhalten. Perspektiven und Ergebnisse ökopsychologischer Forschung, Bern u.a. 1992, S. 83 ff.

3. Evolution und Gesetzgebung - Schlußfolgerungen für eine laufende Debatte

bereitschaft versetzt. Kaum etwas wäre schlimmer für das professionelle Selbstverständnis und Ansehen eines Richters als das Übersehen einer neu in Kraft getretenen, einschlägigen gesetzlichen Vorschrift. Und bei der großen Masse der Gerichtsentscheidungen, bei denen es nicht um schwierige Auslegungsfragen geht, bei denen keine verfassungsrechtlichen Zweifel bestehen und bei denen die Kompatibilität des neuen Gesetzes mit der Systematik des Rechtsgebietes nicht unklar ist, läßt sich auch nicht ernstlich bestreiten, daß die Gerichte das neue Recht konsequent und im allgemeinen auch erstaunlich einheitlich anwenden und in Einzelfallentscheidungen konkretisieren. Das Erstaunliche daran ist, daß der Gesetzgeber das mit sprachlichen Symbolen erreicht, die man - befragt man dazu Sprachwissenschaftler und Hermeneutiker - sehr unterschiedlich verstehen könnte. Der Ansatz zur Erklärung kann nur in den komplexen pragmatischen und institutionellen Kontexten liegen, die die Bandbreite der professionell vertretbaren Auslegungen äußerst wirksam einschränken.

Die Bedeutung dieser pragmatischen und institutionellen Kontexte wird aber bei Luhmann systematisch ausgeblendet, weil das Konzept der Autopoiesis nicht nur deterministische Vorstellungen des Einflusses der Umwelt auf die Sinnoperationen von Kommunikationssystemen, sondern auch eine evolutionstheoretische Konzeption der Erklärung dieses Einflusses radikal ausschließt. Die Folge ist eine systematische Unterschätzung der politischen Gestaltungsmöglichkeiten des Gesetzes. Es bleibt zwar richtig, daß der Gesetzgeber nicht beliebig agieren und die Kommunikation im Rechtssystem einseitig und vollständig determinieren kann. Er muß seine politischen Intentionen in einer Form codieren, die sich für anschließende rechtliche Kommunikation eignet. Dazu muß er sich ein Bild von den Strukturen des Rechtssystems und von den dogmatischen Strukturen der jeweiligen Regelungsmaterie machen. In dieses Bild muß er neue Entscheidungsprogramme sorgfältig einpassen, wenn er seine rechtspolitischen Ziele erreichen will. Ohne Zweifel begründet das nicht nur eine formale Restriktion, sondern auch ein ganzes Netzwerk von inhaltlichen „constraints" für mögliche, erfolgversprechende Initiativen des Gesetzgebers. Aber deshalb läßt sich doch nicht bestreiten, daß der Gesetzgeber die Rechtspraxis und die gerichtliche Entscheidungspraxis auch mit umfangreichen Reformen äußerst effizient umdirigieren kann. Als Beispiel mag etwa die Reform des Scheidungsfolgenrechts dienen. Die Einführung des Versorgungsausgleichs hat die Entscheidungspraxis der Familiengerichte und die soziale Praxis auf eine Weise verändert, die weder mit „Irritation" noch mit „Anregung" zureichend beschrieben wird. Eine andere Frage ist dann zwar, ob die sozialen Auswirkungen der Rechtsreform den in sie gesetzten Erwartungen entsprechen, ob also etwa die Reform des Scheidungs- und Scheidungsfolgenrechts mit der Einführung des Versorgungsausgleichs die wirtschaftliche Abhängigkeit von Frauen vermindert hat, und mit welchen weiteren Folgen für eine gleichberechtigte Stellung der Frauen in der Gesellschaft. Weitere Beispiele sind die Weiterentwicklungen des öffentlichen Planungs- und Umweltrechts (Bauleitplanung, Naturschutz, Immissionsschutz, Kreislaufwirtschafts- und Abfallrecht etc.). Läßt sich ernstlich bestreiten, daß diese Gesetzgebung gezielte Lösungen für erkannte Probleme gebracht hat? Auch hier ist es eine ganz andere Frage, ob die jeweiligen Lösungen mit der Problemdynamik Schritt halten und sich auf die Dauer bewähren. Im Falle der Umweltpolitik und des Umweltrechts wird man allerdings kaum behaupten wollen, daß die bisher verfügbaren Instrumentarien schon ausreichen, um die Entwicklung eines ökologisch nachhaltigen Zivilisationsmodells zu gewährleisten.

Die moderne, zentralisierte staatliche Gesetzgebung stellt nach wie vor einen äußerst wirksamen Innovationsmechanismus für die Kommunikation im Rechtssystem und für rechtliche Lösungen von Koordinationsproblemen zur Verfügung. Das kann jedoch in der theoretischen Konzeption Luhmanns nicht adäquat berücksichtigt werden. Abweichende Kommunikation ist aus der Sicht des Kommunikationssystems nichts weiter als Zufall, Zufall in dem Sinne, daß das Ereignis sich der Kontrolle durch das Kommunikationssystem entzieht. Daran ist nichts auszusetzen, solange man nur sehen will, was aus der Beobachtungsperspektive des jeweiligen operational geschlossenen Kommunikationssystems gesehen werden kann. Für das Rechtssystem ist es in der Tat ein seiner Kontrolle entzogenes und insofern zufälliges Ereignis, was dem Gesetzgeber immer wieder an Neuem einfällt. Aber das schließt nicht aus, daß der Gesetzgeber in einer Weise in die Operationen des Rechtssystems eingreifen kann, die aus seiner Perspektive alles andere als Zufall ist. In den Formen der Variation und Innovation der systembildenden Information unterscheidet sich die Evolution von Kultur und Gesellschaft grundlegend von der biologischen Evolution.

Nach den an Küppers anschließenden informationstheoretischen Überlegungen gibt es zwar keine Übertragung „fertiger" Information, wohl aber die Übertragung symbolischer Strukturinformation zwischen kognitiven Systemen und Kommunikationssystemen. In verschiedenen Funktionssystemen, die jeweils eigenen Leitunterscheidungen folgen und eigene Beobachtungsschemata aufweisen, kann dieselbe Strukturinformation abgelesen und in verschiedener Weise interpretiert werden. Derselbe Sachverhalt, etwa der Kauf eines Autos, kann von Menschen wahrgenommen, schriftlich mitgeteilt und in der anschließenden Kommunikation als wirtschaft-

3. Evolution und Gesetzgebung – Schlußfolgerungen für eine laufende Debatte

licher oder rechtlicher Vorgang beobachtet werden. Daß die Deutungsmuster von Kommunikationssystemen, die verschiedenen Leitunterscheidungen folgen, zueinander passen und im Zusammenspiel zu einer sinnvollen Koordination sozialer Handlungen beitragen, läßt sich, wie gezeigt, evolutionstheoretisch mit der pragmatischen Dimension von Information und mit externer Selektion erklären. Auf dieser Grundlage läßt sich auch die Möglichkeit der politisch motivierten Intervention des Gesetzgebers in die Operationen des Rechts theoretisch schlüssig erklären, ohne die von Luhmann beschriebenen Grenzen zwischen den Operationen der verschiedenen Systeme zu ignorieren oder zu verwischen. Die Kommunikation im politischen System orientiert sich an ihrem eigenen Code (Macht/Opposition) und nicht an der Leitunterscheidung zwischen Recht und Unrecht. Aber ihr Resultat ist die Entscheidung über ein Gesetz, das die Anforderungen an die spezifische Symbolstruktur erfüllt, die in der anschließenden Kommunikation im Rechtssystem verstanden werden kann. Das Gesetz wird nach seinem Inkrafttreten zum Anknüpfungspunkt rechtlicher Kommunikation, die nunmehr der Leitunterscheidung Recht/Unrecht folgt. Der politische Code und die politischen Intentionen des Gesetzgeber bestimmen jetzt nicht mehr unmittelbar die weiteren Operationen des Rechtssystems. Aber die im Gesetzgebungsverfahren verschlüsselte Information wirkt bei der Entschlüsselung im Rechtssystem als Einschränkung der Möglichkeiten rechtlicher Anschlußkommunikation fort. Voraussetzung dafür sind die Plastizität von Kommunikations- und Bewußtseinssystemen und ihre ständige Prägung durch wechselseitige Selektion. Nur so ist zu erklären, daß das Normprogramm des Gesetzgebers verstanden und – mit allen Ungenauigkeiten und Zweifelsfragen, die es bei jeder Art von Übersetzung gibt – in rechtliche Entscheidungen umgesetzt werden kann.

Es ist danach wenig überzeugend, die Möglichkeiten des Gesetzgebers zur Gestaltung der normativen Grundlagen für Entscheidungen von Behörden und Gerichten prinzipiell in Frage zu stellen. Gesetzgebung ist nach wie vor ein äußerst effizientes Verfahren der bewußten Variation der Kommunikationsstrukturen des Rechtssystems. Das eigentliche Problem politischer Steuerung mit den Mitteln des Rechts liegt erst in der dauerhaften Bewährung dieser Innovationen nicht nur in den Operationen des Rechtssystems, sondern mehr noch und vor allem in der erfolgreichen und stabilen Lösung von Koordinationsproblemen der Gesellschaft. Die Diskussion über die Steuerungsleistungen des Gesetzes erfordert dann aber differenziertere Analysen jenseits der Extreme von Allmacht oder Ohnmacht des Gesetzes. Einige evolutionstheoretische Aspekte des Problems sollen im Folgenden skizziert werden.

3.4. Die Gesetzesbindung der Verwaltung und die Evolution der Verwaltungskultur

Betrachtet man nicht einzelne Instrumentarien, sondern die Gesamtheit der Handlungsformen der Verwaltung, so können Flexibilisierung und Kooperation, Verteilung der Verantwortung zwischen Bürger und Verwaltung und Zurückhaltung in der Regelungs- und Kontrolldichte nicht undifferenziert als Anzeichen eines Verfalls der politischen Gestaltungskraft des Gesetzes gedeutet werden. Kooperatives Verwaltungshandeln ist nichts grundsätzlich Neues. Es war schon im 19. Jahrhundert ganz selbstverständlich. Mit den Betroffenen ging es auch früher schon leichter als gegen sie. Aber diese Kooperation war in der Regel nicht rechtlich programmiert, sondern bestand im Hinausschieben der Durchsetzung oder Anwendung von Recht oder in der Nichtanwendung oder nur teilweisen Anwendung und Durchsetzung von Recht mit Rücksicht auf die örtlichen Besonderheiten und Interessen.[633] Wenn man kooperative Formen der Verwaltung nicht isoliert betrachtet, sondern als Ergänzung und Differenzierung der klassischen Instrumentarien der gesetzesgebundenen Verwaltung versteht, liegt der Gedanke nahe, daß der Einbau flexiblerer Formen der Regulierung, die dezentrale Prozesse der Informationsbeschaffung und des Interessenausgleichs zwischen den Bürgern und zwischen Bürgern und Verwaltung begünstigen, nicht als Abbau, sondern sogar als Ausbau der Normierungsleistung des Gesetzes bei gleichzeitiger Differenzierung der Instrumentarien und Ansprüche verstanden werden kann.[634] Daß Regelungen, mit denen versucht wird, schon vor dem Überschreiten der Schwelle der konkreten Gefahr risikobehaftete Prozesse zu lenken (zum Beispiel Risikovorsorge, vorausschauende Raumplanung) flexibler sein müssen und die Beteiligten früher und mit größeren Beteiligungsrechten einschalten müssen als das aus dem Polizei- und Ordnungsrecht geläufig war, ist ohne weiteres einleuchtend. Auch daß neue Instrumente des Umweltrechts wie das Öko-Audit,[635] das auf den Anreiz der Werbung setzt und den Unternehmen weitgehend die

---

[633] Thomas Ellwein, Kooperatives Verwaltungshandeln im 19. Jahrhundert, in: Nicolai Dose und Rüdiger Voigt (Hrsg.), Kooperatives Recht, Baden-Baden 1995, S. 43 ff. (59).
[634] In diesem Sinne auch Matthias Schmidt-Preuß, Verwaltung und Verwaltungsrecht zwischen gesellschaftlicher Selbstregulierung und staatlicher Steuerung, VVDStRL 56 (1997), S. 160 ff. (170).
[635] Dazu Wolfgang Köck, Das Pflichten- und Kontrollsystem des Öko-Audit-Konzepts nach der Öko-Audit-Verordnung und dem Umweltauditgesetz, VerwArch 86 (1995), S. 644 ff.

3. Evolution und Gesetzgebung – Schlußfolgerungen für eine laufende Debatte

Initiative und die Selbstüberwachung überläßt, nicht am Steuerungsmodell herkömmlicher Instrumentarien der präventiv prüfenden und repressiv kontrollierenden Verwaltung gemessen werden können, versteht sich von selbst. Diese Instrumente sollen das herkömmliche verwaltungsrechtliche Instrumentarium des Umweltschutzes nicht ersetzen, sondern ergänzen. Sie erweitern das Instrumentarium der klassischen Ordnungsverwaltung. Auch hier haben wir es also zuerst mit einer Ausweitung der Steuerungsversuche durch früher einsetzende, weniger strikte und formale, indirekt wirkende, kooperative Steuerungsansätze zu tun. Daß dadurch insgesamt ein Steuerungsverlust eingetreten oder zu befürchten sei, ist empirisch bislang nicht belegt.

Gesetze haben jedenfalls in einer der Würde und Freiheit des Individuums verpflichteten Verfassungsordnung von vornherein nicht das Ziel, das Handeln des Einzelnen zu „steuern", sofern man darunter zu verstehen hätte, daß der Gesetzgeber dem Einzelnen die freie Entscheidung über sein Handeln abnimmt. Vielmehr rechnen die Gesetze gerade mit der Entscheidungsfreiheit des Einzelnen. Sie modifizieren nur im notwendigen Ausmaß die Rahmenbedingungen, unter denen der Einzelne seine Entscheidungen treffen muß, mit der Zielsetzung, daß verbreitete Kooperation und Koordination wahrscheinlicher werden. Vor allem in der parlamentarischen Demokratie ist die Steuerungsintensität des Gesetzes von vornherein begrenzt. Die gesetzliche Ordnung hat weniger den Charakter einer Zwangsordnung als vielmehr die Aufgabe, soziale Lernprozesse anzuregen und zu organisieren.

Herrschaft ist in der modernen Gesellschaft notwendig, um die Regeln und Institutionen zu gewährleisten, von denen soziale Kooperation und Koordination abhängen.[636] Sie hat darin außer unbestreitbaren Kosten eben

---

[636] Man muß die Einsicht in die Notwendigkeit von Herrschaft nicht mit einer besonders negativen Beurteilung der moralischen Qualitäten des Menschen begründen. Der Ansatz einer moderneren Begründung für die Funktion von Herrschaft könnte sich zum Beispiel aus den spieltheoretischen Analysen des sozialen Dilemmas ergeben, die oben wiedergegeben worden sind. Die Modellanalysen der Spieltheorie gehen davon aus, daß die Individuen im sozialen Raum ständig Entscheidungssituationen ausgesetzt sind, in denen sie sich in einem Dilemma zwischen kurzfristigem Eigennutz und langfristigem Gemeinnutz befinden. Das ist durchaus plausibel und entspricht der Alltagserfahrung. Die Analyse des wiederholten sozialen Dilemmas („iteriertes Gefangenendilemma") führt zu dem Ergebnis, daß die Akteure zwar wahrscheinlich unter bestimmten Voraussetzungen spontan, das heißt ohne Eingreifen einer Autorität, zu einem überwiegend kooperativen Verhalten gelangen („Evolution der Kooperation"). Aber zu diesen Voraussetzungen gehört es, daß die Gruppe der Akteure überschaubar bleibt und die „Horizontweite" groß genug ist, das heißt, daß die Akteure davon ausgehen müssen, daß sie sich immer wieder in ähnlichen Situationen begegnen und wechselseitig auf die Kooperation des anderen angewiesen sein werden. Nur dann können die Akteure nämlich in Interaktionssequen-

auch eine unverzichtbare produktive Funktion. In der parlamentarischen Demokratie ist die Gesetzgebung die zentrale Institution der Ausübung von Herrschaft durch das Volk.[637] Diesen konstitutiven Zusammenhang gilt es auch bei der Diskussion über die Steuerungskapazität des Gesetzes im Auge zu behalten. Durch die Bindung der vollziehenden Gewalt und der Rechtsprechung an Gesetz und Recht (Art. 20 Abs. 3 GG) wird die Wahrnehmung der Herrschaftsaufgabe des Volkes durch seine Repräsentanten (Art. 20 Abs. 2 S. 2 GG) gewährleistet. Die Idee der Repräsentation des Volkes in der parlamentarischen Demokratie geht von der Einsicht aus, daß das Volk als Ganzes nicht oder nur in engen Grenzen handlungsfähig ist, daß aber auch kein einzelner ohne weiteres befugt sein kann, für das Volk zu sprechen und zu entscheiden. Das Problem der Herrschaft des Volkes durch Gesetze besteht deshalb darin, aus der Vielzahl der im Volk repräsentierten Meinungen eine „volonté generale", einen Willen des Volkes zu bilden. Dabei geht es nicht darum, die individuellen Meinungen nur nach Art einer Meinungsbefragung statistisch zu aggregieren.[638] Gemeinwohl ist nicht einfach die Summe individueller Interessen, sondern eine produktive Lösung eines Dilemmas, in das konvergierende und divergierende individuelle Interessen eingehen. Herrschaftliche Lösungen sind nach den an spieltheoretische Analysen anschließenden Überlegungen dann und nur dann unumgänglich, wenn die sozialen Akteure die Probleme der Koordination ihrer Handlungen nicht aus eigener Initiative und mit eigenen Mitteln lösen können. Die Lösungen, die es zu finden gilt, müssen also der subjektiven Sichtweise der individuellen Akteure etwas Neues hinzufügen. Sie müssen eine soziale Ordnungsidee realisieren, mit deren Hilfe die Akteure mit Aussicht auf eigene Gewinne zusammenarbeiten können.

Im Fall eines Kooperationsdilemmas gilt es zum Beispiel, Regeln zu finden, bei deren Befolgung die Akteure sich Kooperationsgewinne verspre-

---

zen Erfahrungen mit der Entscheidungsstrategie der anderen machen und Vertrauen aufbauen. Und nur dann ist die Versuchung, eigene Vorteile auf Kosten der anderen zu erlangen, gering. In der modernen Gesellschaft, in der die Interessen und Handlungsbezüge der Individuen über große räumliche und zeitliche Distanzen und über anonyme Kommunikationssysteme miteinander vernetzt sind, ist eine solche spontane Entstehung von Kooperation nicht in ausreichendem Maße möglich. Es bedarf einer Setzung und Durchsetzung verbindlicher Regeln , die die Rücksichtnahme auf Gemeinschaftsgüter gewährleisten sollen, durch eine zentrale Autorität.

[637] Dietrich Jesch, Gesetz und Verwaltung, Tübingen 1961, S. 92 ff.; Peter Badura, Die parlamentarische Volksvertretung und die Aufgabe der Gesetzgebung, ZG 1987, S. 300 ff.; Kurt Eichenberger, Gesetzgebung im Rechtsstaat, VVDStRL 40 (1982), S. 7 ff.

[638] Zum Folgenden Oliver Lepsius, Die erkenntnistheoretische Notwendigkeit des Parlamentarismus, in: Martin Bertschi u.a. (Hrsg.), Demokratie und Freiheit, Stuttgart 1999, S. 123 ff., insbesondere die Wiedergabe der Argumentation James Madisons in den Federalist Papers, Fußnote 70 und im folgenden Text.

3. Evolution und Gesetzgebung – Schlußfolgerungen für eine laufende Debatte   333

chen können. Regeln, die ein Kooperationsproblem, ein Verteilungsproblem oder ein anderes Koordinationsproblem lösen sollen, haben nur dann Aussicht auf Akzeptanz und Umsetzung, wenn sie die Selektionsbedingungen, unter denen die sozialen Akteure ihre Handlungsentscheidungen treffen, hinreichend berücksichtigen. Dafür geeignete Regeln sind der Situation nicht einfach eingeschrieben, so daß sie nur aufgefunden werden müßten. Sinnvolle Regelentwürfe setzen einen schöpferischen Prozeß voraus. Dabei muß man aber nicht allein auf die Intuition und Weisheit von Einzelpersonen bauen, sondern kann die Aussichten für die Akzeptanz von Lösungsalternativen in einem Kommunikationsprozeß klären. Eine Regel wird sich auf die Dauer nur dann durchsetzen, wenn sie von den sozialen Akteuren unter Berücksichtigung aller anderen internen und externen Handlungsfaktoren in ihre Handlungsentscheidungen integriert werden kann und das Ergebnis positiv bewertet wird oder wenn zumindest keine deutlich besseren Alternativen gesehen werden. Die Suche nach solchen Regeln ist erfolgversprechender, wenn möglichst viele Akteure ihre unterschiedlichen subjektiven Sichten der Situation und der denkbaren Lösungen in einen Klärungsprozeß einbringen.

Dieser Klärungsprozeß setzt aber mehr voraus als eine schlichte Summierung der begrenzten Sichtweisen der individuellen Akteure. Vielmehr muß der politische Willensbildungsprozeß dazu führen, daß die subjektive Sichtweise der individuellen Akteure, die Kooperation bisher verhindert hat, aufgebrochen und um neue Perspektiven erweitert wird. Die an einem solchen Suchprozeß beteiligten Akteure müssen voneinander lernen. Sie müssen Maßstäbe für eine in ihren sozialen Resultaten sinnvolle Zuordnung von Handlungsmöglichkeiten und Handlungsrestriktionen finden. Das kann nur gelingen, wenn die Situation und die Interessenlage der Akteure, deren subjektive Bewertung nicht vergleichbar ist, vergleichbar gemacht werden. Das setzt einen Abstraktionsprozeß voraus, der allen Beteiligten die Leistung abnötigt, von der eigenen, subjektiven Perspektive Abstand zu nehmen, sich in die Perspektive der anderen hineinzuversetzen und die verallgemeinerungsfähigen, potentiell für alle nachvollziehbaren Gesichtspunkte aufzufinden. Auf dieser Basis erst können alternative Lösungsmöglichkeiten antizipiert und bewertet werden.

Der Idee des Parlamentarismus liegt also der Gedanke zugrunde, daß die gewählten Repräsentanten eine möglichst große Vielfalt unterschiedlicher Interessenlagen und Sichtweisen aus dem Volk einbringen und in einem Kommunikationsprozeß klären, dessen Resultate ein höheres Maß an sozialer Rationalität verbürgen.[639] Die parlamentarische Willensbildung knüpft ihrerseits an die Resultate der Vorformung politischer Alternativen in der öffentlichen Meinung an, zu der Presse, Rundfunk, Parteien, Verbände und Vereinigungen sowie Bürgerinitiativen maßgeblich beitragen.

Schon die Entstehungsform des parlamentarischen Gesetzes bietet also eine gewisse Gewähr dafür, daß der Herrschaftsanspruch des Gesetzes von vornherein beschränkt bleibt. Aber auch die Form des Gesetzes als abstrakt-allgemeine Regelung hat eine freiheitssichernde Funktion. Das Gesetz ist der Auslegung und Konkretisierung nach Maßgabe der jeweiligen Situation und der individuellen Möglichkeiten und Präferenzen nicht nur fähig, sondern auch bedürftig. Nur weil der Normgehalt der Gesetze in diesem Sinne hinreichend plastisch ist, kann das Gesetz in sehr unterschiedlichen konkreten Situationen und für individuelle soziale Akteure als Orientierungsgrundlage zur wechselseitigen Abstimmung von Handlungen dienen. Intensität, Art und Ausmaß des Zugriffs des Gesetzgebers auf die Rahmenbedingungen des individuellen Handelns werden zusätzlich durch die grundrechtlichen Sicherungen der Freiheit und Gleichheit begrenzt. Herrschaft durch Gesetze beläßt auf diese Weise den Individuen den Freiraum, den sie benötigen, um selbsttätig darüber zu entscheiden, wie sie in einer konkreten Situation und angesichts ihrer eigenen Biographie ihre individuellen Präferenzen mit den Erwartungen anderer und der Gesellschaft abstimmen wollen. Die parlamentarische Demokratie hat sich als eine evolutionäre Errungenschaft erwiesen, weil das parlamentarische Gesetz sich als Katalysator sozialer Lernprozesse bewährt hat. Es ist in besonderer Weise dafür prädestiniert, die Mikroevolution des individuellen Bewußtseins und die soziale Evolution miteinander zu verbinden und das kreative und stabilisierende Potental der Evolution im Verhältnis von Individuum und Gesellschaft wechselseitig fruchtbar zu machen.

Wie das für die kulturelle und soziale Evolution günstigste Verhältnis zwischen normativer Bindung und individueller Freiheit zu bestimmen ist, läßt sich nicht abstrakt definieren. Es ist abhängig von der Logik des jeweiligen Koordinationsproblems und unterliegt einem geschichtlichen Wandel. Es läßt sich aber zeigen, daß Bindung und Freiheit in einem wechselseitigen Bedingungszusammenhang stehen, daß also eine Auflösung dieses Spannungsverhältnisses weder in der einen noch in der anderen Richtung zur Lösung von Koordinationsproblemen der Gesellschaft beitragen würde. Am Beispiel des Verhältnisses zwischen der Gesetzesbindung der Verwal-

---

[639] Oliver Lepsius, a.a.O.

3. Evolution und Gesetzgebung - Schlußfolgerungen für eine laufende Debatte

tung und der Kooperation zwischen Bürger und Verwaltung läßt sich das verdeutlichen.

Gesetze und gesetzesgebundene Verwaltungsentscheidungen bilden den unverzichtbaren Orientierungsrahmen auch für die flexibleren, kooperativen und informellen Instrumente des Verwaltungshandelns. Kooperative Verwaltung kann das klassische Modell der rechtsstaatlichen Verwaltung ergänzen und so flexibler und differenzierter gestalten, sie kann und darf es aber nicht ersetzen oder aufheben.[640] Auch kooperative Verwaltung findet immer „im Schatten des Leviathan" statt: Beim Scheitern der Kooperation droht die einseitig-hoheitliche Entscheidung. Ohne diese stets präsente Möglichkeit bestünde die Gefahr, daß das allgemeine Modell gesellschaftlicher Koordination, das in Gesetzen einen verbindlichen Ausdruck erhalten hat, zugunsten kurzfristiger, situativer Entscheidungskriterien und strategischer Kalküle unterlaufen und diskreditiert wird. Kooperation zwischen Bürger und Verwaltung ist im Rechtsstaat nur hinnehmbar, solange sie sich innerhalb eines Korridors bewegt, der durch gesetzliche Maßstäbe ausreichend begrenzt wird.

Das Gesetz ist begrenzender Rahmen und Orientierungsgrundlage für weitere soziale Lernprozesse.[641] Die hoheitliche Verwaltungsentscheidung ist an die Maßstäbe des Gesetzes gebunden. Die Möglichkeit der Überprüfung durch die Verwaltungsgerichte sichert die Konsistenz der Einzelfallentscheidung mit den gesetzlichen Maßstäben und dem Normensystem. Verwaltungsentscheidungen und Entscheidungen der Gerichte und die öffentliche Diskussion über konkrete Problemfälle können aber auch Hinweise auf Reformbedarf geben und so zum Ausgangspunkt für gesetzgeberische Innovation werden. Das Modell der gesetzesgebundenen und durch Gerichte kontrollierten hierarchischen Verwaltungsentscheidung gewährleistet auf diese Weise auch die evolutionäre Optimierung von Regeln. Ohne den Bezugsrahmen des Gesetzes und der auf seiner Grundlage beruhenden einheitlichen Entscheidungspraxis von Behörden und Gerichten wäre kooperative Verwaltung dezisionistische Verwaltung. Kooperation zwischen Bürger und Verwaltung drohte dann in rechtlich ungebundene Herrschaft zu Lasten Dritter umzuschlagen. Eine ausschließlich auf den Einzelfall bezogene Kooperation würde weder auf Seiten des Gesetzgebers noch auf Seiten der Verwaltung und der betroffenen Bürger in ausreichendem Maß soziale Lernprozesse ermöglichen. Langfristig müßte

---

[640] Dazu Karl-Heinz Ladeur, Die Zukunft des Verwaltungsakts - Kann die Handlungsformenlehre aus dem Aufstieg des „informalen Verwaltungshandelns" lernen?, VerwArch 86 (1995), S. 511 ff.
[641] Karl-Heinz Ladeur, a.a.O.

es zu einem Verfall des komplexen Problem- und Lösungswissens kommen, das in Gesetzgebung, Verwaltungspraxis und Rechtsprechung zusammengetragen und systematisiert worden ist. Das Niveau von Konfliktanalysen in der Verwaltung und bei den Betroffenen sowie die Kenntnis brauchbarer Verfahren und Maßstäbe der Konfliktlösung können ohne ein hinreichend dichtes Gerüst von verbindlichen Verwaltungsentscheidungen und Gerichtsurteilen kaum aufrechterhalten werden. Die darauf beruhende und durch den Beitrag der Rechtswissenschaft systematisierte Dogmatik ist, solange sie lebendig bleibt, gespeichertes Wissen über bewährte allgemeine Maßstäbe für die Lösung von Konflikten. Ihre Auflösung zugunsten von Ergebnissen, die im Einzelfall ausgehandelt werden, hätte unweigerlich einen Verfall der allgemeinen Verwaltungskultur und damit auch der Voraussetzungen für die allgemeine Akzeptanz verwaltungsrechtlicher Normen zur Folge. Aufgabe und Leistung von Gesetzen ist es nicht zuletzt, die Grundlagen für eine solche Evolution der Verwaltungskultur zu legen und zu entwickeln.

Es entspricht der Verfassung einer offenen Gesellschaft, die Kreativität und Verantwortungsbewußtsein des Einzelnen voraussetzt und fördert, daß das parlamentarische Gesetz die normative Regelungsdichte und die Intensität administrativer Kontrollen reduziert, wo immer das möglich und sinnvoll ist. Die Idee des parlamentarischen Gesetzes ist gerade nicht die perfekte normative Steuerung, sondern die Beschränkung auf Maßstäbe, die der Individualisierung und Konkretisierung bedürfen. Damit soll nicht bestritten werden, daß auch zwischen dem Anspruch, allgemein verbindliche Maßstäbe und Regeln zu setzen und durchzusetzen, und dem Anspruch, dem Individuum möglichst weite Freiräume für die Verwirklichung einer eigenen Identität und Biographie einzuräumen, ein Spannungsverhältnis besteht, das sich nicht auf einer abstrakten Ebene auflösen läßt. Die praktischen Lösungen dieses Spannungsverhältnisses lassen sich nur im konkreten Fall beurteilen. Sie hängen auch von regional unterschiedlichen kulturellen Traditionen ab. Wo die Grenzen zwischen staatlicher und ziviler Verantwortung im einzelnen liegen, ist etwa in den USA und in Europa, aber bislang auch innerhalb Europas nicht überall dasselbe.

Andererseits gilt es aber zu erkennen, daß das parlamentarische Gesetz für den Bereich der rechtlich sanktionierten Regeln die zentrale Institution ist, die durch die Institutionen der gesetzesgebundenen hoheitlichen Verwaltungsentscheidung und deren verwaltungsgerichtlicher Kontrolle ergänzt wird und in dieser Konstellation die für Innovation, Integration und Stabilität der Gesellschaft wohl wichtigsten sozialen Lernprozesse organisiert.

3. Evolution und Gesetzgebung – Schlußfolgerungen für eine laufende Debatte

Wenn wir die zentrale Rolle der parlamentarischen Gesetzgebung für die Anregung und Organisation sozialer Lernprozesse hinsichtlich der elementaren Regeln und Maßstäbe der Gesellschaft in Betracht ziehen, müssen wir auch die Verantwortung der Politik für die Integration des Gemeinwesens wieder anders verstehen, als das durch die Systemtheorie Luhmanns nahegelegt wird. Die spezifische Operationsform, der spezialisierte Code des jeweiligen Kommunikationssystems ist das Eine, ihr Beitrag zur Koordination und damit zur Integration des Gemeinwesens das Andere. Es ist das Paradox aller funktional ausdifferenzierten Kommunikationssysteme, daß sie Mitverantwortung für das Ganze tragen, diese Verantwortung aber immer nur unter einem speziellen Aspekt wahrnehmen können. Erst ihr Zusammenspiel gewährleistet Innovation, Integration und Stabilität der Gesellschaft. Im Fall des politischen Systems tritt die Paradoxie besonders deutlich zutage. Die Unterscheidung zwischen Macht und Opposition ist die Leitunterscheidung des politischen Systems, aus ihr beziehen die Kommunikationen des politischen Systems ihre Dynamik. Insofern haben wir es mit einem unter anderen Kommunikationssystemen der Gesellschaft zu tun. Aber so wenig sich der Beitrag des Rechtssystems zur Integration und Stabilität der Gesellschaft mit der Operationsform der Unterscheidung von Recht und Unrecht allein zureichend beschreiben läßt, so wenig läßt sich auch die Verantwortung des politischen Systems auf die Dynamik seiner Operationen reduzieren. Das Rechtssystem ist nach Maßgabe irdischer Möglichkeiten der Leitidee der Gerechtigkeit verpflichtet, das politische System der Leitidee des Gemeinwesens. Das politische System ist das Kommunikationssystem, das sich ohne thematische Beschränkung jeder Angelegenheit annehmen kann und muß, die das Gemeinwesen als Ganzes berühren. Das politische System ist, wenn man so will, der Spezialist für das Allgemeine. Es bedarf, um zu funktionieren, eines speziellen Codes. Wie der absolute Wert der Gerechtigkeit der Kommunikation über Recht und Unrecht überantwortet werden muß, muß das Gemeinwesen der Auseinandersetzung um die politische Macht anvertraut werden. Anders sind die notwendigen Energien nicht zu mobilisieren. Das gilt wohl für alle politischen Systeme. Der Vorzug der modernen parlamentarischen Demokratie besteht darin, daß sie einerseits die Notwendigkeit politischer Macht anerkennt, sie andererseits der Operationsweise eines Kommunikationssystems aussetzt und durch die Chance des Machtwechsels, durch rechtliche Bindungen und Öffentlichkeit erträglich macht und in soziale Lernprozesse einbindet.

Zusammenfassung

1. Resultate

Die Studie entwirft ein Konzept für die Erklärung der Evolution von Kultur und Gesellschaft, das von der systemtheoretischen Konzeption kultureller und sozialer Evolution bei Niklas Luhmann ausgeht. Anders als bei Luhmann schließt das Konzept aber differenzielle Selektion nach externen Wertmaßstäben ein, die vom Kommunikationssystem der Gesellschaft unabhängig sind und von seiner Umwelt beeinflußt werden. Dem für Luhmanns Systemtheorie grundlegenden Begriff der Kommunikation wird der Begriff der Koordination zur Seite gestellt. Die Koordination ist die Einheit der externen Selektion. Unter dem Begriff der Koordination werden Handlungskomplexe unterschiedlichster Art (z.B. Interaktionen, Märkte, Organisationen, Institutionen) verstanden, bei denen die individuellen Akteure ihre Handlungsbeiträge dadurch aufeinander abstimmen, daß sie sich bei der Wahl ihrer Handlungen maßgeblich an Informationen orientieren, die in Kommunikationssystemen erzeugt und weitergegeben werden. Der Begriff der Koordination bezeichnet also - insofern dem Begriff der Kommunikation entsprechend und im Unterschied zum Begriff der Handlung - von vornherein eine soziale Synthese. Er nimmt damit Luhmanns Intention, Gesellschaftstheorie schon von den begrifflichen Grundelementen her auf einer emergenten Ebene zu konstruieren, auf und führt ihn im Rahmen eines um externe Selektion erweiterten Evolutionskonzepts fort. Damit wird einerseits der Einsicht Rechnung getragen, daß das reduktionistische Forschungsprogramm des methodischen Individualismus, der die Gesellschaft und ihre großen Strukturen als gesetzmäßige Folge individueller Handlungsentscheidungen erklären will, keinen nachhaltigen Erfolg hatte. Andererseits stellt der Begriff der Koordination aber die notwendige Verbindung zum Forschungsprogramm der klassischen, handlungstheoretisch fundierten Soziologie her. Denn die Selektionen, deren Synthese die Koordination ist, sind nichts anderes als die Auswahl von Handlungen durch die sozialen Akteure. Zielsetzung dieser Studie ist es, plausibel zu machen, daß eine schlüssige Erklärung kultureller und sozialer Evolution erst auf der Grundlage dieser drei Evolutionsfunktionen möglich ist: der Kommunikation als Einheit der Reproduktion und Innovation kultureller und sozialer Information, der Koordination als Einheit der externen Selektion und des sozialen Systems als der evoluierenden Einheit.

Im Zentrum der Begründung eines solchen Konzepts der Evolution von Kultur und Gesellschaft steht eine Auseinandersetzung mit dem im Begriff der „Autopoiesis" bei Luhmann enthaltenen Axiom der informationellen Geschlossenheit sozialer Systeme. Dieses Axiom erweist sich bei einer näheren Untersuchung des Begriffs der Information als unhaltbar. Der Begriff der Information hat neben einer syntaktischen und einer semantischen auch eine pragmatische Dimension. Die Entstehung von Information in den sinnverarbeitenden Systemen des Bewußtseins und der Kommunikation kann nur evolutionstheoretisch erklärt werden, wenn die pragmatischen Bezüge zwischen System und Umwelt berücksichtigt werden. Anders ausgedrückt: Die Evolution der Kartographie beruht notwendig auch darauf, daß Landkarten zur Orientierung in der realen Landschaft benutzt werden und sich dabei mehr oder weniger gut bewähren. Kommunikation unterliegt deshalb, anders als Luhmann annimmt, einer differentiellen Selektion anhand ihres Beitrags zur Lösung von Problemen der Koordination zwischen den Handlungen sozialer Akteure.

2. Gang der Untersuchung

1. Ausgangspunkt der Untersuchung ist eine Auseinandersetzung mit Niklas Luhmanns systemtheoretischer Konzeption der kulturellen und sozialen Evolution. Dazu wird zunächst die grundlegende Struktur einer evolutionstheoretischen Erklärung anhand ihres klassischen und als empirisch gut bewährt geltenden Musters analysiert: der Synthetischen Theorie der Erklärung biologischer Evolution. Der Vergleich mit diesem Muster macht einen wesentlichen Unterschied deutlich: Selektion ist nach Luhmann jedenfalls im Fall der kulturellen und sozialen Evolution ausschließlich interne Selektion. Sie ist vom „Strukturaufbauwert" abweichender Kommunikation abhängig und wird von externen, umweltabhängigen Faktoren nicht beeinflußt.

2. Das erweist sich indes unter dem Aspekt einer schlüssigen Erklärung kultureller und sozialer Evolution als Problem. Auf der Grundlage der Vorstellung, daß der Selektionsvorteil nur von den internen Strukturen des Systems abhängt, kann die „strukturelle Kopplung" zwischen System und Umwelt, jenes Mindestmaß an sinnvoller Übereinstimmung zwischen den internen Strukturen des Systems und den Strukturen der Umwelt, das zum Überleben des Systems in seiner Umwelt erforderlich ist, nicht als Resultat von Evolution erklärt werden. Sie muß als Voraussetzung kultureller und sozialer Evolution zugrunde gelegt werden, die ihrerseits keiner evolutionstheoretischen Erklärung

mehr zugänglich ist. Auch im Verhältnis von Individuum und Gesellschaft gibt es gerade dann, wenn Kommunikation und Bewußtsein als gegeneinander abgegrenzte, geschlossen operierende Systeme aufgefaßt werden, keine Möglichkeit einer evolutionstheoretischen Erklärung dafür, daß die Strukturen des Denkens und der Kommunikation in einem hinreichenden Maß zueinander passen, um verständlich zu machen, warum Menschen überhaupt Anlaß haben und fähig sind, sich an Kommunikation zu beteiligen. Im Zentrum der kritischen Analyse dieser Evolutionskonzeption Luhmanns steht der Begriff der Information. Als entscheidende theoretische Weichenstellung erweist sich Luhmanns strikt durchgehaltene Grundannahme der vollständigen „informationellen Geschlossenheit" sinnverarbeitender Systeme. Dieses Axiom hängt unmittelbar mit der Verwerfung des Gedankens der externen Selektion zusammen, durch die die Umwelt anders als nur zufällig Einfluß auf die systeminterne Informationserzeugung gewinnen könnte. Das Axiom der informationellen Geschlossenheit von sinnverarbeitenden Systemen erweist sich im Ergebnis einer Überprüfung des ihr zugrunde liegenden Begriffs der Information als unhaltbar. Im Anschluß an Überlegungen von Bernd-Olaf Küppers zur pragmatischen Dimension von Information im Kontext der evolutionstheoretischen Erklärung des Ursprungs biologischer Information kann grundsätzlich auch die Entstehung von Information in Kommunikations- und Bewußtseinssystemen als Ergebnis von Evolution auf der Basis externer Selektion erklärt werden. Kommunikation weist ein hohes Maß an Plastizität auf. Es gibt nicht nur Verstehen oder Nichtverstehen, sondern vielfältige Übergänge von unsicherem zu leichtem und schnellem Verstehen. Kommunikation kann sich daher pragmatischen Erfordernissen anpassen. Externer Veränderungsdruck trägt zur internen Erzeugung von Information bei. Die pragmatischen Beziehungen zwischen systeminterner Information und externer Wertebene wirken sich allerdings nicht im Sinne einer deterministischen Kausalität aus, sondern nur, aber gleichwohl wirksam, durch eine Modulation der Wahrscheinlichkeit, mit der sich einzelne Varianten im System reproduzieren.

3. Mit der Frage, wie ein solcher Selektionsmechanismus im Fall eines sinnverarbeitenden Systems aussehen könnte, wendet sich die Untersuchung zunächst dem Problem der Erkenntnis zu. Die Arbeit setzt sich kritisch mit dem Radikalen Konstruktivismus auseinander, der strukturell ähnliche Defizite aufweist wie die Systemtheorie Luhmanns. Das Problem, daß einerseits dem konstruktiven Charakter und der opera-

tiven Geschlossenheit des kognitiven Systems Rechnung getragen werden muß, andererseits aber gezeigt werden muß, wie das System Zugang zu Strukturen der Umwelt erhält, wird nicht überzeugend gelöst. Als Meilenstein auf der Suche nach einer tragfähigen Lösung erweist sich dagegen die Erkenntnistheorie Jean Piagets. Piaget entwirft ein schlüssiges Konzept der Erklärung kognitiver Evolution. Er trägt der Geschlossenheit der Operationen des kognitiven Systems uneingeschränkt Rechnung, mißt aber zugleich der Handlung des erkennenden Subjekts, die einerseits vom kognitiven System instruiert wird und andererseits in die reale Umwelt eingreift, eine entscheidende Bedeutung zu. Die Handlung fungiert in Piagets Konzeption als Einheit der externen Selektion. Sie ermöglicht eine evolutionstheoretische Erklärung pragmatischer Passungen zwischen Erkenntnis und Erkenntnisgegenstand.

4. Auf den durch Piaget angeregten Pfaden widmet sich die Untersuchung der Frage, welche Einheit Träger der externen Selektion in der kulturellen und sozialen Evolution sein könnte. Ein differentieller Selektionsvorteil setzt voraus, daß Kommunikation Leistungen für etwas außerhalb der Grenzen des Kommunikationssystems Liegendes erbringt, die vergleichender Bewertung zugänglich sind. Dieser Überlegung folgend geht die Arbeit der These nach, daß Kommunikationssysteme in der modernen Gesellschaft grundlegende Funktionen für die Lösung von Koordinationsproblemen haben. Das spieltheoretisch gut erforschte Kooperationsdilemma wird eingehender untersucht. Dabei richtet sich die Aufmerksamkeit insbesondere auf die Frage, welche Information die sozialen Akteure für die Lösung eines Kooperationsdilemmas benötigen und auf welchem Weg sie diese Information erhalten. Im Ergebnis der Analyse zeigt sich, daß die erforderliche Information nur begrenzt verfügbar ist, so daß die spontane Entstehung von Kooperation nur in verhältnismäßig kleinen Gruppen wahrscheinlich ist. Kommunikationssysteme können nun entscheidend zu einer Erhöhung der Wahrscheinlichkeit von Kooperation in größeren Gesellschaften beitragen. Dabei wirken Selektionsmechanismen, die in neueren evolutionstheoretischen Ansätzen auf handlungstheoretischem Fundament bereits beschrieben worden sind: Regeln tragen zur Selektion von Handlungen und Handlungen zur Selektion von Regeln bei.

5. In das hier entwickelte Konzept einer schlüssigen Erklärung kultureller und sozialer Evolution wird die Selektionsfunktion mit dem Begriff der Koordination als Einheit der externen Selektion eingeführt. Koor-

dinationen sind einerseits Ausdruck von Kommunikation. Andererseits sind sie den selektiv wirkenden Einflüssen der Umwelt ausgesetzt. Der Beitrag der Kommunikation zur Lösung von Koordinationsproblemen zwischen sozialen Akteuren führt zu einem differentiellen Selektionsvorteil, weil innerhalb von etablierten Koordinationsstrukturen die Wahrscheinlichkeit erinnernder, fortführender und damit bestätigender Kommunikation steigt. Der Begriff der Koordination bedarf einer Konkretisierung, die an vorliegende handlungstheoretisch fundierte Konzepte und Analysen anknüpfen kann. Als Beispiele werden die Erforschung kommunikativer Gattungen, die Neue Institutionentheorie und der evolutorische Ansatz in der Ökonomie und die soziologische Institutionenanalyse angeführt.

Das Konzept der Erklärung kultureller und sozialer Evolution erhält danach die folgende Fassung: Einheit der Reproduktion und Innovation kultureller und sozialer Information ist die Kommunikation. Sie bewirkt die Erhaltung der einmal aufgebauten Ordnungsinformation. Zugleich wird abweichende Kommunikation zum Träger kultureller und sozialer Innovation. Einheit der Selektion ist die Koordination. Sie ist Ausdruck der komplexen Wechselwirkungen von Kommunikationssequenzen. Zugleich nimmt sie den Selektionsdruck der Umwelt auf, der die Wahrscheinlichkeit moduliert, mit der Kommunikationen in Zukunft wiederverwendet und bestätigt werden. Einheit der kulturellen und sozialen Evolution ist das Kommunikationssystem der Gesellschaft. Dabei handelt es sich um einen spezifischen Komplex anschlußfähiger und untereinander vernetzter Kommunikationen, der durch die Verwendung einer systemeigenen Leitunterscheidung abgegrenzt und durch interne Differenzierung und Integration stabilisiert wird. Differentielle Selektion nach externen Wertmaßstäben wirkt sich erst auf der Ebene des sozialen Systems aus, nicht schon auf der Ebene der Elemente des Systems, der Kommunikationen.

Damit werden die Umrisse eines schlüssigen evolutionstheoretischen Grundkonzepts für die Erklärung von Kultur und Gesellschaft erkennbar. Existenz und Integration der Gesellschaft lassen sich als Resultat eines Zusammenspiels der Makroevolution des Kommunikationssystems der Gesellschaft und der Mikroevolution der kognitiven (und affektiven) Strukturen des individuellen Bewußtseins erklären. Die Verbindungspunkte lassen sich benennen: Die individuellen Akteure wirken durch ihr symbolisches (kommunikatives) Handeln, mit dem sie die symbolische Strukturinformation gestalten, auf Kommunikation ein. Sie bewirken dadurch die Reproduktion, aber auch die Variation der Elemente des sozialen Systems. Die Variation der Elemente ist noch keine Folge externer Selektion. Der Selektionsdruck der Umwelt wirkt sich über die Modulation der Wahrscheinlichkeit der Reproduktion ausschließlich auf der Ebene des sozialen Systems aus. Die Variation ist aus der Perspektive des Kommunikationssystems zufällig, auch wenn sie aus der Perspektive des Individuums bewußt und intentional erfolgt. Der Erfolg (das Verstehen) hängt aber entscheidend von den internen Strukturen des Systems ab, auch wenn das System nicht als starre, sondern als plastische Struktur gedacht werden muß. Gleichwohl bildet das Kommunikationssystem eine externe Wertebene für die Selektion kommunikativen Handelns. Verständlich machen kann sich in einer sozialen Dimension nur, wer auf die Symbolstruktur und die semantischen Deutungsmuster des Kommunikationssystems der Gesellschaft hinreichend Rücksicht nimmt. Kommunikation wird aber auch von den Individuen wahrgenommen und liefert diesen entscheidende Informationen für die Auswahl von strategischen Handlungen unter dem Gesichtspunkt der Koordination mit dem erwarteten Handeln Anderer. Die Handlungskoordination bildet auf diese Weise eine externe Wertebene für die Selektion im Kommunikationssystem. Denn durch reales (strategisches) Handeln der Individuen und durch den Erfolg ihrer Bemühungen um eine soziale Koordination ihrer individuellen Handlungsbeiträge wird die Wahrscheinlichkeit für die Erhaltung von bestimmten Kommunikationsmustern im sozialen System moduliert.

Übereinstimmungen und Differenzen zwischen dem hier vorgeschlagenen Konzept und der Konzeption Luhmanns werden abschließend exemplarisch anhand der Steuerungsdebatte verdeutlicht, zu der Luhmann prägnante Beiträge geleistet hat. Seiner radikalen Steuerungsskepsis wird eine Auffassung entgegengesetzt, die dem parlamentarischen Gesetz eine für die Evolution von Kultur und Gesellschaft zentrale Rolle als Katalysator sozialer Lernprozesse zuweist.

Summary

1. Results

The study develops a concept for explaining the evolution of culture and society, which takes as its starting-point Niklas Luhmann's systems-theoretical conception of cultural and social evolution. It differs from Luhmann's approach, however, in as much as the concept includes here differential selection according to external standards of values, which are independent of society's communication system and which are influenced by the environment. Placed alongside the concept of communication, which is fundamental in Luhmann's systems theory, is the concept of co-ordination. Co-ordination is the unit of external selection. The concept of co-ordination implies the most diverse complexities of action (e.g. interactions, markets, organisations, institutions). They depend on tuning contributions to actions from individual agents in such a way, that the agents get their bearings for the choice of their actions to a considerable extent from information that is being generated from and passed on within the communication systems. The concept of co-ordination describes then – to this extent following the concept of communication and in contrast to the concept of action – a social synthesis from the outset. It thereby incorporates Luhmann's intention to construct societal theory already from the conceptual base elements on an emergent level, and takes it further within the context of an evolutionary concept extended by external selection. It does take into account, thereby, on the one hand the insight that the reductionist research programme of methodical individualism, which seeks to explain society and its major structures as a necessary consequence of actions based on individual decisions, did not have any lasting success. On the other hand, the concept of co-ordination does establish, however, the necessary connection to the research programme of classical, action-theoretically based sociology. Because the selections for which their synthesis is co-ordination are nothing else but the choice of actions by social agents. The aim of this study is to convince that a persuasive explanation of cultural and social evolution is only possible if based on the following three evolutionary functions: communication as the unit of reproduction and innovation of cultural and social information, co-ordination as the unit of the external selection and the social system as the evolving unit.

At the centre of the reasoning for such a concept of evolution of culture and society is a discussion of Luhmann's axiom of the complete „informational closure" of social systems as implied in the concept of „autopoiesis". This axiom proves to be untenable on closer examination of the concept of information. The concept of information has, apart from its syntactic and semantic dimensions, also a pragmatic dimension. The emergence of information in the sense-processing systems of consciousness and of communication can be explained in evolution-theoretical terms only if the pragmatic connections between system and environment are taken into account. Put differently: Cartographic evolution depends necessarily partly on the fact that maps are being used for one's orientation in the actual landscape and that they meet their purpose in this more or less appropriately. Communication is therefore, in contrast to Luhmann's assumption, subject to differential selection on the basis of its contribution to solving problems of coordination between the actions of social agents.

2. Course of the Investigation

1. Starting-point for the investigation is an examination of Niklas Luhmann's systems-theoretical conception of cultural and social evolution. For this purpose there is an initial analysis of the fundamental structure of an evolution-theoretical explanation on the basis of its classical, and empirically considered to be well proven, pattern: of the synthetic theory of the explanation of biological evolution. The comparison with this pattern brings out clearly an essential difference: selection is according to Luhmann, at least in the case of cultural and social evolution, exclusively a matter of internal selection. It depends on the „structural construction value" of deviating communication and is not influenced by external, from the environment dependent factors.

2. This, however, turns out to be a problem in respect of a convincing explanation of cultural and social evolution. The principle of the idea that the selection advantage depends only on the internal structures of the system does not suffice to explain the „structural coupling" between system and environment (that minimum of a sensible agreement between the internal structures of the system and the structures of the environment, which is essential for the survival of the system in its environment) as a result of evolution. It must be assumed as a prerequisite of cultural and social evolution, which in turn is no longer accessible by any evolution-theoretical explanation. In the relationship between individual and society, too - particularly when communication and consciousness are perceived as mutually demarcated, closed operating

systems - there is no possibility of an evolution-theoretical explanation for the idea that the structures of thinking and of communication are sufficiently matched to make comprehensible why people should have occasion to engage in communication at all, and how they should be capable of participating in communication.

At the centre of the critical analysis of Luhmann's conception of evolution is the idea of information. The decisive theoretical pointer proves to be Luhmann's strictly adhered to basic assumption of the complete „informational closure" of meaning-processing systems. This axiom relates directly to the discarding of the thought of external selection by which the environment might gain influence on the process of generating information within the system by more than merely accidental means. The axiom of the „informational closure" proves to be untenable according to the results of a review of its underlying concept of information. Following Bernd-Olaf Küpper's thoughts to the pragmatic dimension of information in the context of the evolution-theoretical explanation of the origins of biological information, one can explain in principle the emergence of information in the systems of communication and consciousness as a result of evolution on the basis of external selection. Communication exhibits a high level of plasticity. There is not just understanding and non-understanding, but also a variety of transitions from uncertain to easy and quick understanding. Communication can adjust therefore to pragmatic requirements. External pressure for change contributes to internal creation of information. The pragmatic connections between information from within the system and the external level of values don't, however, have the effect of a deterministic causality, instead, they merely, although effectively, bring about the modulation of probabilities according to which individual variations are being reproduced within the system.

3. With the question of what such a selection mechanism might look like, the investigation turns first to the problem of cognition. The work concerns itself critically with radical constructivism, which shows structurally similar deficits compared with those of Luhmann's systems theory. The problem of having to take into account on the one hand the constructive character and the operational closure of the cognitive system, while having to show on the other hand, how the system gains access to the structures of the environment, is not being solved convincingly. In the search for a workable solution, however, Jean Piaget's epistemological theory of cognition turns out to be a milestone. Piaget develops a convincing concept for explaining cognitive evolution. He

takes fully into account the unity of the operations of the cognitive system, but also attaches decisive importance to the actions by the cognisant subject, which are on the one hand instructed by the cognitive system, and which, on the other hand, intervene in the actual environment. The action functions in Piaget's conception as unit of external selection. It facilitates an evolution-theoretical explanation of pragmatic adjustments between cognition and the object of cognition.

4. On the route of the inspiration from Piaget the investigation turns to the question of which unit could be the carrier of external selection in the cultural and social evolution. A differential selection advantage assumes that communication brings results of something that lies outside the boundaries of the communication system, which is accessible to a comparative assessment. According to this consideration the work follows the thesis that the communication systems in modern society have basic functions for solving problems of co-ordination. The well-researched co-operations dilemma in games-theory is being examined more thoroughly. In this the focus is particularly on the question of which information the social agents need for solving a dilemma of co-operation, and by what means they will obtain that information. The result of the analysis shows that the necessary information is available only to a limited extent, so that the spontaneous emergence of co-operation is only likely to occur in relatively small groups. Communication systems can now decisively contribute to raising the likelihood of co-operation in larger societies. Effective are here selection mechanisms that have been described already in the newer evolution-theoretical approaches on an action-theoretical basis: regulations contribute to the selection of actions and actions contribute to the selection of regulations.

5. Into the concept of a convincing explanation of cultural and social evolution developped here, the selection function with the concept of co-ordination as the unit of external selection is introduced. Co-ordinations are, on the one hand, expressions of communication. On the other hand, they are exposed to the selectively effective influences from the environment. The contribution of communication to solving co-ordination problems between social agents leads to a differential selection advantage, because the likelihood of reminding, continuing and therefore confirming communication will rise within the established co-ordination structures.

The concept of co-ordination needs to be put into concrete terms, which can take up existing concepts and analyses that are underpinned by action theory. Examples are given from the research into communicative genres, the new institutions theory as well as the evolutionary approach in economics and the sociological analysis of institutions.

The concept of the explanation of cultural and social evolution appears then in the following version: Unit of reproduction and innovation of cultural and social information is the communication. It brings about the preservation of the ordering information once it is constructed. Deviating communication is at the same time becoming a carrier of cultural and social innovation. Unit of selection is the co-ordination. This is expression of the complex interactions of communication sequences. At the same time it takes up the selection pressure of the environment, which modulates the likelihood of communications being used again and being confirmed on future occasions. Unit of the cultural and social evolution is the communication system of the society. This concerns a specific complex of connectable and with each other inter-linked communications, which is defined by the use of a system-specific „directing distinction" (Leitdifferenz) and is stabilised by internal differentiation and integration. Differential selection according to external value standards has only an effect on the level of the social system, not already on the level of the system's elements, the communications.

With this the outline of a convincing evolution-theoretical basic concept for explaining culture and society becomes recognisable. Existence and integration of the society can be explained as a result of the interplay between the macroevolution of society's communication system and the microevolution of the cognitive (and affective) structures of individual consciousness. The connection points can be named: The individual agents have an effect on the communication by their symbolic (communicative) acting as they shape the symbolical structural information. They cause thereby the reproduction, but also the variation of the elements of the social system. The variation of the elements is not yet a consequence of external selection. The selection pressures of the environment have an effect via the modulation of the likelihood of reproduction exclusively on the level of the social system. The variation is from the perspective of the communication system accidental, even if it is from the perspective of the individual a conscious and intentional variation. The success (understanding) depends however decisively on internal structures of the system, even if the system does not have to be thought of as a rigid, but on the contrary as a plastic structure. Nevertheless, the communication system forms an external level of values for the selection of communicative acting. Only those who consider sufficiently the structure of symbols and the semantic patterns of interpretation of society's communication system will be able to make themselves understood in a social dimension. Communication is, however, also perceived by individuals and provides these with crucial information for choosing strategic actions under the point of view of co-ordination with the expected action by others. The action-co-ordination is forming thus an external level of values for the selection within the communication system. For, by the realistic (strategic) acting of individuals, and by the success of their endeavours for a social co-ordination of their individual action-contributions, the likelihood is being modulated that certain patterns of communication are being preserved in the social system.

Agreements and differences between the concept proposed here and Luhmann's conception are being clarified with concluding examples on the basis of the german „Steuerungsdebatte" (steering debate), to which Luhmann had made succinct contributions. In response to his radical steering scepticism is being put forward a view, which allocates to the parliamentary law a central role for the evolution of culture and society as catalyst to the social learning process.

Résumé

1. Résultats

L'étude élabore un concept visant à l'explication de l'évolution de la culture et de la société, concept partant de la théorie des systémes sociaux de Niklas Luhmann. Contrairement au concept de Luhmann, ce concept comprend néanmoins la sélection différentielle selon des critères externes de valeurs qui sont indépendants du système de communication de la société et influencés par son environnement. La notion de coordination est associée à celle de communication, notion à la base de la théorie des systémes sociaux élaborée par Luhmann. La coordination est l'unité de sélection externe. On entend par coordination les complexes d'action de toutes sortes (par exemple interactions, marchés, organisations, institutions), qui sont fondés sur une harmonisation des actes partiels apportés par les différents acteurs, et ce de façon à ce que les acteurs s'orientent essentiellement, dans le choix de leurs actes, selon les informations qui sont produites et transmises dans les systèmes de communication. La notion de coordination désigne donc dès le départ une synthèse sociale et ce, conformément à la notion de communication et contrairement à celle d'action. Cette notion intègre donc l'intention de Luhmann de construire une théorie sociale sur une base émergente et ce, même en ce qui concerne les éléments conceptuels de base, et la poursuit dans le cadre d'un concept d'évolution où vient se greffer la sélection externe. On prend donc en considération le fait, d'une part, que le programme de recherche réductionniste de l'individualisme méthodique qui tend à expliquer la société et ses grandes structures comme une suite déterministe de décisions individuelles en matière d'actes, n'ait pas eu grand succès. D'autre part, la notion de coordination crée néanmoins le lien nécessaire avec le programme de recherche de la sociologie classique fondée sur un approche actionaliste (Handlungstheorie). En effet les sélections, dont la synthèse est la coordination, ne sont rien d'autre qu'une sélection d'actions effectuée par les acteurs sociaux. L'objectif de cette étude est de rendre plausible le fait qu'une explication logique de l'évolution culturelle et sociale ne soit possible que sur la base de ces trois fonctions d'évolution: la communication en tant qu'unité de reproduction et d'innovation de l'information culturelle et sociale, la coordination en tant qu'unité de sélection externe et le système social en tant qu'unité évolutive.

Au cœur de la justification d'un tel concept de l'évolution de la culture et de la société, on trouve une controverse relative à l'axiome de la clôture informationnelle des systèmes sociaux, axiome compris dans la notion d „autopoïèse". Après un examen plus approfondi de la notion d'information, cet axiome se révèle indéfendable. Outre une dimension syntaxique et sémantique, la notion d'information a aussi une dimension pragmatique. Il n'est possible d'expliquer la naissance de l'information dans les systèmes de la conscience et de la communication par la théorie de l'évolution que si l'on tient compte des rapports pragmatiques entre le système et l'environnement. En d'autres termes: l'évolution de la cartographie repose aussi obligatoirement sur le fait que les cartes sont utilisées pour s'orienter dans l'espace réel et qu'elles se révèlent plus ou moins bonnes pour ce faire. Contrairement à ce que Luhmann suppose, la communication est donc soumise à une sélection différentielle au moyen de la contribution qu'elle apporte dans le dénouement des problèmes de la coordination entre les actes des acteurs sociaux.

2. Déroulement de l'analyse

1. Le point de départ de l'analyse est un examen critique de la conception de Luhmann consacrée à l'évolution culturelle et sociale. Pour ce faire, on procède d'abord à l'analyse de la structure de base d'une explication de la théorie de l'évolution grâce à son modèle classique qui s'est avéré précieux de manière empirique: la théorie synthétique de l'explication de l'évolution biologique. La comparaison avec ce modèle met en évidence une différence essentielle: selon Luhmann, la sélection est, en cas d'évolution culturelle et sociale, exclusivement une sélection interne. Elle dépend de la „valeur structurelle" (Strukturaufbauwert) d'une communication et n'est pas influencée par des facteurs externes dépendants de l'environnement.

2. Ceci s'avère être un problème si l'on se place du point de vue d'une explication logique de l'évolution culturelle et sociale. Partant de l'idée que l'avantage de sélection dépend exclusivement des structures internes du système, on ne peut expliquer que „le couplage structurel" entre système et environnement, ce minimum de correspondance judicieuse entre les structures internes du système et celles de l'environnement, minimum nécessaire à la survie du système dans son environnement, est le résultat de l'évolution. Elle doit servir de base en tant que condition de l'évolution culturelle et sociale qui, à son tour, n'est plus accessible à l'explication basée sur la théorie de l'évolution. Dans le rapport

entre l'individu et la société il n'y a justement, lorsque la communication et la conscience sont comprises comme des systèmes délimités l'une de l'autre et opérativement closes, pas de possibilité d'explication basée sur la théorie de l'évolution pour démontrer que les structures de la pensée et de la communication s'accordent suffisamment pour rendre compréhensible les raisons pour lesquelles les hommes ont l'occasion et sont en mesure de participer à la communication.

On trouve la notion d'information au cœur de l'analyse critique de la conception de l'évolution de Luhmann. La supposition de base de Luhmann qu'il respecte strictement selon laquelle les systèmes sensoriels seraient marqués par une complète „clôture informationnelle" se révèle être un aiguillage théorique décisif. Cet axiome est directement en relation avec le rejet de l'idée de sélection externe par laquelle l'environnement pourrait exercer une influence autre qu'accidentelle sur la production d'information interne au système. L'axiome de la „clôture informationnelle" de systèmes se révèle insoutenable après vérification de la notion d'information qui en est à la base. Suite aux réflexions de Bernd-Olaf Küppers sur la dimension pragmatique de l'information dans le contexte de l'explication de l'origine de l'information biologique selon la théorie de l'évolution, il est possible, sur la base de la sélection externe, d'expliquer l'origine de l'information dans les systèmes de communication et de conscience comme étant le résultat de l'évolution. Il n'y a pas seulement compréhension et incompréhension mais aussi de nombreuses variantes, depuis la compréhension incertaine à la compréhension facile et rapide. La communication peut donc s'adapter aux exigences pragmatiques. La pression externe en vue d'un changement contribue à la production interne d'information. Les rapports pragmatiques entre l'information interne au système et le niveau de valeur externe ne se répercutent néanmoins pas dans le sens d'une causalité déterministe, mais seulement, bien qu'efficacement, par une modulation de la probabilité avec laquelle les différentes variantes se reproduisent dans le système.

3. En se penchant sur la question de savoir quelle pourrait être la conception d'un tel mécanisme de sélection, l'étude se penche en premier lieu sur le problème de la cognition. Le travail traite d'un point de vue critique le constructivisme radical qui présente des déficits structurels similaires à ceux de la théorie des systèmes sociaux élaborée par Luhmann. Le problème dû au fait qu'il faut, d'une part, tenir compte du caractère constructif et de la cohésion opérative du système cognitif, mais qu'il faut, d'autre part, montrer comment le système accède aux

structures de l'environnement, n'est pas résolu de manière convaincante. Au contraire la théorie de la cognition de Jean Piaget se révèle être une étape décisive dans la recherche d'une solution défendable: Piaget élabore un concept logique d'explication de l'évolution cognitive. Il tient compte de manière non restrictive de la cohésion operative du système cognitif tout en accordant une importance décisive à l'acte du sujet, acte d'une part instruit par le système cognitif et intervenant d'autre part dans l'environnement réel. Dans la conception de Piaget, l'acte fait office d'unité de sélection externe. Il permet une explication des ajustements pragmatiques entre cognition et objet de cognition conforme à la théorie de l'évolution.

4. Suivant les voies proposées par Piaget, l'étude se consacre à la question de savoir quelle unité pourrait être porteuse de sélection externe dans l'évolution culturelle et sociale. Un avantage différentiel de sélection suppose que la communication fournisse des prestations destinées à quelque chose situé en dehors des limites du système de communication et accessibles à une évaluation comparative. Suivant cette réflexion, le travail se penche sur la thèse selon laquelle les systèmes de communication ont, dans la société moderne, des fonctions essentielles pour le dénouement de problèmes de coordination. Le dilemme de coopération bien exploré grâce à la théorie du jeu est examiné de plus près. L'attention est en particulier attirée sur la question de savoir de quelle information ont besoin les acteurs sociaux pour résoudre un dilemme de coopération et par quel moyen ils peuvent obtenir cette information. Au bout du compte, l'analyse montre que l'information nécessaire n'est disponible que de manière réduite, de telle sorte que la coopération ne peut probablement prendre naissance de manière spontanée qu'au sein de groupes relativement petits. Les systèmes de communication peuvent contribuer de manière décisive à un accroissement de la probabilité de coopération dans des sociétés plus importantes. Les mécanismes de sélection qui ont déjà été décrits sur la base d'un paradigme actionaliste dans les approches récentes basées sur la théorie de l'évolution produisent ici leur effet: les règles contribuent à la sélection d'actions et les actions à la sélection de règles.

5. Dans le concept élaboré ici et visant à une explication logique de l'évolution culturelle et sociale, la fonction de sélection est introduite avec la notion de coordination en tant qu'unité de la sélection externe. Les coordinations sont d'une part l'expression de la communication. Elles sont d'autre part exposées aux influences sélectives de l'environnement. La contribution de la communication visant à

résoudre les problèmes de coordination entre les acteurs sociaux entraîne un avantage différentiel de sélection attendu que, la probabilité d'une communication de mémoire, de continuation et donc de confirmation augmente au sein des structures établies de coordination.

La notion de coordination doit être concrétisée, ceci pouvant être rattaché à des concepts et analyses déjà en place et basés sur le paradigme actionaliste. On cite à titre d'exemple l'examen des formes de communication, la nouvelle théorie des institutions et l'approche évolutionniste dans l'économie et l'analyse sociologique des institutions.

Le concept de l'explication de l'évolution culturelle et sociale prend alors une nouvelle forme. L'unité de reproduction et d'innovation de l'information culturelle et sociale est la communication. Elle entraîne le maintien de l'information régulière mise en place. Par ailleurs, la communication divergente devient porteuse d'innovation culturelle et sociale. L'unité de la sélection est la coordination. Elle est l'expression des interactions complexes de séquences de communication. Elle enregistre en même temps la pression de sélection exercée par l'environnement, pression modulant la probabilité avec laquelle les communications sont réutilisées et confirmées dans le futur. L'unité de l'évolution culturelle et sociale est le système de communication de la société. Il s'agit là d'un complexe spécifique de communications susceptible d'être raccordées et mises en réseau les unes avec les autres qui est limité par l'utilisation d'une distinction directrice propre au système et stabilisé par la différentiation interne et l'intégration. La sélection différentielle selon des critères extérieurs de valeur ne fait effet qu'au niveau du système social et non au niveau des éléments du système, des communications.

On distingue alors les contours d'un concept de base logique basé sur la théorie de l'évolution et visant à l'explication de la culture et de la société. L'existence et l'intégration de la société s'expliquent comme étant le résultat d'une combinaison entre la macro-évolution du système de communication de la société et la micro-évolution des structures cognitives (et affectives) de la conscience individuelle. Il est possible de nommer les points de liaison. Les acteurs individuels agissent sur la communication par leur action symbolique (communicative) grâce à laquelle ils modèlent l'information structurelle symbolique. Ils engendrent ainsi la reproduction, mais aussi la variation des éléments du système social. La variation des éléments n'est pas encore une conséquence de la sélection externe. La pression de sélection exercée par l'environnement agit exclusivement au niveau du système social par le biais de la modulation de la probabilité de reproduction. Vu du point de vue du système de communication, la variation est le fruit du hasard, même si elle a lieu de manière consciente et intentionnelle du point de vue de l'individu. Le succès (la compréhension) dépend néanmoins de manière décisive des structures internes du système, même si le système ne doit pas être compris comme une structure rigide mais au contraire comme une structure plastique. Néanmoins, le système de communication forme un niveau externe de valeur pour la sélection de l'acte de communication. On ne peut se faire comprendre dans une dimension sociale que si l'on prend suffisamment en compte la structure symbolique et les modèles d'interprétation sémantique du système de communication de la société. Mais la communication est également perçue par les individus et leur fournit des informations décisives pour la sélection d'actes stratégiques, en ce qui concerne la coordination avec l'acte escompté d'autrui. La coordination de l'acte forme ainsi un niveau externe de valeur pour la sélection dans le système de communication. En effet, grâce à l'acte réel (stratégique) des individus et au succès de leurs efforts en vue d'obtenir une coordination sociale de leurs apports individuels en matière d'action, on obtient une modulation de la probabilité que certains modèles de communication soient maintenus dans le système social.

Pour finir, les concordances et les différences entre le concept ici proposé et la conception de Luhmann sont mis en évidence par des exemples grâce au débat allemand du concept de „Steuerung" auquel Luhmann a apporté une contribution précieuse. On oppose à son scepticisme radical un point de vue qui accorde à la loi parlementaire un rôle central de catalyseur des processus d'apprentissage sociaux dans l'évolution de la culture et de la société.

Literaturverzeichnis

Alexander, Jeffrey C., Bernhard Giesen, Richard Münch und Neil J. Smelser (Hrsg.), The Micro-Macro-Link, Berkeley, Los Angeles, London 1987

Anderson, Terry L., und Peter J. Hill, The Evolution of Property Rights: A stady of the American West, Journal of Law and Economics 18, S. 163 ff.

Axelrod, Robert, Die Evolution der Kooperation, 4. Aufl., München und Wien 1997

Badura, Peter, Die parlamentarische Volksvertretung und die Aufgabe der Gesetzgebung, ZG 1987, S. 300 ff.

Baecker, Dirk (Hrsg.), Probleme der Form, Frankfurt am Main 1993

Bamberg, Sebastian, und Peter Schmidt, Auto oder Fahrrad? Empirischer Test einer Handlungstheorie zur Erklärung der Verkehrsmittelwahl, Kölner Zeitschrift für Soziologie und Sozialpsychologie 46 (1994), S. 80 ff.

Baraldi, Claudio, Giancarlo Corsi, Elena Esposito, GLU - Glossar zu Niklas Luhmanns Theorie sozialer Systeme, Frankfurt am Main 1997

Barnes, Barry S., Über den konventionellen Charakter von Wissen und Erkenntnis, in: Nico Stehr und Volker Meja (Hrsg.), Wissenssoziologie, Opladen 1991, S. 163 ff.

Barzel, Yoram, Economic Analysis of Property Rights, Cambridge 1989

Bateson, Gregory, Ökologie des Geistes. Anthropologische, psychologische, biologische und epistemologische Perspektiven, Frankfurt am Main 1985

Bateson, Gregory, Geist und Natur. Eine notwendige Einheit, Frankfurt am Main 1987

Beck, Ulrich, und Elisabeth Beck-Gernsheim (Hrsg.), Riskante Freiheiten. Individualisierung in modernen Gesellschaften, Frankfurt am Main 1994

Berman, Harold J., Recht und Revolution. Die Bildung der westlichen Rechtstradition, Frankfurt am Main 1995 (Orig.: Law and Revolution. The Formation of the Western Legal Tradition, Harvard 1983)

Beyme, Klaus von, Der Gesetzgeber - Der Bundestag als Entscheidungszentrum, Opladen 1997

Blankenburg, Erhard, The Poverty of Evolutionism. A Critique of Teubner's Case for „Reflexive Law", Law and Society Review 18 (1984), S. 273 ff.

Blind, Knut, Normung als Wirtschaftfaktor, Spektrum der Wissenschaft 2000, S. 95

Boulding, Kenneth E., Punctuationism in Societal Evolution, in Albert Somit, Steven A. Peterson (Ed.), The Dynamics of Evolution. The Punctuated Equilibrium Debate in the Natural and Social Science, Ithaca und London, S. 171 ff.

Braun, Norman, und Axel Franzen, Umweltverhalten und Rationalität, Kölner Zeitschrift für Soziologie und Sozialpsychologie 47 (1995), S. 231 ff.

Brennan, Geoffrey, und James M. Buchanan, Die Begründung von Regeln. Konstitutionelle Politische Ökonomie, Tübingen 1993

Buggle, Franz, Die Entwicklungspsychologie Piagets, 2. Aufl., Stuttgart u.a. 1993

Burmeister, Joachim, Verträge und Absprachen zwischen der Verwaltung und Privaten, VVDStRL 52 (1993), S. 190 ff.

Burns, Tom R. und Thomas Dietz, Kulturelle Evolution: Institutionen, Selektion und menschliches Handeln, in: Hans-Peter Müller und Michael Schmid (Hrsg.), Sozialer Wandel. Modellbildung und theoretische Ansätze, Frankfurt am Main 1995, S. 340 ff.

Campbell, Donald T., Variation and Selective Retention in Socio-Cultural Evolution, General Systems 14 (1969), S. 69 ff.

Childe, V. Gordon, Soziale Evolution, Frankfurt am Main 1975 (Orig.: Social Evolution, London 1951

Ciompi, Luc, Affektlogik. Über die Struktur der Psyche und ihre Entwicklung, Stuttgart 1982

Ciompi, Luc, Zur Integration von Fühlen und Denken im Licht der „Affektlogik". Die Psyche als Teil eines autopoietischen Systems, in: Karl P. Kisker (Hrsg.), Neurosen, Psychosomatische Erkrankungen, Psychotherapie, 3. Aufl., Berlin 1986, S. 373 ff.

Coase, Ronald H., The Nature of the Firm, Economia 4 (1937), S. 386 ff.

Coase, Ronald D., The Problem of Social Costs, Journal of Law and Economics 3 (1960), S. 1 ff.

Coase, Ronald D., The Firm, the Market and the Law, Chicago und London 1988

Conrad, Michael, Rationality in the Light of Evolution, in: Ilya Prigogine und Michéle Sanglier (Hrsg.), Laws of Nature and Human Conduct, Brüssel 1987, S. 111 ff.

Dammann, Klaus, Dieter Grunow, Klaus P. Japp (Hrsg.), Die Verwaltung des politischen Systems, Opladen 1994

Davis, Morton D., Spieltheorie für Nichtmathematiker, 2. Aufl., München 1993

Dawkins, Richard, The selfish Gene, London 1976

Derlien, Hans-Ulrich, und Stefan Löwenhaupt, Verwaltungskontakte und Institutionenvertrauen, in: Helmut Wollmann u.a. (Hrsg.), Transformation der politisch-administrativen Strukturen in Ostdeutschland, Opladen 1997, S. 417 ff.

Dewey, John, Die Suche nach Gewißheit, Frankfurt am Main 1998

Di Fabio, Udo, Verwaltung und Verwaltungsrecht zwischen gesellschaftlicher Selbstregulierung und staatlicher Steuerung, VVDStRL 56 (1997), S. 235 ff.

Di Fabio, Udo, Verlust der Steuerungskraft klassischer Rechtsquellen, NZS 1998, S. 449 ff.

Diekmann, Andreas, und Peter Preisendörfer, Persönliches Umweltverhalten. Diskrepanz zwischen Anspruch und Wirklichkeit, Kölner Zeitschrift für Soziologie und Sozialpsychologie 44 (1992), S. 226 ff.

Dose, Nicolai, Kooperatives Recht, DV 1994, S. 91 ff.

Dose, Nicolai, und Rüdiger Voigt (Hrsg.), Kooperatives Recht, Baden-Baden 1995

Dose, Nicolai, und Rüdiger Voigt, Kooperatives Recht: Norm und Praxis, in: dies. (Hrsg.), Kooperatives Recht, Baden-Baden 1995, S. 11 ff.

Dress, Andreas, Hubert Hendrichs und Günter Küppers, Selbstorganisation. Die Entstehung von Ordnung in Natur und Gesellschaft, München und Zürich 1986

Drexl, Josef, Von der Ökonomischen Analyse des Rechts zu einer interdisziplinären Wissenschaft der Gemeinschaftsgüter, Die Verwaltung 2000, S. 285 ff.

Durkheim, Emile, Die Regeln der soziologischen Methode, 5. Aufl., Darmstadt und Neuwied 1976, S. 105 f.

Dux, Günter, Die Logik der Weltbilder. Sinnstrukturen im Wandel der Geschichte, Frankfurt am Main 1982

Dux, Günter, Die Zeit in der Geschichte. Ihre Entwicklungslogik vom Mythos zur Weltzeit, Frankfurt am Main 1989

Eder, Klaus, Die Entstehung staatlich organisierter Gesellschaften. Ein Beitrag zu einer Theorie sozialer Evolution, Frankfurt am Main 1976

Eder, Klaus, Seminar: Die Entstehung von Klassengesellschaften, Frankfurt am Main 1973

Eder, Klaus, Geschichte als Lernprozeß? Zur Pathogenese politischer Modernität in Deutschland, Frankfurt am Main 1991

Eichenberger, Kurt, Gesetzgebung im Rechtsstaat, VVDStRL 40 (1982), S. 7 ff.

Ellwein, Thomas, Kooperatives Verwaltungshandeln im 19. Jahrhundert, in: Nicolai Dose/Rüdiger Voigt (Hrsg.), Kooperatives Recht, Baden-Baden 1995, S. 43 ff.

Elster, Jon, Rationality and Social Norms, Europäisches Archiv für Soziologie 32, S. 109 ff.

Engel, Christoph, und Martin Morlok (Hrsg.), Öffentliches Recht als Gegenstand ökonomischer Forschung, Tübingen 1998

Erben, Heinrich K., Evolution, Stuttgart 1990

Esser, Hartmut, Soziologie. Allgemeine Grundlagen, Frankfurt am Main, New York 1993

Esser, Hartmut, Besprechung von Michael Schmid, Soziales Handeln und strukturelle Selektion. Beiträge zur Theorie sozialer Systeme, Soziologische Revue 2000, S. 190

Fischbach, Gerald D., Gehirn und Geist, Spektrum der Wissenschaft 1992, S. 30 ff.

Foerster, Heinz von, KybernEthik, Berlin 1993

Foerster, Heinz von, Zirkuläre Kausalität, in ders., KybernEthik, Berlin 1993, S. 109 ff.

Francis, Emerich K., Darwins Evolutionstheorie und der Sozialdarwinismus, Kölner Zeitschrift für Soziologie und Sozialpsychologie 33 (1981), S. 209 ff.

Franzen, Axel, Group size effects in social Dilemmas: A review of the experimental literature and some new results for one-shot N-PD games, in: Ulrich Schulz, Wulf Albus, Ulrich Mueller (Hrsg.), Social Dilemmas and Cooperation, Berlin u.a. 1994

Franzen, Axel, Trittbrettfahren oder Engagement? Überlegungen zum Zusammenhang zwischen Umweltbewußtsein und Umweltverhalten, in: Andreas Diekmann und Axel Franzen (Hrsg.), Kooperatives Umwelthandeln, Chur und Zürich 1995, S. 135 ff.

Friedrichs, Jürgen (Hrsg.), Die Individualisierungs-These, Opladen 1998

Furth, H. G., Intelligenz und Erkennen. Die Grundlagen der genetischen Erkenntnistheorie Piagets, 2. Aufl., Frankfurt am Main 1981

Gadamer, Hans-Georg, Wahrheit und Methode. Grundzüge einer philosophischen Hermeneutik, 2. Aufl., Tübingen 1985

Giddens, Anthony, Die Konstitution der Gesellschaft. Grundzüge einer Theorie der Strukturierung, Frankfurt am Main, New York 1992

Ginsburg, Herbert, und Sylvia Opper, Piagets Theorie der geistigen Entwicklung, 7. Aufl., Stuttgart 1993

Glance, Natalie S., und Bernardo A. Huberman, Das Schmarotzer-Dilemma, Spektrum der Wissenschaft, 1994, 36 ff.

Glance, Natalie S., und Bernardo A. Huberman, Social Dilemmas and Fluid Organizations, in: Kathleen M. Carley und Michael J. Prietula, Computational Organization Theory, Hillsdale, New Jersey and Hove, UK, 1994, S. 217 ff.

Glasersfeld, Ernst von, Piaget und die Erkenntnistheorie des radikalen Konstruktivismus, in: ders., Wissen, Sprache und Wirklichkeit, Braunschweig 1987, S. 99 ff.

Glasersfeld, Ernst von, Wissen, Sprache und Wirklichkeit: Arbeiten zum radikalen Konstruktivismus, Braunschweig 1987

Glasersfeld, Ernst von, Die Unterscheidung des Beobachters: Versuch einer Auslegung, in: Volker Riegas und Christian Vetter, Zur Biologie der Kognition, Frankfurt am Main 1990, S. 281 ff.

Glasersfeld, Ernst von, An Interpretation of Piaget's Constructivism, in: Leslie Smith (Hrsg.), Jean Piaget. Critical Assessments, Band IV, London 1992, S. 41 ff. (zuerst veröffentlicht in Revue Internationale de Philosophie 1982, S. 612)

Goethe, Johann Wolfgang von, Werke in sechs Bänden, hrsg. von Erich Schmidt, Leipzig 1910, Band 1

Göhler, Gerhard (Hrsg.), Institutionenwandel, Opladen 1997

Goodman, John C., An Economic Theory of the Evolution of the Common Law, Journal of Legal Studies 7 (1978), S. 393 ff.

Görres-Gesellschaft (Hrsg.), Staatslexikon, 4. Band, 7. Aufl., Freiburg u.a. 1995

Gräf, Lorenz, und Wolfgang Jagodzinski, Wer vertraut welcher Institution: Sozialstrukturell und politisch bedingte Unterschiede im Institutionenvertrauen, in: Michael Braun (Hrsg.), Blickpunkt Gesellschaft 4, Opladen 1998, S. 283 ff.

Granovetter, Mark, Threshold models of Collective Behavior, American Journal of Sociology 83 (1978), S. 1420 ff.

Grawert, Rolf, Ideengeschichtlicher Rückblick auf Evolutionskonzepte der Rechtsentwicklung, Der Staat 22 (1983), S. 63 ff.

Grimm, Dieter (Hrsg.), Wachsende Staatsaufgaben - sinkende Steuerungsfähigkeit des Rechts, Baden-Baden 1990

Grimm, Dieter, Die Zukunft der Verfassung, Frankfurt am Main 1991

Gruter, Margret: Rechtsverhalten: biologische Grundlagen mit Beispielen aus dem Familien- und Umweltrecht, Köln 1993

Günthner, Susanne, und Hubert Knoblauch, „Forms are the Food of Faith". Gattungen als Muster kommunikative Handelns, Kölner Zeitschrift für Soziologie und Sozialpsychologie 1994, S. 693 ff.

Habermas, Jürgen, Theorie des kommunikativen Handelns, 2 Bände, Frankfurt am Main 1981

Habermas, Jürgen, Moralbewußtsein und kommunikatives Handeln, Frankfurt am Main 1983

Haferkamp, Hans, Autopoietisches soziales System oder konstruktives soziales Handeln? in: Hans Haferkamp, Michael Schmid (Hrsg.), Sinn, Kommunikation und soziale Differenzierung, Frankfurt am Main 1987, S. 51 ff.

Haferkamp, Hans, und Michael Schmid (Hrsg.), Sinn, Kommunikation und soziale Differenzierung. Beiträge zu Luhmanns Theorie sozialer Systeme, Frankfurt am Main 1987

Hamilton, David, Evolutionary Economics. A Study of Change in Economic Thought, New Brunswick und London 1991

Hanson, Earl D., Understanding Evolution, Oxford 1981

Hardin, Garrett, The Tragedy of the Commons, Science 162, 1243 ff.

Hayek, Friedrich A. von, Recht, Gesetzgebung und Freiheit, Band 1: Regeln und Ordnung, München 1980

Heitmeyer, Wilhelm (Hrsg.), Was hält die Gesellschaft zusammen? Bundesrepublik Deutschland: Auf dem Weg von der Konsens- zur Konfliktgesellschaft, 2 Bände, Frankfurt am Main 1997

Heller, Hermann, Die Souveränität. Ein Beitrag zur Theorie des Staats- und Völkerrechts, in: Gesammelte Schriften, herausgegeben von Martin Draht u.a., Leiden 1971, 2. Band, S. 31 ff.

Heller, Hermann, Staatslehre, in: Gesammelte Schriften, herausgegeben von Martin Draht, Gerhard Niemeyer, Otto Stammer und Fritz Borinski, 3. Band, Leiden 1971, S. 79 ff.

Helsper, Helmut, Die Vorschriften der Evolution für das Recht, Köln 1989

Heuser, Uwe Jean, Das Unbehagen im Kapitalismus. Die neue Wirtschaft und ihre Folgen, Berlin 2000

Hinton, Geoffrey E., Wie neuronale Netze aus Erfahrung lernen, Spektrum der Wissenschaft 1992, S. 134 ff.

Hirshleifer, Jack, Evolutionary Models in Economics and Law, Research in Law and Economics 4 (1982), S. 1 ff.

Hodgson, Geoffrey M., Economics and Evolution. Bringing Life Back into Economics, Cambridge 1993

Hoffmann-Riem, Wolfgang, und Eberhard Schmidt-Aßmann (Hrsg.), Innovation und Flexibilität des Verwaltungshandelns, Baden-Baden 1994

Hoffmann-Riem, Wolfgang, Justizdienstleistungen im kooperativen Staat, JZ 1999, S. 421 ff.

Hofstadter, Richard, Social Darwinism in American Thought, Philadelphia 1945

Holtschneider, R., Normenflut und Rechtsversagen, 1990

Hondrich, Karl Otto, Die andere Seite sozialer Differenzierung, in Hans Haferkamp und Michael Schmid (Hrsg.), Sinn, Kommunikation und soziale Differenzierung, Frankfurt am Main 1987, S. 275 ff.

Huber, Peter M., Weniger Staat im Umweltschutz - Verfassungs- und unionsrechtliche Determinanten -, DVBl 1999, S. 489 ff.

Humboldt, Wilhelm von, Über die Verschiedenheit des menschlichen Sprachbaues und ihren Einfluß auf die geistige Entwicklung des Menschengeschlechts, Werke Bd. III, Darmstadt 1963

Jesch, Dietrich, Gesetz und Verwaltung, Tübingen 1961

Joas, Hans, Praktische Intersubjektivität. Die Entwicklung des Werks von G. H. Mead, Frankfurt am Main 1989

Kandel, Eric R., und Robert D. Hawkins, Molekulare Grundlagen des Lernens, Spektrum der Wissenschaft 1992, S. 66 ff.

Kant, Immanuel, Träume eines Geistersehers, Werke, herausgegeben von Ernst Cassirer, Berlin 1912 ff., Band II, S. 357

Kargl, Walter, Kommunikation kommuniziert? Kritik des rechtssoziologischen Autopoiesebegriffs, Rechtstheorie 21 (1990), S. 352 ff.

Kargl, Walter, Gesellschaft ohne Subjekte oder Subjekte ohne Gesellschaft? Kritik der rechtssoziologischen Autopoiese-Kritik, Zeitschrift für Rechtssoziologie 1991, S. 1 ff.

Kargl, Walter, Handlung und Ordnung im Strafrecht. Grundlagen einer kognitiven Handlungs- und Straftheorie, Berlin 1991

Kesselring, Thomas, Entwicklung und Widerspruch. Ein Vergleich zwischen Piagets genetischer Erkenntnistheorie und Hegels Dialektik, Frankfurt am Main 1981

Kirchner, Christian, Ökonomische Theorie des Rechts, Berlin 1997

Kitchener, R. F., Piagets Theory of Knowledge. Genetic Epistemology and Scientific Reason, New Haven, London 1986

Kliemt, Hartmut, Antagonistische Kooperation. Elementare spieltheoretische Modelle spontaner Ordnungsentstehung, Freiburg und München 1986

Kloepfer, Michael, Umweltrecht, München 1989

Kneer, Georg, und Armin Nassehi, Niklas Luhmanns Theorie sozialer Systeme, 2. Aufl., München 1994

Köck, Wolfgang, Indirekte Steuerung im Umweltrecht: Abgabenerhebung, Umweltschutzbeauftragte und „Öko-Audit", DVBl 1994, S. 27 ff.

Köck, Wolfgang, Das Pflichten- und Kontrollsystem des Öko-Audit-Konzepts nach der Öko-Audit-Verordnung und dem Umweltauditgesetz, VerwArch 86 (1995), S. 644 ff.

Kohlberg, Lawrence, Stage and sequence: The cognitive-developmental approach to socialisation, in: D. A. Goslin (Ed.), Handbook of sozialisation theory and research, Chicago 1969, S. 347 ff.

Kohlberg, Lawrence, Moral stages and moralization: The cognitive-developmental approach, in: T. Lickona (Ed.), Moral development and behavior, New York 1975, S. 31 ff.

Kohlberg, Lawrence, The philosophy of moral development, San Francisco 1981

Kohlberg, Lawrence, und Elliot Turiel, Moralische Entwicklung und Moralerziehung, in: G. Partele (Hrsg.), Sozialisation und Moral. Neuere Ansätze zur moralischen Entwicklung und Erziehung, Weinheim 1976, S. 13 ff.

Krawietz, Werner, und Michael Welker (Hrsg.), Kritik der Theorie sozialer Systeme. Auseinandersetzungen mit Luhmanns Hauptwerk, Frankfurt am Main 1992

Krebs, Walter, Verträge und Absprachen zwischen der Verwaltung und Privaten, VVDStRL 52 (1993), S. 248 ff.

Krieger, David J., Einführung in die allgemeine Systemtheorie, München 1996

Krohn, Wolfgang, und Günter Küppers (Hrsg.), Selbstorganisation. Aspekte einer wissenschaftlichen Revolution, Braunschweig, Wiesbaden 1990

Küppers, Bernd-Olaf, Der Ursprung biologischer Information. Zur Naturphilosophie der Lebensentstehung, München, Zürich 1986. Zit.: Ursprung

Ladeur, Karl-Heinz, Das Umweltrecht der Wissensgesellschaft, 1995

Ladeur, Karl-Heinz, Die Zukunft des Verwaltungsakts - Kann die Handlungsformenlehre aus dem Aufstieg des „informalen Verwaltungshandelns" lernen?, VerwArch 86 (1995), S. 511 ff.

Lange, Hellmuth, Automobilarbeiter über die Zukunft von Auto und Verkehr. Anmerkungen zum Verhältnis von „Umweltbewußtsein" und „Umwelthandeln", Kölner Zeitschrift für Soziologie und Sozialpsychologie 47 (1995), S. 141 ff.

Lepsius, M. Rainer, Institutionalisierung und Deinstitutionalisierung von Rationalitätskriterien, in: Gerhard Göhler (Hrsg.), Institutionenwandel, Opladen 1997, S. 57 ff.

Lepsius, Oliver, Die erkenntnistheoretische Notwendigkeit des Parlamentarismus, in: Martin Bertschi u.a. (Hrsg.), Demokratie und Freiheit, Stuttgart 1999, S. 123 ff.

Libcap, Gary D., Contracting for Property Rights, Cambridge 1989

Lindenberg, Siegwart, An Assessment of the New Political Economy: Its Potential for the Social Sciences and for Sociology in Particular, Sociological Theory 1985, S. 99 ff.

Lindenberg, Siegwart, Die Relevanz theoriereicher Brückenannahmen, Kölner Zeitschrift für Soziologie und Sozialpsychologie 1996, S. 126 ff.

Lübbe-Wolff, Gertrude (Hrsg.), Der Vollzug des europäischen Umweltrechts, Berlin u.a. 1996

Luhmann, Niklas, Evolution des Rechts, Rechtstheorie 1 (1970), S. 3 ff.

Luhmann, Niklas, Die Autopoiesis des Bewußtseins, Soziale Welt 1985, S. 402 ff.

Luhmann, Niklas, Evolution und Geschichte, in: Soziologische Aufklärung Band 2, 3. Aufl., Opladen 1986, S. 150 ff.

Luhmann, Niklas, Die Wirtschaft der Gesellschaft, Frankfurt am Main 1988

Luhmann, Niklas, Soziale Systeme. Grundriß einer allgemeinen Theorie, 2. Aufl., Frankfurt am Main 1988, zit.: Soziale Systeme

Luhmann, Niklas, Vertrauen: Ein Mechanismus der Reduktion sozialer Komplexität, 3. Aufl., Stuttgart 1989

Luhmann, Niklas, Die Wissenschaft der Gesellschaft, Frankfurt am Main 1990

Luhmann, Niklas, Die Stellung der Gerichte im Rechtssystem, Rechtstheorie 21 (1990), S. 459 ff.

Luhmann, Niklas, Ökologische Kommunikation. Kann die moderne Gesellschaft sich auf ökologische Gefährdungen einstellen?, 3. Aufl., Opladen 1990

Luhmann, Niklas, Wer kennt Will Martens? Eine Anmerkung zum Problem der Emergenz sozialer Systeme, Kölner Zeitschrift für Soziologie und Sozialpsychologie 44 (1992), 139 ff.

Luhmann, Niklas, Das Recht der Gesellschaft, Frankfurt am Main 1993

Luhmann, Niklas, Wie ist soziale Ordnung möglich?, in: Gesellschaftsstruktur und Semantik. Studien zur Wissenssoziologie der modernen Gesellschaft, Band 2, Frankfurt am Main 1993, S. 195 ff.

Luhmann, Niklas, Die Gesellschaft der Gesellschaft, 2 Teilbände, Frankfurt am Main 1997, zit.: Gesellschaft

Luhmann, Niklas, Die Politik der Gesellschaft, hrsg. von André Kieserling, Frankfurt am Main 2000

Martens, Wil, Die Autopoiesis sozialer Systeme, Kölner Zeitschrift für Soziologie und Sozialpsychologie 43 (1991), S. 625 ff.

Maturana, Humberto R., Erkennen: Die Organisation und Verkörperung von Wirklichkeit, Braunschweig 1982

Maturana, Humberto R., Kognition, in: Siegfried J. Schmidt (Hrsg.), Der Diskurs des Radikalen Konstruktivismus, Frankfurt am Main 1987, S. 89 ff.

Maturana, Humberto R., Biologie der Realität, Frankfurt am Main 1998

Maturana, Humberto R., und Francisco J. Varela, Der Baum der Erkenntnis. Die biologischen Wurzeln des menschlichen Erkennens, Bern, München, Wien 1987

Mayntz, Renate (Hrsg.), Implementation politischer Programme, Band 1, 1980, Band 2, 1983

Mayntz, Renate, Soziale Dynamik und politische Steuerung. Theoretische und methodologische Überlegungen, Frankfurt am Main, New York 1997

Mead, Georges Herbert, Geist, Identität und Gesellschaft aus der Sicht des Sozialbehaviorismus, Frankfurt am Main 1968

Mead, George Herbert, Gesammelte Aufsätze, hrsg. von Hans Joas, 2 Bände, Frankfurt am Main 1980

Meinefeld, Werner, Realität und Konstruktion. Erkenntnistheoretische Grundlagen einer Methodologie der empirischen Sozialforschung, Opladen 1995

Merton, Robert K., Social Structure and Anomie, in ders., Social Theory and Social Structure, 2. Aufl., London 1964, S. 131 ff.

Miller, Max, Kollektive Lernprozesse und Moral, in: ders., Kollektive Lernprozesse, Studien zur Grundlegung einer soziologischen Lerntheorie, Frankfurt am Main 1986, S. 207 ff.

Miller, Max, und J. Weissenborn, Sprachliche Sozialisation, in: Klaus Hurrelmann und Dieter Ulich (Hrsg.), Neues Handbuch der Sozialisationsforschung, 4. Aufl., Weinheim 1991, S. 531 ff.

Miller, Patricia, Theorien der Entwicklungspsychologie, Heidelberg, Berlin, Oxford 1993

Milner, Peter M., Donald O. Hebb und der menschliche Geist, Spektrum der Wissenschaft 1993, S. 54 ff.

Monod, Jacques, On the Molecular theory of evolution, in: R. Harré (Ed.), Problems of Scientific Revolution. Progress and Obstacles to Progress in Science, Oxford 1975

Müller, Hans-Peter und Michael Schmid (Hrsg.), Sozialer Wandel. Modellbildung und theoretische Ansätze, Frankfurt am Main 1995

Müller, Ulrich (Hrsg.), Evolution und Spieltheorie, München 1990

Murswiek, Dietrich, Die Bewältigung der wissenschaftlichen und technischen Entwicklungen durch das Verwaltungsrecht, VVDStRL 48 (1990), S. 207 ff.

Nahamowitz, Peter, Autopoietische Rechtstheorie: mit dem baldigen Ableben ist zu rechnen, Kritische Anmerkungen zu: Gunther Teubner, Recht als autopoietisches System, Zeitschrift für Rechtssoziologie 1990, S. 137 ff.

Nedelmann, Birgitta (Hrsg.), Politische Institutionen im Wandel, Opladen 1996

Nelson, Richard, und Sydney Winter, An Evolutionary Theory of Economic Change, Cambridge 1982

Nicolaisen, Bernd, Die Konstruktion der sozialen Welt. Piagets Interaktionsmodell und die Entwicklung kognitiver und sozialer Strukturen, Opladen 1994

Nocke, Joachim, Autopoiesis - Rechtssoziologie in seltsamen Schleifen, Kritische Justiz 1986, S. 363 ff.

Nonet, Philippe, und Philip Selznick, Law and Society in Transition, New York 1978

Nopwak, Andrzej, Bibb Latane und Maciej Lewenstein, Social dilemmas exist in space, in: Ulrich Schulz, Wulf Albus, Ulrich Mueller (Hrsg.), Social Dilemmas and Cooperation, Berlin u.a. 1994, S. 269 ff.

North, Douglas C., Institutions, Institutional Change and Economic Performance, 1990

Oevermann, Ulrich, Genetischer Strukturalismus und das sozialwissenschaftliche Problem der Erklärung der Entstehung des Neuen, in: Stefan Müller-Doohm (Hrsg.), Jenseits der Utopie, Frankfurt am Main 1991

Olson, Mancur, Die Logik des kollektiven Handelns. Kollektivgüter und die Theorie der Gruppe, Tübingen 1968

Ostrom, Elinor, Governing the Commons. The Evolution of Institutions for Collective Action, Cambridge 1990

Parijs, Philippe van, Evolutionary Explanation in the Social Sciences: An Emerging Paradigm, London 1981

Parsons, Talcott, The Structure of Social Action, Bd. 1, 2. Aufl., New York, London 1968

Pawlik, Kurt, und Kurt H. Stapf (Hrsg.), Umwelt und Verhalten. Perspektiven und Ergebnisse ökopsychologischer Forschung, Bern u.a. 1992

Piaget, Jean, Les notions de mouvement et de vitesse chez l'enfant, Paris 1946

Piaget, Jean, Die Entwicklung des Erkennens I. Das mathematische Denken, Gesammelte Werke, Studienausgabe, Band 8, Stuttgart 1975

Piaget, Jean, Die Entwicklung des Erkennens II. Das physikalische Denken, Gesammelte Werke, Studienausgabe, Band 9, Stuttgart 1975

Piaget, Jean, Die Entwicklung des Erkennens III. Das biologische Denken. Das psychologische Denken. Das soziologische Denken, Gesammelte Werke, Studienausgabe, Band 10, Stuttgart 1975

Piaget, Jean, Gesammelte Werke, Studienausgabe, 10 Bände, Stuttgart 1975 ff.

Piaget, Jean, Biologische Anpassung und Psychologie der Intelligenz, Stuttgart 1975

Piaget, Jean, Die Äquilibration der kognitiven Strukturen, Stuttgart 1976 (Orig. „L'équilibration des structures cognitives. Problème central du développement, Paris 1975)

Piaget, Jean, und Alina Szeminska, Die Entwicklung des Zahlbegriffs beim Kinde, Gesammelte Werke, Band 3, Studienausgabe, 1. Aufl., Stuttgart 1975

Piaget, Jean, Das moralische Urteil beim Kinde (Le jugement moral chez l'enfant, Paris 1932), Taschenbuchausgabe, 2. Aufl., München 1990

Piaget, Jean, Das Erwachen der Intelligenz beim Kinde, 3. Aufl., Gesammelte Werke Band 1, Stuttgart 1991

Piaget, Jean, Der Aufbau der Wirklichkeit beim Kinde, Gesammelte Werke, Studienausgabe, Band 2, Stuttgart 1991

Piaget, Jean, Intelligenz und Affektivität in der Entwicklung des Kindes, Frankfurt am Main 1995

Pittendrigh, Colin S., Adaptation, natural selection and behavior, in: Anne Roe und George Gaylord Simpson (Ed.), Behavior and Evolution, New Haven 1958

Polanyi, Michael, Life transcending physics and chemistry, Chemical and Engineering News 45 (1967), S. 56

Polanyi, Michael, Life's irreducible structure, Science 160 (1968), S. 1308

Pöppe, Christoph, Neuronale Netze lernen im Schlaf, Spektrum der Wissenschaft 1996, S. 31 ff.

Popper, Karl Raimund, Ausgangspunkte, Hamburg 1979

Popper, Karl Raimund, Objektive Erkenntnis. Ein evolutionärer Entwurf, Hamburg 1984 (engl. Orig. 1972)

Preisendörfer, Peter, Vertrauen als soziologische Kategorie, Zeitschrift für Soziologie 24 (1995), S. 263 ff.

Reese-Schäfer, Walter, Luhmann zur Einführung, Hamburg 1992

Rehberg, Karl-Siegbert, Institutionen als symbolische Ordnungen. Leitfragen und Grundkategorien zur Theorie und Analyse institutioneller Mechanismen, in: Gerhard Göhler (Hrsg.), Die Eigenart der Institutionen, Baden-Baden 1994, S. 47 ff.

Renyi, Alfred, Probability Theorie, Amsterdam 1970

Richardson, Lewis F., Arms and Insecurity, Chicago 1960

Richter, Rudolf, und Erik G. Furubotn, Neue Institutionenökonomik, 2. Aufl., Tübingen 1999

Rittstieg, Helmut, Eigentum als Verfassungsproblem, Darmstadt 1975

Roellecke, Gerd, Gesetz in der Spätmoderne, KritV 1998, S. 241 ff.

Roth, Gerhard, Die Entwicklung kognitiver Selbstreferentialität im menschlichen Gehirn, in: Dirk Baecker (Hrsg.), Theorie als Passion, Frankfurt am Main 1987, S. 394 ff.

Roth, Gerhard, Erkenntnis und Realität: Das reale Gehirn und seine Wirklichkeit, in: Siegfried J. Schmidt (Hrsg.), Der Diskurs des Radikalen Konstruktivismus, Frankfurt am Main 1987, S. 229 ff.

Roth, Gerhard, Gehirn und Selbstorganisation, in: W. Krohn und G. Küppers (Hrsg.), Selbstorganisation - Aspekte einer wissenschaftlichen Revolution, Braunschweig 1990, S. 167 ff.

Rottleuthner, Hubert, Theories of Legal Evolution: Between Empiricism and Philosophy of History, Rechtstheorie, Beiheft 9 (1986), S. 217 ff.

Sandler, Todd, Collective Action. Theorie and Applications, Ann Arbor 1992

Schluchter, Wolfgang, Die Entwicklung des okzidentalen Rationalismus. Eine Analyse von Max Webers Gesellschaftsgeschichte, Tübingen 1979

Schmid, Michael, Soziales Handeln und strukturelle Selektion. Beiträge zur Theorie sozialer Systeme, Opladen 1998

Schmidt, Siegfried J. (Hrsg.), Der Diskurs des Radikalen Konstruktivismus, Frankfurt am Main 1987

Schmidt, Siegfried J., Kognition und Gesellschaft. Der Diskurs des Radikalen Konstruktivismus 2, Frankfurt am Main 1992

Schmidt-Aßmann, Eberhard, Das Allgemeine Verwaltungsrecht als Ordnungsidee, Grundlagen und Aufgaben der verwaltungsrechtlichen Systembildung, Berlin 1998

Schmidt-Preuß, Matthias, Verwaltung und Verwaltungsrecht zwischen gesellschaftlicher Selbstregulierung und staatlicher Steuerung, VVDStRL 56 (1997), S. 160 ff.

Schneider, Wolfgang Ludwig, Objektives Verstehen. Rekonstruktion eines Paradigmas: Gadamer, Popper, Toulmin, Luhmann, Opladen 1991

Schneider, Wolfgang Ludwig, Die Komplementarität von Sprechakttheorie und systemtheoretischer Kommunikationstheorie. Ein hermeneutischer Beitrag zur Methodologie von Theorievergleichen, Zeitschrift für Soziologie 1996, S. 263

Schülein, Johann A., Mikrosoziologie. Ein interaktionsanalytischer Zugang, Opladen 1983

Schulze-Fielitz, Helmut, Der Leviathan auf dem Weg zum nützlichen Haustier?, in: Rüdiger Voigt (Hrsg.), Abschied vom Staat - Rückkehr zum Staat?, Baden-Baden 1993, S. 95 ff.

Schulze-Fielitz, Helmut, Kooperatives Recht im Spannungsfeld von Rechtsstaatsprinzip und Verfahrensökonomie, DVBl 1994, S. 657 ff.

Schulze-Fielitz, Helmut, Theorie und Praxis parlamentarischer Gesetzgebung, besonders des 9. Deutschen Bundestages (1980-1983), Berlin 1998

Schuppert, Gunnar F. (Hrsg.), Das Gesetz als zentrales Steuerungselement des Rechtsstaates, in: ders. (Hrsg.), Symposion anläßlich des 60. Geburtstags von Christian Starck, Baden-Baden 1998, S. 105 ff.

Schuppert, Gunnar F., Die öffentliche Verwaltung im Kooperationsspektrum staatlicher und privater Aufgabenerfüllung, Die Verwaltung 31 (1998), S. 415 ff.

Schuppert, Gunnar F., Recht als Steuerungsinstrument: Grenzen und Alternativen rechtlicher Steuerung, in: Thomas Ellwein und Joachim Jens Hesse (Hrsg.), Staatswissenschaften - vergessene Disziplin oder neue Herausforderung?, Baden-Baden 1990, S. 73 ff.

Schuppert, Gunnar F., Verwaltungsrechtswissenschaft als Steuerungswissenschaft. Zur Steuerung des Verwaltungshandelns durch Verwaltungsrecht, in: Wolfgang Hoffmann-Riem u.a. (Hrsg.), Reform des Allgemeinen Verwaltungsrechts, Baden-Baden 1993, S. 65 ff.

Schwanitz, Dietrich, Verlorene Illusionen, Soziologische Revue 1996, S. 127 ff.

Schwintowski, Hans-Peter, Ökonomische Theorie des Rechts, JZ 1998, S. 581 ff.

Seiffert, Hans, Information über die Information, München 1968

Selman, R.L., Social-cognitive understanding: a guide to educational and clinical practice, in: T. Lickona (Ed.), Moral development and behavior, New York 1975, S. 299 ff.

Selman, R.L., The growth of interpersonal understanding, New York 1980

Shannon, Claude E., und Warren Weaver, The Mathematical Theory of Communication, Urbana 1949

Shatz, Carla J., Das sich entwickelnde Gehirn, Spektrum der Wissenschaft 1992, S. 44 ff.

Smith, Leslie (Ed.), Jean Piaget. Critical Assessments, I - IV, London (Routledge) 1992

Sodian, Beate, Theorien der kognitiven Entwicklung, in: Heidi Keller (Hrsg.), Lehrbuch der Entwicklungspsychologie, Bern u.a. 1998, S. 147 ff.

Somit, Albert, und Steven A. Peterson (Ed.), The Dynamics of Evolution. The Punctuated Equilibrium Debate in the Natural and Social Science, Ithaca und London 1992

Spada, Hans, und Andreas M. Ernst, Wissen, Ziele und Verhalten in einem ökologisch-sozialen Dilemma, in: Kurt Pawlik und Kurt H. Stapf (Hrsg.), Umwelt und Verhalten. Perspektiven und Ergebnisse ökopsychologischer Forschung, Bern 1992, S. 83 ff.

Spencer Brown, George, Laws of Form, Neudruck New York 1979

Spencer, Herbert, Social Statics, London 1851

Steiner, Gerhard, Jean Piaget: Versuch einer Wirkungs- und Problemgeschichte, in: Hommage à Jean Piaget zum achtzigsten Geburtstag, Stuttgart 1976, S. 49 ff.

Stern, Daniel N., Mother and Infant at Play: The Dyadic Interaction Involving Facial, Vocal and Gaze Behaviors, in: M. Lewis und L. A. Rosenblum (Hrsg.), The effect of the infant on ist caregiver, New York 1974, S. 187 ff.

Stüer, Bernhard und Holger Spreen, Emissionszertifikate - Ein Plädoyer zur Einführung marktwirtschaftlicher Instrumente in die Umweltpolitik, UPR 1999, S. 161

Sugden, Robert, The Economics of Rights, Co-operation and Welfare, Oxford 1986

Sutter, Tilmann, Konstruktivismus und Interaktionismus. Zum Problem der Subjekt-Objekt-Differenzierung im genetischen Strukturalismus, Kölner Zeitschrift für Soziologie und Sozialpsychologie 44 (1992), S. 419 ff.

Teubner, Gunther, Reflexives Recht. Entwicklungsmodelle des Rechts in vergleichender Perspektive, Archiv für Rechts- und Sozialphilosophie 68 (1982), 13 ff.

Teubner, Gunther, Recht als autopoietisches System, Frankfurt am Main 1989

Toulmin, Stephen, Kritik der kollektiven Vernunft, Frankfurt am Main 1983 (engl. Orig. 1972)

Trute, Hans-Heinrich, Die Verwaltung und das Verwaltungsrecht zwischen gesellschaftlicher Selbstregulierung und staatlicher Steuerung, DVBl 1996, S. 950 ff.

Ullmann-Margalit, Edna, The Emergence of Norms, Oxford 1977

Voigt, Rüdiger (Hrsg.), Evolution des Rechts, Baden-Baden 1998

Vollmer, Gerhard, Evolutionäre Erkenntnistheorie. Angeborene Erkenntnisstrukturen im Kontext von Biologie, Psychologie, Linguistik, Philosophie und Wissenschaftstheorie, Stuttgart 1987

Vollmer, Gerhard, Was können wir wissen? Band 1: Die Natur der Erkenntnis. Beiträge zur Evolutionären Erkenntnistheorie, Stuttgart 1988

Vromen, Jack J., Economic Evolution. An Enquiry into the Foundations of New Institutional Economics, London und New York 1995

Watson, Alan, The Evolution of Law, Baltimore 1985

Watzlawick, Paul (Hrsg.), Die erfundene Wirklichkeit. Wie wissen wir, was wir zu wissen glauben? Beiträge zum Konstruktivismus, München und Zürich 1986

Weingarten, Michael, Organismen - Objekte oder Subjekte der Evolution: philosophische Studien zum Paradigmawechsel in der Evolutionsbiologie, Darmstadt 1993

Weizsäcker, Carl Friedrich von, Die Einheit der Natur, München 1971

Weizsäcker, Carl Friedrich von, Evolution und Entropiewachstum, Nova Acta Leopoldina 37 (1972), S. 515 ff.

Weizsäcker, Christine und Ernst von Weizsäcker, Wiederaufnahme der begrifflichen Frage: Was ist Information? Nova Acta Leopoldina 206 (1972), S. 535 ff.

Weizsäcker, Ernst von, Erstmaligkeit und Bestätigung als Komponenten der pragmatischen Information, in: ders. (Hrsg.), Offene Systeme I, Stuttgart 1974

Weizsäcker, Ernst Ulrich von, Erdpolitik. Ökologische Realpolitik an der Schwelle zum Jahrhundert der Umwelt, 3. Aufl., Darmstadt 1992

Weizsäcker, Ernst Ulrich von, Amory B. Lovins und L. Hunter Lovins, Faktor Vier. Doppelter Wohlstand - halbierter Naturverbrauch. Der neue Bericht an den Club of Rome, München 1995

Wesel, Uwe, Frühformen des Rechts in vorstaatlichen Gesellschaften, Frankfurt am Main 1985

Weyer, Johannes, Wortreich drumherumgeredet: Systemtheorie ohne Wirklichkeitskontakt, Soziologische Revue 1994, S. 139

Whyte, Lancelot, Internal Factors in Evolution, London 1965

Wieland, Josef, Ökonomische Organisation, Allokation und sozialer Status, Tübingen 1996

Wiener, Norbert, Kybernetik. Regelung und Nachrichtenübertragung in Lebewesen und Maschinen, Reinbek 1969

Willke, Helmut, Entzauberung des Staates. Überlegungen zu einer gesellschaftlichen Steuerungstheorie, Königstein/Ts. 1983

Willke, Helmut, Systemtheorie 2. Interventionstheorie: Grundzüge einer Theorie der Intervention in komplexe Systeme, 2. Aufl., Stuttgart 1996

Wilson, Edward O., Sociobiology, the new synthesis, Cambridge, Mass. 1976

Wilson, Edward O., On human nature, London 1979

Wimmer, Hannes, Evolution der Politik. Von der Stammesgesellschaft zur modernen Demokratie, Wien 1996

Witt, Ulrich, Individualistische Grundlagen der evolutorischen Ökonomik, Tübingen 1987

Wuketits, Franz, Evolutionstheorien. Historische Voraussetzungen, Positionen, Kritik. Darmstadt 1988, zitiert nach der Sonderausgabe 1995

Zemen, Herbert, Evolution des Rechts. Eine Vorstudie zu den Evolutionsprinzipien des Rechts auf anthropologischer Grundlage, Wien, New York 1983

Zinnes, Dina A., Contemporary Research in International Relations, New York 1976

Analyse & Kritik
Zeitschrift für Sozialtheorie

Herausgegeben von M. Baurmann, Düsseldorf, und A. Leist, Zürich

2002. Jahrgang 24 in 2 Heften und insgesamt ca. 260 S.

Jahresabonnement € 52,-/sFr 88,- (Studentenpreis € 36,-) zzgl. Versandkosten
Einzelheft € 29,-. ISSN 0171-5860

ANALYSE & KRITIK wendet sich an Sozialwissenschaftler und Sozialphilosophen, die Engagement für politische und moralische Aufklärung mit argumentativer Präzision und begrifflicher Klarheit verbinden und erörtert Grundfragen empirischer und normativer Theorien der Gesellschaft. ANALYSE & KRITIK entwickelt sozialwissenschaftliche Theorien in Auseinandersetzung mit der analytischen Philosophie und Wissenschaftstheorie. Die Zeitschrift fördert den Dialog zwischen angelsächsischer und kontinentaleuropäischer Sozialtheorie.

Soziale Systeme
Zeitschrift für soziologische Theorie

Herausgegeben von D. Baecker, Witten/Herdecke, E. Esposito, Bologna, P. Fuchs, Neubrandenburg, M. Hutter, Witten/Herdecke, A. Kieserling, München, W. Rasch, Indiana University, Bloomington, USA, R. Stichweh, Bielefeld, G. Teubner, Frankfurt a. M.

2002. Jahrgang 8 in 2 Heften mit insgesamt ca. 400 S.

Jahresbezugspreis € 45,- /sFr 79,- (Studentenpreis € 24,-) zzgl. Versandkosten Einzelheft € 25,-. ISSN 0948-423-X
(bis 2000 bei Leske + Budrich)

Die Systemtheorie in der Tradition von Talcott Parsons und Niklas Luhmann steht heute in der Auseinandersetzung nicht nur mit anderen soziologischen Theorien wie vor allem der Netzwerktheorie, sondern muß sich auch nach wie vor im Konzert der allgemeinen Systemtheorien bewähren. Die Empirie komplexer sozialer Systeme, die Reflexion soziologischer Theoriebildung und die Beobachtung Künstlicher Intelligenz und Künstlichen Lebens gehören gleichermaßen zu ihrem Aufgabengebiet. Die Zeitschrift "Soziale Systeme" versteht sich als ein Forum, in dem diese Aufgaben verfolgt und diskutiert werden. Sie steht dem Nachwuchs ebenso offen wie den kritischen Kollegen und sucht in Artikeln und Rezensionen vor allem nach Beiträgen, die den doppelten Bezug auf Gegenstandserkenntnis und Theoriediskussion gleichermaßen beherrschen.

Zeitschrift für Rechtssoziologie

Herausgegeben von A. Bora, Bielefeld, A. Höland, Halle, D. Jansen, Speyer, D. Lucke, Bonn, W. Ludwig-Mayerhofer, Leipzig, St. Machura, Bochum, G. Teubner, Frankfurt.

2002. Jahrgang 23 in zwei Heften mit insgesamt ca. 300 S.

Jahresbezugspreis € 52,- /sFr 89,- (Studentenpreis € 34,-) zzgl. Versandkosten
Einzelheft € 29,-. ISSN 0174-0202

Die "Zeitschrift für Rechtssoziologie" publiziert Arbeiten, die sich mit der Beziehung zwischen Gesellschaft und Recht beschäftigen. Veröffentlicht werden Artikel und Berichte mit Bezug auf neue theoretische Entwicklungen, Ergebnisse empirischer Studien und Berichte über Feldforschung und Forschungsmethoden. Die Zeitschrift verfolgt einen stark interdisziplinären Ansatz und nimmt Arbeiten aus allen wissenschaftlichen Traditionen auf, die sich mit den kulturellen, ökonomischen, politischen, psychologischen oder sozialen Aspekten des Rechts beschäftigen.

Kultur als Problem der Weltgesellschaft?
Ein Diskurs über Globalität, Grenzbildung und kulturelle Konfliktpotenziale
von Jens Aderhold und Frank Heideloff

2001. VI/189 S., kt. € 19,90 / sFr 36,-. (ISBN 3-8282-0169-5)

Eines der herausragenden Merkmale der Globalisierungsdebatte ist in einer einseitigen Schwerpunktlegung zahlreicher Beiträge zu sehen. Spätestens seit der polarisierenden These von Samuel Huntington, der einen Zusammenprall der Weltkulturen erwartet, ist deutlich geworden, dass Globalisierung mehr als nur die wirtschaftliche oder die politische Dimension gesellschaftlicher Veränderung umfasst. Der Prozess Globalisierung ist längst ein polydimensionales Phänomen, das - darin stimmen viele Beobachter überein - vertraute Unterschiede, Grenzen und Chancen auf gravierende Weise verschieben wird. Die in diesem Buch dargelegten Überlegungen wollen in einem ersten Schritt vorgelegte Beschreibungsangebote der Globalisierungsdebatte nach relevanten Problem- und Konfliktpotenzialen abfragen, um in einem zweiten Schritt Folgeüberlegungen anzuregen, die neben der Einordnung kultureller Konfliktpotentiale in den Analyserahmen einer global ausgreifenden funktional differenzierten Gesellschaft eine systematische Erfassung anschlussfähiger Problemformeln der modernen Weltgesellschaft anstreben.Schwerpunkte der Darstellung sind: Kultur und Gemeinschaft, Globalisierung und Organisation, Arbeitsgesellschaft und Globalisierung, Projekt Moderne, Phänomen Weltgesellschaft.

Erwägungskultur in Forschung, Lehre und Praxis
Band 1 Erwägungsorientierung in Philosophie und Sozialwissenschaften
Herausgegeben von W. Loh

2000. VIII/206 S. kt. € 24,90 /sFr 44,40 (ISBN 3-8282-0151-2)

Problembewältigungen hängen auch von der Güte der Erwägungen in Entscheidungen ab. Dennoch gibt es bisher keine Tradition, die vom methodisch orientierten qualitativen Erwägen her Probleme zu bewältigen trachtet. In diesem Band wird von verschiedenen Disziplinen aus in die Welt des Erwägens eingeführt. Zunächst werden Zusammenhänge zwischen Lebenslauf und Lehr-Lern-Verhältnissen erwägungsorientiert erörtert. Danach wird am Beispiel der Auffassungen von Max Weber dargelegt, wie die Orientierung an Kampf Wissenschaft und Erwägen behindern kann. Sodann wird der entwicklungspsychologische Ansatz zur Erfassung von Moralentwicklung von Lawrence Kohlberg kritisch vom Erwägungskonzept her beleuchtet und um den Erwägungshorizont erweitert. Weiterhin wird die These entwickelt, dass das Problemlösungspotential der Umweltpolitik durch das Ausmaß an Kooperation bestimmt wird und inwiefern Alternativen erwägendes Problemlösen für eine konsensuelle Kooperation konstitutiv ist. Schließlich werden einerseits zum Idealismus-Realismus-Problem systematisch Alternativen erwogen, wodurch eine neue Lösung ermöglicht wird, sowie andererseits Erwägungen als Disjunktionen behandelt, und es wird nachgewiesen, dass die klassische Aussagenlogik Erwägungsdisjunktionen nicht formalisiert erfassen lässt.

Bei Fragen zur Produktsicherheit wenden Sie sich bitte an:
If you have any questions regarding product safety,
please contact:

Walter de Gruyter GmbH
Genthiner Straße 13
10785 Berlin
productsafety@degruyterbrill.com